四元数神经网络稳定性
理论及应用

宋乾坤　陈晓丰　杨绪君　王利敏　著

U0232409

科学出版社

北京

内 容 简 介

本书旨在介绍四元数神经网络稳定性理论及应用的研究现状、典型模型、常用研究方法. 具体内容包括四元数神经网络渐近稳定性、四元数神经网络鲁棒稳定性、四元数神经网络 μ-稳定性及均方稳定性、四元数神经网络 Mittag-Leffler 稳定性、四元数神经网络 Lagrange 稳定性及 H-U 稳定性、四元数神经网络多稳定性、四元数神经网络无源性及状态估计、四元数神经网络在联想记忆中的应用,并通过大量的数值示例演示理论结果的有效性.

本书可作为高等院校数学、系统科学、控制科学与工程、计算机科学与技术、电子科学与技术等相关专业高年级本科生、研究生的教材和参考书,也可供相关专业教师和科研工作者参考.

图书在版编目(CIP)数据

四元数神经网络稳定性理论及应用/宋乾坤等著. —北京:科学出版社,2024.3

ISBN 978-7-03-076131-6

I.①四⋯　II.①宋⋯　III.①人工神经元网络–运动稳定性理论

IV.①TP183 ②O175.13

中国国家版本馆 CIP 数据核字(2023)第 150336 号

责任编辑:朱英彪　李　娜/责任校对:任苗苗
责任印制:赵　博/封面设计:陈　敬

科学出版社 出版

北京东黄城根北街 16 号

邮政编码:100717

http://www.sciencep.com

北京华宇信诺印刷有限公司印刷

科学出版社发行　各地新华书店经销

*

2024 年 3 月第　一　版　开本:720×1000　1/16
2024 年 9 月第二次印刷　印张:17 1/2
字数:353 000

定价:138.00 元

(如有印装质量问题,我社负责调换)

前　言

我国著名科学家钱学森和宋健在《工程控制论》中指出: 对系统的第一个要求就是稳定性, 从物理意义上讲, 就是要求系统能稳妥地保持预定的工作状况, 在各种不利因素的影响下不至于动摇不定, 不听指挥. 美国数学家 LaSalle 曾指出: 稳定性理论正吸引着全世界数学家的注意, Lyapunov 直接法得到了工程师的广泛赞赏, 稳定性理论在美国正迅速变为工程师培训的标准内容. 因此, 深入研究系统稳定性具有重要意义.

自 1982 年美国生物物理学家 Hopfield 提出 Hopfield 神经网络以来, 各种神经网络不断涌现, 如双向联想记忆神经网络、细胞神经网络、模糊神经网络. 由于神经网络具有自学习、联想记忆和鲁棒性强等特点, 现已广泛应用于联想记忆、信号传输、模式识别、图像处理、优化计算和保密通信等领域. 为了更好地应用神经网络解决实际问题, 往往需要研究神经网络的稳定性. 例如, 当神经网络用于优化计算时, 要求设计的网络存在唯一平衡点, 该平衡点对应于优化模型的目标, 而且网络的状态最终要趋近于该平衡点. 从数学的观点看, 就是要设计全局稳定的神经网络. 当神经网络用于图像处理时, 希望设计的网络有尽可能多的平衡点, 这样就可以将处理后的结果存储到这些平衡点, 而且网络的状态最终要趋近于这些平衡点. 从数学的观点看, 就是要设计具有多个稳定平衡点的神经网络.

在神经网络稳定性研究中, 人们往往聚焦于实数神经网络和复数神经网络, 较少关注四元数神经网络. 众所周知, 与实数神经网络相比, 复数神经网络的优势在于擅长处理二维数据. 为了更好地处理三维数据或四维数据, 一些学者将四元数与神经网络融合, 提出了四元数神经网络. 四元数神经网络现已应用于彩色图像压缩、风速预报、阵列信号处理等领域. 例如, 在彩色图像处理中, 用四元数的三个虚部分别表示图像的三种基色 (红、绿、蓝) 的灰度值, 这样一个彩色图像点就与一个四元数相对应, 从而能更好地体现图像三种基色之间的关联性. 研究发现, 四元数神经网络处理的彩色图像比实数神经网络或者复数神经网络效果更好. 因此, 深入研究四元数神经网络的稳定性及其应用具有重要的意义. 本书收集了作者近十年在四元数神经网络稳定性理论方面的研究成果, 内容新颖实用, 写作通俗简洁, 推导清晰详细, 还提供了大量的数值示例.

本书的工作得到了国家自然科学基金面上项目 (62176032、62276035)、重庆市教育委员会科学技术研究计划项目 (KJZD-M202000701) 和重庆英才计划项目

(cstc2021ycjhbgzxm0107) 的支持, 在此表示感谢!

　　感谢东南大学曹进德教授、英国伦敦布鲁内尔大学王子栋教授给予本书的指导与支持! 感谢相关研究领域的钟守铭教授、梁金玲教授、蒋海军教授、王占山教授、卢俊国教授、李晓迪教授、刘洋教授、于永光教授、杨鑫松教授、涂正文教授等的关心与帮助! 在本书撰写过程中, 得到了重庆交通大学数学与统计学院、经济与管理学院、科技处和研究生院的大力支持, 对此表示感谢! 另外, 书中参考了很多国内外专家和同行学者的专著和论文, 无法一一列举, 在此表示衷心的感谢!

　　由于作者水平和能力有限, 书中难免存在不足与疏漏之处, 敬请专家和读者批评指正.

作　者

2023 年 10 月

目　　录

前言
第 1 章　绪论 ･･･ 1
  1.1　神经网络研究简史 ･････････････････････････････････････ 1
    1.1.1　早期阶段 ･･･ 1
    1.1.2　过渡阶段 ･･･ 2
    1.1.3　高潮阶段 ･･･ 3
    1.1.4　平稳阶段 ･･･ 3
  1.2　研究背景及研究意义 ･･････････････････････････････････ 4
    1.2.1　研究背景 ･･･ 4
    1.2.2　研究意义 ･･･ 6
第 2 章　预备知识 ･･･ 8
  2.1　符号说明 ･･･ 8
  2.2　四元数概念及基本性质 ････････････････････････････････ 8
  2.3　稳定性概念及基本性质 ････････････････････････････････ 9
  2.4　本书常用引理 ･･･ 10
第 3 章　四元数神经网络渐近稳定性 ････････････････････････ 13
  3.1　连续时间型和离散时间型四元数神经网络渐近稳定性 ･･ 13
    3.1.1　模型描述 ･･･ 13
    3.1.2　基本引理 ･･･ 15
    3.1.3　主要结果 ･･･ 15
    3.1.4　数值示例 ･･･ 30
  3.2　中立型时滞四元数神经网络渐近稳定性 ･･････････････ 35
    3.2.1　模型描述 ･･･ 35
    3.2.2　基本假设 ･･･ 35
    3.2.3　主要结果 ･･･ 35
    3.2.4　数值示例 ･･･ 43
第 4 章　四元数神经网络鲁棒稳定性 ････････････････････････ 46
  4.1　时滞四元数神经网络鲁棒稳定性 ･･･････････････････････ 46
    4.1.1　模型描述 ･･･ 46

4.1.2　基本假设 ·· 46

4.1.3　基本概念和引理 ·· 47

4.1.4　主要结果 ·· 47

4.1.5　数值示例 ·· 58

4.2　中立型时滞分数阶四元数神经网络鲁棒稳定性 ·············· 64

4.2.1　模型描述 ·· 64

4.2.2　基本假设和引理 ·· 65

4.2.3　主要结果 ·· 66

4.2.4　数值示例 ·· 77

第 5 章　四元数神经网络 μ-稳定性及均方稳定性 ············· 85

5.1　混合时滞四元数神经网络 μ-稳定性 ····················· 85

5.1.1　模型描述 ·· 85

5.1.2　基本假设 ·· 86

5.1.3　基本概念和引理 ·· 87

5.1.4　主要结果 ·· 87

5.1.5　数值示例 ··· 102

5.2　中立型时滞四元数随机神经网络均方稳定性 ·············· 109

5.2.1　模型描述 ··· 109

5.2.2　基本假设 ··· 110

5.2.3　基本概念和引理 ······································ 110

5.2.4　主要结果 ··· 111

5.2.5　数值示例 ··· 120

第 6 章　四元数神经网络 Mittag-Leffler 稳定性 ·············· 124

6.1　分数阶四元数神经网络 Mittag-Leffler 稳定性 ··········· 124

6.1.1　模型描述 ··· 124

6.1.2　基本概念和引理 ······································ 125

6.1.3　主要结果 ··· 127

6.1.4　数值示例 ··· 139

6.2　具有脉冲的分数阶四元数神经网络 Mittag-Leffler 稳定性 ······· 141

6.2.1　模型描述 ··· 141

6.2.2　基本概念 ··· 142

6.2.3　基本假设 ··· 143

6.2.4　基本引理 ··· 143

6.2.5　主要结果 ··· 146

6.2.6　数值示例 ··· 149

第 7 章　四元数神经网络 Lagrange 稳定性及 H-U 稳定性 ·················· 154
　　7.1　混合时滞四元数神经网络 Lagrange 稳定性 ···················· 154
　　　　7.1.1　模型描述 ···································· 154
　　　　7.1.2　基本假设和引理 ···························· 154
　　　　7.1.3　主要结果 ···································· 155
　　　　7.1.4　数值示例 ···································· 166
　　7.2　时变时滞四元数神经网络 H-U 稳定性 ························ 170
　　　　7.2.1　模型描述 ···································· 170
　　　　7.2.2　基本概念和假设 ···························· 170
　　　　7.2.3　基本引理 ···································· 171
　　　　7.2.4　主要结果 ···································· 171
　　　　7.2.5　数值示例 ···································· 177
第 8 章　四元数神经网络多稳定性 ································ 184
　　8.1　有界性与吸引域 ································ 184
　　　　8.1.1　模型描述 ···································· 184
　　　　8.1.2　基本假设 ···································· 184
　　　　8.1.3　基本概念 ···································· 185
　　　　8.1.4　主要结果 ···································· 185
　　8.2　模型的多稳定性 ································ 187
　　　　8.2.1　平衡点的存在性 ···························· 187
　　　　8.2.2　平衡点的稳定性 ···························· 193
　　　　8.2.3　数值示例 ···································· 198
第 9 章　四元数神经网络无源性及状态估计 ························ 204
　　9.1　中立型时滞分数阶四元数神经网络无源性 ···················· 204
　　　　9.1.1　模型描述 ···································· 204
　　　　9.1.2　基本假设和引理 ···························· 204
　　　　9.1.3　主要结果 ···································· 205
　　　　9.1.4　数值示例 ···································· 213
　　9.2　时滞四元数神经网络状态估计 ························ 220
　　　　9.2.1　模型描述 ···································· 220
　　　　9.2.2　基本假设 ···································· 221
　　　　9.2.3　主要结果 ···································· 222
　　　　9.2.4　数值示例 ···································· 228
第 10 章　四元数神经网络在联想记忆中的应用 ···················· 235
　　10.1　离散型四元数神经网络在联想记忆中的应用 ·················· 235

10.1.1　模型描述 ·· 235

10.1.2　基本假设 ·· 235

10.1.3　主要结果 ·· 235

10.1.4　算法设计 ·· 238

10.1.5　应用示例 ·· 240

10.2　连续型四元数神经网络在联想记忆中的应用 ················ 242

10.2.1　模型描述 ·· 242

10.2.2　基本假设和引理 ·· 244

10.2.3　主要结果 ·· 244

10.2.4　算法设计 ·· 250

10.2.5　应用示例 ·· 251

参考文献 ··· 256

第 1 章　绪　　论

1.1　神经网络研究简史

人工神经网络简称神经网络, 是由大量处理单元互联组成的非线性、自适应信息处理系统. 它是在现代神经科学研究成果的基础上提出的, 其原理是模拟人脑的信息处理模式, 并希望它能遵循人脑的逻辑来运作. 受动物大脑中生物神经网络的启发, 神经网络模仿生物大脑中的神经元, 每个连接就像生物中大脑的突触一样, 可以在神经元之间传递信号. 正因为神经网络具有独特的"仿生"特点以及巨大的应用前景, 所以受到了人们的广泛关注.

1.1.1　早期阶段

神经网络的产生与发展, 经历了一个曲折而艰难的过程. 一般认为, 人们对神经网络的研究始于 1890 年美国心理学家、美国科学院院士 James 关于人脑结构与功能结构的研究[1]. 1943 年, 美国芝加哥大学的生理学家 McCulloch 和数理逻辑学家 Pitts 在已知的神经细胞生物学基础上, 从信息处理的角度出发, 提出了形式神经元的数学模型, 人们称之为 M-P 模型[2]. 该模型把神经细胞的动作描述为: ① 神经元的活动表现为兴奋或抑制的二值变化; ② 任何兴奋性突触在输入激励后, 使神经元兴奋, 与神经元先前的动作和状态无关; ③ 任何抑制性突触在输入激励后, 使神经元抑制; ④ 突触的值不随时间改变; ⑤ 突触从感知输入到传送出一个输出脉冲的延迟时间是 0.5ms. 尽管现在看来 M-P 模型过于简单, 但其理论贡献是巨大的: ① McCulloch 和 Pitts 证明了任何有限逻辑表达式都能由 M-P 模型组成的神经网络来实现; ② 他们是自 James 以来最早采用大规模并行计算结构描述神经元和神经网络的学者; ③ 他们的工作为后来人们开发神经网络奠定了基础. 但是, M-P 模型的这种结构不便于调整突触连接强度.

1949 年, 心理学家 Hebb 提出了改变神经元强度的规则[3], 即第 i 个和第 j 个神经元的连接权值 ω_{ij} 可由这两个神经元的兴奋加以调节, M-P 模型不便于调整突触连接强度的问题才得到初步解决, 这就是被人们称为 Hebb 算法的连接权算法. Hebb 对神经网络的贡献在于: ① 指出了在神经网络中, 信息存储在连接权中; ② 假设连接权的学习 (训练) 速率正比于各活化值之积; ③ 假设连接权是对称的, 即 $\omega_{ij} = \omega_{ji}$ (虽然这一假设过于绝对化, 但它往往可以应用于神经网络的现实方案中); ④ 提出了细胞连接的假设, 并指出当连接权学习训练时, 其强度和类型发生变化, 且由这种变化建立起细胞之间的连接. Hebb 提出的这些看法, 在当今的神经网络中某种程度上都得到了实现.

1958 年, 计算机学家 Rosenblatt 发表了一篇著名的文章[4], 提出了一种具有三层网络特性的神经网络结构, 称为感知机. 该模型由简单的阈值神经元构成, 这或许是世界上第一个真正意义上的神经网络, 这一神经网络是用一台 IBM704 计算机模拟实现的. 从模拟结果可以看出, 感知机具有通过学习改变连接权值并将类似的或不同的模式进行正确分类的能力, 初步具备了并行处理、分布存储和学习等神经网络的基本特性.

1960 年, 美国斯坦福大学的 Widrow 和 Hoff 发表了一篇题为 "Adaptive switching circuits" (自适应开关电路) 的文章[5]. 从工程技术的角度看, 该文章是神经网络技术发展中极为重要的文章之一. Widrow 和 Hoff 不仅设计了在计算机上仿真的神经网络, 而且用硬件电路实现了相应的设计. 他们指出, 如果用计算机建立自适应神经元, 它的具体结构可以由设计者通过训练给出, 而不是通过直接设计来确定. 他们用硬件电路实现神经网络方面的工作为今天用超大规模集成电路实现神经网络奠定了基础. 他们是开发神经网络硬件最早的主要贡献者.

1969 年, 人工智能创始人之一、美国麻省理工学院的 Minsky 和 Papert 从数学上对以感知器为代表的网络系统的功能及其局限性做了深入研究, 出版了一本轰动一时的评论人工神经网络的书 *Perceptrons: An Introduction to Computational Geometry* (《感知机: 计算几何理论》)[6]. 该书指出, 简单的神经网络只能用于线性问题的求解, 能够求解非线性问题的网络应具有隐含层, 但从理论上还不能证明将感知机模型扩展到多层网络是有意义的. 由于 Minsky 在学术上的地位和影响, 其悲观论点极大地影响了当时神经网络的研究, 使得不少研究人员丧失了信心, 放弃了对神经网络的研究. 至此, 神经网络的研究陷入了前所未有的低谷. 1981 年, Minsky 自己也承认当时的悲观论点对这一研究方向伤害过大.

1.1.2   过渡阶段

在 Minsky 和 Papert 的书出版后的十年间, 虽然研究神经网络的人员大幅减少, 但仍有为数不多的学者在极端困难的条件下致力于神经网络的研究, 提出了各种不同的网络模型[7]. 1970 年, 美国波士顿大学的 Grossberg 和 Carpenter 提出了著名的共振理论[8]; 1971 年, 芬兰的 Kohonen 提出了自组织映射理论[9]; 1973 年, 日本的 Fukushima 提出了神经认知机网络理论[10]; 1974 年, 日本的 Amari 致力于神经网络有关数学理论的研究[11]; 1974 年, 美国哈佛大学的 Werbos 提出了反向传播 (back propagation, BP) 学习理论[12]; 1977 年, Anderson 和 Silvetstein 提出了盒中脑 (brain state in box, BSB) 模型[13]. 这些研究成果为此后研究神经网络理论、数学模型和体系结构等打下了坚实的基础.

1.1.3 高潮阶段

对神经网络研究的复苏产生巨大推动力的是美国科学院院士、加利福尼亚理工学院生物物理学家 Hopfield 于 1982 年发表的一篇具有突破性的学术论文 [14]. 他总结并吸取前人对神经网络研究的成果与经验, 把网络的各种结构和各种算法概括起来, 创造性地提出了神经网络的数学模型, 后来人们称之为 Hopfield 模型. 1984 年, Hopfield 又发表了一篇神经网络应用的文章 [15], 获得了工程技术界和学术界的重视. 他采用物理力学的分析方法, 通过引入 Lyapunov 能量函数, 研究了网络模型的稳定性. 他指出, 对已知的网络状态, 存在一个正比于每个神经元的活动值和神经元之间连接权的能量函数, 活动值的改变向能量函数减少的方向进行, 直至达到一个极小值. 换句话说, 他证明了在一定条件下网络可以达到稳定状态. 他提出的 Hopfield 神经网络有四大特点: ① 有联想记忆功能, 联想记忆是人脑具有的特殊功能; ② 可以在集成电路上实现, 这是应用的基础; ③ 有网络能量定律, 这是理论研究的依据; ④ 有描述网络的动力学方程, 这是研究网络动力学的基础.

Hopfield 神经网络的出现, 立即引起了半导体工业界的注意[16]. 1984 年, 美国电报与电话公司的贝尔实验室声称, 他们利用 Hopfield 的神经网络理论, 在硅片上制成了硬件的计算机神经网络, 继而仿真出耳蜗与视网膜等硬件网络. 与此同时, 不少研究非线性电路的物理学家和生物学家在理论和应用上对 Hopfield 神经网络进行了比较深入的讨论和改进. 1985 年, Hinton 和 Sejnowski 借助统计物理学的概念和方法, 采用多层网络的学习算法, 提出了 Blotzmann 机. 学习过程采用了模拟退火的原理, 能够使得整个系统趋于全局稳定点, 有效克服了 Hopfield 神经网络存在的能量局部极小问题.

1986 年, Rumelhart 和 McClelland 及其领导的团队研究出用于训练多层感知机的反向传播算法, 证明 Hopfield 神经网络具有很强的学习能力, 可以完成许多学习任务, 并出版了具有轰动性的专著 *Parallel Distributed Processing: Explorations in the Microstructure of Cognition*[17]. 该专著最重要的贡献之一是发展了多层感知机的反向传播训练算法, 把学习的结果反馈到中间层次的隐节点, 改变其连接权值, 以达到预期学习目的. 该专著出版以后, 引起了众多学者的高度关注, 掀起了神经网络研究的新高潮.

1.1.4 平稳阶段

为了更好地研究神经网络的理论与应用, 1987 年 6 月 21 日在美国圣地亚哥召开了首届国际神经网络大会, 到会代表 1600 余人, 会上成立了国际神经网络学会 (International Neural Network Society, INNS). 1988 年, 在美国波士顿召开了年会, 会议讨论的议题涉及生物、电子、计算机、物理、控制、信号处理及人工智能等各领域. 自 1988 年起, 国际神经网络学会与电气电子工程师学会

(Institute of Electrical and Electronics Engineers, IEEE) 联合召开每年一次的国际学术会议. 1988 年, 由三位世界著名的神经网络专家, 即美国波士顿大学的 Grossberg 教授、芬兰赫尔辛基技术大学的 Kohonen 教授及日本东京大学的 Amari 教授, 共同主持创办了世界上第一本神经网络杂志 *Neural Networks*. 之后, 还诞生了 *Neural Computation*、*IEEE Transactions on Neural Networks* (现改名为 *IEEE Transactions on Neural Networks and Learning Systems*)、*International Journal of Neural Systems*、*Neural Computing and Applications*、*Neural Network World*、*Neural Processing Letters*、*Journal of Neural Engineering*、*Neuroeomputing* 和 *Network-Computation in Neural Systems* 等神经网络学术期刊.

我国最早探索神经网络研究的是涂序彦等, 他们于 1980 年出版了《生物控制论》一书 [18], 书中将神经系统控制论单独列为一章, 系统地介绍了神经元和神经网络的结构、功能和模型. 20 世纪 80 年代, 随着神经网络在世界范围内复苏, 国内也逐步掀起了神经网络研究的热潮. 1989 年 10 月和 11 月分别在北京和广州召开了神经网络及其应用学术会议和第一届全国信号处理——神经网络学术会议. 1990 年 2 月, 我国八个一级学会 (中国电子学会、中国计算机学会、中国人工智能学会、中国自动化学会、中国通信学会、中国物理学会、中国生物物理学会和中国心理学会) 联合在北京召开了首届中国神经网络学术大会, 国内新闻媒体纷纷报道了这一盛会, 这是我国神经网络发展以及走向世界的良好开端. 1991 年, 在南京召开了第二届中国神经网络学术大会, 会上成立了中国神经网络委员会.

时至今日, 人们提出和建立了各种神经网络模型, 如 Cohen-Grossberg 神经网络模型 [19]、细胞神经网络模型 [20]、双向联想记忆神经网络模型 [21]、模糊神经网络模型 [22]. 由于神经网络具有自学习功能、联想记忆功能和鲁棒性强等特点, 现已广泛应用于联想记忆、信号传输、模式识别、图像处理、优化计算、保密通信、无人驾驶等领域 [23], 理论研究和工程应用的成果层出不穷, 为科技进步和社会发展做出了积极贡献.

1.2　研究背景及研究意义

1.2.1　研究背景

Hopfield 于 1982 年提出的神经网络可以用如下微分方程来描述[8]:

$$C_i \frac{\mathrm{d}u_i(t)}{\mathrm{d}t} = -\frac{u_i(t)}{R_i} + \sum_{j=1}^{n} T_{ij} g_j(u_j(t)) + I_i \tag{1.2.1}$$

其中, $i \in \{1, 2, \cdots, n\}$, 电阻 R_i 与电容 C_i 是并联的, 模拟了生物神经元的特性; 跨导 T_{ij} 模拟了神经元之间互相连接的突触特性, 表示第 i 个神经元与第 j 个神经元之间的连接权值；电压 u_i 表示第 i 个神经元的输入, $g_j(u_j)$ 为其输出, 称为激活函数；I_i 是外部输入电流. 模型 (1.2.1) 即 Hopfield 网络模型.

众所周知, 为了更好地应用神经网络解决实际问题, 往往需要研究神经网络的稳定性 [24]. 例如, 当神经网络用于优化计算时, 要求设计的网络存在唯一平衡点, 该平衡点对应于优化模型的目标, 且网络状态最终趋近于该平衡点. 从数学的观点看, 就是要设计全局稳定的神经网络. 当神经网络用于图像处理时, 希望设计的网络有尽可能多的平衡点, 这样就可以将处理后的结果存储到这些平衡点上, 而且网络的状态最终趋近于这些平衡点. 从数学的观点看, 就是要设计多稳定的神经网络 [25].

Hopfield 在分析模型 (1.2.1) 的稳定性时, 进行了以下假设:

(1) 突触权值矩阵 $T = (T_{ij})_{n \times n}$ 是对称矩阵；

(2) 激活函数 $g_i(u)$ 是连续可微且严格单调增加的函数.

通过构造一个能量函数, 建立了模型 (1.2.1) 的稳定性判据. 特别是 Hopfield 将这种网络成功运用于著名的 "巡回推销商" 问题的求解, 取得了很好的效果. 这一成果的取得, 让人们看到了神经网络在解决实际问题时的巨大潜力, 进而激发起人们对神经网络的研究兴趣.

Hopfield 的思想虽然新颖, 但其数学理论不够严谨 [26]. 人们仔细研究后不难发现, 利用 Hopfield 的方法只能得到该网络模型的解 $u(t, t_0, u_0)$ 趋于模型的某一平衡位置 $u^*(u_0)$, 而 $u^*(u_0)$ 又依赖模型初始值 u_0, 这样就不能判定 u^* 是 Lyapunov 意义下的稳定性；对于具体给定的平衡位置, 利用 Hopfield 的方法也不能判定网络是否稳定. 另外, Hopfield 对网络本身的要求非常高: 一方面, 要求突触权值矩阵 $T = (T_{ij})_{n \times n}$ 是对称矩阵, 只要有一对 (i, j) 使得 $T_{ij} \neq T_{ji}$, 不管 $|T_{ij} - T_{ji}|$ 有多小, 利用能量函数方法就不能判定神经网络平衡点的稳定性. 从神经网络的硬件实现来看, 要保证两个物理参数完全相等且不允许有任何微小的差异几乎是不可能的. 另一方面, 要求激活函数 $g_i(u_i)$ 是连续可微且严格单调增加的, 这也限制了网络的实际应用范围. Yoshizawa 等 [27] 指出在联想记忆网络中, 如果用非光滑的激活函数代替原有的光滑 Sigmoid 激活函数, 将会极大地提高网络的性能, 而且在电子电路放大器中, 经常采用的函数既不是单调增加的也不是连续可微的. 因此, 削弱 Hopfield 对网络的要求, 拓展网络的适用范围是非常有意义的工作. 关于削弱网络要求的详细研究成果, 请参见文献 [28] ~ [32].

众所周知, 在神经网络的硬件实现中, 受放大器转换速度的限制, 会不可避免地出现时滞[33]. 时滞的出现, 不仅会使网络的传递速度降低, 而且会使稳定的网络变得不稳定[34]. 因此, 将时滞引入神经网络, 设计的时滞神经网络更加符合实际.

Hopfield 神经网络模型是不含时滞的非线性常微分方程组, 是一种理想的模型. 1989 年, 美国哈佛大学的 Marcus 和 Westervelt 将时滞引入 Hopfield 神经网络中, 建立了具有常数时滞的神经网络模型[33]:

$$C_i \frac{\mathrm{d}u_i(t)}{\mathrm{d}t} = -\frac{u_i(t)}{R_i} + \sum_{j=1}^{n} T_{ij} g_j(u_j(t)) + \sum_{j=1}^{n} W_{ij} g_j(u_j(t-\tau)) + I_i \qquad (1.2.2)$$

其中, $i \in \mathbb{N} = \{1, 2, \cdots, n\}$.

他们通过实验和数值计算发现, 时滞能够破坏原本稳定的网络并使其呈现持续振荡. 在这种情况下, 时滞对网络的稳定是有害的, 为此他们分析了时滞神经网络模型 (1.2.2) 的稳定性, 并给出了网络模型稳定性的判定条件.

1992 年, Roska 和 Chua 也将时滞引入细胞神经网络模型中, 建立了时滞细胞神经网络模型[35]. 之后, 人们还建立了许多时滞神经网络模型, 如时滞双向联想记忆神经网络模型[36]、时滞 Cohen-Grossberg 神经网络模型[37]、时滞模糊神经网络模型[38]. 近年来, 具有时滞的各类神经网络的稳定性得到了广泛研究, 可参见文献 [39] ∼ [121] 及其参考文献, 其中研究的神经网络的神经元状态、激活函数、连接权值和输入都是实数, 因此称这些神经网络为实数神经网络.

虽然实数神经网络已在许多领域得到了广泛应用, 但也有一定的局限性[122]. 例如, 在通信领域, 当处理的信号数据是复数时, 通常的做法是, 先提取信号数据的实部和虚部, 得到两组实数数据, 再分别设计两个实数神经网络进行处理, 复数信号既携带了信号的振幅信息, 也携带了信号的相位信息, 因此处理的后果是, 丢失了信号的振幅和相位有内在联系的信息[123]. 基于此, 学者提出了复数神经网络[124]. 复数神经网络的神经元状态、激活函数、连接权值和输入都是复数, 因此能直接处理复数数据. 复数神经网络现已应用于一些领域, 例如, 在交通路牌识别领域, 选择复数的符号函数作为激活函数, 设计一个单层全反馈连接的复数神经网络, 通过复数连接权反馈至所有的神经元, 再利用复数 Hebbian 学习规则或内积学习规则, 不断训练网络的连接权值, 直到所构建的复数神经网络能够准确存储多个灰度级的灰度图像, 并借助网络的联想记忆特性来识别交通路牌. 研究表明, 与采用实数神经网络识别相比, 采用复数神经网络识别, 不仅抗干扰能力更强, 而且识别的正确率更高[125]. 近年来, 具有时滞的复数神经网络的稳定性也得到了大量研究, 可参见文献 [126] ∼ [154] 及其参考文献.

1.2.2 研究意义

复数神经网络的优势在于擅长处理二维数据. 为了更好地处理三维数据或四维数据, 一些学者将四元数与神经网络融合, 提出了四元数神经网络 (quaternion-valued neural network, QVNN) [155]. 四元数神经网络现已应用于彩色图像处理、风速预报、阵列信号处理、机器人反解等领域[156]. 例如, 在彩色图像处理中, 用四元数的三个虚部分别表示图像的三种基色 (红、绿、蓝) 的灰度值, 这样一个彩色图像点就与一个四元数相对应, 从而能更好地体现图像三种基色之间的关联性. 研究发现, 四元数神经网络处理的彩色图像比实数神经网络或者复数神经网络处理的效果更好[157]. 两个四元数是无法比较大小的, 且四元数乘法不满足交换律, 因此四元数神经网络的研究比实数神经网络和复数神经网络的研究困难. 近年来, 具有时滞的四元数神经网络的稳定性也得到了大量研究, 可参见文献 [158]∼ [194] 及其参考文献.

从研究方法看, 有分离模型法和直接法. 分离模型法就是将四元数神经网络模型分离为四个实数模型或者两个复数模型, 研究分离模型的稳定性; 直接法就是不对网络模型进行分离, 直接研究模型的稳定性. 分离模型法虽有一定的可行性, 但存在以下三个问题:

(1) 四元数神经网络模型能够分离的前提是激活函数能够分离. 由于激活函数是非线性函数, 要将一个非线性的四元数函数分离为两个复数函数或者一个实部函数和三个虚部函数难度很大, 甚至不可能.

(2) 分离后得到的模型维数是原来模型维数的 2 倍或 4 倍, 这将增加理论分析和数值计算的复杂度.

(3) 由于四元数信号既携带了信号的振幅信息, 也携带了信号的相位信息, 用两个复数模型或者四个实数模型进行处理的后果是: 可能丢失了四元数的振幅和相位有内在关联的一些信息.

因此, 不对四元数神经网络模型进行分离, 将其作为一个整体, 直接研究四元数神经网络的稳定性更有理论价值和实际意义.

上述文献中研究的神经网络, 无论是实数神经网络和复数神经网络还是四元数神经网络, 其模型都是用整数阶导数描述的. 与整数阶微积分相比, 分数阶微积分最主要的优点是能够描述系统的记忆性和遗传性, 具有整数阶微积分所不能替代的功能, 能更好地揭示系统的本质特性[195]. 因此, 一些学者借助分数阶微积分在模型刻画上的优势, 将分数阶微积分理论引入神经网络中, 建立了分数阶神经网络模型[196]. 研究发现, 分数阶神经网络能够提升神经元的记忆性与遗传性, 具有更加有效的计算能力和信息处理能力[197]. 近年来, 一些学者对分数阶神经网络的稳定性进行了初步研究, 可参见文献 [198] ∼ [241] 及其参考文献.

第 2 章 预 备 知 识

为了叙述方便, 本章首先给出符号说明, 然后介绍四元数概念及基本性质, 以及稳定性概念及基本性质, 最后介绍本书需用的相关引理.

2.1 符号说明

对本书所涉及的符号进行说明, 见表 2.1.1.

表 2.1.1 符号说明

符号	含义
$\mathbb{R}$	实数域
$\mathbb{R}^+$	正实数集
$\mathbb{C}$	复数域
$\mathbb{Q}$	四元数斜域
$\mathbb{R}^n$	n 维欧氏空间
$\mathbb{C}^n$	n 维复数空间
$\mathbb{Q}^n$	n 维四元数空间
A^{T}	矩阵 A 的转置矩阵
$\bar{A}$	矩阵 A 的共轭矩阵
A^*	矩阵 A 的共轭转置矩阵
A°	矩阵 A 的反对称矩阵
$A > 0 \, (A \geqslant 0)$	A 是正定矩阵 (半正定矩阵)
$A < 0 \, (A \leqslant 0)$	A 是负定矩阵 (半负定矩阵)

2.2 四元数概念及基本性质

四元数是哈密顿 (William Rowan Hamilton, 1805—1865) 于 1843 年在爱尔兰发现的. 一个四元数可表示为

$$q = q_0 + q_1 \imath + q_2 \jmath + q_3 \kappa$$

其中, q_0, q_1, q_2, q_3 为实数; $\imath, \jmath, \kappa$ 为虚数单位, 其乘法遵循以下规则:

$$\begin{cases} \imath \jmath = -\jmath \imath = \kappa \\ \jmath \kappa = -\kappa \jmath = \imath \\ \kappa \imath = -\imath \kappa = \jmath \\ \imath^2 = \jmath^2 = \kappa^2 = -1 \end{cases} \tag{2.2.1}$$

显然, 四元数的乘法运算不满足交换律. 设 $p = p_0 + p_1\imath + p_2\jmath + p_3\kappa$ 和 $q = q_0 + q_1\imath + q_2\jmath + q_3\kappa$ 是两个四元数, 则它们的加法定义为

$$p + q = (p_0 + q_0) + (p_1 + q_1)\imath + (p_2 + q_2)\jmath + (p_3 + q_3)\kappa$$

两个四元数 q 和 p 的乘法可定义为

$$pq = (p_0q_0 - p_1q_1 - p_2q_2 - p_3q_3) + (p_0q_1 + p_1q_0 + p_2q_3 - p_3q_2)\imath$$
$$+ (p_0q_2 + p_2q_0 - p_1q_3 + p_3q_1)\jmath + (p_0q_3 + p_3q_0 + p_1q_2 - p_2q_1)\kappa$$

对于一个四元数 q, 它的共轭 $\bar{q}$ 定义为

$$\bar{q} = q_0 - q_1\imath - q_2\jmath - q_3\kappa$$

q 的模 $|q|$ 定义为

$$|q| = \sqrt{q\bar{q}} = \sqrt{q_0^2 + q_1^2 + q_2^2 + q_3^2}$$

对于一个四元数矩阵, 若它共轭转置后不变, 则称该矩阵为 Hermitian (埃尔米特) 四元数矩阵. 如果一个 Hermitian 四元数矩阵的特征值全大于零 (小于零), 则称该矩阵是正定矩阵 (负定矩阵).

2.3 稳定性概念及基本性质

一般认为, 动力系统稳定性理论始于 1892 年 Lyapunov 完成的博士论文[242]. 他给出了系统中运动的稳定和渐近稳定的概念, 并从系统总能量物理概念中得到启发, 提出了被后人称为 Lyapunov 函数的概念, 将一般 n 阶微分方程组中对扰动解渐近性质的讨论归结为讨论一个标量 Lyapunov 函数及其对系统全导数的一些特性的研究, 成功避开了讨论 n 阶微分方程组解的困难, 从而构建了动力系统稳定性理论的研究框架.

下面介绍时滞动力系统稳定性的 Lyapunov 泛函法的几个经典定理.

考虑时滞动力系统:

$$\frac{\mathrm{d}q(t)}{\mathrm{d}t} = f(t, q_t) \tag{2.3.1}$$

其中, $q_t \in C([-\tau, 0], \mathbb{Q}^n)$, $C([-\tau, 0], \mathbb{Q}^n)$ 为由连续函数 $\varphi : [-\tau, 0] \to \mathbb{Q}^n$ 构成的具有一致收敛拓扑结构的 Banach 空间, 其范数定义为 $\|\varphi\| = \max\{\|\varphi(t)\| : t \in [-\tau, 0]\}$; $q_t(s) = q(t + s)$; $f \in C(\mathbb{R}^+ \times C([-\tau, 0], \mathbb{Q}^n), \mathbb{Q}^n)$. 给定 $H > 0$, 定义 $C_H = \{\xi \in C([-\tau, 0], \mathbb{Q}^n) : \|\xi\| < H\}$. $\forall t_0 > 0$, $\xi \in C_H$, 系统 (2.3.1) 在区间 $[t_0, t_0 + \alpha]$ 上的解定义为 $q(t, t_0, \xi)$.

定义 2.3.1 对于系统 (2.3.1), 如果 $f(t, 0) = 0$ 且 $\forall \varepsilon > 0$, $\exists \delta(t_0, \varepsilon) > 0$, $t_0 \in \mathbb{R}^+$, 当 $\xi \in C([-\tau, 0], \mathbb{Q}^n)$ 且 $\|\xi\| < \delta(t_0, \varepsilon)$ 时, 有 $\|q(t, t_0, \xi)\| < \varepsilon$, 则称系统 (2.3.1) 的零解是稳定的. 如果 $\delta(t_0, \varepsilon)$ 与 t_0 无关, 则称系统 (2.3.1) 的零解是一致稳定的.

(1) 如果 $\exists \sigma(t_0) > 0$, 对于 $\forall \eta > 0$, $\exists T(t_0, \eta) > 0$, 当 $\|\xi\| < \sigma(t_0)$, $t \geqslant t_0 + T(t_0, \eta)$ 时, 有 $\|q(t, t_0, \xi)\| < \eta$, 则称系统 (2.3.1) 的零解是吸引的. 如果 $\sigma(t_0)$ 与 t_0 无关, 则称系统 (2.3.1) 的零解是一致吸引的.

(2) 如果系统 (2.3.1) 的零解稳定且吸引, 则称系统 (2.3.1) 的零解是渐近稳定的. 如果系统 (2.3.1) 的零解一致稳定且一致吸引, 则称系统 (2.3.1) 的零解是一致渐近稳定的.

定理 2.3.1 对于系统 (2.3.1), 如果存在两个函数 $\psi_i(t) : \mathbb{R}^+ \to \mathbb{R}^+$ 且 $\psi_i(0) = 0$ $(i = 1, 2)$ 和一个 Lyapunov 泛函 $V(t, \xi) \in C(\mathbb{R}^+ \times C([-\tau, 0], \mathbb{Q}^n), \mathbb{R}^+)$, 满足:

(1) $\psi_1(\|\xi(0)\|) \leqslant V(t, \xi) \leqslant \psi_2(\|\xi(0)\|)$;

(2) $D^+V(t, \xi) |_{(2.3.1)} \leqslant 0$.

那么, 系统 (2.3.1) 的零解是一致稳定的, 其中 $D^+V(t, \xi)$ 是 $V(t, \xi)$ 的 Dini 导数, 定义如下:

$$D^+V(t, \xi) = \lim_{h \to 0^+} \sup \frac{V(t + h) - V(t)}{h}$$

定理 2.3.2 对于系统 (2.3.1), 如果存在两个函数 $\psi_i(t) : \mathbb{R}^+ \to \mathbb{R}^+$ 且 $\psi_i(0) = 0$ $(i = 1, 2)$ 和一个 Lyapunov 泛函 $V(t, \xi) \in C(\mathbb{R}^+ \times C([-\tau, 0], \mathbb{Q}^n), \mathbb{R}^+)$, 满足:

(1) $\psi_1(\|\xi(0)\|) \leqslant V(t, \xi) \leqslant \psi_2(\|\xi(0)\|)$;

(2) $D^+V(t, \xi) |_{(2.3.1)} \leqslant -W(\|\xi(0)\|)$, 其中 W 为正定函数.

那么, 系统 (2.3.1) 的零解是一致渐近稳定的.

2.4 本书常用引理

引理 2.4.1 如果 $f(q) : \mathbb{Q}^n \to \mathbb{Q}^n$ 是一个连续映射且满足以下两个条件:

(1) $f(q)$ 在 $\mathbb{Q}^n$ 上为单射;

(2) 当 $\|q\| \to +\infty$ 时, $\|f(q)\| \to +\infty$.

那么, $f(q)$ 是 $\mathbb{Q}^n$ 上的同胚映射.

引理 2.4.2   令 $W = W^* \in \mathbb{Q}^{n \times n}$ 且 $W > 0$, $f(s) : [\alpha, \beta] \to \mathbb{Q}^n$ 是一个可积函数且 $\alpha < \beta$, 则有

$$\left(\int_\alpha^\beta f^*(s)\mathrm{d}s \right) W \left(\int_\alpha^\beta f(s)\mathrm{d}s \right) \leqslant (\beta - \alpha) \int_\alpha^\beta f^*(s)Wf(s)\mathrm{d}s$$

引理 2.4.3   对于任意 $a, b \in \mathbb{Q}^n$ 和任意正定 Hermitian 矩阵 $P \in \mathbb{Q}^{n \times n}$, 有

$$a^*b + b^*a \leqslant a^*Pa + b^*P^{-1}b$$

引理 2.4.4   设 $A = A_1 + A_2 \jmath$, $B = B_1 + B_2 \jmath$, 其中, $A_1, A_2, B_1, B_2 \in \mathbb{C}^{n \times n}$, $A, B \in \mathbb{Q}^{n \times n}$, 则有:

(1) $A^* = A_1^* - A_2^{\mathrm{T}} \jmath$;

(2) $AB = (A_1B_1 - A_2\overline{B}_2) + (A_1B_2 + A_2\overline{B}_1)\jmath$, 其中, $\overline{B}_1, \overline{B}_2$ 分别是 B_1 和 B_2 的共轭矩阵.

引理 2.4.5   设 Hermitian 矩阵 $Q \in \mathbb{Q}^{n \times n}$, $Q = Q_1 + Q_2 \jmath$, 其中, $Q_1, Q_2 \in \mathbb{C}^{n \times n}$, 则 $Q < 0$ 等价于

$$\begin{bmatrix} Q_1 & -Q_2 \\ \overline{Q}_2 & \overline{Q}_1 \end{bmatrix} < 0 \tag{2.4.1}$$

其中, $\overline{Q}_1, \overline{Q}_2$ 分别是 Q_1 和 Q_2 的共轭矩阵.

引理 2.4.6   如果 $X \in \mathbb{C}^{n \times n}$, $Y \in \mathbb{C}^{n \times m}$ 和 $Z \in \mathbb{C}^{m \times m}$, 则

$$\begin{bmatrix} X & Y \\ Y^* & Z \end{bmatrix} < 0$$

等价于以下任意一个条件:

(1) $Z < 0$ 且 $X - YZ^{-1}Y^* < 0$;

(2) $X < 0$ 且 $Z - Y^*X^{-1}Y < 0$.

引理 2.4.7   设 $x, y \in \mathbb{Q}$, $A, B, P \in \mathbb{Q}^{n \times n}$ 且 P 是正定的 Hermitian 矩阵, 则有以下性质:

(1) $|x + y| \leqslant |x| + |y|$ 且 $|xy| = |x||y|$;

(2) $(AB)^* = B^*A^*$;

(3) 如果 A, B 是可逆的, 那么 $(AB)^{-1} = B^{-1}A^{-1}$;

(4) 如果 A 是可逆的, 那么 $(A^*)^{-1} = (A^{-1})^*$;

(5) 任意四元数 q 可以唯一地表示为 $q = c_1 + c_2 \jmath$, 其中, $c_1, c_2 \in \mathbb{C}$;

(6) 对于任意复矩阵 $C \in \mathbb{C}^{n \times n}$, 有 $\jmath C = \overline{C} \jmath$ 或者 $\jmath C \jmath^* = \overline{C}$;

(7) 存在一个可逆矩阵 $Q \in \mathbb{Q}^{n \times n}$, 使得 $P = Q^* Q$.

引理 2.4.8　如果 $X \in \mathbb{Q}^{n \times n}$, $Y \in \mathbb{Q}^{n \times m}$ 和 $Z \in \mathbb{Q}^{m \times m}$, 则

$$\begin{bmatrix} X & Y \\ Y^* & -Z \end{bmatrix} < 0$$

等价于 $Z > 0$ 且 $X + Y Z^{-1} Y^* < 0$.

第 3 章　四元数神经网络渐近稳定性

3.1　连续时间型和离散时间型四元数神经网络渐近稳定性

本节研究具有线性阈值神经元的连续时间型和离散时间型四元数神经网络渐近稳定性问题. 首先, 利用半离散化方法将连续时间型四元数神经网络转化为相应的离散时间型四元数神经网络. 然后, 通过四元数的复分解方法、同胚映射定理以及 Lyapunov 稳定性理论分别得到连续时间型和离散时间型四元数神经网络平衡点存在、唯一和全局渐近稳定的充分条件. 此外, 针对连续时间型四元数神经网络以及相应的离散时间型四元数神经网络建立统一的稳定性判据. 最后, 通过两个数值示例验证所得结果的有效性.

3.1.1　模型描述

考虑如下连续时间型四元数神经网络模型:

$$\dot{q}_i(t) = -c_i q_i(t) + \sum_{j=1}^{n} a_{ij} \sigma_j(q_j(t)) + u_i, \ i = 1, 2, \cdots, n, \ t \geqslant 0 \tag{3.1.1}$$

其等价的向量形式为

$$\dot{q}(t) = -Cq(t) + A\sigma(q(t)) + u \tag{3.1.2}$$

其中, $q(t) = (q_1(t), q_2(t), \cdots, q_n(t))^{\mathrm{T}} \in \mathbb{Q}^n$ 表示神经网络在 t 时刻的状态向量; $c_i > 0 \ (i = 1, 2, \cdots, n)$; $C = \mathrm{diag}\{c_1, c_2, \cdots, c_n\} \in \mathbb{R}^{n \times n}$ 表示自反馈连接权矩阵; $A = (a_{ij})_{n \times n} \in \mathbb{Q}^{n \times n}$ 表示连接权矩阵; $u = (u_1, u_2, \cdots, u_n)^{\mathrm{T}} \in \mathbb{Q}^n$ 表示外部输入向量; $\sigma(q(t)) = (\sigma_1(q_1(t)), \sigma_2(q_2(t)), \cdots, \sigma_n(q_n(t)))^{\mathrm{T}} \in \mathbb{Q}^n$ 表示神经元的激活函数.

$\sigma_j(\cdot)$ 是四元数线性阈值函数, 表达式为

$$\sigma_j(q_j) = \max\{0, q_j^{(11)}\} + \imath \max\{0, q_j^{(12)}\}$$
$$+ \jmath \max\{0, q_j^{(21)}\} + \kappa \max\{0, q_j^{(22)}\} \tag{3.1.3}$$

其中, $q_j = q_j^{(11)} + \imath q_j^{(12)} + \jmath q_j^{(21)} + \kappa q_j^{(22)} \in \mathbb{Q}$, $q_j^{(11)}, q_j^{(12)}, q_j^{(21)}, q_j^{(22)} \in \mathbb{R}$, $j = 1, 2, \cdots, n$.

利用半离散化技巧将连续时间型四元数神经网络 (3.1.1) 转化为对应的离散时间型四元数神经网络. 对于 $t \in \left[\left[\dfrac{t}{s}\right]s, \left[\dfrac{t}{s}\right]s + s\right)$, 四元数神经网络 (3.1.1) 可

近似改写为

$$\dot{q}_i(t) = -c_i q_i(t) + \sum_{j=1}^{n} a_{ij} \sigma_j \left(q_j \left(\left[\frac{t}{s} \right] s \right) \right) + u_i \tag{3.1.4}$$

其中, $i = 1, 2, \cdots, n$; s 是一个正实数, 表示均匀离散化的步长; $\left[\dfrac{t}{s} \right]$ 表示 $\dfrac{t}{s}$ 的整数部分.

为方便起见, 下面令 $\left[\dfrac{t}{s} \right] = k$, 用 $q_i(k)$ 代替 $q_i(ks)$, 则式 (3.1.1) 可改写为

$$\dot{q}_i(t) = -c_i q_i(t) + \sum_{j=1}^{n} a_{ij} \sigma_j(q_j(k)) + u_i \tag{3.1.5}$$

其中, $i = 1, 2, \cdots, n$.

由式 (3.1.5) 可得

$$\frac{\mathrm{d}}{\mathrm{d}t} \left(q_i(t) \mathrm{e}^{c_i t} \right) = \mathrm{e}^{c_i t} \left(\sum_{j=1}^{n} a_{ij} \sigma_j(q_j(k)) + u_i \right) \tag{3.1.6}$$

其中, $i = 1, 2, \cdots, n$.

设 $ks < t < (k+1)s$ 在区间 $[ks, t]$ 上, 对式 (3.1.6) 两边进行积分可得

$$q_i(t) \mathrm{e}^{c_i t} - q_i(k) \mathrm{e}^{c_i ks} = \frac{\mathrm{e}^{c_i t} - \mathrm{e}^{c_i ks}}{c_i} \left(\sum_{j=1}^{n} a_{ij} \sigma_j(q_j(k)) + u_i \right) \tag{3.1.7}$$

其中, $i = 1, 2, \cdots, n$.

由于 $q_i(t)$ 的连续性, 当 $t \to (k+1)s$ 时, 式 (3.1.7) 可转化为

$$q_i(k+1) = q_i(k) \mathrm{e}^{-c_i s} + \theta_i(s) \left(\sum_{j=1}^{n} a_{ij} \sigma_j(q_j(k)) + u_i \right) \tag{3.1.8}$$

其中, $i = 1, 2, \cdots, n$; $\theta_i(s) = \dfrac{1 - \mathrm{e}^{-c_i s}}{c_i} > 0$.

式 (3.1.8) 便是连续时间型四元数神经网络 (3.1.1) 对应的离散时间型四元数神经网络. 可以证明, 当 $s \to 0^+$ 时, 离散时间型四元数神经网络 (3.1.8) 趋近于连续时间型四元数神经网络 (3.1.1).

离散时间型四元数神经网络 (3.1.8) 的等价向量形式为

$$q(k+1) = \tilde{C} q(k) + \tilde{A} \sigma(q(k)) + \tilde{u}, \ k = 0, 1, 2, \cdots$$

其中, $q(k) = (q_1(k), q_2(k), \cdots, q_n(k))^{\mathrm{T}} \in \mathbb{Q}^n$; $\tilde{C} = \mathrm{diag}\{\tilde{c}_1, \tilde{c}_2, \cdots, \tilde{c}_n\} \in \mathbb{R}^{n \times n}$, $\tilde{c}_i = \mathrm{e}^{-c_i s}$; $\tilde{A} = (\tilde{a}_{ij})_{n \times n} \in \mathbb{Q}^{n \times n}$, $\tilde{a}_{ij} = \theta_i(s) a_{ij}$; $\tilde{u} = (\tilde{u}_1, \tilde{u}_2, \cdots, \tilde{u}_n)^{\mathrm{T}} \in \mathbb{Q}^n$, $\tilde{u}_i = \theta_i(s) u_i$; $\sigma(q(k)) = (\sigma_1(q_1(k)), \sigma_2(q_2(k)), \cdots, \sigma_n(q_n(k)))^{\mathrm{T}} \in \mathbb{Q}^n$.

3.1.2 基本引理

下面先给出本节所需引理.

引理 3.1.1 设 $\sigma_j^r(x) = \max\{0, x\}$, $x \in \mathbb{R}$; $\sigma_j^c(z) = \max\{0, x\} + \imath \max\{0, y\}$, $z = x + \imath y \in \mathbb{C}$; $\sigma^c(Z) = (\sigma_1^c(z_1), \sigma_2^c(z_2), \cdots, \sigma_n^c(z_n))^{\mathrm{T}}$, $Z = (z_1, z_2, \cdots, z_n)^{\mathrm{T}} \in \mathbb{C}^n$, 则对任意 $x, x' \in \mathbb{R}$, 任意 $z, z' \in \mathbb{C}$, 以及任意 $Z, Z' \in \mathbb{C}^n$, 以下不等式都成立:

$$|\sigma_j^r(x) - \sigma_j^r(x')| \leqslant |x - x'| \tag{3.1.9}$$

$$|\sigma_j^c(z) - \sigma_j^c(z')| \leqslant |z - z'| \tag{3.1.10}$$

$$\|\sigma^c(Z) - \sigma^c(Z')\| \leqslant \|Z - Z'\| \tag{3.1.11}$$

$$(\sigma^c(Z) - \sigma^c(Z'))^* \Lambda (\sigma^c(Z) - \sigma^c(Z')) \leqslant (Z - Z')^* \Lambda (Z - Z') \tag{3.1.12}$$

其中, Λ 为正对角矩阵.

3.1.3 主要结果

下面给出连续时间型四元数神经网络 (3.1.1) 平衡点存在唯一性和渐近稳定性的一些充分条件.

首先, 基于四元数的复数分解性质, 将连续时间型四元数神经网络 (3.1.1) 分解为两个复值系统. 令 $q = q^{(11)} + \imath q^{(12)} + \jmath q^{(21)} + \kappa q^{(22)} = q^{(1)} + q^{(2)}\jmath$, 其中, $q^{(lp)} = (q_1^{(lp)}, q_2^{(lp)}, \cdots, q_n^{(lp)})^{\mathrm{T}} \in \mathbb{R}^n$ $(l, p = 1, 2)$, $q^{(1)} = q^{(11)} + \imath q^{(12)} \in \mathbb{C}^n$, $q^{(2)} = q^{(21)} + \imath q^{(22)} \in \mathbb{C}^n$. 令 $A = A^{(1)} + A^{(2)}\jmath$, $u = u^{(1)} + u^{(2)}\jmath$, 其中, $A^{(1)}, A^{(2)} \in \mathbb{C}^{n \times n}$, $u^{(1)}, u^{(2)} \in \mathbb{C}^n$. 令 $\sigma(q) = \sigma^{(1)}(q^{(1)}) + \sigma^{(2)}(q^{(2)})\jmath$, 其中, $\sigma^{(l)}(q^{(l)}) = (\sigma_1^{(l)}(q_1^{(l)}), \sigma_2^{(l)}(q_2^{(l)}), \cdots, \sigma_n^{(l)}(q_n^{(l)}))^{\mathrm{T}} \in \mathbb{C}^n$, $\sigma_j^{(l)}(q_j^{(l)}) = \max\{0, q_j^{(l1)}\} + \imath \max\{0, q_j^{(l2)}\}$ $(l = 1, 2$ 且 $j = 1, 2, \cdots, n)$, 则式 (3.1.2) 可等价地改写为以下两个复值系统:

$$\begin{cases} \dot{q}^{(1)}(t) = -Cq^{(1)}(t) + A^{(1)}\sigma^{(1)}(q^{(1)}(t)) \\ \qquad\quad - A^{(2)}\bar{\sigma}^{(2)}(q^{(2)}(t)) + u^{(1)} \\ \dot{q}^{(2)}(t) = -Cq^{(2)}(t) + A^{(1)}\sigma^{(2)}(q^{(2)}(t)) \\ \qquad\quad + A^{(2)}\bar{\sigma}^{(1)}(q^{(1)}(t)) + u^{(2)} \end{cases} \tag{3.1.13}$$

定理 3.1.1 如果存在两个正定 Hermitian 矩阵 $U_1, U_2 \in \mathbb{C}^{n \times n}$ 以及四个正对角矩阵 $V_1, V_2, V_3, V_4 \in \mathbb{R}^{n \times n}$, 使得以下线性矩阵不等式成立:

$$
\Pi_1 = \begin{bmatrix}
\Pi_{11} & 0 & U_1 A^{(1)} & -U_1 A^{(2)} & 0 & 0 \\
\star & \Pi_{22} & 0 & 0 & U_2 A^{(2)} & U_2 A^{(1)} \\
\star & \star & -V_1 & 0 & 0 & 0 \\
\star & \star & \star & -V_2 & 0 & 0 \\
\star & \star & \star & \star & -V_3 & 0 \\
\star & \star & \star & \star & \star & -V_4
\end{bmatrix} < 0 \tag{3.1.14}
$$

其中, $\Pi_{11} = -U_1 C - C U_1^* + V_1 + V_3$; $\Pi_{22} = -U_2 C - C U_2^* + V_2 + V_4$; 符号 $\star$ 表示矩阵中对称位置元素的共轭转置. 那么, 连续时间型四元数神经网络 (3.1.1) 具有唯一平衡点.

证明　在 $\mathbb{C}^{2n}$ 上定义一个连续自映射:

$$
\mathscr{H}(z) = - \begin{bmatrix} C & 0 \\ 0 & C \end{bmatrix} \begin{bmatrix} x \\ y \end{bmatrix} + \begin{bmatrix} A^{(1)} & -A^{(2)} \\ 0 & 0 \end{bmatrix} \begin{bmatrix} \sigma^{(1)}(x) \\ \bar{\sigma}^{(2)}(y) \end{bmatrix}
$$
$$
+ \begin{bmatrix} 0 & 0 \\ A^{(2)} & A^{(1)} \end{bmatrix} \begin{bmatrix} \bar{\sigma}^{(1)}(x) \\ \sigma^{(2)}(y) \end{bmatrix} + \begin{bmatrix} u^{(1)} \\ u^{(2)} \end{bmatrix} \tag{3.1.15}
$$

其中, $z = (x^{\mathrm{T}}, y^{\mathrm{T}})^{\mathrm{T}} \in \mathbb{C}^{2n}$, $x, y \in \mathbb{C}^n$.

由复数域上的同胚映射定理可知, 要证明式 (3.1.1) 或其等价形式 (3.1.13) 具有唯一平衡点, 只需证明 $\mathscr{H}(\cdot)$ 是一个同胚映射即可.

首先, 证明 $\mathscr{H}(\cdot)$ 是 $\mathbb{C}^{2n}$ 上的单射. 假设存在 $x, y, x', y' \in \mathbb{C}^n$ 且 $(x, y) \neq (x', y')$, 使得 $\mathscr{H}(z) = \mathscr{H}(z')$, 其中, $z = (x^{\mathrm{T}}, y^{\mathrm{T}})^{\mathrm{T}}$, $z' = (x'^{\mathrm{T}}, y'^{\mathrm{T}})^{\mathrm{T}}$, 则有如下结论:

$$
\mathscr{H}(z) - \mathscr{H}(z') = - \begin{bmatrix} C & 0 \\ 0 & C \end{bmatrix} \begin{bmatrix} x - x' \\ y - y' \end{bmatrix}
$$
$$
+ \begin{bmatrix} A^{(1)} & -A^{(2)} \\ 0 & 0 \end{bmatrix} \begin{bmatrix} \sigma^{(1)}(x) - \sigma^{(1)}(x') \\ \bar{\sigma}^{(2)}(y) - \bar{\sigma}^{(2)}(y') \end{bmatrix}
$$
$$
+ \begin{bmatrix} 0 & 0 \\ A^{(2)} & A^{(1)} \end{bmatrix} \begin{bmatrix} \bar{\sigma}^{(1)}(x) - \bar{\sigma}^{(1)}(x') \\ \sigma^{(2)}(y) - \sigma^{(2)}(y') \end{bmatrix}
$$
$$
= 0 \tag{3.1.16}
$$

在式 (3.1.16) 两边乘以

$$
\begin{bmatrix} x - x' \\ y - y' \end{bmatrix}^* \begin{bmatrix} U_1 & 0 \\ 0 & U_2 \end{bmatrix}
$$

可得

$$
0 = - \begin{bmatrix} x - x' \\ y - y' \end{bmatrix}^* \begin{bmatrix} U_1 C & 0 \\ 0 & U_2 C \end{bmatrix} \begin{bmatrix} x - x' \\ y - y' \end{bmatrix}
$$

$$
+ \begin{bmatrix} x - x' \\ y - y' \end{bmatrix}^* \begin{bmatrix} U_1 A^{(1)} & -U_1 A^{(2)} \\ 0 & 0 \end{bmatrix} \begin{bmatrix} \sigma^{(1)}(x) - \sigma^{(1)}(x') \\ \bar{\sigma}^{(2)}(y) - \bar{\sigma}^{(2)}(y') \end{bmatrix}
$$

$$
+ \begin{bmatrix} x - x' \\ y - y' \end{bmatrix}^* \begin{bmatrix} 0 & 0 \\ U_2 A^{(2)} & U_2 A^{(1)} \end{bmatrix} \begin{bmatrix} \bar{\sigma}^{(1)}(x) - \bar{\sigma}^{(1)}(x') \\ \sigma^{(2)}(y) - \sigma^{(2)}(y') \end{bmatrix} \qquad (3.1.17)
$$

对式 (3.1.17) 进行共轭转置, 可得

$$
0 = - \begin{bmatrix} x - x' \\ y - y' \end{bmatrix}^* \begin{bmatrix} C U_1^* & 0 \\ 0 & C U_2^* \end{bmatrix} \begin{bmatrix} x - x' \\ y - y' \end{bmatrix}
$$

$$
+ \begin{bmatrix} \sigma^{(1)}(x) - \sigma^{(1)}(x') \\ \bar{\sigma}^{(2)}(y) - \bar{\sigma}^{(2)}(y') \end{bmatrix}^* \begin{bmatrix} U_1 A^{(1)} & -U_1 A^{(2)} \\ 0 & 0 \end{bmatrix}^* \begin{bmatrix} x - x' \\ y - y' \end{bmatrix}
$$

$$
+ \begin{bmatrix} \bar{\sigma}^{(1)}(x) - \bar{\sigma}^{(1)}(x') \\ \sigma^{(2)}(y) - \sigma^{(2)}(y') \end{bmatrix}^* \begin{bmatrix} 0 & 0 \\ U_2 A^{(2)} & U_2 A^{(1)} \end{bmatrix}^* \begin{bmatrix} x - x' \\ y - y' \end{bmatrix} \qquad (3.1.18)
$$

将式 (3.1.17) 与式 (3.1.18) 相加, 并利用引理 2.4.3, 可得

$$
0 = - \begin{bmatrix} x - x' \\ y - y' \end{bmatrix}^* \begin{bmatrix} U_1 C + C U_1^* & 0 \\ 0 & U_2 C + C U_2^* \end{bmatrix} \begin{bmatrix} x - x' \\ y - y' \end{bmatrix}
$$

$$
+ \begin{bmatrix} x - x' \\ y - y' \end{bmatrix}^* \begin{bmatrix} U_1 A^{(1)} & -U_1 A^{(2)} \\ 0 & 0 \end{bmatrix} \begin{bmatrix} \sigma^{(1)}(x) - \sigma^{(1)}(x') \\ \bar{\sigma}^{(2)}(y) - \bar{\sigma}^{(2)}(y') \end{bmatrix}
$$

$$
+ \begin{bmatrix} \sigma^{(1)}(x) - \sigma^{(1)}(x') \\ \bar{\sigma}^{(2)}(y) - \bar{\sigma}^{(2)}(y') \end{bmatrix}^* \begin{bmatrix} U_1 A^{(1)} & -U_1 A^{(2)} \\ 0 & 0 \end{bmatrix}^* \begin{bmatrix} x - x' \\ y - y' \end{bmatrix}
$$

$$
+ \begin{bmatrix} x - x' \\ y - y' \end{bmatrix}^* \begin{bmatrix} 0 & 0 \\ U_2 A^{(2)} & U_2 A^{(1)} \end{bmatrix} \begin{bmatrix} \bar{\sigma}^{(1)}(x) - \bar{\sigma}^{(1)}(x') \\ \sigma^{(2)}(y) - \sigma^{(2)}(y') \end{bmatrix}
$$

$$
+ \begin{bmatrix} \bar{\sigma}^{(1)}(x) - \bar{\sigma}^{(1)}(x') \\ \sigma^{(2)}(y) - \sigma^{(2)}(y') \end{bmatrix}^* \begin{bmatrix} 0 & 0 \\ U_2 A^{(2)} & U_2 A^{(1)} \end{bmatrix}^* \begin{bmatrix} x - x' \\ y - y' \end{bmatrix}
$$

$$
\leqslant \begin{bmatrix} x - x' \\ y - y' \end{bmatrix}^* \Sigma_1 \begin{bmatrix} x - x' \\ y - y' \end{bmatrix}
$$

$$
+ \begin{bmatrix} \sigma^{(1)}(x) - \sigma^{(1)}(x') \\ \bar{\sigma}^{(2)}(y) - \bar{\sigma}^{(2)}(y') \end{bmatrix}^* \begin{bmatrix} V_1 & 0 \\ 0 & V_2 \end{bmatrix} \begin{bmatrix} \sigma^{(1)}(x) - \sigma^{(1)}(x') \\ \bar{\sigma}^{(2)}(y) - \bar{\sigma}^{(2)}(y') \end{bmatrix}
$$

$$
+ \begin{bmatrix} \bar{\sigma}^{(1)}(x) - \bar{\sigma}^{(1)}(x') \\ \sigma^{(2)}(y) - \sigma^{(2)}(y') \end{bmatrix}^* \begin{bmatrix} V_3 & 0 \\ 0 & V_4 \end{bmatrix} \begin{bmatrix} \bar{\sigma}^{(1)}(x) - \bar{\sigma}^{(1)}(x') \\ \sigma^{(2)}(y) - \sigma^{(2)}(y') \end{bmatrix} \tag{3.1.19}
$$

其中,

$$
\Sigma_1 = - \begin{bmatrix} U_1 C + C U_1^* & 0 \\ 0 & U_2 C + C U_2^* \end{bmatrix}
$$

$$
+ \begin{bmatrix} U_1 A^{(1)} & -U_1 A^{(2)} \\ 0 & 0 \end{bmatrix} \begin{bmatrix} V_1 & 0 \\ 0 & V_2 \end{bmatrix}^{-1}
$$

$$
\times \begin{bmatrix} U_1 A^{(1)} & -U_1 A^{(2)} \\ 0 & 0 \end{bmatrix}^* + \begin{bmatrix} 0 & 0 \\ U_2 A^{(2)} & U_2 A^{(1)} \end{bmatrix}
$$

$$
\times \begin{bmatrix} V_3 & 0 \\ 0 & V_4 \end{bmatrix}^{-1} \begin{bmatrix} 0 & 0 \\ U_2 A^{(2)} & U_2 A^{(1)} \end{bmatrix}^*
$$

由于 V_1 与 V_2 是正对角矩阵, 根据引理 3.1.1, 可知

$$
\begin{bmatrix} \sigma^{(1)}(x) - \sigma^{(1)}(x') \\ \bar{\sigma}^{(2)}(y) - \bar{\sigma}^{(2)}(y') \end{bmatrix}^* \begin{bmatrix} V_1 & 0 \\ 0 & V_2 \end{bmatrix} \begin{bmatrix} \sigma^{(1)}(x) - \sigma^{(1)}(x') \\ \bar{\sigma}^{(2)}(y) - \bar{\sigma}^{(2)}(y') \end{bmatrix}
$$

$$
\leqslant \begin{bmatrix} x - x' \\ y - y' \end{bmatrix}^* \begin{bmatrix} V_1 & 0 \\ 0 & V_2 \end{bmatrix} \begin{bmatrix} x - x' \\ y - y' \end{bmatrix} \tag{3.1.20}
$$

$$
\begin{bmatrix} \bar{\sigma}^{(1)}(x) - \bar{\sigma}^{(1)}(x') \\ \sigma^{(2)}(y) - \sigma^{(2)}(y') \end{bmatrix}^* \begin{bmatrix} V_3 & 0 \\ 0 & V_4 \end{bmatrix} \begin{bmatrix} \bar{\sigma}^{(1)}(x) - \bar{\sigma}^{(1)}(x') \\ \sigma^{(2)}(y) - \sigma^{(2)}(y') \end{bmatrix}
$$

$$
\leqslant \begin{bmatrix} x - x' \\ y - y' \end{bmatrix}^* \begin{bmatrix} V_3 & 0 \\ 0 & V_4 \end{bmatrix} \begin{bmatrix} x - x' \\ y - y' \end{bmatrix} \tag{3.1.21}
$$

利用式 (3.1.19)、式 (3.1.20) 和式 (3.1.21), 可得

$$
0 \leqslant \begin{bmatrix} x - x' \\ y - y' \end{bmatrix}^* \Omega_1 \begin{bmatrix} x - x' \\ y - y' \end{bmatrix} \tag{3.1.22}
$$

其中,

$$
\Omega_1 = \Sigma_1 + \mathrm{diag}\{V_1 + V_3, V_2 + V_4\}
$$

由式 (3.1.14) 和引理 2.4.6 易知, $\Omega_1 < 0$. 利用式 (3.1.22), 可得 $z - z' = 0$. 因此, $\mathscr{H}(\cdot)$ 是 $\mathbb{C}^{2n}$ 上的单射.

其次, 将证明: 当 $\|z\| \to \infty$ 时, $\|\mathscr{H}(z)\| \to \infty$. 令 $\widetilde{\mathscr{H}}(z) = \mathscr{H}(z) - \mathscr{H}(0)$, $U = \begin{bmatrix} U_1 & 0 \\ 0 & U_2 \end{bmatrix}$. 由引理 2.4.3 和引理 3.1.1, 可得

$$z^* U \widetilde{\mathscr{H}}(z) + \widetilde{\mathscr{H}}(z)^* U^* z$$

$$= - \begin{bmatrix} x \\ y \end{bmatrix}^* \begin{bmatrix} U_1 C + C U_1^* & 0 \\ 0 & U_2 C + C U_2^* \end{bmatrix} \begin{bmatrix} x \\ y \end{bmatrix}$$

$$+ \begin{bmatrix} x \\ y \end{bmatrix}^* \begin{bmatrix} U_1 A^{(1)} & -U_1 A^{(2)} \\ 0 & 0 \end{bmatrix} \begin{bmatrix} \sigma^{(1)}(x) - \sigma^{(1)}(0) \\ \bar{\sigma}^{(2)}(y) - \bar{\sigma}^{(2)}(0) \end{bmatrix}$$

$$+ \begin{bmatrix} \sigma^{(1)}(x) - \sigma^{(1)}(0) \\ \bar{\sigma}^{(2)}(y) - \bar{\sigma}^{(2)}(0) \end{bmatrix}^* \begin{bmatrix} U_1 A^{(1)} & -U_1 A^{(2)} \\ 0 & 0 \end{bmatrix}^* \begin{bmatrix} x \\ y \end{bmatrix}$$

$$+ \begin{bmatrix} x \\ y \end{bmatrix}^* \begin{bmatrix} 0 & 0 \\ U_2 A^{(2)} & U_2 A^{(1)} \end{bmatrix} \begin{bmatrix} \bar{\sigma}^{(1)}(x) - \bar{\sigma}^{(1)}(0) \\ \sigma^{(2)}(y) - \sigma^{(2)}(0) \end{bmatrix}$$

$$+ \begin{bmatrix} \bar{\sigma}^{(1)}(x) - \bar{\sigma}^{(1)}(0) \\ \sigma^{(2)}(y) - \sigma^{(2)}(0) \end{bmatrix}^* \begin{bmatrix} 0 & 0 \\ U_2 A^{(2)} & U_2 A^{(1)} \end{bmatrix}^* \begin{bmatrix} x \\ y \end{bmatrix}$$

$$\leqslant \begin{bmatrix} x \\ y \end{bmatrix}^* \Sigma_1 \begin{bmatrix} x \\ y \end{bmatrix}$$

$$+ \begin{bmatrix} \sigma^{(1)}(x) - \sigma^{(1)}(0) \\ \bar{\sigma}^{(2)}(y) - \bar{\sigma}^{(2)}(0) \end{bmatrix}^* \begin{bmatrix} V_1 & 0 \\ 0 & V_2 \end{bmatrix} \begin{bmatrix} \sigma^{(1)}(x) - \sigma^{(1)}(0) \\ \bar{\sigma}^{(2)}(y) - \bar{\sigma}^{(2)}(0) \end{bmatrix}$$

$$+ \begin{bmatrix} \bar{\sigma}^{(1)}(x) - \bar{\sigma}^{(1)}(0) \\ \sigma^{(2)}(y) - \sigma^{(2)}(0) \end{bmatrix}^* \begin{bmatrix} V_3 & 0 \\ 0 & V_4 \end{bmatrix} \begin{bmatrix} \bar{\sigma}^{(1)}(x) - \bar{\sigma}^{(1)}(0) \\ \sigma^{(2)}(y) - \sigma^{(2)}(0) \end{bmatrix}$$

$$\leqslant z^* \Sigma_1 z + z^* \begin{bmatrix} V_1 + V_3 & 0 \\ 0 & V_2 + V_4 \end{bmatrix} z$$

$$= z^* \Omega_1 z \leqslant -\lambda_{\min}(-\Omega_1) \|z\|^2$$

应用 Cauchy-Schwartz 不等式, 可得

$$\lambda_{\min}(-\Omega_1) \|z\|^2 \leqslant 2 \|z^*\| \|U\| \|\widetilde{\mathscr{H}}(z)\|$$

当 $z \neq 0$ 时, 显然有

$$\|\widetilde{\mathscr{H}}(z)\| \geqslant \frac{\lambda_{\min}(-\Omega_1)\|z\|}{2\|U\|}$$

因此, 当 $\|z\| \to \infty$ 时, $\|\widetilde{\mathscr{H}}(z)\| \to \infty$. 这样, 当 $\|z\| \to \infty$ 时, $\|\mathscr{H}(z)\| \to \infty$. 根据引理 2.4.1, 可知 $\mathscr{H}(z)$ 是 $\mathbb{C}^{2n}$ 上的同胚映射. 因此, 四元数神经网络 (3.1.1) 具有唯一平衡点. 证毕.

推论 3.1.1　如果存在一个正定 Hermitian 矩阵 $\tilde{U}_1 \in \mathbb{C}^{n \times n}$ 以及两个正对角矩阵 $\tilde{V}_1, \tilde{V}_2 \in \mathbb{R}^{n \times n}$, 使得以下线性矩阵不等式成立:

$$\Pi_2 = \begin{bmatrix} P_{11} & 0 & \tilde{U}_1 A^{(1)} & -\tilde{U}_1 A^{(2)} \\ \star & P_{22} & 0 & 0 \\ \star & \star & -\tilde{V}_1 & 0 \\ \star & \star & \star & -\tilde{V}_2 \end{bmatrix} < 0 \tag{3.1.23}$$

其中, $P_{11} = -\dfrac{1}{2}(\tilde{U}_1 C + C\tilde{U}_1^*) + \tilde{V}_1$; $P_{22} = -\dfrac{1}{2}(\tilde{U}_1 C + C\tilde{U}_1^*) + \tilde{V}_2$. 那么, 连续时间型四元数神经网络 (3.1.1) 具有唯一平衡点.

证明　设 $U_1 = \tilde{U}_1, U_2 = \tilde{U}_1, V_1 = \tilde{V}_1, V_2 = \tilde{V}_2, V_3 = \tilde{V}_2, V_4 = \tilde{V}_1$,

$$\Omega_2 = \begin{bmatrix} -\dfrac{1}{2}(U_1 C + CU_1^*) + V_1 & 0 & U_1 A^{(1)} & -U_1 A^{(2)} \\ \star & -\dfrac{1}{2}(U_2 C + CU_2^*) + V_2 & 0 & 0 \\ \star & \star & -V_1 & 0 \\ \star & \star & \star & -V_2 \end{bmatrix}$$

显然, $\Omega_2 = \Pi_2 < 0$. 由引理 2.4.6 可得

$$\begin{bmatrix} -\dfrac{1}{2}(U_1 C + CU_1^*) + V_1 & 0 \\ 0 & -\dfrac{1}{2}(U_2 C + CU_2^*) + V_2 \end{bmatrix}$$

$$+ \begin{bmatrix} U_1 A^{(1)} & -U_1 A^{(2)} \\ 0 & 0 \end{bmatrix} \begin{bmatrix} V_1 & 0 \\ 0 & V_2 \end{bmatrix}^{-1} \begin{bmatrix} U_1 A^{(1)} & -U_1 A^{(2)} \\ 0 & 0 \end{bmatrix}^* < 0 \tag{3.1.24}$$

现对矩阵 Π_2 进行六次初等变换: ① 最后一行乘以 -1; ② 最后一列乘以 -1; ③ 交换第一行和第二行; ④ 交换第一列和第二列; ⑤ 交换第三行和第四行; ⑥ 交换

第三列和第四列. 由此变换, 矩阵 Π_2 转化为如下矩阵:

$$\Pi_2' = \begin{bmatrix} -\dfrac{1}{2}(\tilde{U}_1 C + C\tilde{U}_1^*) + \tilde{V}_2 & 0 & 0 & 0 \\ \star & -\dfrac{1}{2}(\tilde{U}_1 C + C\tilde{U}_1^*) + \tilde{V}_1 & \tilde{U}_1 A^{(2)} & \tilde{U}_1 A^{(1)} \\ \star & \star & -\tilde{V}_2 & 0 \\ \star & \star & \star & -\tilde{V}_1 \end{bmatrix}$$

显然, $\Pi_2' < 0$. 设

$$\Omega_2' = \begin{bmatrix} -\dfrac{1}{2}(U_1 C + CU_1^*) + V_3 & 0 & 0 & 0 \\ \star & -\dfrac{1}{2}(U_2 C + CU_2^*) + V_4 & U_2 A^{(2)} & U_2 A^{(1)} \\ \star & \star & -V_3 & 0 \\ \star & \star & \star & -V_4 \end{bmatrix}$$

则 $\Omega_2' = \Pi_2' < 0$.

由引理 2.4.6 可得

$$\begin{bmatrix} -\dfrac{1}{2}(U_1 C + CU_1^*) + V_3 & 0 \\ 0 & -\dfrac{1}{2}(U_2 C + CU_2^*) + V_4 \end{bmatrix}$$
$$+ \begin{bmatrix} 0 & 0 \\ U_2 A^{(2)} & U_2 A^{(1)} \end{bmatrix} \begin{bmatrix} V_3 & 0 \\ 0 & V_4 \end{bmatrix}^{-1} \begin{bmatrix} 0 & 0 \\ U_2 A^{(2)} & U_2 A^{(1)} \end{bmatrix}^* < 0 \qquad (3.1.25)$$

将式 (3.1.24) 与式 (3.1.25) 相加, 可得

$$\begin{bmatrix} -U_1 C - CU_1^* + V_1 + V_3 & 0 \\ 0 & -U_2 C - CU_2^* + V_2 + V_4 \end{bmatrix}$$
$$+ \begin{bmatrix} U_1 A^{(1)} & -U_1 A^{(2)} \\ 0 & 0 \end{bmatrix} \begin{bmatrix} V_1 & 0 \\ 0 & V_2 \end{bmatrix}^{-1} \begin{bmatrix} U_1 A^{(1)} & -U_1 A^{(2)} \\ 0 & 0 \end{bmatrix}^*$$
$$+ \begin{bmatrix} 0 & 0 \\ U_2 A^{(2)} & U_2 A^{(1)} \end{bmatrix} \begin{bmatrix} V_3 & 0 \\ 0 & V_4 \end{bmatrix}^{-1} \begin{bmatrix} 0 & 0 \\ U_2 A^{(2)} & U_2 A^{(1)} \end{bmatrix}^* < 0 \qquad (3.1.26)$$

应用引理 2.4.6 和式 (3.1.26)可知, 式 (3.1.14) 成立. 于是, 根据定理 3.1.1, 四元数神经网络 (3.1.1) 具有唯一平衡点. 证毕.

定理 3.1.2　　在定理 3.1.1 的条件下, 连续时间型四元数神经网络 (3.1.1) 的平衡点全局渐近稳定.

证明　　由定理 3.1.1 可知, 连续时间型四元数神经网络 (3.1.1) 或其等价形式 (3.1.13) 具有唯一平衡点. 不妨设该平衡点为 $\check{q} = \check{q}^{(1)} + \check{q}^{(2)} \jmath$. 通过变换 $\tilde{q}(t) = q(t) - \check{q}$ 可将平衡点平移至原点, 于是式 (3.1.13) 转化为

$$
\begin{cases}
\dot{\tilde{q}}^{(1)}(t) = -C\tilde{q}^{(1)}(t) + A^{(1)}g^{(1)}(\tilde{q}^{(1)}(t)) \\
\qquad\qquad - A^{(2)}\bar{g}^{(2)}(\tilde{q}^{(2)}(t)) \\
\dot{\tilde{q}}^{(2)}(t) = -C\tilde{q}^{(2)}(t) + A^{(1)}g^{(2)}(\tilde{q}^{(2)}(t)) \\
\qquad\qquad + A^{(2)}\bar{g}^{(1)}(\tilde{q}^{(1)}(t))
\end{cases}
\tag{3.1.27}
$$

其中, $g^{(1)}(\tilde{q}^{(1)}(t)) = \sigma(q^{(1)}(t)) - \sigma(\check{q}^{(1)})$; $g^{(2)}(\tilde{q}^{(2)}(t)) = \sigma(q^{(2)}(t)) - \sigma(\check{q}^{(2)})$.

考虑如下 Lyapunov-Krasovskii 泛函:

$$
V(\tilde{q}(t)) = \begin{bmatrix} \tilde{q}^{(1)}(t) \\ \tilde{q}^{(2)}(t) \end{bmatrix}^* \begin{bmatrix} U_1 & 0 \\ 0 & U_2 \end{bmatrix} \begin{bmatrix} \tilde{q}^{(1)}(t) \\ \tilde{q}^{(2)}(t) \end{bmatrix}
\tag{3.1.28}
$$

设

$$
\begin{aligned}
\Sigma_1 = &- \begin{bmatrix} U_1 C + C U_1^* & 0 \\ 0 & U_2 C + C U_2^* \end{bmatrix} \\
&+ \begin{bmatrix} U_1 A^{(1)} & -U_1 A^{(2)} \\ 0 & 0 \end{bmatrix} \begin{bmatrix} V_1 & 0 \\ 0 & V_2 \end{bmatrix}^{-1} \begin{bmatrix} U_1 A^{(1)} & -U_1 A^{(2)} \\ 0 & 0 \end{bmatrix}^* \\
&+ \begin{bmatrix} 0 & 0 \\ U_2 A^{(2)} & U_2 A^{(1)} \end{bmatrix} \begin{bmatrix} V_3 & 0 \\ 0 & V_4 \end{bmatrix}^{-1} \begin{bmatrix} 0 & 0 \\ U_2 A^{(2)} & U_2 A^{(1)} \end{bmatrix}^*
\end{aligned}
$$

沿着式 (3.1.27) 的解计算 V 的导数, 并利用引理 3.1.1 和引理 2.4.3, 有

$$
\begin{aligned}
\frac{\mathrm{d}}{\mathrm{d}t} V(\tilde{q}(t)) &= \begin{bmatrix} \tilde{q}^{(1)}(t) \\ \tilde{q}^{(2)}(t) \end{bmatrix}^* \begin{bmatrix} U_1 & 0 \\ 0 & U_2 \end{bmatrix} \begin{bmatrix} \dot{\tilde{q}}^{(1)}(t) \\ \dot{\tilde{q}}^{(2)}(t) \end{bmatrix} \\
&\quad + \begin{bmatrix} \dot{\tilde{q}}^{(1)}(t) \\ \dot{\tilde{q}}^{(2)}(t) \end{bmatrix}^* \begin{bmatrix} U_1 & 0 \\ 0 & U_2 \end{bmatrix} \begin{bmatrix} \tilde{q}^{(1)}(t) \\ \tilde{q}^{(2)}(t) \end{bmatrix} \\
&= - \begin{bmatrix} \tilde{q}^{(1)}(t) \\ \tilde{q}^{(2)}(t) \end{bmatrix}^* \begin{bmatrix} U_1 C + C U_1^* & 0 \\ 0 & U_2 C + C U_2^* \end{bmatrix} \begin{bmatrix} \tilde{q}^{(1)}(t) \\ \tilde{q}^{(2)}(t) \end{bmatrix}
\end{aligned}
$$

$$+ \begin{bmatrix} \tilde{q}^{(1)}(t) \\ \tilde{q}^{(2)}(t) \end{bmatrix}^* \begin{bmatrix} U_1 A^{(1)} & -U_1 A^{(2)} \\ 0 & 0 \end{bmatrix} \begin{bmatrix} g^{(1)}(\tilde{q}^{(1)}(t)) \\ \bar{g}^{(2)}(\tilde{q}^{(2)}(t)) \end{bmatrix}$$

$$+ \begin{bmatrix} g^{(1)}(\tilde{q}^{(1)}(t)) \\ \bar{g}^{(2)}(\tilde{q}^{(2)}(t)) \end{bmatrix}^* \begin{bmatrix} U_1 A^{(1)} & -U_1 A^{(2)} \\ 0 & 0 \end{bmatrix}^* \begin{bmatrix} \tilde{q}^{(1)}(t) \\ \tilde{q}^{(2)}(t) \end{bmatrix}$$

$$+ \begin{bmatrix} \tilde{q}^{(1)}(t) \\ \tilde{q}^{(2)}(t) \end{bmatrix}^* \begin{bmatrix} 0 & 0 \\ U_2 A^{(2)} & U_2 A^{(1)} \end{bmatrix} \begin{bmatrix} \bar{g}^{(1)}(\tilde{q}^{(1)}(t)) \\ g^{(2)}(\tilde{q}^{(2)}(t)) \end{bmatrix}$$

$$+ \begin{bmatrix} \bar{g}^{(1)}(\tilde{q}^{(1)}(t)) \\ g^{(2)}(\tilde{q}^{(2)}(t)) \end{bmatrix}^* \begin{bmatrix} 0 & 0 \\ U_2 A^{(2)} & U_2 A^{(1)} \end{bmatrix}^* \begin{bmatrix} \tilde{q}^{(1)}(t) \\ \tilde{q}^{(2)}(t) \end{bmatrix}$$

$$\leqslant \begin{bmatrix} \tilde{q}^{(1)}(t) \\ \tilde{q}^{(2)}(t) \end{bmatrix}^* \Sigma_1 \begin{bmatrix} \tilde{q}^{(1)}(t) \\ \tilde{q}^{(2)}(t) \end{bmatrix}$$

$$+ \begin{bmatrix} g^{(1)}(\tilde{q}^{(1)}(t)) \\ \bar{g}^{(2)}(\tilde{q}^{(2)}(t)) \end{bmatrix}^* \begin{bmatrix} V_1 & 0 \\ 0 & V_2 \end{bmatrix} \begin{bmatrix} g^{(1)}(\tilde{q}^{(1)}(t)) \\ \bar{g}^{(2)}(\tilde{q}^{(2)}(t)) \end{bmatrix}$$

$$+ \begin{bmatrix} \bar{g}^{(1)}(\tilde{q}^{(1)}(t)) \\ g^{(2)}(\tilde{q}^{(2)}(t)) \end{bmatrix}^* \begin{bmatrix} V_3 & 0 \\ 0 & V_4 \end{bmatrix} \begin{bmatrix} \bar{g}^{(1)}(\tilde{q}^{(1)}(t)) \\ g^{(2)}(\tilde{q}^{(2)}(t)) \end{bmatrix}$$

$$\leqslant \begin{bmatrix} \tilde{q}^{(1)}(t) \\ \tilde{q}^{(2)}(t) \end{bmatrix}^* \Sigma_1 \begin{bmatrix} \tilde{q}^{(1)}(t) \\ \tilde{q}^{(2)}(t) \end{bmatrix}$$

$$+ \begin{bmatrix} \tilde{q}^{(1)}(t) \\ \tilde{q}^{(2)}(t) \end{bmatrix}^* \begin{bmatrix} V_1 & 0 \\ 0 & V_2 \end{bmatrix} \begin{bmatrix} \tilde{q}^{(1)}(t) \\ \tilde{q}^{(2)}(t) \end{bmatrix}$$

$$+ \begin{bmatrix} \tilde{q}^{(1)}(t) \\ \tilde{q}^{(2)}(t) \end{bmatrix}^* \begin{bmatrix} V_3 & 0 \\ 0 & V_4 \end{bmatrix} \begin{bmatrix} \tilde{q}^{(1)}(t) \\ \tilde{q}^{(2)}(t) \end{bmatrix}$$

$$= \begin{bmatrix} \tilde{q}^{(1)}(t) \\ \tilde{q}^{(2)}(t) \end{bmatrix}^* \Omega_1 \begin{bmatrix} \tilde{q}^{(1)}(t) \\ \tilde{q}^{(2)}(t) \end{bmatrix} \tag{3.1.29}$$

其中,

$$\Omega_1 = \Sigma_1 + \mathrm{diag}\{V_1 + V_3, V_2 + V_4\}$$

由引理 2.4.6 和式 (3.1.14) 可知, $\Omega_1 < 0$, 从而 $\dfrac{\mathrm{d}}{\mathrm{d}t} V(\tilde{q}(t))$ 是负定的. 又因为 $V(t)$ 径向无界, 根据 Lyapunov 稳定性理论, 连续时间型四元数神经网络 (3.1.1) 的平衡点全局渐近稳定. 证毕.

推论 3.1.2　在推论 3.1.1 的条件下, 连续时间型四元数神经网络 (3.1.1) 的平衡点全局渐近稳定.

证明　由推论 3.1.1 的证明过程可知, 由式 (3.1.23) 可推得式 (3.1.14). 于是根据定理 3.1.2, 连续时间型四元数神经网络 (3.1.1) 的平衡点全局渐近稳定. 证毕.

下面将给出离散时间型四元数神经网络 (3.1.8) 平衡点存在唯一性和渐近稳定性的一些充分条件.

容易验证离散时间型四元数神经网络 (3.1.8) 的平衡方程

$$q_i = q_i \mathrm{e}^{-c_i s} + \theta_i(s) \left(\sum_{j=1}^{n} a_{ij} \sigma_j(q_j) + u_i \right), \ i = 1, 2, \cdots, n$$

与连续时间型四元数神经网络 (3.1.1) 的平衡方程

$$-c_i q_i + \sum_{j=1}^{n} a_{ij} \sigma_j(q_j) + u_i = 0, \ i = 1, 2, \cdots, n$$

是等价的, 即它们具有相同的解. 因此, 根据定理 3.1.1 和推论 3.1.1, 对于式 (3.1.8) 平衡点的存在具有唯一性, 有如下结论.

定理 3.1.3　如果存在两个正定 Hermitian 矩阵 $U_1, U_2 \in \mathbb{C}^{n \times n}$ 以及四个正对角矩阵 $V_1, V_2, V_3, V_4 \in \mathbb{R}^{n \times n}$, 使得矩阵不等式 (3.1.14) 成立, 那么离散时间型四元数神经网络 (3.1.8) 具有唯一平衡点.

证明　一方面, 由于矩阵不等式 (3.1.14) 成立, 由定理 3.1.1 可知, 四元数神经网络 (3.1.1) 具有唯一平衡点; 另一方面, 式 (3.1.8) 与式 (3.1.1) 的平衡方程等价, 故离散时间型四元数神经网络 (3.1.8) 具有唯一平衡点. 证毕.

类似于定理 3.1.3 的证明, 可以得到如下推论.

推论 3.1.3　如果存在一个正定 Hermitian 矩阵 $\tilde{U}_1 \in \mathbb{C}^{n \times n}$ 以及两个正对角矩阵 $\tilde{V}_1, \tilde{V}_2 \in \mathbb{R}^{n \times n}$, 使得矩阵不等式 (3.1.23) 成立, 那么离散时间型四元数神经网络 (3.1.8) 具有唯一平衡点.

下面考察离散时间型四元数神经网络 (3.1.8) 平衡点的全局渐近稳定性.

定理 3.1.4　如果存在两个正定 Hermitian 矩阵 $P_1, P_2 \in \mathbb{C}^{n \times n}$ 以及四个正对角矩阵 $\tilde{V}_1, \tilde{V}_2, \tilde{V}_3, \tilde{V}_4 \in \mathbb{R}^{n \times n}$, 使得以下线性矩阵不等式成立:

$$\Pi_3 = \begin{bmatrix} \Upsilon & \Phi_1 & \Phi_2 \\ \Phi_1^* & -\Psi_1 & 0 \\ \Phi_2^* & 0 & -\Psi_2 \end{bmatrix} < 0 \tag{3.1.30}$$

其中,

$$\Upsilon = \begin{bmatrix} \Upsilon_1 + \tilde{V}_1 + \tilde{V}_3 & 0 \\ 0 & \Upsilon_2 + \tilde{V}_2 + \tilde{V}_4 \end{bmatrix}$$

$$\Upsilon_1 = -Q_1 C - C Q_1^* + C W_1 C, \ \Upsilon_2 = -Q_2 C - C Q_2^* + C W_2 C$$

$$\Phi_1 = \begin{bmatrix} (Q_1 - C W_1) A^{(1)} & (-Q_1 + C W_1) A^{(2)} \\ 0 & 0 \end{bmatrix}$$

$$\Phi_2 = \begin{bmatrix} 0 & 0 \\ (Q_2 - C W_2) A^{(2)} & (Q_2 - C W_2) A^{(1)} \end{bmatrix}$$

$$\Psi_1 = \begin{bmatrix} \tilde{V}_1 - (A^{(1)})^* W_1 A^{(1)} & (A^{(1)})^* W_1 A^{(2)} \\ (A^{(2)})^* W_1 A^{(1)} & \tilde{V}_2 - (A^{(2)})^* W_1 A^{(2)} \end{bmatrix}$$

$$\Psi_2 = \begin{bmatrix} \tilde{V}_3 - (A^{(2)})^* W_2 A^{(2)} & -(A^{(2)})^* W_2 A^{(1)} \\ -(A^{(1)})^* W_2 A^{(2)} & \tilde{V}_4 - (A^{(1)})^* W_2 A^{(1)} \end{bmatrix}$$

$$Q_1 = \tilde{\theta}^{-1} P_1 \tilde{\theta}, \ Q_2 = \tilde{\theta}^{-1} P_2 \tilde{\theta}, \ W_1 = \tilde{\theta} P_1 \tilde{\theta}, \ W_2 = \tilde{\theta} P_2 \tilde{\theta}$$

$$\tilde{\theta} = \mathrm{diag}\{\sqrt{\theta_1(s)}, \sqrt{\theta_2(s)}, \cdots, \sqrt{\theta_n(s)}\}$$

那么, 离散时间型四元数神经网络 (3.1.8) 具有唯一平衡点, 且该平衡点全局渐近稳定.

证明 分三个步骤进行.

步骤 1 证明离散时间型四元数神经网络 (3.1.8) 具有唯一平衡点. 首先给出一些记号:

$$\tilde{C} = \mathrm{diag}\{-C, -C\}, \ W = \mathrm{diag}\{W_1, W_2\}$$

$$A = \begin{bmatrix} A^{(1)} & -A^{(2)} \\ 0 & 0 \end{bmatrix}, \ B = \begin{bmatrix} 0 & 0 \\ A^{(2)} & A^{(1)} \end{bmatrix}$$

$$D = \mathrm{diag}\{\tilde{C}, A, B\}, \ \Delta = \begin{bmatrix} W & W & W \\ W & W & W \\ W & W & W \end{bmatrix}$$

$$\Pi_3' = \begin{bmatrix} \Pi_{11}' & 0 & Q_1 A^{(1)} & -Q_1 A^{(2)} & 0 & 0 \\ \star & \Pi_{22}' & 0 & 0 & Q_2 A^{(2)} & Q_2 A^{(1)} \\ \star & \star & -\tilde{V}_1 & 0 & 0 & 0 \\ \star & \star & \star & -\tilde{V}_2 & 0 & 0 \\ \star & \star & \star & \star & -\tilde{V}_3 & 0 \\ \star & \star & \star & \star & \star & -\tilde{V}_4 \end{bmatrix}$$

其中, $\Pi_{11}' = -Q_1C - CQ_1^* + \tilde{V}_1 + \tilde{V}_3$; $\Pi_{22}' = -Q_2C - CQ_2^* + \tilde{V}_2 + \tilde{V}_4$.

注意到 $A^*WB = B^*WA = 0$, 通过计算可得

$$\Pi_3 = \Pi_3' + D^*\Delta D \tag{3.1.31}$$

由 $W > 0$ 可得 $\Delta \geqslant 0$. 于是, 有

$$D^*\Delta D \geqslant 0 \tag{3.1.32}$$

由式 (3.1.30), 式 (3.1.31) 和式 (3.1.32) 可推得

$$\Pi_3' < 0 \tag{3.1.33}$$

令 $U_1 = Q_1$, $U_2 = Q_2$, $V_1 = \tilde{V}_1$, $V_2 = \tilde{V}_2$, $V_3 = \tilde{V}_3$, $V_4 = \tilde{V}_4$, 则有

$$\Pi_1 = \Pi_3' \tag{3.1.34}$$

其中, Π_1 的定义见式 (3.1.14).

由式 (3.1.33) 和式 (3.1.34) 可知, $\Pi_1 < 0$, 从而矩阵不等式 (3.1.14) 成立. 因此, 根据定理 3.1.3 可得, 离散时间型四元数神经网络 (3.1.8) 具有唯一平衡点.

步骤 2　将离散时间型四元数神经网络 (3.1.8) 转化为等价形式, 并构造 Lyapunov-Krasovskii 泛函. 式 (3.1.8) 可等价转化为

$$q_i(k+1) - q_i(k) = \theta_i(s)\left(-c_iq_i(k) + \sum_{j=1}^{n} a_{ij}\sigma_j(q_j(k)) + u_i\right)$$

其中, $i = 1, 2, \cdots, n$, 其等价的向量形式为

$$q(k+1) - q(k) = \theta(s)(-Cq(k) + A\sigma(q(k)) + u) \tag{3.1.35}$$

其中, $q(k) = (q_1(k), q_2(k), \cdots, q_n(k))^T \in \mathbb{Q}^n$; $\theta(s) = \text{diag}\{\theta_1(s), \theta_2(s), \cdots, \theta_n(s)\} \in \mathbb{R}^{n \times n}$; $C = \text{diag}\{c_1, c_2, \cdots, c_n\} \in \mathbb{R}^{n \times n}$; $A = (a_{ij})_{n \times n} \in \mathbb{Q}^{n \times n}$; $\sigma(q(k)) = (\sigma_1(q_1(k)), \sigma_2(q_2(k)), \cdots, \sigma_n(q_n(k)))^T \in \mathbb{Q}^n$; $u = (u_1, u_2, \cdots, u_n)^T \in \mathbb{Q}^n$.

令 $q = q^{(11)} + \imath q^{(12)} + \jmath q^{(21)} + \kappa q^{(22)} = q^{(1)} + q^{(2)}\jmath$, 其中, $q^{(lp)} = (q_1^{(lp)}, q_2^{(lp)}, \cdots, q_n^{(lp)})^T \in \mathbb{R}^n$ $(l, p = 1, 2)$, $q^{(1)} = q^{(11)} + \imath q^{(12)} \in \mathbb{C}^n$, $q^{(2)} = q^{(21)} + \imath q^{(22)} \in \mathbb{C}^n$; 设 $A = A^{(1)} + A^{(2)}\jmath$, $u = u^{(1)} + u^{(2)}\jmath$, 其中, $A^{(1)}, A^{(2)} \in \mathbb{C}^{n \times n}$, $u^{(1)}, u^{(2)} \in \mathbb{C}^n$; 设 $\sigma(q) = \sigma^{(1)}(q^{(1)}) + \sigma^{(2)}(q^{(2)})\jmath$, 其中, $\sigma^{(l)}(q^{(l)}) = (\sigma_1^{(l)}(q_1^{(l)}), \sigma_2^{(l)}(q_2^{(l)}), \cdots, \sigma_n^{(l)}(q_n^{(l)}))^T \in \mathbb{C}^n$, $\sigma_j^{(p)}(q_j^{(l)}) = \max\{0, q_j^{(l1)}\} + \imath \max\{0, q_j^{(l2)}\}$ $(l = 1, 2, j = 1, 2, \cdots,$

n), 则式 (3.1.35) 又可转化为如下等价形式:

$$\begin{cases} q^{(1)}(k+1) - q^{(1)}(k) = \theta(s)\big(-Ch^{(1)}(k) + A^{(1)}\sigma^{(1)}(q^{(1)}(k)) \\ \qquad\qquad -A^{(2)}\bar{\sigma}^{(2)}(q^{(2)}(k)) + u^{(1)} \big) \\ q^{(2)}(k+1) - q^{(2)}(k) = \theta(s)\big(-Ch^{(2)}(k) + A^{(1)}\sigma^{(2)}(q^{(2)}(k)) \\ \qquad\qquad +A^{(2)}\bar{\sigma}^{(1)}(q^{(1)}(k)) + u^{(2)} \big) \end{cases} \tag{3.1.36}$$

设 $\check{q} = \check{q}^{(1)} + \check{q}^{(2)}\jmath$ 是离散时间型四元数神经网络 (3.1.8) (或其等价形式 (3.1.36)) 的唯一平衡点, 通过变换 $\tilde{q}(k) = q(k) - \check{q}$ 将平衡点平移至原点, 于是神经网络 (3.1.36) 可以转化为

$$\begin{cases} \tilde{q}^{(1)}(k+1) - \tilde{q}^{(1)}(k) = \theta(s)\big(-C\tilde{q}^{(1)}(k) + A^{(1)}g^{(1)}(\tilde{q}^{(1)}(k)) \\ \qquad\qquad -A^{(2)}\bar{g}^{(2)}(\tilde{q}^{(2)}(k)) \big) \\ \tilde{q}^{(2)}(k+1) - \tilde{q}^{(2)}(k) = \theta(s)\big(-C\tilde{q}^{(2)}(k) + A^{(1)}g^{(2)}(\tilde{q}^{(2)}(k)) \\ \qquad\qquad +A^{(2)}\bar{g}^{(1)}(\tilde{q}^{(1)}(k)) \big) \end{cases} \tag{3.1.37}$$

其中, $g^{(1)}(\tilde{q}^{(1)}(k)) = \sigma(q^{(1)}(k)) - \sigma(\check{q}^{(1)}); \ g^{(2)}(\tilde{q}^{(2)}(k)) = \sigma(q^{(2)}(k)) - \sigma(\check{q}^{(2)})$.

构造如下 Lyapunov-Krasovskii 泛函:

$$V(\tilde{q}(k)) = \begin{bmatrix} \eta_1(k) \\ \eta_2(k) \end{bmatrix}^* \begin{bmatrix} P_1 & 0 \\ 0 & P_2 \end{bmatrix} \begin{bmatrix} \eta_1(k) \\ \eta_2(k) \end{bmatrix} \tag{3.1.38}$$

其中,

$$\eta_1(k) = \tilde{\theta}^{-1}\tilde{q}^{(1)}(k), \ \eta_2(k) = \tilde{\theta}^{-1}\tilde{q}^{(2)}(k)$$

步骤 3 证明差分 $\Delta V(\tilde{q}(k))$ 是负定的. 为方便起见, 令

$$\begin{bmatrix} R_1(k) \\ R_2(k) \end{bmatrix} = \begin{bmatrix} -C & 0 \\ 0 & -C \end{bmatrix} \begin{bmatrix} \tilde{q}^{(1)}(k) \\ \tilde{q}^{(2)}(k) \end{bmatrix}$$

$$+ \begin{bmatrix} A^{(1)} & -A^{(2)} \\ 0 & 0 \end{bmatrix} \begin{bmatrix} g^{(1)}(\tilde{q}^{(1)}(k)) \\ \bar{g}^{(2)}(\tilde{q}^{(2)}(k)) \end{bmatrix}$$

$$+ \begin{bmatrix} 0 & 0 \\ A^{(2)} & A^{(1)} \end{bmatrix} \begin{bmatrix} \bar{g}^{(1)}(\tilde{q}^{(1)}(k)) \\ g^{(2)}(\tilde{q}^{(2)}(k)) \end{bmatrix}$$

$$\Sigma_1 = \begin{bmatrix} \Upsilon_1 & 0 \\ 0 & \Upsilon_2 \end{bmatrix} + \Phi_1 \Psi_1^{-1} \Phi_1^* + \Phi_2 \Psi_2^{-1} + \Phi_2^*$$

沿着式 (3.1.37) 的解, 计算 V 的差分, 并利用引理 3.1.1 和引理 2.4.3, 可得

$$
\Delta V(\tilde{q}(k))
$$
$$
= V(\tilde{q}(k+1)) - V(\tilde{q}(k))
$$
$$
= \begin{bmatrix} \eta_1(k+1) \\ \eta_2(k+1) \end{bmatrix}^* \begin{bmatrix} P_1 & 0 \\ 0 & P_2 \end{bmatrix} \begin{bmatrix} \eta_1(k+1) \\ \eta_2(k+1) \end{bmatrix}
$$
$$
\quad - \begin{bmatrix} \eta_1(k) \\ \eta_2(k) \end{bmatrix}^* \begin{bmatrix} P_1 & 0 \\ 0 & P_2 \end{bmatrix} \begin{bmatrix} \eta_1(k) \\ \eta_2(k) \end{bmatrix}
$$
$$
= \begin{bmatrix} \eta_1(k) \\ \eta_2(k) \end{bmatrix}^* \begin{bmatrix} P_1 & 0 \\ 0 & P_2 \end{bmatrix} \begin{bmatrix} \eta_1(k+1) - \eta_1(k) \\ \eta_2(k+1) - \eta_2(k) \end{bmatrix}
$$
$$
\quad + \begin{bmatrix} \eta_1(k+1) - \eta_1(k) \\ \eta_2(k+1) - \eta_2(k) \end{bmatrix}^* \begin{bmatrix} P_1 & 0 \\ 0 & P_2 \end{bmatrix} \begin{bmatrix} \eta_1(k) \\ \eta_2(k) \end{bmatrix}
$$
$$
\quad + \begin{bmatrix} \eta_1(k+1) - \eta_1(k) \\ \eta_2(k+1) - \eta_2(k) \end{bmatrix}^* \begin{bmatrix} P_1 & 0 \\ 0 & P_2 \end{bmatrix} \begin{bmatrix} \eta_1(k+1) - \eta_1(k) \\ \eta_2(k+1) - \eta_2(k) \end{bmatrix}
$$
$$
= \begin{bmatrix} \tilde{q}^{(1)}(k) \\ \tilde{q}^{(2)}(k) \end{bmatrix}^* \begin{bmatrix} Q_1 & 0 \\ 0 & Q_2 \end{bmatrix} \begin{bmatrix} R_1(k) \\ R_2(k) \end{bmatrix}
$$
$$
\quad + \begin{bmatrix} R_1(k) \\ R_2(k) \end{bmatrix}^* \begin{bmatrix} Q_1^* & 0 \\ 0 & Q_2^* \end{bmatrix} \begin{bmatrix} \tilde{q}^{(1)}(k) \\ \tilde{q}^{(2)}(k) \end{bmatrix}
$$
$$
\quad + \begin{bmatrix} R_1(k) \\ R_2(k) \end{bmatrix}^* \begin{bmatrix} W_1 & 0 \\ 0 & W_2 \end{bmatrix} \begin{bmatrix} R_1(k) \\ R_2(k) \end{bmatrix}
$$
$$
= \begin{bmatrix} \tilde{q}^{(1)}(k) \\ \tilde{q}^{(2)}(k) \end{bmatrix}^* \begin{bmatrix} \Upsilon_1 & 0 \\ 0 & \Upsilon_2 \end{bmatrix} \begin{bmatrix} \tilde{q}^{(1)}(k) \\ \tilde{q}^{(2)}(k) \end{bmatrix}
$$
$$
\quad + \begin{bmatrix} \tilde{q}^{(1)}(k) \\ \tilde{q}^{(2)}(k) \end{bmatrix}^* \Phi_1 \begin{bmatrix} g^{(1)}(\tilde{q}^{(1)}(k)) \\ \bar{g}^{(2)}(\tilde{q}^{(2)}(k)) \end{bmatrix}
$$
$$
\quad + \begin{bmatrix} g^{(1)}(\tilde{q}^{(1)}(k)) \\ \bar{g}^{(2)}(\tilde{q}^{(2)}(k)) \end{bmatrix}^* \Phi_1^* \begin{bmatrix} \tilde{q}^{(1)}(k) \\ \tilde{q}^{(2)}(k) \end{bmatrix}
$$
$$
\quad + \begin{bmatrix} \tilde{q}^{(1)}(k) \\ \tilde{q}^{(2)}(k) \end{bmatrix}^* \Phi_2 \begin{bmatrix} \bar{g}^{(1)}(\tilde{q}^{(1)}(k)) \\ g^{(2)}(\tilde{q}^{(2)}(k)) \end{bmatrix}
$$

$$
\begin{aligned}
&+\begin{bmatrix}\bar{g}^{(1)}(\tilde{q}^{(1)}(k))\\g^{(2)}(\tilde{q}^{(2)}(k))\end{bmatrix}^{*}\varPhi_{2}^{*}\begin{bmatrix}\tilde{q}^{(1)}(k)\\\tilde{q}^{(2)}(k)\end{bmatrix}\\
&+\begin{bmatrix}g^{(1)}(\tilde{q}^{(1)}(k))\\\bar{g}^{(2)}(\tilde{q}^{(2)}(k))\end{bmatrix}^{*}\begin{bmatrix}(A^{(1)})^{*}W_{1}A^{(1)}&-(A^{(1)})^{*}W_{1}A^{(2)}\\-(A^{(2)})^{*}W_{1}A^{(1)}&(A^{(2)})^{*}W_{1}A^{(2)}\end{bmatrix}\begin{bmatrix}g^{(1)}(\tilde{q}^{(1)}(k))\\\bar{g}^{(2)}(\tilde{q}^{(2)}(k))\end{bmatrix}\\
&+\begin{bmatrix}\bar{g}^{(1)}(\tilde{q}^{(1)}(k))\\g^{(2)}(\tilde{q}^{(2)}(k))\end{bmatrix}^{*}\begin{bmatrix}(A^{(2)})^{*}W_{2}A^{(2)}&(A^{(2)})^{*}W_{2}A^{(1)}\\(A^{(1)})^{*}W_{2}A^{(2)}&(A^{(1)})^{*}W_{2}A^{(1)}\end{bmatrix}\begin{bmatrix}\bar{g}^{(1)}(\tilde{q}^{(1)}(k))\\g^{(2)}(\tilde{q}^{(2)}(k))\end{bmatrix}\\
\leqslant&\begin{bmatrix}\tilde{q}^{(1)}(k)\\\tilde{q}^{(2)}(k)\end{bmatrix}^{*}\varSigma_{1}\begin{bmatrix}\tilde{q}^{(1)}(k)\\\tilde{q}^{(2)}(k)\end{bmatrix}\\
&+\begin{bmatrix}g^{(1)}(\tilde{q}^{(1)}(k))\\\bar{g}^{(2)}(\tilde{q}^{(2)}(k))\end{bmatrix}^{*}\begin{bmatrix}\tilde{V}_{1}&0\\0&\tilde{V}_{2}\end{bmatrix}\begin{bmatrix}g^{(1)}(\tilde{q}^{(1)}(k))\\\bar{g}^{(2)}(\tilde{q}^{(2)}(k))\end{bmatrix}\\
&+\begin{bmatrix}\bar{g}^{(1)}(\tilde{q}^{(1)}(k))\\g^{(2)}(\tilde{q}^{(2)}(k))\end{bmatrix}^{*}\begin{bmatrix}\tilde{V}_{3}&0\\0&\tilde{V}_{4}\end{bmatrix}\begin{bmatrix}\bar{g}^{(1)}(\tilde{q}^{(1)}(k))\\g^{(2)}(\tilde{q}^{(2)}(k))\end{bmatrix}\\
\leqslant&\begin{bmatrix}\tilde{q}^{(1)}(k)\\\tilde{q}^{(2)}(k)\end{bmatrix}^{*}\varSigma_{1}\begin{bmatrix}\tilde{q}^{(1)}(k)\\\tilde{q}^{(2)}(k)\end{bmatrix}\\
&+\begin{bmatrix}\tilde{q}^{(1)}(k)\\\tilde{q}^{(2)}(k)\end{bmatrix}^{*}\begin{bmatrix}\tilde{V}_{1}&0\\0&\tilde{V}_{2}\end{bmatrix}\begin{bmatrix}\tilde{q}^{(1)}(k)\\\tilde{q}^{(2)}(k)\end{bmatrix}\\
&+\begin{bmatrix}\tilde{q}^{(1)}(k)\\\tilde{q}^{(2)}(k)\end{bmatrix}^{*}\begin{bmatrix}\tilde{V}_{3}&0\\0&\tilde{V}_{4}\end{bmatrix}\begin{bmatrix}\tilde{q}^{(1)}(k)\\\tilde{q}^{(2)}(k)\end{bmatrix}\\
=&\begin{bmatrix}\tilde{q}^{(1)}(k)\\\tilde{q}^{(2)}(k)\end{bmatrix}^{*}\varOmega_{1}\begin{bmatrix}\tilde{q}^{(1)}(k)\\\tilde{q}^{(2)}(k)\end{bmatrix}
\end{aligned}
\tag{3.1.39}
$$

其中,

$$
\begin{aligned}
\varOmega_{1}&=\varUpsilon+\varPhi_{1}\varPsi_{1}^{-1}\varPhi_{1}^{*}+\varPhi_{2}\varPsi_{2}^{-1}\varPhi_{2}^{*}\\
&=\varUpsilon-\begin{bmatrix}\varPhi_{1}&\varPhi_{2}\end{bmatrix}\begin{bmatrix}-\varPsi_{1}&0\\0&-\varPsi_{2}\end{bmatrix}^{-1}\begin{bmatrix}\varPhi_{1}^{*}\\\varPhi_{2}^{*}\end{bmatrix}
\end{aligned}
$$

由引理 2.4.6 和矩阵不等式 (3.1.30), 可得 $\varOmega_{1}<0$, 从而 $\Delta V(\tilde{q}(k))$ 是负定的. 又因为 $V(t)$ 径向无界, 所以离散时间型四元数神经网络 (3.1.8) 的平衡点全局渐近稳定. 证毕.

推论 3.1.4 如果存在两个正定 Hermitian 矩阵 $P_{1},P_{2}\in\mathbb{C}^{n\times n}$ 以及四个正

对角矩阵 $\tilde{V}_1, \tilde{V}_2, \tilde{V}_3, \tilde{V}_4 \in \mathbb{R}^{n \times n}$, 使得矩阵不等式 (3.1.30) 成立, 则以下两个结论成立:

(1) 连续时间型神经网络 (3.1.1) 具有唯一平衡点, 且该平衡点全局渐近稳定;

(2) 离散时间型神经网络 (3.1.8) 具有唯一平衡点, 且该平衡点全局渐近稳定.

证明　由定理 3.1.4 证明的步骤 1 可知, 矩阵不等式 (3.1.30) 成立可推得矩阵不等式 (3.1.14) 也成立. 因此, 根据定理 3.1.1 和定理 3.1.2 可得结论 (1) 成立. 而结论 (2) 可由定理 3.1.4 直接推得. 证毕.

3.1.4　数值示例

下面通过数值示例验证所得结果的正确性和有效性.

例 3.1.1　假设连续时间型神经网络 (3.1.1) 的参数如下:

$$C = \begin{bmatrix} 1.5 & 0 \\ 0 & 1.5 \end{bmatrix}, \quad A = \begin{bmatrix} a_{11} & a_{12} \\ a_{21} & a_{22} \end{bmatrix}$$
$$u = \begin{bmatrix} 0.3 - 0.2\imath - 0.5\jmath + 0.6\kappa \\ -0.4 + 0.3\imath + 0.4\jmath - 0.3\kappa \end{bmatrix} \tag{3.1.40}$$

其中,

$$a_{11} = 0.4 + 0.3\imath - 0.3\jmath + 0.2\kappa, \ a_{12} = 0.6 + 0.2\imath - 0.4\jmath + 0.1\kappa$$

$$a_{21} = -0.1 + 0.4\imath - 0.2\jmath + 0.3\kappa, \ a_{22} = 0.2 + 0.6\imath + 0.4\jmath + 0.2\kappa$$

容易得到

$$A^{(1)} = \begin{bmatrix} 0.4 + 0.3\imath & 0.6 + 0.2\imath \\ -0.1 + 0.4\imath & 0.2 + 0.6\imath \end{bmatrix}, \quad A^{(2)} = \begin{bmatrix} -0.3 + 0.2\imath & -0.4 + 0.1\imath \\ -0.2 + 0.3\imath & 0.4 + 0.2\imath \end{bmatrix}$$

利用 MATLAB 软件中的 YALMIP 工具箱计算及定理 3.1.1 中的矩阵不等式 (3.1.14), 有如下可行解:

$$U_1 = \begin{bmatrix} 1.6994 + 0.0000\imath & 0.0218 - 0.0092\imath \\ 0.0218 + 0.0092\imath & 1.8372 + 0.0000\imath \end{bmatrix}$$

$$U_2 = \begin{bmatrix} 1.6994 + 0.0000\imath & 0.0218 - 0.0092\imath \\ 0.0218 + 0.0092\imath & 1.8372 + 0.0000\imath \end{bmatrix}$$

$$V_1 = \begin{bmatrix} 1.4954 & 0 \\ 0 & 2.0314 \end{bmatrix}, \quad V_2 = \begin{bmatrix} 1.0605 & 0 \\ 0 & 0.7693 \end{bmatrix}$$

$$V_3 = \begin{bmatrix} 1.0605 & 0 \\ 0 & 0.7693 \end{bmatrix}, \ V_4 = \begin{bmatrix} 1.4954 & 0 \\ 0 & 2.0314 \end{bmatrix}$$

由此说明矩阵不等式 (3.1.14) 成立. 于是, 根据定理 3.1.1 和定理 3.1.2, 参数为式 (3.1.40) 的神经网络具有唯一平衡点 $\check{q}$, 且该平衡点全局渐近稳定. 通过随机设定该神经网络状态向量的 20 个初值, 利用四阶 Runge-Kutta 算法对该神经网络的解进行数值计算. 图 3.1.1 ~ 图 3.1.4 分别为该神经网络四个部分的状态轨迹. 在这些图中, 每个神经元都趋于稳定状态. 此外, 还获得了平衡点 $\check{q}$ 的近似值 $\tilde{q}$:

$$\tilde{q} = \begin{bmatrix} 0.1628 - 0.1731\imath - 0.4431\jmath + 0.6540\kappa \\ -0.5023 + 0.1638\imath + 0.1066\jmath - 0.2121\kappa \end{bmatrix} \tag{3.1.41}$$

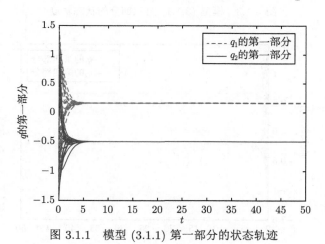

图 3.1.1 模型 (3.1.1) 第一部分的状态轨迹

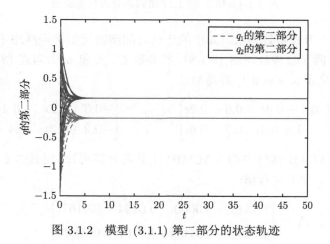

图 3.1.2 模型 (3.1.1) 第二部分的状态轨迹

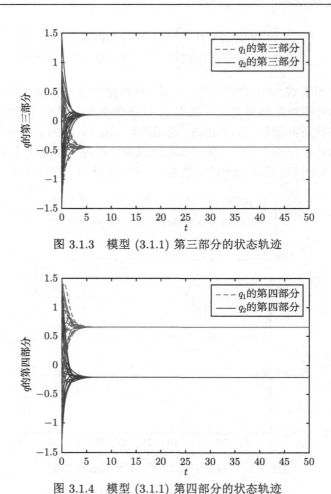

图 3.1.3   模型 (3.1.1) 第三部分的状态轨迹

图 3.1.4   模型 (3.1.1) 第四部分的状态轨迹

例 3.1.2   考虑参数为 (3.1.40) 的连续时间型四元数神经网络 (3.1.1) 所对应的离散时间型四元数神经网络 (3.1.8), 其参数 C, A 和 u 仍为式 (3.1.40) 中的数值. 假设离散化步长 $s = 0.1$, 容易验证

$$A^{(1)} = \begin{bmatrix} 0.4 + 0.3\imath & 0.6 + 0.2\imath \\ -0.1 + 0.4\imath & 0.2 + 0.6\imath \end{bmatrix}, \ A^{(2)} = \begin{bmatrix} -0.3 + 0.2\imath & -0.4 + 0.1\imath \\ -0.2 + 0.3\imath & 0.4 + 0.2\imath \end{bmatrix}$$

利用 MATLAB 软件中的 YALMIP 工具箱计算可知, 定理 3.1.4 中的矩阵不等式 (3.1.30) 有如下可行解:

$$P_1 = \begin{bmatrix} 1.7545 + 0.0000\imath & 0.0294 - 0.0161\imath \\ 0.0294 + 0.0161\imath & 1.9161 + 0.0000\imath \end{bmatrix}$$

$$P_2 = \begin{bmatrix} 1.7545 + 0.0000\imath & 0.0294 - 0.0161\imath \\ 0.0294 + 0.0161\imath & 1.9161 + 0.0000\imath \end{bmatrix}$$

$$\tilde{V}_1 = \begin{bmatrix} 1.5420 & 0 \\ 0 & 2.1048 \end{bmatrix}, \quad \tilde{V}_2 = \begin{bmatrix} 1.1162 & 0 \\ 0 & 0.8235 \end{bmatrix}$$

$$\tilde{V}_3 = \begin{bmatrix} 1.1162 & 0 \\ 0 & 0.8235 \end{bmatrix}, \quad \tilde{V}_4 = \begin{bmatrix} 1.5420 & 0 \\ 0 & 2.1048 \end{bmatrix}$$

由此说明, 矩阵不等式 (3.1.30) 成立. 于是, 根据定理 3.1.4, 该离散时间型四元数神经网络具有唯一平衡点 $\check{q}'$, 且该平衡点全局渐近稳定. 通过随机设定该神经网络状态向量的 20 个初值, 利用迭代算法对该神经网络的解进行数值计算. 图 3.1.5 ~ 图 3.1.8 分别为该神经网络四个部分的状态轨迹, 可见神经网络的每个神经元趋于稳定状态. 此外, 还获得了平衡点 $\check{q}'$ 的近似值 $\check{q}'$:

$$\check{q}' = \begin{bmatrix} 0.1628 - 0.1731\imath - 0.4431\jmath + 0.6540\kappa \\ -0.5023 + 0.1638\imath + 0.1066\jmath - 0.2121\kappa \end{bmatrix} \tag{3.1.42}$$

需要注意的是, 观察式 (3.1.41) 和式 (3.1.42) 可知, $\tilde{q}$ 与 $\tilde{q}'$ 相等. 这与之前的分析结果 (连续时间型四元数神经网络 (3.1.1) 与其对应的离散时间型四元数神经网络 (3.1.8) 具有相同的平衡点) 相符合.

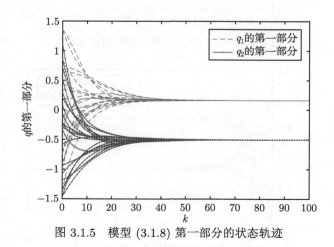

图 3.1.5 模型 (3.1.8) 第一部分的状态轨迹

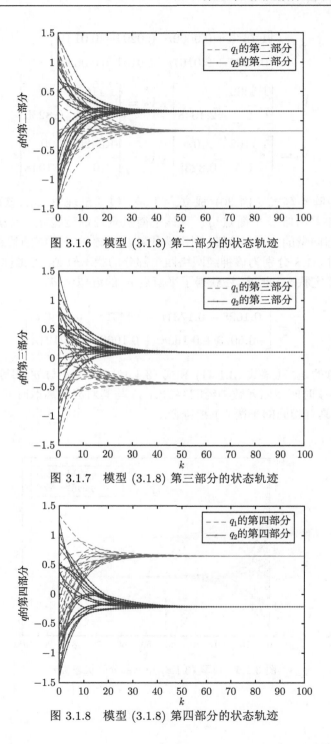

图 3.1.6　模型 (3.1.8) 第二部分的状态轨迹

图 3.1.7　模型 (3.1.8) 第三部分的状态轨迹

图 3.1.8　模型 (3.1.8) 第四部分的状态轨迹

3.2 中立型时滞四元数神经网络渐近稳定性

本节研究中立型时滞四元数神经网络的稳定性问题. 首先利用同胚原理、矩阵不等式技巧和 Lyapunov 方法, 以线性矩阵不等式的形式建立独立于时滞和依赖于时滞的稳定性判据, 保证所考虑的中立型时滞四元数神经网络平衡点的存在性、唯一性和全局稳定性. 最后通过数值示例验证所得结果的有效性.

3.2.1 模型描述

考虑以下中立型时滞四元数神经网络的稳定性:

$$\dot{q}(t) = -Dq(t) + Af(q(t)) + Bg(q(t-\varepsilon)) + C\dot{q}(t-\varepsilon) + J, \ t \geqslant 0 \quad (3.2.1)$$

其中, $q(t) \in \mathbb{Q}^n$ 表示 t 时刻的状态向量; ε 表示传输时滞; $f(\cdot), g(\cdot) \in \mathbb{Q}^n$ 表示激活函数; $D = \mathrm{diag}\{d_1, d_2, \cdots, d_n\} \in \mathbb{R}^{n \times n}$ 表示自反馈连接权矩阵, 并且 $d_i > 0$; $A \in \mathbb{Q}^{n \times n}$ 表示连接权矩阵; $B \in \mathbb{Q}^{n \times n}$ 表示时滞连接权矩阵; $C \in \mathbb{Q}^{n \times n}$ 表示时滞状态的时间导数连接权矩阵; $J \in \mathbb{Q}^n$ 表示外部输入向量.

系统 (3.2.1) 的初始值为

$$q(s) = \psi(s), \ s \in [-\varepsilon, 0] \quad (3.2.2)$$

其中, $\psi(s) \in \mathbb{Q}^n$ 是在 $[-\varepsilon, 0]$ 上连续的.

3.2.2 基本假设

为了分析中立型时滞四元数神经网络 (3.2.1) 的稳定性, 提出以下假设.

假设 3.2.1 对于任意的 $i = 1, 2, \cdots, n$, 存在两个非负常数 λ_i 和 γ_i 使得

$$|f_i(\alpha_1) - f_i(\alpha_2)| \leqslant \lambda_i |\alpha_1 - \alpha_2|, \ |g_i(\alpha_1) - g_i(\alpha_2)| \leqslant \gamma_i |\alpha_1 - \alpha_2|$$

对于所有的 $\alpha_1, \alpha_2 \in \mathbb{Q}$ 成立. 此外, 定义 $\Lambda = \mathrm{diag}\{\lambda_1, \lambda_2, \cdots, \lambda_n\}$ 和 $\Gamma = \mathrm{diag}\{\gamma_1, \gamma_2, \cdots, \gamma_n\}$.

3.2.3 主要结果

下面将建立中立型时滞四元数神经网络 (3.2.1) 平衡点的存在性、唯一性和全局稳定性的时滞无关和时滞相关的充分判据。首先, 给出时滞无关判据.

定理 3.2.1 在满足假设 3.2.1 的条件下, 若存在正定的 Hermitian 矩阵 P

和 Q, 正对角矩阵 R_1 和 R_2, 使得如下的线性矩阵不等式成立:

$$\Omega = \begin{bmatrix} \Omega_{11} & PA - DQA & PB - DQB & PC - DQC \\ \star & A^*QA - R_1 & A^*QB & A^*QC \\ \star & \star & B^*QB - R_2 & B^*QC \\ \star & \star & \star & C^*QC - Q \end{bmatrix} < 0 \qquad (3.2.3)$$

则中立型时滞四元数神经网络 (3.2.1) 存在唯一的全局稳定的平衡点, 其中 $\Omega_{11} = -PD - DP + DQD + \Lambda R_1 \Lambda + \Gamma R_2 \Gamma$.

证明　证明分两个步骤进行.

步骤 1　证明中立型时滞四元数神经网络 (3.2.1) 平衡点的存在性和唯一性.

假设 $\tilde{q} \in \mathbb{Q}^n$ 是中立型时滞四元数神经网络 (3.2.1) 的一个平衡点, 则 $\tilde{q}$ 满足:

$$-D\tilde{q} + Af(\tilde{q}) + Bg(\tilde{q}) + J = 0 \qquad (3.2.4)$$

考虑以下映射:

$$\Psi(\beta) = -D\beta + Af(\beta) + Bg(\beta) + C\Psi(\beta) + J \qquad (3.2.5)$$

证明 $\Psi(\beta)$ 是 $\mathbb{Q}^n$ 上的同胚映射.

首先, 需证明 $\Psi(\beta)$ 是在 $\mathbb{Q}^n$ 上的单射. 如果存在 $\beta_1, \beta_2 \in \mathbb{Q}^n$ 且 $\beta_1 \neq \beta_2$, 则有

$$\begin{aligned} \Psi(\beta_1) - \Psi(\beta_2) = &-D(\beta_1 - \beta_2) + A(f(\beta_1) - f(\beta_2)) \\ &+ B(g(\beta_1) - g(\beta_2)) + C(\Psi(\beta_1) - \Psi(\beta_2)) \end{aligned} \qquad (3.2.6)$$

进一步得到

$$\begin{aligned} 0 = &-(\Psi(\beta_1) - \Psi(\beta_2))^*Q(\Psi(\beta_1) - \Psi(\beta_2)) \\ &+ \big(-D(\beta_1 - \beta_2) + A(f(\beta_1) - f(\beta_2)) \\ &+ B(g(\beta_1) - g(\beta_2)) + C(\Psi(\beta_1) - \Psi(\beta_2))\big)^*Q \\ &\times \big(-D(\beta_1 - \beta_2) + A(f(\beta_1) - f(\beta_2)) \\ &+ B(g(\beta_1) - g(\beta_2)) + C(\Psi(\beta_1) - \Psi(\beta_2))\big) \end{aligned} \qquad (3.2.7)$$

将式 (3.2.6) 左乘 $(\beta_1 - \beta_2)^*P$, 可得

$$\begin{aligned} (\beta_1 - \beta_2)^*P(\Psi(\beta_1) - \Psi(\beta_2)) = &-(\beta_1 - \beta_2)^*PD(\beta_1 - \beta_2) \\ &+ (\beta_1 - \beta_2)^*PA(f(\beta_1) - f(\beta_2)) \end{aligned}$$

$$+ (\beta_1 - \beta_2)^* PB(g(\beta_1) - g(\beta_2))$$
$$+ (\beta_1 - \beta_2)^* PC(\Psi(\beta_1) - \Psi(\beta_2)) \qquad (3.2.8)$$

再取式 (3.2.8) 的共轭转置可得

$$(\Psi(\beta_1) - \Psi(\beta_2))^* P(\beta_1 - \beta_2) = - (\beta_1 - \beta_2)^* DP(\beta_1 - \beta_2)$$
$$+ (f(\beta_1) - f(\beta_2))^* A^* P(\beta_1 - \beta_2)$$
$$+ (g(\beta_1) - g(\beta_2))^* B^* P(\beta_1 - \beta_2)$$
$$+ (\Psi(\beta_1) - \Psi(\beta_2))^* C^* P(\beta_1 - \beta_2) \qquad (3.2.9)$$

将式 (3.2.8) 和式 (3.2.9) 加到式 (3.2.7) 上, 可得

$$(\beta_1 - \beta_2)^* P(\Psi(\beta_1) - \Psi(\beta_2)) + (\Psi(\beta_1) - \Psi(\beta_2))^* P(\beta_1 - \beta_2)$$
$$= (\beta_1 - \beta_2)^* (-PD - DP + DQD)(\beta_1 - \beta_2)$$
$$+ (\beta_1 - \beta_2)^* (PA - DQA)(f(\beta_1) - f(\beta_2))$$
$$+ (f(\beta_1) - f(\beta_2))^* (A^* P - A^* QD)(\beta_1 - \beta_2)$$
$$+ (\beta_1 - \beta_2)^* (PB - DQB)(g(\beta_1) - g(\beta_2))$$
$$+ (g(\beta_1) - g(\beta_2))^* (B^* P - B^* QD)(\beta_1 - \beta_2)$$
$$+ (\beta_1 - \beta_2)^* (PC - DQC)(\Psi(\beta_1) - \Psi(\beta_2))$$
$$+ (\Psi(\beta_1) - \Psi(\beta_2))^* (C^* P - C^* QD)(\beta_1 - \beta_2)$$
$$+ (f(\beta_1) - f(\beta_2))^* A^* QA(f(\beta_1) - f(\beta_2))$$
$$+ (f(\beta_1) - f(\beta_2))^* A^* QB(g(\beta_1) - g(\beta_2))$$
$$+ (g(\beta_1) - g(\beta_2))^* B^* QA(f(\beta_1) - f(\beta_2))$$
$$+ (f(\beta_1) - f(\beta_2))^* A^* QC(\Psi(\beta_1) - \Psi(\beta_2))$$
$$+ (\Psi(\beta_1) - \Psi(\beta_2))^* C^* QA(f(\beta_1) - f(\beta_2))$$
$$+ (g(\beta_1) - g(\beta_2))^* B^* QB(g(\beta_1) - g(\beta_2))$$
$$+ (g(\beta_1) - g(\beta_2))^* B^* QC(\Psi(\beta_1) - \Psi(\beta_2))$$
$$+ (\Psi(\beta_1) - \Psi(\beta_2))^* C^* QB(g(\beta_1) - g(\beta_2))$$

$$+ (\Psi(\beta_1) - \Psi(\beta_2))^*(C^*QC - Q)(\Psi(\beta_1) - \Psi(\beta_2)) \tag{3.2.10}$$

在假设 3.2.1 成立的条件下, 对于正对角矩阵 $R_i(i = 1, 2)$, 有

$$0 \leqslant (\beta_1 - \beta_2)^*\Lambda R_1 \Lambda(\beta_1 - \beta_2) - (f(\beta_1) - f(\beta_2))^*R_1(f(\beta_1) - f(\beta_2)) \tag{3.2.11}$$

$$0 \leqslant (\beta_1 - \beta_2)^*\Gamma R_2 \Gamma(\beta_1 - \beta_2) - (g(\beta_1) - g(\beta_2))^*R_2(g(\beta_1) - g(\beta_2)) \tag{3.2.12}$$

由式 (3.2.10) $\sim$ 式 (3.2.12) 可得

$$(\beta_1 - \beta_2)^*P(\Psi(\beta_1) - \Psi(\beta_2)) + (\Psi(\beta_1) - \Psi(\beta_2))^*P(\beta_1 - \beta_2) \leqslant \xi^*\Omega\xi \tag{3.2.13}$$

其中, $\xi = [\beta_1 - \beta_2, f(\beta_1) - f(\beta_2), g(\beta_1) - g(\beta_2), \Psi(\beta_1) - \Psi(\beta_2)]^*$.

因为 $\beta_1 \neq \beta_2$, 所以 $\xi \neq 0$. 根据条件 (3.2.3) 和不等式 (3.2.13), 可得

$$(\beta_1 - \beta_2)^*P(\Psi(\beta_1) - \Psi(\beta_2)) + (\Psi(\beta_1) - \Psi(\beta_2))^*P(\beta_1 - \beta_2) < 0 \tag{3.2.14}$$

因此, $\Psi(\beta_1) \neq \Psi(\beta_2)$ 也就意味着 $\Psi(z)$ 是一个在 $\mathbb{Q}^n$ 上的单射.

其次, 证明当 $\|\beta\| \to +\infty$ 时, $\|\Psi(\beta)\| \to +\infty$. 根据 $\Psi(\beta)$ 的定义, 有

$$\Psi(\beta) - \Psi(0) = -D\beta + A(f(\beta) - f(0)) + B(g(\beta) - g(0)) + C(\Psi(\beta) - \Psi(0)) \tag{3.2.15}$$

类似于推导不等式 (3.2.13) 的过程, 可得

$$\beta^*P(\Psi(\beta) - \Psi(0)) + (\Psi(\beta) - \Psi(0))^*P\beta \leqslant \eta^*\Omega\eta \tag{3.2.16}$$

其中, $\eta = [\beta, f(\beta) - f(0), g(\beta) - g(0), \Psi(\beta) - \Psi(0)]^*$. 因此, 有

$$\beta^*P(\Psi(\beta) - \Psi(0)) + (\Psi(\beta) - \Psi(0))^*P\beta \leqslant -\lambda_{\min}(-\Omega)\|\beta\|^2 \tag{3.2.17}$$

进一步计算可得

$$
\begin{aligned}
\lambda_{\min}(-\Omega)\|\beta\|^2 &\leqslant -\beta^*P(\Psi(\beta) - \Psi(0)) - (\Psi(\beta) - \Psi(0))^*P\beta \\
&= -2\mathrm{Re}(\beta^*P(\Psi(\beta) - \Psi(0))) \\
&\leqslant 2|\beta^*P(\Psi(\beta) - \Psi(0))| \\
&\leqslant 2\|\beta\| \cdot \|P\| \cdot \|\Psi(\beta) - \Psi(0)\| \\
&\leqslant 2\|\beta\| \cdot \|P\| \cdot (\|\Psi(\beta)\| + \|\Psi(0)\|)
\end{aligned}
\tag{3.2.18}
$$

因此, $\lim_{\|\beta\| \to +\infty} \|\Psi(\beta)\| = +\infty$. 根据引理 2.4.1, 可得 $\Psi(\beta)$ 是在 $\mathbb{Q}^n$ 上的同胚映射, 故中立型时滞四元数神经网络 (3.2.1) 存在平衡点且平衡点唯一.

步骤 2 证明系统 (3.2.1) 平衡点 $\tilde{q}$ 的稳定性.

令 $\theta(t) = q(t) - \tilde{q}$, 则系统 (3.2.1) 可重新表示为

$$\dot{\theta}(t) = -D\theta(t) + Ah(\theta(t)) + Bs(\theta(t-\varepsilon)) + C\dot{\theta}(t-\varepsilon) \tag{3.2.19}$$

其中, $h(\theta(t)) = f(\theta(t)+\tilde{q}) - f(\tilde{q}); s(\theta(t-\varepsilon)) = g(\theta(t-\varepsilon)+\tilde{q}) - g(\tilde{q})$.

系统 (3.2.19) 的初始条件为

$$\theta(s) = \psi(s) - \tilde{q} = \kappa(s), \ s \in [-\varepsilon, 0] \tag{3.2.20}$$

其中, $\kappa(s) \in \mathbb{Q}^n$ 在 $[-\varepsilon, 0]$ 上是连续的.

构造如下 Lyapunov 函数:

$$V(t) = \theta^*(t)P\theta(t) + \int_{t-\varepsilon}^t \dot{\theta}^*(s)Q\dot{\theta}(s)\mathrm{d}s + \int_{t-\varepsilon}^t \theta^*(s)\Gamma R_2\Gamma\theta(s)\mathrm{d}s \tag{3.2.21}$$

沿着式 (3.2.19) 的轨迹计算 $V(t)$ 的导数, 有

$$\begin{aligned}
\dot{V}(t) &= \theta^*(t)P\dot{\theta}(t) + \dot{\theta}^*(t)P\theta(t) + \dot{\theta}^*(t)Q\dot{\theta}(t) - \dot{\theta}^*(t-\varepsilon)Q\dot{\theta}(t-\varepsilon) \\
&\quad + \theta^*(t)\Gamma R_2\Gamma\theta(t) - \theta^*(t-\varepsilon)\Gamma R_2\Gamma\theta(t-\varepsilon) \\
&= \theta^*(t)P(-D\theta(t) + Ah(\theta(t)) + Bs(\theta(t-\varepsilon)) + C\dot{\theta}(t-\varepsilon)) \\
&\quad + (-D\theta(t) + Ah(\theta(t)) + Bs(\theta(t-\varepsilon)) + C\dot{\theta}(t-\varepsilon))^*P\theta(t) \\
&\quad + (-D\theta(t) + Ah(\theta(t)) + Bs(\theta(t-\varepsilon)) + C\dot{\theta}(t-\varepsilon))^*Q \\
&\quad \times (-D\theta(t) + Ah(\theta(t)) + Bs(\theta(t-\varepsilon)) + C\dot{\theta}(t-\varepsilon)) - \dot{\theta}^*(t-\varepsilon)Q\dot{\theta}(t-\varepsilon) \\
&\quad + \theta^*(t)\Gamma R_2\Gamma\theta(t) - \theta^*(t-\varepsilon)\Gamma R_2\Gamma\theta(t-\varepsilon) \\
&= \omega^*(t)\Upsilon\omega(t) - \theta^*(t-\varepsilon)\Gamma R_2\Gamma\theta(t-\varepsilon) \tag{3.2.22}
\end{aligned}$$

其中, $\omega(t) = (\theta(t), h(\theta(t)), s(\theta(t-\varepsilon)), \dot{\theta}(t-\varepsilon))^*$, 且

$$\Upsilon = \begin{bmatrix} -PD - DP + DQD + \Gamma R_2\Gamma & PA - DQA & PB - DQB & PC - DQC \\ \star & A^*QA & A^*QB & A^*QC \\ \star & \star & B^*QB & B^*QC \\ \star & \star & \star & C^*QC - Q \end{bmatrix}$$

根据假设 3.2.1, 对于正对角矩阵 R_1 和 R_2, 有

$$0 \leqslant \theta^*(t)\Lambda R_1\Lambda\theta(t) - h^*(\theta(t))R_1 h(\theta(t)) \tag{3.2.23}$$

$$0 \leqslant \theta^*(t-\varepsilon)\Gamma R_2\Gamma\theta(t-\varepsilon) - s^*(\theta(t-\varepsilon))R_2 s(\theta(t-\varepsilon)) \qquad (3.2.24)$$

根据式 (3.2.22) ∼ 式 (3.2.24), 可得

$$\dot{V}(t) \leqslant \omega^*(t)\Omega\omega(t) \qquad (3.2.25)$$

由式 (3.2.3) 可知

$$\dot{V}(t) \leqslant 0, \ t \geqslant 0 \qquad (3.2.26)$$

基于 Lyapunov 稳定性理论, 可以保证中立型时滞四元数神经网络 (3.2.1) 的平衡点 $\tilde{q}$ 的全局稳定性. 证毕.

注 3.2.1   若 $C = 0$, 则中立型时滞四元数神经网络 (3.2.1) 将退化为

$$\dot{q}(t) = -Dq(t) + Af(q(t)) + Bg(q(t-\varepsilon)) + J \qquad (3.2.27)$$

对于系统 (3.2.27), 有如下推论.

推论 3.2.1   在假设 3.2.1 满足的条件下, 若存在两个正定 Hermitian 矩阵 P 和 Q, 两个正对角矩阵 R_1 和 R_2, 使得下列线性矩阵不等式成立:

$$\Omega = \begin{bmatrix} \Omega_{11} & PA - DQA & PB - DQB \\ \star & A^*QA - R_1 & A^*QB \\ \star & \star & B^*QB - R_2 \end{bmatrix} < 0 \qquad (3.2.28)$$

则系统 (3.2.27) 存在唯一的平衡点且平衡点全局稳定, 其中 $\Omega_{11} = -PD - DP + DQD + \Lambda R_1\Lambda + \Gamma R_2\Gamma$.

以下建立中立型时滞四元数神经网络 (3.2.1) 平衡点存在性、唯一性和全局稳定性时滞相关的充分判据.

定理 3.2.2   在假设 3.2.1 成立的条件下, 若存在正定 Hermitian 矩阵 P, Q, W, U 和 Z, 正对角矩阵 R_1 和 R_2, 使得下列线性矩阵不等式成立:

$$\Pi = \begin{bmatrix} \Pi_{11} & \Pi_{12} & \Pi_{13} & \Pi_{14} & 0 & Z \\ \star & \Pi_{22} & A^*QB & A^*QC & 0 & 0 \\ \star & \star & \Pi_{33} & B^*QC & 0 & 0 \\ \star & \star & \star & \Pi_{44} & 0 & 0 \\ \star & \star & \star & \star & -W & -Z \\ \star & \star & \star & \star & \star & -U \end{bmatrix} < 0 \qquad (3.2.29)$$

其中, $\Pi_{11} = -PD - DP + DQD + \Lambda R_1\Lambda + \Gamma R_2\Gamma + \varepsilon^2 U + W$; $\Pi_{12} = PA - DQA$; $\Pi_{13} = PB - DQB$; $\Pi_{14} = PC - DQC$; $\Pi_{22} = A^*QA - R_1$; $\Pi_{33} = B^*QB - R_2$; $\Pi_{44} = C^*QC - Q$. 那么, 中立型时滞四元数神经网络 (3.2.1) 存在唯一且全局稳定的平衡点.

证明 令

$$
\Theta = \begin{bmatrix}
\Pi_{11} & PA - DQA & PB - DQB & PC - DQC \\
\star & A^*QA - R_1 & A^*QB & A^*QC \\
\star & \star & B^*QB - R_2 & B^*QC \\
\star & \star & \star & C^*QC - Q
\end{bmatrix}
$$

由式 (3.2.29) 可知, Π 的子矩阵 $\Theta < 0$, 又由于 $U > 0$ 和 $W > 0$, 可得

$$
\Omega = \begin{bmatrix}
\Omega_{11} & PA - DQA & PB - DQB & PC - DQC \\
\star & A^*QA - R_1 & A^*QB & A^*QC \\
\star & \star & B^*QB - R_2 & B^*QC \\
\star & \star & \star & C^*QC - Q
\end{bmatrix}
$$

$$
= \Theta - \begin{bmatrix}
\varepsilon^2 U + W & 0 & 0 & 0 \\
0 & 0 & 0 & 0 \\
0 & 0 & 0 & 0 \\
0 & 0 & 0 & 0
\end{bmatrix} < 0 \tag{3.2.30}
$$

其中, $\Omega_{11} = -PD - DP + DQD + \Lambda R_1 \Lambda + \Gamma R_2 \Gamma$.

这意味着定理 3.2.1 中的线性矩阵不等式 (3.2.3) 成立. 由定理 3.2.1 可知, 中立型时滞四元数神经网络 (3.2.1) 存在唯一的平衡点.

记中立型时滞四元数神经网络 (3.2.1) 的平衡点为 $\hat{q} \in \mathbb{Q}^n$, 并令 $\vartheta(t) = q(t) - \hat{q}$, 那么中立型时滞四元数神经网络 (3.2.1) 可重新写为

$$
\dot{\vartheta}(t) = -D\vartheta(t) + Ah(\vartheta(t)) + Bs(\vartheta(t-\varepsilon)) + C\dot{\vartheta}(t-\varepsilon) \tag{3.2.31}
$$

其中, $h(\vartheta(t)) = f(\vartheta(t) + \hat{q}) - f(\hat{q})$; $s(\vartheta(t-\varepsilon)) = g(\vartheta(t-\varepsilon) + \hat{q}) - g(\hat{q})$.

构造如下 Lyapunov-Krasovskii 泛函:

$$
V(t) = \vartheta^*(t)P\vartheta(t) + \int_{t-\varepsilon}^{t} \dot{\vartheta}^*(s)Q\dot{\vartheta}(s)\mathrm{d}s + \int_{t-\varepsilon}^{t} \vartheta^*(s)(\Gamma R_2 \Gamma + W)\vartheta(s)\mathrm{d}s
$$

$$
+ \varepsilon \int_{-\varepsilon}^{0} \int_{t+\xi}^{t} \vartheta^*(s)U\vartheta(s)\mathrm{d}s\mathrm{d}\xi + \left(\int_{t-\varepsilon}^{t} \vartheta^*(s)\mathrm{d}s \right) Z \left(\int_{t-\varepsilon}^{t} \vartheta(s)\mathrm{d}s \right) \tag{3.2.32}
$$

沿着式 (3.2.29) 的轨迹计算 $V(t)$ 的导数, 可得

$$
\dot{V}(t) = \vartheta^*(t)P\dot{\vartheta}(t) + \dot{\vartheta}^*(t)P\vartheta(t) + \dot{\vartheta}^*(t)Q\dot{\vartheta}(t) - \dot{\vartheta}^*(t-\varepsilon)Q\dot{\vartheta}(t-\varepsilon)
$$

$$
+ \vartheta^*(t)(\Gamma R_2 \Gamma + W)\vartheta(t) - \vartheta^*(t-\varepsilon)(\Gamma R_2 \Gamma + W)\vartheta(t-\varepsilon)
$$

$$+ \varepsilon^2 \vartheta^*(t) U \vartheta(t) - \varepsilon \int_{t-\varepsilon}^{t} \vartheta^*(s) U \vartheta(s) \mathrm{d}s$$

$$+ (\vartheta^*(t) - \vartheta^*(t-\varepsilon)) Z \int_{t-\varepsilon}^{t} \vartheta(s) \mathrm{d}s + \left(\int_{t-\varepsilon}^{t} \vartheta^*(s) \mathrm{d}s \right) Z (\vartheta(t) - \vartheta(t-\varepsilon))$$

$$\leqslant \vartheta^*(t) P(-D\vartheta(t) + Ah(\vartheta(t)) + Bs(\vartheta(t-\varepsilon)) + C\dot{\vartheta}(t-\varepsilon))$$

$$+ (-D\vartheta(t) + Ah(\vartheta(t)) + Bs(\vartheta(t-\varepsilon)) + C\dot{\vartheta}(t-\varepsilon))^* P\vartheta(t)$$

$$+ (-D\vartheta(t) + Ah(\vartheta(t)) + Bs(\vartheta(t-\varepsilon)) + C\dot{\vartheta}(t-\varepsilon))^* Q$$

$$\times (-D\vartheta(t) + Ah(\vartheta(t)) + Bs(\vartheta(t-\varepsilon)) + C\dot{\vartheta}(t-\varepsilon)) - \dot{\vartheta}^*(t-\varepsilon) Q \dot{\vartheta}(t-\varepsilon)$$

$$+ \vartheta^*(t)(\Gamma R_2 \Gamma + W)\vartheta(t) - \vartheta^*(t-\varepsilon)(\Gamma R_2 \Gamma + W)\vartheta(t-\varepsilon)$$

$$+ \varepsilon^2 \vartheta^*(t) U \vartheta(t) - \left(\int_{t-\varepsilon}^{t} \vartheta^*(s) \mathrm{d}s \right) U \left(\int_{t-\varepsilon}^{t} \vartheta(s) \mathrm{d}s \right)$$

$$+ (\vartheta^*(t) - \vartheta^*(t-\varepsilon)) Z \int_{t-\varepsilon}^{t} \vartheta(s) \mathrm{d}s + \left(\int_{t-\varepsilon}^{t} \vartheta^*(s) \mathrm{d}s \right) Z (\vartheta(t) - \vartheta(t-\varepsilon))$$

$$= \eta^*(t) \Xi \eta(t) \tag{3.2.33}$$

其中, $\eta(t) = \left(\vartheta(t), h(\vartheta(t)), s(\vartheta(t-\varepsilon)), \dot{\vartheta}(t-\varepsilon), \vartheta(t-\varepsilon), \int_{t-\varepsilon}^{t} \vartheta(s) \mathrm{d}s \right)^*$ 且

$$\Xi = \begin{bmatrix} \Xi_{11} & PA - DQA & PB - DQB & PC - DQC & 0 & Z \\ \star & A^*QA & A^*QB & A^*QC & 0 & 0 \\ \star & \star & B^*QB & B^*QC & 0 & 0 \\ \star & \star & \star & C^*QC - Q & 0 & 0 \\ \star & \star & \star & \star & -W - \Gamma R_2 \Gamma & -Z \\ \star & \star & \star & \star & \star & -U \end{bmatrix}$$

$$\Xi_{11} = -PD - DP + DQD + \Gamma R_2 \Gamma + W + \varepsilon^2 U$$

基于假设 3.2.1, 对于正对角矩阵 R_1 和 R_2, 有

$$0 \leqslant \vartheta^*(t) \Lambda R_1 \Lambda \vartheta(t) - h^*(\vartheta(t)) R_1 h(\vartheta(t)) \tag{3.2.34}$$

$$0 \leqslant \vartheta^*(t-\varepsilon) \Gamma R_2 \Gamma \vartheta(t-\varepsilon) - s^*(\vartheta(t-\varepsilon)) R_2 s(\vartheta(t-\varepsilon)) \tag{3.2.35}$$

根据式 (3.2.33) ∼ 式 (3.2.35), 可得

$$\dot{V}(t) \leqslant \omega^*(t) \Pi \omega(t) \tag{3.2.36}$$

运用条件 (3.2.29), 可得

$$\dot{V}(t) \leqslant 0, \ t \geqslant 0 \tag{3.2.37}$$

基于 Lyapunov 稳定性理论, 可知中立型时滞四元数神经网络 (3.2.1) 的平衡点 $\hat{q}$ 是全局稳定的. 证毕.

推论 3.2.2 在假设 3.2.1 条件满足的情况下, 若存在正定 Hermitian 矩阵 P, Q, W, U 和 Z, 正对角矩阵 R_1 和 R_2, 使得下面线性矩阵不等式成立:

$$
\Pi = \begin{bmatrix}
\Pi_{11} & PA - DQA & PB - DQB & 0 & Z \\
\star & A^*QA - R_1 & A^*QB & 0 & 0 \\
\star & \star & B^*QB - R_2 & 0 & 0 \\
\star & \star & \star & -W & -Z \\
\star & \star & \star & \star & -U
\end{bmatrix} < 0 \qquad (3.2.38)
$$

其中, $\Pi_{11} = -PD - DP + DQD + \Lambda R_1 \Lambda + \Gamma R_2 \Gamma + \varepsilon^2 U + W$, 则中立型时滞四元数神经网络 (3.2.27) 存在唯一且全局稳定的平衡点.

3.2.4 数值示例

以下数值示例验证了所得结果的正确性和有效性.

例 3.2.1 假设中立型时滞四元数神经网络 (3.2.1) 的参数为

$$
D = \begin{bmatrix} 7 & 0 \\ 0 & 9 \end{bmatrix}, \ A = \begin{bmatrix} 1.2 + \imath - 1.5\jmath - 0.8\kappa & 1 + 1.2\imath + 1.3\jmath - 1.5\kappa \\ 1.4 - 2.7\imath - 2\jmath - 1.3\kappa & 0.5 + 0.8\imath - 1.4\jmath - 1.7\kappa \end{bmatrix}
$$

$$
B = \begin{bmatrix} 1.1 - 1.4\imath - 1.3\jmath - 1.2\kappa & 2.1 + 1.3\imath + 0.9\jmath - 1.1\kappa \\ 1.3 + 1.2\imath - 1.2\jmath + 1.1\kappa & -1.5 + \imath + 1.2\jmath + 1.4\kappa \end{bmatrix}
$$

$$
C = \begin{bmatrix} 0.1 + 0.6\imath + 0.3\jmath - 0.2\kappa & 0.3 + 0.2\imath + 0.2\jmath - 0.1\kappa \\ 0.1 + 0.2\imath - 0.3\jmath + 0.5\kappa & -0.2 - 0.1\imath + 0.5\jmath + 0.4\kappa \end{bmatrix}
$$

$$
J = \begin{bmatrix} 0.5 - 0.5\imath + \jmath + 0.5\kappa \\ 1 + \imath + 0.5\jmath + 2\kappa \end{bmatrix}
$$

$$
\varepsilon = 0.1, \ f_1(q(t)) = f_2(q(t)) = 0.4\tanh(q(t))
$$

$$
g_1(q(t)) = g_2(q(t)) = 0.2\tanh(q(t))
$$

容易验证假设 3.2.1 成立, 并且 $\Lambda = \begin{bmatrix} 0.4 & 0 \\ 0 & 0.4 \end{bmatrix}$ 和 $\Gamma = \begin{bmatrix} 0.2 & 0 \\ 0 & 0.2 \end{bmatrix}$. 利用 MATLAB 软件中的 YALMIP 工具箱, 可以求得线性矩阵不等式 (3.2.3) 的一个解:

$$
P = \begin{bmatrix} 85.7982 & P_{12} \\ P_{21} & 122.8476 \end{bmatrix}, \ Q = \begin{bmatrix} 12.0596 & Q_{12} \\ Q_{21} & 14.2336 \end{bmatrix}
$$

$$R_1 = \begin{bmatrix} 1487.6359 & 0 \\ 0 & 1305.1449 \end{bmatrix}, R_2 = \begin{bmatrix} 1197.2406 & 0 \\ 0 & 1319.5816 \end{bmatrix}$$

其中, $P_{12} = -20.2504 + 3.2626\imath - 19.0244\jmath + 7.9822\kappa$; $P_{21} = -20.2504 - 3.2626\imath +$
$19.0244\jmath - 7.9822\kappa$; $Q_{12} = -2.8239 + 0.4869\imath - 2.6970\jmath + 1.2154\kappa$; $Q_{21} = -2.8239 +$
$0.4869\imath - 2.6970\jmath + 1.2154\kappa$.

　　根据定理 3.2.1, 中立型时滞四元数神经网络 (3.2.1) 的平衡点是全局稳定的.

　　基于初始条件 $\psi_1(s) = 2\cos(s) + (3 + s^2)\imath + \sin(s)\jmath + (2s + 4)\kappa$, $\psi_2(s) = 1 +$
$\sin(s) - \cos(2s)\imath + (3s + 2)\jmath + 3\sin(s)\kappa$, $s \in [-0.1, 0]$, 可画出如下图像: 图 3.2.1 ∼
图 3.2.4 为该神经网络四个部分的状态轨迹, 从而验证了中立型时滞四元数神经
网络 (3.2.1) 平衡点的全局稳定性.

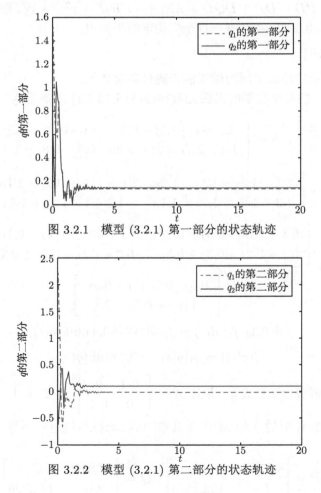

图 3.2.1　模型 (3.2.1) 第一部分的状态轨迹

图 3.2.2　模型 (3.2.1) 第二部分的状态轨迹

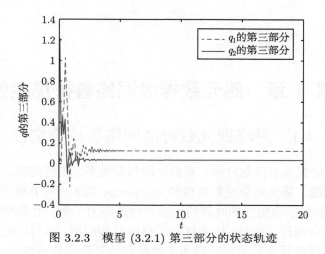

图 3.2.3 模型 (3.2.1) 第三部分的状态轨迹

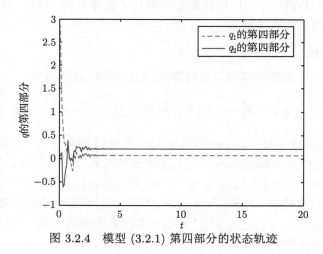

图 3.2.4 模型 (3.2.1) 第四部分的状态轨迹

第 4 章　四元数神经网络鲁棒稳定性

4.1　时滞四元数神经网络鲁棒稳定性

本节主要研究具有泄漏时滞、离散时滞和参数不确定性的四元数神经网络的鲁棒稳定性问题. 基于同胚映射原理和 Lyapunov 理论, 利用四元数模不等式技巧, 给出具有参数不确定性的时滞四元数神经网络的平衡点存在唯一性和全局鲁棒稳定性的充分条件. 此外, 作为这些结果的直接应用, 得到验证无泄漏时滞的四元数神经网络以及具有泄漏时滞和离散时滞的复值神经网络 (complex-valued neural network, CVNN) 全局鲁棒稳定性的几个充分条件. 最后, 给出两个数值示例来验证所得结果的有效性.

4.1.1　模型描述

考虑以下具有泄漏时滞和离散时滞的四元数神经网络模型:

$$\dot{q}(t) = -Cq(t-\delta) + Af(q(t)) + Bf(q(t-\tau)) + J, \ t \geqslant 0 \tag{4.1.1}$$

其中, $q(t) = (q_1(t), q_2(t), \cdots, q_n(t))^{\mathrm{T}} \in \mathbb{Q}^n$ 为 t 时刻具有 n 个神经元的神经网络的状态向量; $C = \mathrm{diag}\{c_1, c_2, \cdots, c_n\} \in \mathbb{R}^{n \times n}$, $c_i > 0$ $(i = 1, 2, \cdots, n)$ 为自反馈连接权矩阵; $A = (a_{ij})_{n \times n} \in \mathbb{Q}^{n \times n}$ 和 $B = (b_{ij})_{n \times n} \in \mathbb{Q}^{n \times n}$ 分别为连接权矩阵和时滞连接权矩阵; $J = (J_1, J_2, \cdots, J_n)^{\mathrm{T}} \in \mathbb{Q}^n$ 为外部输入向量; $f(q(t)) = (f_1(q_1(t)), f_2(q_2(t)), \cdots, f_n(q_n(t)))^{\mathrm{T}} \in \mathbb{Q}^n$ 为向量值激活函数; $\delta > 0$ 和 $\tau > 0$ 分别为泄漏时滞和离散时滞.

4.1.2　基本假设

下面给出本节所需要的假设、定义与引理, 首先给出如下假设.

假设 4.1.1　四元数神经网络模型 (4.1.1) 中的参数 C, A, B, J 分别在以下集合中:

$$C_I = [\check{C}, \hat{C}] = \left\{ C \in \mathbb{R}_d^{n \times n} : \check{C} \preceq C \preceq \hat{C}; \check{C}, \hat{C} \in \mathbb{R}_d^{n \times n} \text{ 且 } 0 < \check{C} \preceq \hat{C} \right\}$$

$$A_I = [\check{A}, \hat{A}] = \left\{ A \in \mathbb{Q}^{n \times n} : \check{A} \preceq A \preceq \hat{A}; \check{A}, \hat{A} \in \mathbb{Q}^{n \times n} \text{ 且 } \check{A} \preceq \hat{A} \right\}$$

$$B_I = [\check{B}, \hat{B}] = \left\{ B \in \mathbb{Q}^{n \times n} : \check{B} \preceq B \preceq \hat{B}; \check{B}, \hat{B} \in \mathbb{Q}^{n \times n} \text{ 且 } \check{B} \preceq \hat{B} \right\}$$

$$J_I = [\check{J}, \hat{J}] = \left\{ J \in \mathbb{Q}^n : \check{J} \preceq J \preceq \hat{J}; \check{J}, \hat{J} \in \mathbb{Q}^n \ \text{且} \ \check{J} \preceq \hat{J} \right\}$$

其中, $\check{A} = (\check{a}_{ij})_{n \times n}$; $\hat{A} = (\hat{a}_{ij})_{n \times n}$; $\check{B} = (\check{b}_{ij})_{n \times n}$; $\hat{B} = (\hat{b}_{ij})_{n \times n}$. 对于两个矩阵 $A, B \in \mathbb{Q}^{n \times n}$, $A \preceq B$ 表示 A 中所有元素的实部和三个虚部均不超过 B 中对应位置元素的实部和三个虚部.

假设 4.1.2 对于 $i = 1, 2, \cdots, n$, 神经元的激活函数 f_i 是连续的且满足

$$|f_i(u_1) - f_i(u_2)| \leqslant \gamma_i |u_1 - u_2|, \ \forall u_1, u_2 \in \mathbb{Q}$$

其中, γ_i 为实常数. 此外, 定义 $\Gamma = \mathrm{diag}\{\gamma_1, \gamma_2, \cdots, \gamma_n\}$.

4.1.3 基本概念和引理

定义 4.1.1 对于任意的 $C \in C_I$, $A \in A_I$, $B \in B_I$ 和 $J \in J_I$, 如果四元数神经网络模型 (4.1.1) 的平衡点是全局渐近稳定的, 则称四元数神经网络模型 (4.1.1) 是全局鲁棒渐近稳定的.

以下四元数的模不等式在本节定理证明中起着重要作用.

引理 4.1.1 假设 $A \in \mathbb{Q}^{n \times n}$, $\check{A} = (\check{a}_{ij})_{n \times n} \in \mathbb{Q}^{n \times n}$, $\hat{A} = (\hat{a}_{ij})_{n \times n} \in \mathbb{Q}^{n \times n}$ 且 $\check{A} \preceq A \preceq \hat{A}$, 则对于任意 $x, y \in \mathbb{Q}^n$, 下面的不等式成立:

$$x^* A^* A x \leqslant |x|^* |A|^* |A| |x| \leqslant |x|^* \tilde{A}^* \tilde{A} |x| \tag{4.1.2}$$

$$x^* A^* y + y^* A x \leqslant 2|x|^* |A|^* |y| \leqslant 2|x|^* \tilde{A}^* |y| \tag{4.1.3}$$

其中, $\tilde{A} = (\tilde{a}_{ij})_{n \times n}$, $\tilde{a}_{ij} = \max\{|\check{a}_{ij}|, |\hat{a}_{ij}|\}$.

证明 由引理 2.4.7 的性质 (1) 和 Cauchy-Schwarz 不等式, 容易证明不等式 (4.1.2) 和式 (4.1.3) 成立. 证毕.

4.1.4 主要结果

接下来, 将给出四元数神经网络模型 (4.1.1) 平衡点的存在性、唯一性和全局鲁棒稳定性的一些充分条件.

定理 4.1.1 在假设 4.1.1 和假设 4.1.2 成立的条件下, 若存在三个实正对角矩阵 U, V_1 和 V_2 使得下面的线性矩阵不等式成立:

$$\Sigma = \begin{bmatrix} \Sigma_{11} & U\tilde{A} & U\tilde{B} \\ \star & -V_1 & 0 \\ \star & \star & -V_2 \end{bmatrix} < 0 \tag{4.1.4}$$

其中, $\Sigma_{11} = -U\check{C} - \check{C}U + \Gamma V_1 \Gamma + \Gamma V_2 \Gamma$, 则四元数神经网络模型 (4.1.1) 具有唯一平衡点.

证明　定义一个与四元数神经网络模型 (4.1.1) 相关联的连续映射 $\mathscr{H} : \mathbb{Q}^n \to \mathbb{Q}^n$ 为

$$\mathscr{H}(q) = -Cq + Af(q) + Bf(q) + J \tag{4.1.5}$$

接下来，分两步证明该映射是同胚映射.

步骤 1　证明 $\mathscr{H}(q)$ 在 $\mathbb{Q}^n$ 上为单映射.

假设存在 $q, \tilde{q} \in \mathbb{Q}^n$, $q \neq \tilde{q}$, 使得 $\mathscr{H}(q) = \mathscr{H}(\tilde{q})$, 则有

$$
\begin{aligned}
0 &= \mathscr{H}(q) - \mathscr{H}(\tilde{q}) \\
&= -C(q - \tilde{q}) + A(f(q) - f(\tilde{q})) + B(f(q) - f(\tilde{q}))
\end{aligned} \tag{4.1.6}
$$

式 (4.1.6) 左右两边同时乘以 $(q - \tilde{q})^* U$, 可得

$$
\begin{aligned}
0 = &-(q - \tilde{q})^* UC(q - \tilde{q}) + (q - \tilde{q})^* UA(f(q) - f(\tilde{q})) \\
&+ (q - \tilde{q})^* UB(f(q) - f(\tilde{q}))
\end{aligned} \tag{4.1.7}
$$

然后对式 (4.1.7) 取共轭转置, 可得

$$
\begin{aligned}
0 = &-(q - \tilde{q})^* CU^*(q - \tilde{q}) + (f(q) - f(\tilde{q}))^* A^* U^*(q - \tilde{q}) \\
&+ (f(q) - f(\tilde{q}))^* B^* U^*(q - \tilde{q})
\end{aligned} \tag{4.1.8}
$$

根据引理 2.4.3 和引理 4.1.1, 式 (4.1.7) 和式 (4.1.8) 两边求和可得

$$
\begin{aligned}
0 = &-(q - \tilde{q})^*(UC + CU)(q - \tilde{q}) + (q - \tilde{q})^* UA(f(q) - f(\tilde{q})) \\
&+ (f(q) - f(\tilde{q}))^* A^* U(q - \tilde{q}) + (q - \tilde{q})^* UB(f(q) - f(\tilde{q})) \\
&+ (f(q) - f(\tilde{q}))^* B^* U(q - \tilde{q}) \\
\leqslant &-(q - \tilde{q})^*(UC + CU)(q - \tilde{q}) + (q - \tilde{q})^* UAV_1^{-1} A^* U(q - \tilde{q}) \\
&+ (f(q) - f(\tilde{q}))^* V_1(f(q) - f(\tilde{q})) + (q - \tilde{q})^* UBV_2^{-1} B^* U(q - \tilde{q}) \\
&+ (f(q) - f(\tilde{q}))^* V_2(f(q) - f(\tilde{q})) \\
\leqslant &|q - \tilde{q}|^* \big(-U\check{C} - \check{C}U + U\tilde{A}V_1^{-1}\tilde{A}^*U + U\tilde{B}V_2^{-1}\tilde{B}^*U\big)|q - \tilde{q}| \\
&+ (f(q) - f(\tilde{q}))^* V_1(f(q) - f(\tilde{q})) + (f(q) - f(\tilde{q}))^* V_2(f(q) - f(\tilde{q}))
\end{aligned} \tag{4.1.9}
$$

V_1 和 V_2 是实正对角矩阵, 由假设 4.1.2 可得

$$(f(q) - f(\tilde{q}))^* V_1 (f(q) - f(\tilde{q}))$$

$$\leqslant (q - \tilde{q})^* \Gamma V_1 \Gamma (q - \tilde{q})$$

$$= |q - \tilde{q}|^* \Gamma V_1 \Gamma |q - \tilde{q}| \tag{4.1.10}$$

$$(f(q) - f(\tilde{q}))^* V_2 (f(q) - f(\tilde{q}))$$

$$\leqslant (q - \tilde{q})^* \Gamma V_2 \Gamma (q - \tilde{q})$$

$$= |q - \tilde{q}|^* \Gamma V_2 \Gamma |q - \tilde{q}| \tag{4.1.11}$$

根据式 (4.1.9)、式 (4.1.10) 和式 (4.1.11), 有

$$0 \leqslant |q - \tilde{q}|^* \Omega |q - \tilde{q}| \tag{4.1.12}$$

其中, $\Omega = -U\check{C} - \check{C}U + \Gamma V_1 \Gamma + \Gamma V_2 \Gamma + U\tilde{A}V_1^{-1}\tilde{A}^*U + U\tilde{B}V_2^{-1}\tilde{B}^*U$.

由引理 2.4.6 和线性矩阵不等式 (4.1.4) 可得 $\Omega < 0$. 由式 (4.1.12) 可知, $q - \tilde{q} = 0$, 因此 $\mathscr{H}(q)$ 在 $\mathbb{Q}^n$ 上为单映射.

步骤 2 证明当 $\|q\| \to \infty$ 时, $\|\mathscr{H}(q)\| \to \infty$.

设 $\widetilde{\mathscr{H}}(q) = \mathscr{H}(q) - \mathscr{H}(0)$, 由引理 2.4.3 和引理 4.1.1 可得

$$q^* U \widetilde{\mathscr{H}}(q) + \widetilde{\mathscr{H}}(q)^* U q$$

$$= -q^*(UC + CU)q + q^*U(A + B)(f(q) - f(0)) + (f(q) - f(0))^*(A^* + B^*)Uq$$

$$\leqslant -q^*(UC + CU)q + q^*U(A + B)V^{-1}(B^* + C^*)Uq$$

$$+ (f(q) - f(0))^* V (f(q) - f(0))$$

$$\leqslant |q|\big(-2U\check{C} + U(\tilde{A} + \tilde{B})V^{-1}(\tilde{A}^* + \tilde{B}^*)U\big)|q| + |q|^* \Gamma V \Gamma |q|$$

$$\leqslant |q|^* \Omega |q| \leqslant -\lambda_{\min}(-\Omega)\|q\|^2$$

利用 Cauchy-Schwarz 不等式得到

$$\lambda_{\min}(-\Omega)\|q\|^2 \leqslant 2\|q^*\|\|U\|\|\widetilde{\mathscr{H}}(q)\|$$

当 $q \neq 0$ 时, 有

$$\|\widetilde{\mathscr{H}}(q)\| \geqslant \frac{\lambda_{\min}(-\Omega)\|q\|}{2\|U\|}$$

可见, 当 $\|q\| \to \infty$ 时, $\|\widetilde{\mathscr{H}}(q)\| \to \infty$ 成立, 这意味着, 当 $\|q\| \to \infty$ 时, 有 $\|\mathscr{H}(q)\| \to \infty$. 由引理 2.4.1 可知, $\mathscr{H}(q)$ 是 $\mathbb{Q}^n$ 上的一个同胚映射. 因此, 系统 (4.1.1) 存在唯一平衡点. 证毕.

定理 4.1.2　在假设 4.1.1 和假设 4.1.2 成立的条件下, 如果存在九个实正对角矩阵 P_1, P_2, P_3, P_4, P_5, Q_1, Q_2, R_1 和 R_2 使得下面的线性矩阵不等式成立:

$$\Omega = \begin{bmatrix} \Omega_{11} & 0 & 0 & 0 & P_1\tilde{A} & P_1\tilde{B} & \Omega_{17} \\ \star & \Omega_{22} & \Omega_{23} & 0 & Q_1^*\tilde{A} & Q_1^*\tilde{B} & 0 \\ \star & \star & \Omega_{33} & 0 & Q_2^*\tilde{A} & Q_2^*\tilde{B} & 0 \\ \star & \star & \star & \Omega_{44} & 0 & 0 & 0 \\ \star & \star & \star & \star & \Omega_{55} & 0 & \Omega_{57} \\ \star & \star & \star & \star & \star & \Omega_{66} & \Omega_{67} \\ \star & \star & \star & \star & \star & \star & -P_3 \end{bmatrix} < 0 \qquad (4.1.13)$$

其中, $\Omega_{11} = -P_1\check{C} - \check{C}P_1 + P_2 + \delta^2 P_3 + P_4 + \Gamma R_1\Gamma$; $\Omega_{17} = \hat{C}P_1\hat{C}$; $\Omega_{22} = -Q_1^* - Q_1$; $\Omega_{23} = Q_1^*\hat{C} + Q_2$; $\Omega_{33} = -P_2 - Q_2^*\check{C} - \check{C}Q_2$; $\Omega_{44} = -P_4 + \Gamma R_2\Gamma$; $\Omega_{55} = P_5 - R_1$; $\Omega_{57} = \tilde{A}^*P_1\hat{C}$; $\Omega_{66} = -P_5 - R_2$; $\Omega_{67} = \tilde{B}^*P_1\hat{C}$, 则四元数神经网络模型 (4.1.1) 有唯一平衡点且该平衡点是全局鲁棒稳定的.

证明　分两步证明该定理.

步骤 1　证明四元数神经网络模型 (4.1.1) 存在唯一平衡点.

设

$$\Omega_1 = \begin{bmatrix} \Omega_{11} & P_1\tilde{A} & P_1\tilde{B} \\ \star & P_5 - R_1 & 0 \\ \star & \star & -P_5 - R_2 \end{bmatrix}$$

$$\Omega_2 = \begin{bmatrix} \Omega_{11} - P_2 - \delta^2 P_3 + \Omega_{44} & P_1\tilde{A} & P_1\tilde{B} \\ \star & P_5 - R_1 & 0 \\ \star & \star & -P_5 - R_2 \end{bmatrix}$$

Ω_1 是由 Ω 的第 1, 5, 6 行和第 1, 5, 6 列构成的子矩阵, 因此可得 $\Omega_1 < 0$. 由 $P_2 + \delta^2 P_3 > 0$ 和 $\Omega_{44} < 0$ 可得

$$\Omega_2 = \Omega_1 + \begin{bmatrix} -P_2 - \delta^2 P_3 + \Omega_{44} & 0 & 0 \\ 0 & 0 & 0 \\ 0 & 0 & 0 \end{bmatrix} < 0 \qquad (4.1.14)$$

取 $U = P_1 > 0$, $V_1 = -P_5 + R_1 > 0$ 和 $V_2 = P_5 + R_2 > 0$, 可得

$$\Sigma = \Omega_2 \qquad (4.1.15)$$

其中, Σ 是线性矩阵不等式 (4.1.4) 中的矩阵.

由式 (4.1.14) 和式 (4.1.15) 可得 $\Sigma < 0$, 这意味着线性矩阵不等式 (4.1.4) 成立. 由定理 4.1.1 可知, 四元数神经网络模型 (4.1.1) 有唯一平衡点.

步骤 2 证明四元数神经网络模型 (4.1.1) 的平衡点是全局鲁棒稳定的.

令 $\breve{z}$ 是系统 (4.1.1) 的唯一平衡点, 设 $\tilde{q}(t) = q(t) - \breve{q}$, 将平衡点平移到原点, 四元数神经网络模型 (4.1.1) 可转换为

$$\dot{\tilde{q}}(t) = -C\tilde{q}(t - \delta) + Ag(\tilde{q}(t)) + Bg(\tilde{q}(t - \tau)) \tag{4.1.16}$$

其中, $g(\tilde{q}(t)) = f(q(t)) - f(\breve{q})$; $g(\tilde{q}(t - \tau)) = f(q(t - \tau)) - f(\breve{q})$.

考虑如下 Lyapunov-Krasovskii 泛函:

$$V(t) = V_1(t) + V_2(t) + V_3(t) + V_4(t) + V_5(t)$$

其中,

$$V_1(t) = \left(\tilde{q}(t) - C\int_{t-\delta}^{t}\tilde{q}(s)\mathrm{d}s\right)^* \times P_1\left(\tilde{q}(t) - C\int_{t-\delta}^{t}\tilde{q}(s)\mathrm{d}s\right) \tag{4.1.17}$$

$$V_2(t) = \int_{t-\delta}^{t}\tilde{q}^*(s)P_2\tilde{q}(s)\mathrm{d}s \tag{4.1.18}$$

$$V_3(t) = \delta\int_{0}^{\delta}\int_{t-u}^{t}\tilde{q}^*(s)P_3\tilde{q}(s)\mathrm{d}s\mathrm{d}u \tag{4.1.19}$$

$$V_4(t) = \int_{t-\tau}^{t}\tilde{q}^*(s)P_4\tilde{q}(s)\mathrm{d}s \tag{4.1.20}$$

$$V_5(t) = \int_{t-\tau}^{t}g^*(\tilde{q}(s))P_5g(\tilde{q}(s))\mathrm{d}s \tag{4.1.21}$$

沿着四元数神经网络模型 (4.1.1) 的轨迹计算 $V(t)$ 的导数, 可得

$$\dot{V}_1(t) = \left(\tilde{q}(t) - C\int_{t-\delta}^{t}\tilde{q}(s)\mathrm{d}s\right)^* P_1\left(\dot{\tilde{q}}(t) - C\tilde{q}(t) + C\tilde{q}(t - \delta)\right)$$

$$+ \left(\dot{\tilde{q}}(t) - C\tilde{q}(t) + C\tilde{q}(t - \delta)\right)^* P_1\left(\tilde{q}(t) - C\int_{t-\delta}^{t}\tilde{q}(s)\mathrm{d}s\right)$$

$$= -\tilde{q}^*(t)(P_1C + CP_1)\tilde{q}(t)$$

$$+ \tilde{q}^*(t)P_1Ag(\tilde{q}(t)) + g^*(\tilde{q}(t))A^*P_1\tilde{q}(t)$$

$$+ \tilde{q}^*(t)P_1Bg(\tilde{q}(t - \tau)) + g^*(\tilde{q}(t - \tau))B^*P_1\tilde{q}(t)$$

$$+ \left(\int_{t-\delta}^{t}\tilde{q}(s)\mathrm{d}s\right)^* CP_1C\tilde{q}(t) + \tilde{q}^*(t)CP_1C\left(\int_{t-\delta}^{t}\tilde{q}(s)\mathrm{d}s\right)$$

$$+ \left(\int_{t-\delta}^{t}\tilde{q}(s)\mathrm{d}s\right)^* CP_1Ag(\tilde{q}(t)) + g^*(\tilde{q}(t))A^*P_1C\left(\int_{t-\delta}^{t}\tilde{q}(s)\mathrm{d}s\right)$$

$$+ \left(\int_{t-\delta}^{t} \tilde{q}(s)\mathrm{d}s \right)^{*} CP_1 Bg(\tilde{q}(t - \tau))$$

$$+ g^*(\tilde{q}(t - \tau))B^* P_1 C \left(\int_{t-\delta}^{t} \tilde{q}(s)\mathrm{d}s \right) \tag{4.1.22}$$

$$\dot{V}_2(t) = \tilde{q}^*(t)P_2\tilde{q}(t) - \tilde{q}^*(t - \delta)P_2\tilde{q}(t - \delta) \tag{4.1.23}$$

$$\dot{V}_3(t) = \delta^2 \tilde{q}^*(t)P_3\tilde{q}(t) - \delta \int_{0}^{\delta} \tilde{q}^*(t - u)P_3\tilde{q}(t - u)\mathrm{d}u$$

$$= \delta^2 \tilde{q}^*(t)P_3\tilde{q}(t) - \delta \int_{t-\delta}^{t} \tilde{q}^*(s)P_3\tilde{q}(s)\mathrm{d}s$$

$$\leqslant \delta^2 \tilde{q}^*(t)P_3\tilde{q}(t) - \left(\int_{t-\delta}^{t} \tilde{q}(s)\mathrm{d}s \right)^{*} P_3 \left(\int_{t-\delta}^{t} \tilde{q}(s)\mathrm{d}s \right) \tag{4.1.24}$$

$$\dot{V}_4(t) = \tilde{q}^*(t)P_4\tilde{q}(t) - \tilde{q}^*(t - \tau)P_4\tilde{q}(t - \tau) \tag{4.1.25}$$

$$\dot{V}_5(t) = g^*(\tilde{q}(t))P_5g(\tilde{q}(t)) - g^*(\tilde{q}(t - \tau))P_5g(\tilde{q}(t - \tau)) \tag{4.1.26}$$

在推导不等式 (4.1.24) 时使用了引理 2.4.2, 由于 R_1 和 R_2 都是实对角正定矩阵, 由假设 4.1.2 可得

$$0 \leqslant \tilde{q}^*(t)\Gamma R_1 \Gamma \tilde{q}(t) - g^*(\tilde{q}(t))R_1 g(\tilde{q}(t)) \tag{4.1.27}$$

$$0 \leqslant \tilde{q}^*(t - \tau)\Gamma R_2 \Gamma \tilde{q}(t - \tau) - g^*(\tilde{q}(t - \tau))R_2 g(\tilde{q}(t - \tau)) \tag{4.1.28}$$

根据系统 (4.1.16), 有

$$0 = \left(Q_1\dot{\tilde{q}}(t) + Q_2\tilde{q}(t - \delta) \right)^{*} \left(-\dot{\tilde{q}}(t) - C\tilde{q}(t - \delta) + Ag(\tilde{q}(t)) + Bg(\tilde{q}(t - \tau)) \right)$$

$$+ \left(-\dot{\tilde{q}}(t) - C\tilde{q}(t - \delta) + Ag(\tilde{q}(t)) + Bg(\tilde{q}(t - \tau)) \right)^{*}$$

$$\times \left(Q_1\dot{\tilde{q}}(t) + Q_2\tilde{q}(t - \delta) \right) \tag{4.1.29}$$

从式 (4.1.22) $\sim$ 式 (4.1.29), 可得

$$\dot{V}(t) \leqslant \tilde{q}^*(t)\left(-P_1 C - CP_1 + P_2 + \delta^2 P_3 + P_4 + \Gamma R_1 \Gamma \right)\tilde{q}(t)$$

$$+ \tilde{q}^*(t)P_1 Ag(\tilde{q}(t)) + g^*(\tilde{q}(t))A^* P_1 \tilde{q}(t)$$

$$+ \tilde{q}^*(t)P_1 Bg(\tilde{q}(t - \tau)) + g^*(\tilde{q}(t - \tau))B^* P_1 \tilde{q}(t)$$

$$+ \tilde{q}^*(t)CP_1 C \left(\int_{t-\delta}^{t} \tilde{q}(s)\mathrm{d}s \right) + \left(\int_{t-\delta}^{t} \tilde{q}(s)\mathrm{d}s \right)^{*} CP_1 C\tilde{q}(t)$$

$$+ \dot{\tilde{q}}^*(t)\left(-Q_1^* - Q_1 \right)\dot{\tilde{q}}(t) + \dot{\tilde{q}}^*(t)\left(-Q_1^* C - Q_2 \right)\tilde{q}(t - \delta)$$

$$+ \tilde{q}^*(t - \delta)\big(-CQ_1 - Q_2^* \big)\dot{\tilde{q}}(t)$$

$$+ \dot{\tilde{q}}^*(t)Q_1^* Ag(\tilde{q}(t)) + g^*(\tilde{q}(t))A^* Q_1 \dot{\tilde{q}}(t)$$

$$+ \dot{\tilde{q}}^*(t)Q_1^* Bg(\tilde{q}(t - \tau)) + g^*(\tilde{q}(t - \tau))B^* Q_1 \dot{\tilde{q}}(t)$$

$$+ \tilde{q}^*(t - \delta)\big(-P_2 - Q_2^* C - CQ_2 \big)\tilde{q}(t - \delta)$$

$$+ \tilde{q}^*(t - \delta)Q_2^* Ag(\tilde{q}(t)) + g^*(\tilde{q}(t))A^* Q_2 \tilde{q}(t - \delta)$$

$$+ \tilde{q}^*(t - \delta)Q_2^* Bg(\tilde{q}(t - \tau)) + g^*(\tilde{q}(t - \tau))B^* Q_2 \tilde{q}(t - \delta)$$

$$+ \tilde{q}^*(t - \tau)\big(-P_4 + \Gamma R_2 \Gamma \big)\tilde{q}(t - \tau) + g^*(\tilde{q}(t))\big(P_5 - R_1 \big)g(\tilde{q}(t))$$

$$+ g^*(\tilde{q}(t))A^* P_1 C\left(\int_{t-\delta}^t \tilde{q}(s)\mathrm{d}s \right) + \left(\int_{t-\delta}^t \tilde{q}(s)\mathrm{d}s \right)^* CP_1 Ag(\tilde{q}(t))$$

$$+ g^*(\tilde{q}(t - \tau))\big(-P_5 - R_2 \big)g(\tilde{q}(t - \tau))$$

$$+ g^*(\tilde{q}(t - \tau))B^* P_1 C\left(\int_{t-\delta}^t \tilde{q}(s)\mathrm{d}s \right) + \left(\int_{t-\delta}^t \tilde{q}(s)\mathrm{d}s \right)^* CP_1 Bg(\tilde{q}(t - \tau))$$

$$- \left(\int_{t-\delta}^t \tilde{q}(s)\mathrm{d}s \right)^* P_3 \left(\int_{t-\delta}^t \tilde{q}(s)\mathrm{d}s \right)$$

$$\leqslant |\tilde{q}^*(t)|\big(-P_1 \check{C} - \check{C}P_1 + P_2 + \delta^2 P_3 + P_4 + \Gamma R_1 \Gamma \big)|\tilde{q}(t)|$$

$$+ 2|\tilde{q}^*(t)|P_1 \tilde{A}|g(\tilde{q}(t))| + 2|\tilde{q}^*(t)|P_1 \tilde{B}|g(\tilde{q}(t - \tau))|$$

$$+ 2|\tilde{q}^*(t)|\hat{C}P_1 \hat{C}\left| \int_{t-\delta}^t \tilde{q}(s)\mathrm{d}s \right| + |\dot{\tilde{q}}^*(t)|\big(-Q_1^* - Q_1 \big)|\dot{\tilde{q}}(t)|$$

$$+ 2|\dot{\tilde{q}}^*(t)|\big(Q_1^* \hat{C} + Q_2 \big)|\tilde{q}(t - \delta)| + 2|\dot{\tilde{q}}^*(t)|Q_1^* \tilde{A}|g(\tilde{q}(t))|$$

$$+ 2|\dot{\tilde{q}}^*(t)|Q_1^* \tilde{B}|g(\tilde{q}(t - \tau))|$$

$$+ |\tilde{q}^*(t - \delta)|\big(-P_2 - Q_2^* \check{C} - \check{C}Q_2 \big)|\tilde{q}(t - \delta)|$$

$$+ 2|\tilde{q}^*(t - \delta)|Q_2^* \tilde{A}|g(\tilde{q}(t))| + 2|\tilde{q}^*(t - \delta)|Q_2^* \tilde{B}|g(\tilde{q}(t - \tau))|$$

$$+ |\tilde{q}^*(t - \tau)|\big(-P_4 + \Gamma R_2 \Gamma \big)|\tilde{q}(t - \tau)|$$

$$+ |g^*(\tilde{q}(t))|\big(P_5 - R_1 \big)|g(\tilde{q}(t))|$$

$$+ 2|g^*(\tilde{q}(t))|\tilde{A}^* P_1 \hat{C}\left| \int_{t-\delta}^t \tilde{q}(s)\mathrm{d}s \right|$$

$$+ |g^*(\tilde{q}(t - \tau))|\big(-P_5 - R_2 \big)|g(\tilde{q}(t - \tau))|$$

$$+ 2|g^*(\tilde{q}(t-\tau))|\tilde{B}^* P_1 \hat{C} \left| \int_{t-\delta}^{t} \tilde{q}(s)\mathrm{d}s \right|$$

$$- \left| \int_{t-\delta}^{t} \tilde{q}(s)\mathrm{d}s \right|^* P_3 \left| \int_{t-\delta}^{t} \tilde{q}(s)\mathrm{d}s \right|$$

$$\leqslant \alpha^* \Omega \alpha$$

其中, 符号 $\alpha = \Big(|\tilde{q}^*(t)|,\ |\dot{\tilde{q}}^*(t)|,\ |\tilde{q}^*(t-\delta)|,\ |\tilde{q}^*(t-\tau)|,\ |g^*(\tilde{q}(t))|,\ |g^*(\tilde{q}(t-\tau))|,$
$\left| \int_{t-\delta}^{t} \tilde{q}^*(s)\mathrm{d}s \right| \Big)^*$.

从式 (4.1.13) 可知, $\dot{V}(t)$ 是负定的. 由于 $V(t)$ 是径向无界的, 由 Lyapunov 稳定性理论可知, 四元数神经网络模型 (4.1.1) 的平衡点是全局渐近稳定的. 证毕.

若泄漏时滞消失, 即 $\delta = 0$, 则四元数神经网络模型 (4.1.1) 退化为

$$\dot{q}(t) = -Cq(t) + Af(q(t)) + Bf(q(t-\tau)) + J \tag{4.1.30}$$

对于系统 (4.1.30), 有如下结果.

推论 4.1.1　在假设 4.1.1 和假设 4.1.2 成立的条件下, 若存在三个实正对角矩阵 U, V_1 和 V_2 使得线性矩阵不等式 (4.1.4) 成立, 则四元数神经网络模型 (4.1.30) 存在唯一平衡点.

证明　由于四元数神经网络模型 (4.1.30) 与四元数神经网络模型 (4.1.1) 的平衡态方程参数完全相同, 其证明与定理 4.1.1 的证明一样, 在此省略. 证毕.

推论 4.1.2　在假设 4.1.1 和假设 4.1.2 成立的条件下, 如果存在七个实正对角矩阵 P_1, P_2, P_3, Q_1, Q_2, R_1 和 R_2 使得下面的线性矩阵不等式成立:

$$\Xi = \begin{bmatrix} \Xi_{11} & \hat{C}Q_1^* & 0 & P_1\tilde{A} & P_1\tilde{B} \\ \star & \Xi_{22} & 0 & Q_1^*\tilde{A} & Q_1^*\tilde{B} \\ \star & \star & \Xi_{33} & 0 & 0 \\ \star & \star & \star & \Xi_{44} & 0 \\ \star & \star & \star & \star & \Xi_{55} \end{bmatrix} < 0 \tag{4.1.31}$$

其中, $\Xi_{11} = -P_1\check{C} - \check{C}P_1 + P_2 + \Gamma R_1 \Gamma$; $\Xi_{22} = -Q_1^* - Q_1$; $\Xi_{33} = -P_2 + \Gamma R_2 \Gamma$; $\Xi_{44} = P_3 - R_1$; $\Xi_{55} = -P_3 - R_2$, 则四元数神经网络模型 (4.1.30) 有唯一平衡点且该平衡点是全局鲁棒稳定的.

证明　类似于定理 4.1.2 的证明, 该推论的证明仍分为两个步骤进行.

步骤 1　证明四元数神经网络模型 (4.1.30) 在线性矩阵不等式 (4.1.31) 条件下具有唯一平衡点.

设

$$\Xi_1 = \begin{bmatrix} \Xi_{11} & P_1\tilde{A} & P_1\tilde{B} \\ \star & P_3 - R_1 & 0 \\ \star & \star & -P_3 - R_2 \end{bmatrix}$$

$$\Xi_2 = \begin{bmatrix} \Xi_{11} + \Xi_{33} & P_1\tilde{A} & P_1\tilde{B} \\ \star & P_3 - R_1 & 0 \\ \star & \star & -P_3 - R_2 \end{bmatrix}$$

Ξ_1 是由 Ξ 的第 1, 4, 5 行和第 1, 4, 5 列构成的子矩阵, 因此 $\Xi_1 < 0$. 由 $\Xi_{33} < 0$ 可得

$$\Xi_2 = \Xi_1 + \begin{bmatrix} \Xi_{33} & 0 & 0 \\ 0 & 0 & 0 \\ 0 & 0 & 0 \end{bmatrix} < 0 \tag{4.1.32}$$

取 $U = P_1 > 0$, $V_1 = -P_3 + R_1 > 0$ 和 $V_2 = P_3 + R_2 > 0$, 可得

$$\Sigma = \Xi_2 \tag{4.1.33}$$

其中, Σ 是线性矩阵不等式 (4.1.4) 中的矩阵.

由式 (4.1.32) 和式 (4.1.33) 可得 $\Sigma < 0$. 由定理 4.1.1 可知, 四元数神经网络模型 (4.1.30) 具有唯一平衡点.

步骤 2 证明平衡点是全局鲁棒稳定的.

令 $\check{z}$ 是四元数神经网络模型 (4.1.30) 的唯一平衡点, 设 $\tilde{q}(t) = q(t) - \check{q}$, 将该平衡点平移到原点, 则四元数神经网络模型 (4.1.30) 转换为

$$\dot{\tilde{q}}(t) = -C\tilde{q}(t) + Ag(\tilde{q}(t)) + Bg(\tilde{q}(t - \tau)) \tag{4.1.34}$$

其中, $g(\tilde{q}(t)) = f(q(t)) - f(\check{q})$; $g(\tilde{q}(t - \tau)) = f(q(t - \tau)) - f(\check{q})$.

考虑如下 Lyapunov-Krasovskii 泛函:

$$V(t) = V_1(t) + V_2(t) + V_3(t)$$

其中,

$$V_1(t) = \tilde{q}^*(t)P_1\tilde{q}(t) \tag{4.1.35}$$

$$V_2(t) = \int_{t-\tau}^{t} \tilde{q}^*(s)P_2\tilde{q}(s)\mathrm{d}s \tag{4.1.36}$$

$$V_3(t) = \int_{t-\tau}^{t} g^*(\tilde{q}(s))P_3g(\tilde{q}(s))\mathrm{d}s \tag{4.1.37}$$

沿着式 (4.1.34) 的轨迹计算 $V(t)$ 的导数, 可得

$$\dot{V}_1(t) = \tilde{q}^*(t)P_1\dot{\tilde{q}}(t) + \dot{\tilde{q}}(t)P_1\tilde{q}^*(t)$$

$$= -\tilde{q}^*(t)(P_1C + CP_1)\tilde{q}(t)$$

$$+ \tilde{q}^*(t)P_1Ag(\tilde{q}(t)) + g^*(\tilde{q}(t))A^*P_1\tilde{q}(t)$$

$$+ \tilde{q}^*(t)P_1Bg(\tilde{q}(t-\tau)) + g^*(\tilde{q}(t-\tau))B^*P_1\tilde{q}(t) \qquad (4.1.38)$$

$$\dot{V}_2(t) = \tilde{q}^*(t)P_2\tilde{q}(t) - \tilde{q}^*(t-\tau)P_2\tilde{q}(t-\tau) \qquad (4.1.39)$$

$$\dot{V}_3(t) = g^*(\tilde{q}(t))P_3g(\tilde{q}(t)) - g^*(\tilde{q}(t-\tau))P_3g(\tilde{q}(t-\tau)) \qquad (4.1.40)$$

由于 R_1 和 R_2 都是实对角正定矩阵, 由假设 4.1.2 可得

$$0 \leqslant \tilde{q}^*(t)\Gamma R_1\Gamma\tilde{q}(t) - g^*(\tilde{q}(t))R_1g(\tilde{q}(t)) \qquad (4.1.41)$$

$$0 \leqslant \tilde{q}^*(t-\tau)\Gamma R_2\Gamma\tilde{q}(t-\tau) - g^*(\tilde{q}(t-\tau))R_2g(\tilde{q}(t-\tau)) \qquad (4.1.42)$$

基于式 (4.1.34), 可得

$$0 = \left(Q_1\dot{\tilde{q}}(t)\right)^*\left(-\dot{\tilde{q}}(t) - C\tilde{q}(t) + Ag(\tilde{q}(t)) + Bg(\tilde{q}(t-\tau))\right)$$

$$+ \left(-\dot{\tilde{q}}(t) - C\tilde{q}(t) + Ag(\tilde{q}(t)) + Bg(\tilde{q}(t-\tau))\right)^*\left(Q_1\dot{\tilde{q}}(t)\right) \qquad (4.1.43)$$

根据式 (4.1.38) ~ 式 (4.1.43), 可得

$$\dot{V}(t) \leqslant \tilde{q}^*(t)\left(-P_1C - CP_1 + P_2 + \Gamma R_1\Gamma\right)\tilde{q}(t)$$

$$+ \tilde{q}^*(t)\left(-CQ_1\right)\dot{\tilde{q}}(t) + \dot{\tilde{q}}^*(t)\left(-Q_1^*C\right)\tilde{q}(t)$$

$$+ \tilde{q}^*(t)P_1Ag(\tilde{q}(t)) + g^*(\tilde{q}(t))A^*P_1\tilde{q}(t)$$

$$+ \tilde{q}^*(t)P_1Bg(\tilde{q}(t-\tau)) + g^*(\tilde{q}(t-\tau))B^*P_1\tilde{q}(t)$$

$$+ \dot{\tilde{q}}^*(t)\left(-Q_1^* - Q_1\right)\dot{\tilde{q}}(t)$$

$$+ \dot{\tilde{q}}^*(t)Q_1^*Ag(\tilde{q}(t)) + g^*(\tilde{q}(t))A^*Q_1\dot{\tilde{q}}(t)$$

$$+ \dot{\tilde{q}}^*(t)Q_1^*Bg(\tilde{q}(t-\tau)) + g^*(\tilde{q}(t-\tau))B^*Q_1\dot{\tilde{q}}(t)$$

$$+ \tilde{q}^*(t-\tau)\left(-P_2 + \Gamma R_2\Gamma\right)\tilde{q}(t-\tau)$$

$$+ g^*(\tilde{q}(t))\left(P_3 - R_1\right)g(\tilde{q}(t))$$

$$+ g^*(\tilde{q}(t-\tau))\left(-P_3 - R_2\right)g(\tilde{q}(t-\tau))$$

$$\leqslant |\tilde{q}^*(t)|\left(-P_1\check{C} - \check{C}P_1 + P_2 + \Gamma R_1\Gamma\right)|\tilde{q}(t)|$$

$$+ 2|\tilde{q}^*(t)|\hat{C}Q_1^*|\dot{\tilde{q}}(t)|$$

$$+ 2|\tilde{q}^*(t)|P_1\tilde{A}|g(\tilde{q}(t))|$$

$$+ 2|\tilde{q}^*(t)|P_1\tilde{B}|g(\tilde{q}(t-\tau))|$$

$$+ |\dot{\tilde{q}}^*(t)|\big(-Q_1^* - Q_1\big)|\dot{\tilde{q}}(t)|$$

$$+ 2|\dot{\tilde{q}}^*(t)|Q_1^*\tilde{A}|g(\tilde{q}(t))|$$

$$+ 2|\dot{\tilde{q}}^*(t)|Q_1^*\tilde{B}|g(\tilde{q}(t-\tau))|$$

$$+ |\tilde{q}^*(t-\tau)|\big(-P_2 + \Gamma R_2\Gamma\big)|\tilde{q}(t-\tau)|$$

$$+ |g^*(\tilde{q}(t))|\big(P_3 - R_1\big)|g(\tilde{q}(t))|$$

$$+ |g^*(\tilde{q}(t-\tau))|\big(-P_3 - R_2\big)|g(\tilde{q}(t-\tau))|$$

$$\leqslant \alpha^* \Xi \alpha$$

其中, $\alpha = \Big(|\tilde{q}^*(t)|, |\dot{\tilde{q}}^*(t)|, |\tilde{q}^*(t-\tau)|, |g^*(\tilde{q}(t))|, |g^*(\tilde{q}(t-\tau))|\Big)^*$.

从线性矩阵不等式 (4.1.31) 可知, $\dot{V}(t)$ 是负定的. 由于 $V(t)$ 是径向无界的, 由 Lyapunov 稳定性理论可知四元数神经网络模型 (4.1.30) 的平衡点是全局渐近稳定的. 证毕.

四元数神经网络可以视为复值神经网络的推广, 因此四元数神经网络模型 (4.1.1) 也是一个具有泄漏时滞和离散时滞的复值神经网络:

$$\dot{z}(t) = -Cz(t-\delta) + Af(z(t)) + Bf(z(t-\tau)) + J \tag{4.1.44}$$

其中, $t \geqslant 0$, $z(t) = (z_1(t), z_2(t), \cdots, z_n(t))^{\mathrm{T}} \in \mathbb{C}^n$; $C = \mathrm{diag}\{c_1, c_2, \cdots, c_n\} \in \mathbb{R}_d^{n \times n}$, $c_i > 0$ $(i = 1, 2, \cdots, n)$; $A = (a_{ij})_{n \times n} \in \mathbb{C}^{n \times n}$; $B = (b_{ij})_{n \times n} \in \mathbb{C}^{n \times n}$; $J = (J_1, J_2, \cdots, J_n)^{\mathrm{T}} \in \mathbb{C}^n$; $f(z(t)) = (f_1(z_1(t)), f_2(z_2(t)), \cdots, f_n(z_n(t)))^{\mathrm{T}} \in \mathbb{C}^n$; $\delta > 0$ 是泄漏时滞; $\tau > 0$ 是离散时滞.

相应地, 假设 4.1.1 和假设 4.1.2 分别变为如下两个假设.

假设 4.1.3 复值神经网络模型 (4.1.44) 中的参数 C, A, B, J 分别在以下集合中:

$$C_I = [\check{C}, \hat{C}] = \Big\{ C \in \mathbb{R}_d^{n \times n} : \check{C} \preceq C \preceq \hat{C}; \check{C}, \hat{C} \in \mathbb{R}_d^{n \times n} \text{ 且 } 0 < \check{C} \preceq \hat{C} \Big\}$$

$$A_I = [\check{A}, \hat{A}] = \Big\{ A \in \mathbb{C}^{n \times n} : \check{A} \preceq A \preceq \hat{A}; \check{A}, \hat{A} \in \mathbb{C}^{n \times n} \text{ 且 } \check{A} \preceq \hat{A} \Big\}$$

$$B_I = [\check{B}, \hat{B}] = \Big\{ B \in \mathbb{C}^{n \times n} : \check{B} \preceq B \preceq \hat{B}; \check{B}, \hat{B} \in \mathbb{C}^{n \times n} \text{ 且 } \check{B} \preceq \hat{B} \Big\}$$

$$J_I = [\check{J}, \hat{J}] = \Big\{ J \in \mathbb{C}^n : \check{J} \preceq J \preceq \hat{J}; \check{J}, \hat{J} \in \mathbb{C}^n \text{ 且 } \check{J} \preceq \hat{J} \Big\}$$

其中, $\check{A} = (\check{a}_{ij})_{n \times n}$; $\hat{A} = (\hat{a}_{ij})_{n \times n}$; $\check{B} = (\check{b}_{ij})_{n \times n}$; $\hat{B} = (\hat{b}_{ij})_{n \times n}$.

假设 4.1.4　对于 $i = 1, 2, \cdots, n$, 复值神经网络模型 (4.1.44) 的神经元激活函数 f_i 是连续的且满足

$$|f_i(u_1) - f_i(u_2)| \leqslant \gamma_i |u_1 - u_2|, \ \forall u_1, u_2 \in \mathbb{C}$$

其中, γ_i 是实常数.

定义 $\Gamma = \text{diag}\{\gamma_1, \gamma_2, \cdots, \gamma_n\}$, 根据定理 4.1.1 和定理 4.1.2, 对于复值神经网络模型 (4.1.44), 有如下推论.

推论 4.1.3　在假设 4.1.3 和假设 4.1.4 成立的条件下, 如果存在三个实对角正定矩阵 U, V_1 和 V_2 使得线性矩阵不等式 (4.1.4) 成立, 那么复值神经网络模型 (4.1.44) 有唯一平衡点.

推论 4.1.4　在假设 4.1.3 和假设 4.1.4 成立的条件下, 如果存在九个实对角正定矩阵 $P_1, P_2, P_3, P_4, P_5, Q_1, Q_2, R_1$ 和 R_2 使得线性矩阵不等式 (4.1.13) 成立, 那么复值神经网络模型 (4.1.44) 有唯一平衡点且该平衡点是全局鲁棒稳定的.

4.1.5　数值示例

以下两个示例验证了获得结果的有效性和正确性.

例 4.1.1　假设四元数神经网络模型 (4.1.1) 的参数选择为

$$\check{C} = \begin{bmatrix} 0.5 & 0 \\ 0 & 0.5 \end{bmatrix}, \ \hat{C} = \begin{bmatrix} 0.6 & 0 \\ 0 & 0.6 \end{bmatrix}$$

$$\check{A} = (\check{a}_{ij})_{2 \times 2}, \ \hat{A} = (\hat{a}_{ij})_{2 \times 2}$$

$$\check{B} = (\check{b}_{ij})_{2 \times 2}, \ \hat{B} = (\hat{b}_{ij})_{2 \times 2}$$

$$\Gamma = \begin{bmatrix} 0.2 & 0 \\ 0 & 0.2 \end{bmatrix}, \ \delta = 0.2, \ \tau = 0.4$$

其中,

$$\check{a}_{11} = -0.24 - 0.32\imath - 0.18\jmath - 0.24\kappa$$

$$\check{a}_{12} = -0.256 - 0.144\imath - 0.192\jmath - 0.192\kappa$$

$$\check{a}_{21} = -0.18 - 0.24\imath - 0.24\jmath - 0.32\kappa$$

$$\check{a}_{22} = -0.288 - 0.384\imath - 0.288\jmath - 0.216\kappa$$

$$\hat{a}_{11} = 0.32 + 0.24\imath + 0.18\jmath + 0.24\kappa$$

$$\hat{a}_{12} = 0.192 + 0.256\imath + 0.144\jmath + 0.192\kappa$$

$$\hat{a}_{21} = 0.24 + 0.32\imath + 0.24\jmath + 0.18\kappa$$

$$\hat{a}_{22} = 0.384 + 0.288\imath + 0.288\jmath + 0.216\kappa$$

$$\breve{b}_{11} = -0.256 - 0.192\imath - 0.144\jmath - 0.192\kappa$$

$$\breve{b}_{12} = -0.18 - 0.24\imath - 0.24\jmath - 0.32\kappa$$

$$\breve{b}_{21} = -0.192 - 0.144\imath - 0.192\jmath - 0.256\kappa$$

$$\breve{b}_{22} = -0.24 - 0.32\imath - 0.24\jmath - 0.18\kappa$$

$$\hat{b}_{11} = 0.256 + 0.144\imath + 0.192\jmath + 0.192\kappa$$

$$\hat{b}_{12} = 0.24 + 0.18\imath + 0.24\jmath + 0.32\kappa$$

$$\hat{b}_{21} = 0.192 + 0.192\imath + 0.144\jmath + 0.256\kappa$$

$$\hat{b}_{22} = 0.32 + 0.24\imath + 0.18\jmath + 0.24\kappa$$

从矩阵 $\tilde{A}$, $\hat{A}$, $\tilde{B}$ 和 $\hat{B}$ 的定义可得

$$\tilde{A} = \begin{bmatrix} 0.5 & 0.4 \\ 0.5 & 0.6 \end{bmatrix}, \quad \tilde{B} = \begin{bmatrix} 0.4 & 0.5 \\ 0.4 & 0.5 \end{bmatrix}$$

利用 MATLAB 软件中的 YALMIP 工具箱, 求解定理 4.1.2 中的线性矩阵不等式 (4.1.13) 得到一个可行解为

$$P_1 = \begin{bmatrix} 15.0741 & 0 \\ 0 & 14.9214 \end{bmatrix}, \quad P_2 = \begin{bmatrix} 0.0211 & 0 \\ 0 & 0.0149 \end{bmatrix}$$

$$P_3 = \begin{bmatrix} 44.7971 & 0 \\ 0 & 44.0764 \end{bmatrix}, \quad P_4 = \begin{bmatrix} 2.0875 & 0 \\ 0 & 2.2705 \end{bmatrix}$$

$$P_5 = \begin{bmatrix} 20.2206 & 0 \\ 0 & 22.0183 \end{bmatrix}, \quad Q_1 = \begin{bmatrix} 0.1024 & 0 \\ 0 & 0.0734 \end{bmatrix}$$

$$Q_2 = \begin{bmatrix} 0.0653 & 0 \\ 0 & 0.0481 \end{bmatrix}, \quad R_1 = \begin{bmatrix} 108.3610 & 0 \\ 0 & 103.2251 \end{bmatrix}$$

$$R_2 = \begin{bmatrix} 52.0187 & 0 \\ 0 & 56.6588 \end{bmatrix}$$

这样定理 4.1.2 的条件得到满足, 因此四元数神经网络模型 (4.1.1) 具有唯一平衡点且该平衡点是全局鲁棒稳定的.

接下来, 对例 4.1.1 中的一种特殊情况进行数值仿真来验证所得结果的有效性. 选择以下固定的网络参数:

$$
\begin{cases}
C = \begin{bmatrix} 0.5 & 0 \\ 0 & 0.6 \end{bmatrix} \\
A = (a_{ij})_{2\times 2}, \ B = (b_{ij})_{2\times 2} \\
J = \begin{bmatrix} 0.2 - 0.2\imath - 0.3\jmath + 0.4\kappa \\ -0.4 + 0.3\imath + 0.4\jmath - 0.3\kappa \end{bmatrix}
\end{cases} \tag{4.1.45}
$$

其中,

$$a_{11} = 0.3 - 0.3\imath + 0.15\jmath - 0.2\kappa, \ a_{12} = -0.25 + 0.25\imath - 0.15\jmath + 0.15\kappa$$

$$a_{21} = 0.2 + 0.3\imath - 0.24\jmath - 0.3\kappa, \ a_{22} = 0.35 - 0.36\imath + 0.25\jmath + 0.2\kappa$$

$$b_{11} = 0.25 - 0.18\imath + 0.16\jmath + 0.19\kappa, \ b_{12} = 0.2 + 0.18\imath - 0.24\jmath - 0.3\kappa$$

$$b_{21} = -0.1 + 0.16\imath - 0.18\jmath - 0.25\kappa, \ b_{22} = 0.3 - 0.3\imath + 0.16\jmath + 0.24\kappa$$

此外, 选择以下四元数的指数函数作为四元数神经网络模型 (4.1.1) 的激活函数:

$$f_j(u) = \frac{0.8}{1 + \mathrm{e}^{-u}}, \ \forall u \in \mathbb{Q}, \ j = 1, 2$$

采用 MATLAB 软件中的四元数工具箱 QTFM 和四阶 Runge-Kutta 算法对网络进行了数值模拟. 图 4.1.1 ∼ 图 4.1.4 为该神经网络四个部分的状态轨迹, 其中初始条件选择为 10 个随机常数四元数值向量. 从这些图中可以看出, 每个神经元状态都会收敛到稳定状态.

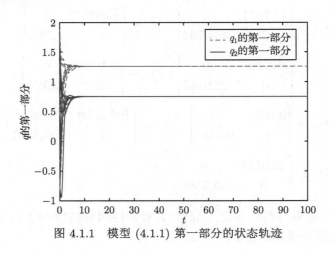

图 4.1.1   模型 (4.1.1) 第一部分的状态轨迹

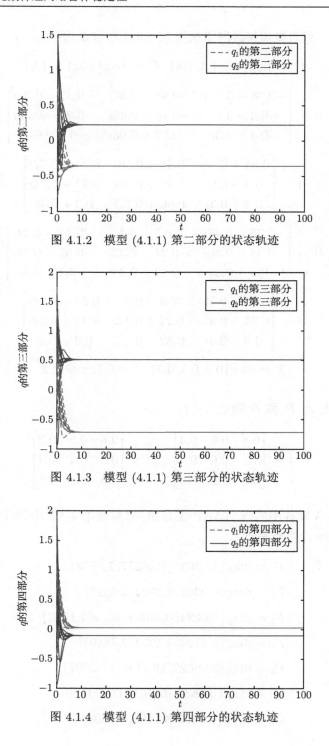

图 4.1.2 模型 (4.1.1) 第二部分的状态轨迹

图 4.1.3 模型 (4.1.1) 第三部分的状态轨迹

图 4.1.4 模型 (4.1.1) 第四部分的状态轨迹

例 4.1.2　假设复值神经网络模型 (4.1.44) 的参数选择为

$$\check{C} = \mathrm{diag}\{1.4, 1.4, 1.4\}, \; \hat{C} = \mathrm{diag}\{1.5, 1.5, 1.5\}$$

$$\check{A} = \begin{bmatrix} -0.48 - 0.64\imath & -0.48 - 0.36\imath & -0.32 - 0.24\imath \\ -0.6 - 0.8\imath & -0.48 - 0.36\imath & -0.24 - 0.32\imath \\ -0.4 - 0.3\imath & -0.72 - 0.96\imath & -0.3 - 0.4\imath \end{bmatrix}$$

$$\hat{A} = \begin{bmatrix} 0.64 + 0.48\imath & 0.48 + 0.36\imath & 0.24 + 0.32\imath \\ 0.8 + 0.6\imath & 0.36 + 0.48\imath & 0.32 + 0.24\imath \\ 0.4 + 0.3\imath & 0.96 + 0.72\imath & 0.3 + 0.4\imath \end{bmatrix}$$

$$\check{B} = \begin{bmatrix} -0.36 - 0.48\imath & -0.3 - 0.4\imath & -0.18 - 0.24\imath \\ -0.48 - 0.36\imath & -0.24 - 0.32\imath & -0.32 - 0.24\imath \\ -0.4 - 0.3\imath & -0.32 - 0.24\imath & -0.4 - 0.3\imath \end{bmatrix}$$

$$\hat{B} = \begin{bmatrix} 0.48 + 0.36\imath & 0.4 + 0.3\imath & 0.24 + 0.18\imath \\ 0.36 + 0.48\imath & 0.24 + 0.32\imath & 0.32 + 0.24\imath \\ 0.3 + 0.4\imath & 0.32 + 0.24\imath & 0.3 + 0.4\imath \end{bmatrix}$$

$$\varGamma = \mathrm{diag}\{0.3, 0.3, 0.3\}, \; \delta = 0.1, \; \tau = 0.2$$

从矩阵 $\check{A}$, $\hat{A}$, $\check{B}$ 和 $\hat{B}$ 的定义可得

$$\tilde{A} = \begin{bmatrix} 0.8 & 0.6 & 0.4 \\ 1 & 0.6 & 0.4 \\ 0.5 & 1.2 & 0.5 \end{bmatrix}, \; \tilde{B} = \begin{bmatrix} 0.6 & 0.5 & 0.3 \\ 0.6 & 0.4 & 0.4 \\ 0.5 & 0.4 & 0.5 \end{bmatrix}$$

使用 MATLAB 软件中的 YALMIP 工具箱, 求解推论 4.1.2 中的线性矩阵不等式 (4.1.13), 得到一个可行解:

$$P_1 = \mathrm{diag}\{12.4631, 10.8257, 7.9553\}$$

$$P_2 = \mathrm{diag}\{0.0363, 0.0324, 0.0323\}$$

$$P_3 = \mathrm{diag}\{483.2460, 402.4446, 257.1563\}$$

$$P_4 = \mathrm{diag}\{4.2126, 3.1972, 2.7880\}$$

$$P_5 = \mathrm{diag}\{23.6629, 18.4145, 17.2507\}$$

$$Q_1 = \mathrm{diag}\{0.0839, 0.0761, 0.0653\}$$

$$Q_2 = \mathrm{diag}\{0.1279, 0.1155, 0.1004\}$$

$$R_1 = \text{diag}\{118.6511, 107.4976, 73.0504\}$$
$$R_2 = \text{diag}\{46.6237, 35.3570, 30.8117\}$$

这样推论 4.1.2 的条件得到满足, 因此复值神经网络模型 (4.1.44) 具有唯一平衡点且该平衡点是全局鲁棒稳定的.

接下来, 对例 4.1.2 中的一种特殊情况进行仿真, 以验证所得结果的有效性. 选择如下网络固定参数:

$$C = \text{diag}\{1.5, 1.4, 1.45\}, \ J = \begin{bmatrix} 0.6 - \imath \\ -0.4 - 0.5\imath \\ 0.5\imath \end{bmatrix}$$

$$A = \begin{bmatrix} 0.5 - 0.4\imath & 0.4 + 0.3\imath & -0.3 + 0.3\imath \\ 0.7 - 0.8\imath & -0.4 - 0.3\imath & 0.3 - 0.3\imath \\ 0.4 + 0.3\imath & -0.7 - 0.9\imath & 0.3 - 0.4\imath \end{bmatrix} \quad (4.1.46)$$

$$B = \begin{bmatrix} 0.4 - 0.4\imath & -0.3 - 0.4\imath & 0.2 - 0.2\imath \\ 0.3 + 0.4\imath & 0.2 + 0.3\imath & 0.3 + 0.2\imath \\ -0.4 + 0.3\imath & 0.3 + 0.2\imath & 0.3 - 0.3\imath \end{bmatrix}$$

选择如下复数线性阈值函数作为复值神经网络模型(4.1.44) 的激活函数:

$$f_j(u) = 0.3 \max\{0, x\} + 0.3 \max\{0, y\}, \quad j = 1, 2$$

其中, $u = x + yi \in \mathbb{C}$.

使用四阶 Runge-Kutta 算法, 利用 MATLAB 软件对网络进行了数值模拟. 图 4.1.5 和图 4.1.6 描述所考虑系统状态的实部和虚部, 其中初始条件为 10 个随机常数复值向量. 从这些图形可以看出, 每个神经元状态都收敛到稳定状态.

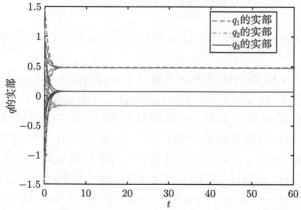

图 4.1.5　模型 (4.1.44) 在参数 (4.1.46) 下实部的状态轨迹

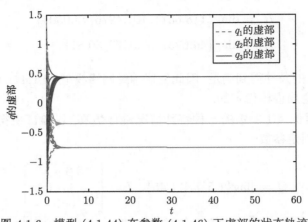

图 4.1.6　模型 (4.1.44) 在参数 (4.1.46) 下虚部的状态轨迹

4.2　中立型时滞分数阶四元数神经网络鲁棒稳定性

本节主要研究具有中立型时滞和参数不确定性的分数阶四元数神经网络的鲁棒稳定性. 在不将该分数阶四元数神经网络转化为等价的两个复值系统或四个实值系统的情况下, 基于同胚映射原理、矩阵不等式技巧和 Lyapunov 方法, 以线性矩阵不等式的形式给出中立型时滞分数阶四元数神经网络平衡点存在性、唯一性和全局稳定性的时滞无关判据和时滞相关判据. 最后提供两个数值示例来验证理论结果的有效性.

4.2.1　模型描述

考虑以下中立型时滞分数阶四元数神经网络:

$$^{C}_{0}D^{\alpha}_{t}q(t) = -E(t)q(t) + A(t)f(q(t)) + B(t)g(q(t-\sigma)) + F(t)(^{C}_{0}D^{\alpha}_{t}q(t-\tau)) + J(t) \tag{4.2.1}$$

其中, $q(t) \in \mathbb{Q}^n$ 为 t 时刻的神经状态向量, $t \geqslant 0$; $f(q(t)) = (f_1(q_1(t)), f_2(q_2(t)), \cdots, f_n(q_n(t)))^{\mathrm{T}} \in \mathbb{Q}^n$ 以及 $g(q(t-\sigma)) = (g_1(q_1(t-\sigma)), g_2(q_2(t-\sigma)), \cdots, g_n(q_n(t-\sigma)))^{\mathrm{T}} \in \mathbb{Q}^n$ 为向量值激活函数; σ 为离散时滞; τ 为中立型时滞; $E(t) = E + \Delta E(t) \in \mathbb{R}^{n \times n}$ 为自反馈连接权矩阵; $A(t) = A + \Delta A(t) \in \mathbb{Q}^{n \times n}$, $B(t) = B + \Delta B(t) \in \mathbb{Q}^{n \times n}$ 和 $F(t) = F + \Delta F(t) \in \mathbb{Q}^{n \times n}$ 为连接权矩阵, E, A, B 和 F 为已知的常数矩阵, $\Delta E(t)$, $\Delta A(t)$, $\Delta B(t)$ 和 $\Delta F(t)$ 为时变不确定性参数, E 和 $\Delta E(t)$ 为正对角矩阵; $J(t) = J + \Delta J(t) \in \mathbb{Q}^n$ 为输入向量, J 为已知的常数向量, $\Delta J(t)$ 为参数不确定向量.

中立型时滞分数阶四元数神经网络 (4.2.1) 的初始条件如下:

$$q(t) = \phi(s), \ s \in [-\varrho, 0] \tag{4.2.2}$$

其中, $\phi(s) \in \mathbb{Q}^n$ 在 $[-\varrho, 0]$ 上连续且 $\varrho = \max\{\sigma, \tau\}$.

4.2.2 基本假设和引理

为导出结果, 需要对激活函数和参数不确定性做出以下假设.

假设 4.2.1 如果存在两个正定的对角矩阵 $L = \mathrm{diag}\{l_1, l_2, \cdots, l_n\}$ 以及 $K = \mathrm{diag}\{k_1, k_2, \cdots, k_n\}$, 使得对于所有的 $q_1, q_2 \in \mathbb{Q}$, 均有下式成立:

$$|f_i(q_1) - f_i(q_2)| \leqslant l_i|q_1 - q_2|, \ |g_i(q_1) - g_i(q_2)| \leqslant k_i|q_1 - q_2|$$

假设 4.2.2 时变不确定性参数 $\Delta E(t)$, $\Delta A(t)$, $\Delta B(t)$ 和 $\Delta F(t)$ 的形式为

$$\Delta E(t) = M_E U_E(t) N_E, \ \Delta A(t) = M_A U_A(t) N_A$$

$$\Delta B(t) = M_B U_B(t) N_B, \ \Delta F(t) = M_F U_F(t) N_F$$

其中, M_E, N_E, M_A, N_A, M_B, N_B, M_F 和 N_F 是已知的常数矩阵; $U_E(t)$, $U_A(t)$, $U_B(t)$ 和 $U_F(t)$ 是未知的时变矩阵, 且满足以下条件:

$$U_E^*(t)U_E(t) \leqslant I, \ U_A^*(t)U_A(t) \leqslant I, \ U_B^*(t)U_B(t) \leqslant I, \ U_F^*(t)U_F(t) \leqslant I$$

并且 M_E, $U_E(t)$ 和 N_E 为对角矩阵, 使得 $E + \Delta E(t)$ 为正对角矩阵.

令 $M = [M_E \ M_A \ M_B \ M_F]$, $U(t) = \mathrm{diag}\{U_E(t), U_A(t), U_B(t), U_F(t)\}$, $N = \mathrm{diag}\{-N_E, N_A, N_B, N_F\}$, 则有

$$[-\Delta E(t) \ \Delta A(t) \ \Delta B(t) \ \Delta F(t)] = MU(t)N$$

并且

$$U^*(t)U(t) \leqslant I$$

为了证明所得结果, 需要下面的引理.

引理 4.2.1 对于任意 $x, y \in \mathbb{Q}^n$ 和任意标量 $\varepsilon > 0$, 有

$$x^*y + y^*x \leqslant \varepsilon x^*x + \varepsilon^{-1}y^*y$$

引理 4.2.2 设 $q(t) \in \mathbb{Q}^n$ 是可微函数, $P \in \mathbb{Q}^{n \times n}$ 是正定 Hermitian 矩阵, 则有

$${}_0^C D_t^\alpha (q^*(t)Pq(t)) \leqslant q^*(t)P({}_0^C D_t^\alpha q(t)) + ({}_0^C D_t^\alpha q(t))^* Pq(t)$$

4.2.3 主要结果

接下来, 将给出中立型时滞分数阶四元数神经网络 (4.2.1) 平衡点存在性、唯一性和全局稳定性的时滞无关和时滞相关的充分判据.

定理 4.2.1 在假设 4.2.1 和假设 4.2.2 成立的条件下, 若存在正定矩阵 $P_1, P_2 \in \mathbb{Q}^{n \times n}$, 正对角矩阵 R_1 和 R_2, 以及常数 $\rho > 0$ 和 $\varepsilon_i > 0$ $(i = 1, 2, 3, 4)$ 使得以下线性矩阵不等式成立:

$$\Gamma = (\Gamma_{ij})_{5 \times 5} < 0 \tag{4.2.3}$$

其中,

$$\Gamma_{11} = \begin{bmatrix} \Gamma_{11}^{(11)} & P_1 A & P_1 B & P_1 F \\ * & \Gamma_{11}^{(22)} & 0 & 0 \\ * & * & 0 & \Gamma_{11}^{(33)} \\ * & * & * & \Gamma_{11}^{(44)} \end{bmatrix}, \ \Gamma_{12} = \begin{bmatrix} -E^* \\ A^* \\ B^* \\ F^* \end{bmatrix} P_2, \ \Gamma_{14} = \rho N^*$$

$$\Gamma_{15} = \begin{bmatrix} P_1 M \\ 0 \\ 0 \\ 0 \end{bmatrix}, \ \Gamma_{22} = -P_2, \ \Gamma_{23} = P_2 M, \ \Gamma_{33} = -\rho I, \ \Gamma_{44} = -\rho I$$

$$\Gamma_{55} = \mathrm{diag}\{-\varepsilon_1 I, -\varepsilon_2 I, -\varepsilon_3 I, -\varepsilon_4 I\}$$

且 $\Gamma_{11}^{(11)} = -P_1 E - E P_1 + \varepsilon_1 N_E^* N_E + L R_1 L + K R_2 K$, $\Gamma_{11}^{(22)} = \varepsilon_2 N_A^* N_A - R_1$, $\Gamma_{11}^{(33)} = \varepsilon_3 N_B^* N_B - R_2$, $\Gamma_{11}^{(44)} = \varepsilon_4 N_F^* N_F - P_2$, 则中立型时滞分数阶四元数神经网络 (4.2.1) 存在唯一的平衡点且该平衡点全局稳定.

证明 该证明分两步进行.

步骤 1 证明中立型时滞分数阶四元数神经网络 (4.2.1) 平衡点的存在性和唯一性.

令 $\tilde{q} \in \mathbb{Q}^n$ 为中立型时滞分数阶四元数神经网络 (4.2.1) 的一个平衡点, 则 $\tilde{q}$ 满足

$$-E(t)\tilde{q} + A(t)f(\tilde{q}) + B(t)g(\tilde{q}) + J(t) = 0, \ t \geqslant 0 \tag{4.2.4}$$

考虑以下映射:

$$h(q) = -E(t)q + A(t)f(q) + B(t)g(q) + F(t)h(q) + J(t), \ t \geqslant 0 \tag{4.2.5}$$

接下来, 将证明 $h(q)$ 是 $\mathbb{Q}^n$ 上的同胚映射.

首先, 将证明 $h(q)$ 是在 $\mathbb{Q}^n$ 上的单射. 对于任意 $x, y \in \mathbb{Q}^n$ 且 $x \neq y$, 需要证明 $h(x) \neq h(y)$. 根据式 (4.2.5), 有

$$
\begin{aligned}
h(x) - h(y) = & -E(t)(x-y) + A(t)(f(x) - f(y)) \\
& + B(t)(g(x) - g(y)) + F(t)(h(x) - h(y))
\end{aligned} \tag{4.2.6}
$$

将式 (4.2.6) 左乘 $(x-y)^*P_1$, 可得

$$
\begin{aligned}
(x-y)^*P_1(h(x) - h(y)) = & -(x-y)^*P_1 E(t)(x-y) \\
& + (x-y)^*P_1 A(t)(f(x) - f(y)) \\
& + (x-y)^*P_1 B(t)(g(x) - g(y)) \\
& + (x-y)^*P_1 F(t)(h(x) - h(y))
\end{aligned} \tag{4.2.7}
$$

取式 (4.2.7) 的共轭转置, 可得

$$
\begin{aligned}
(h(x) - h(y))^*P_1(x-y) = & -(x-y)^*E^*(t)P_1(x-y) \\
& + (f(x) - f(y))^*A^*(t)P_1(x-y) \\
& + (g(x) - g(y))^*B^*(t)P_1(x-y) \\
& + (h(x) - h(y))^*F^*(t)P_1(x-y)
\end{aligned} \tag{4.2.8}
$$

进一步, 由式 (4.2.6) 得到

$$
\begin{aligned}
& (h(x) - h(y))^*P_2(h(x) - h(y)) \\
= & (-E(t)(x-y) + A(t)(f(x) - f(y)) \\
& + B(t)(g(x) - g(y)) + F(t)(h(x) - h(y)))^* \\
& \times P_2(-E(t)(x-y) + A(t)(f(x) - f(y)) \\
& + B(t)(g(x) - g(y)) + F(t)(h(x) - h(y)))
\end{aligned} \tag{4.2.9}
$$

从式 (4.2.7) $\sim$ 式 (4.2.9), 可得

$$
\begin{aligned}
& (x-y)^*P_1(h(x) - h(y)) + (h(x) - h(y))^*P_1(x-y) \\
= & (x-y)^*(-P_1 E(t) - E(t)P_1)(x-y) \\
& + (x-y)^*P_1 A(t)(f(x) - f(y)) + (f(x) - f(y))^*A^*(t)P_1(x-y)
\end{aligned}
$$

$$+ (x-y)^* P_1 B(t)(g(x)-g(y)) + (g(x)-g(y))^* B^*(t) P_1 (x-y)$$

$$+ (x-y)^* P_1 F(t)(h(x)-h(y)) + (h(x)-h(y))^* F^*(t) P_1 (x-y)$$

$$- (h(x)-h(y))^* P_2 (h(x)-h(y))$$

$$+ (-E(t)(x-y) + A(t)(f(x)-f(y))$$

$$+ B(t)(g(x)-g(y)) + F(t)(h(x)-h(y)))^*$$

$$\times P_2 (-E(t)(x-y) + A(t)(f(x)-f(y))$$

$$+ B(t)(g(x)-g(y)) + F(t)(h(x)-h(y))) \tag{4.2.10}$$

利用引理 4.2.1 和假设 4.2.2 可得

$$(x-y)^* (-P_1 E(t) - E^*(t) P_1)(x-y)$$

$$\leqslant (x-y)^* (-P_1 E - E^* P_1)(x-y)$$

$$+ \varepsilon_1^{-1} (x-y)^* P_1 M_E M_E^* P_1 (x-y) + \varepsilon_1 (x-y)^* N_E^* N_E (x-y) \tag{4.2.11}$$

$$(x-y)^* P_1 A(t)(f(x)-f(y)) + (f(x)-f(y))^* A^*(t) P_1 (x-y)$$

$$\leqslant (x-y)^* P_1 A(f(x)-f(y)) + (f(x)-f(y))^* A^* P_1 (x-y)$$

$$+ \varepsilon_2^{-1} (x-y)^* P_1 M_A M_A^* P_1 (x-y)$$

$$+ \varepsilon_2 (f(x)-f(y))^* N_A^* N_A (f(x)-f(y)) \tag{4.2.12}$$

$$(x-y)^* P_1 B(t)(g(x)-g(y)) + (g(x)-g(y))^* B^*(t) P_1 (x-y)$$

$$\leqslant (x-y)^* P_1 B(g(x)-g(y)) + (g(x)-g(y))^* B^* P_1 (x-y)$$

$$+ \varepsilon_3^{-1} (x-y)^* P_1 M_B M_B^* P_1 (x-y)$$

$$+ \varepsilon_3 (g(x)-g(y))^* N_B^* N_B (g(x)-g(y)) \tag{4.2.13}$$

$$(x-y)^* P_1 F(t)(h(x)-h(y)) + (h(x)-h(y))^* F^*(t) P_1 (x-y)$$

$$\leqslant (x-y)^* P_1 F(h(x)-h(y)) + (h(x)-h(y))^* F^* P_1 (x-y)$$

$$+ \varepsilon_4^{-1} (x-y)^* P_1 M_F M_F^* P_1 (x-y)$$

$$+ \varepsilon_4 (h(x)-h(y))^* N_F^* N_F (h(x)-h(y)) \tag{4.2.14}$$

对于正对角矩阵 R_1 和 R_2, 利用假设 4.2.1 得到

$$0 \leqslant (x-y)^* L R_1 L (x-y) - (f(x)-f(y))^* R_1 (f(x)-f(y)) \quad (4.2.15)$$

$$0 \leqslant (x-y)^* K R_2 K (x-y) - (g(x)-g(y))^* R_2 (g(x)-g(y)) \quad (4.2.16)$$

由式 (4.2.10) $\sim$ 式 (4.2.16) 可知

$$(x-y)^* P_1 (h(x)-h(y)) + (h(x)-h(y))^* P_1 (x-y) \leqslant \xi^* \Omega(t) \xi \quad (4.2.17)$$

其中, $\xi = [(x-y)^*, (f(x)-f(y))^*, (g(x)-g(y))^*, (h(x)-h(y))^*]^*$; 且

$$\Omega(t) = \begin{bmatrix} \Omega_{11}(t) & \Omega_{12}(t) & \Omega_{13}(t) & \Omega_{14}(t) \\ \star & \Omega_{22}(t) & A^*(t)P_2 B(t) & A^*(t)P_2 F(t) \\ \star & \star & \Omega_{33}(t) & B^*(t)P_2 F(t) \\ \star & \star & \star & \Omega_{44}(t) \end{bmatrix}$$

其中, $\Omega_{11}(t) = -P_1 E - E P_1 + \varepsilon_1^{-1} P_1 M_E M_E^* P_1 + \varepsilon_1 N_E^* N_E + \varepsilon_2^{-1} P_1 M_A M_A^* P_1 + \varepsilon_3^{-1} P_1 M_B M_B^* P_1 + \varepsilon_4^{-1} P_1 M_F M_F^* P_1 + E(t)P_2 E(t) + L R_1 L + K R_2 K$; $\Omega_{12}(t) = P_1 A - E^*(t)P_2 A(t)$; $\Omega_{13}(t) = P_1 B - E^*(t)P_2 B(t)$; $\Omega_{14}(t) = P_1 F - E^*(t)P_2 F(t)$; $\Omega_{22}(t) = \varepsilon_2 N_A^* N_A + A^*(t)P_2 A(t) - R_1$; $\Omega_{33}(t) = \varepsilon_3 N_B^* N_B + B^*(t)P_2 B(t) - R_2$; $\Omega_{44}(t) = \varepsilon_4 N_F^* N_F + F^*(t)P_2 F(t) - P_2$.

基于引理 2.4.8 和线性矩阵不等式 (4.2.3), 有

$$\begin{bmatrix} \check{\Gamma}_{11} & \Gamma_{12} & 0 & \rho N^* \\ \star & -P_2 & P_2 M & 0 \\ \star & \star & -\rho I & 0 \\ \star & \star & \star & -\rho I \end{bmatrix} < 0 \quad (4.2.18)$$

其中,

$$\check{\Gamma}_{11} = \begin{bmatrix} \check{\Gamma}_{11}^{(11)} & P_1 A & P_1 B & P_1 F \\ \star & \Gamma_{11}^{(22)} & 0 & 0 \\ \star & \star & \Gamma_{11}^{(33)} & 0 \\ \star & \star & \star & \Gamma_{11}^{(44)} \end{bmatrix}$$

且有 $\check{\Gamma}_{11} = -P_1 E - E P_1 + \varepsilon_1 N_E^* N_E + L R_1 L + K R_2 K + \varepsilon_1^{-1} P_1 M_E M_E^* P_1 + \varepsilon_2^{-1} P_1 M_A M_A^* P_1 + \varepsilon_3^{-1} P_1 M_B M_B^* P_1 + \varepsilon_4^{-1} P_1 M_F M_F^* P_1$.

再次利用引理 2.4.8, 由式 (4.2.18) 可得

$$\begin{bmatrix} \check{\Gamma}_{11} & \Gamma_{12} \\ \star & -P_2 \end{bmatrix} + \rho^{-1} \begin{bmatrix} 0 \\ P_2 M \end{bmatrix} \begin{bmatrix} 0 \\ P_2 M \end{bmatrix}^* + \rho \begin{bmatrix} N^* \\ 0 \end{bmatrix} \begin{bmatrix} N^* \\ 0 \end{bmatrix}^* < 0 \quad (4.2.19)$$

基于假设 4.2.2 和式 (4.2.19), 可得

$$\begin{bmatrix} \check{\Gamma}_{11} & \Gamma_{12} \\ \star & -P_2 \end{bmatrix} + \begin{bmatrix} 0 \\ P_2 M \end{bmatrix} U(t) \begin{bmatrix} N^* \\ 0 \end{bmatrix}^* + \begin{bmatrix} N^* \\ 0 \end{bmatrix} U^*(t) \begin{bmatrix} 0 \\ P_2 M \end{bmatrix}^* < 0 \qquad (4.2.20)$$

即

$$\begin{bmatrix} \check{\Gamma}_{11} & \Gamma_{12} + N^* U^*(t) M^* P_2 \\ \star & -P_2 \end{bmatrix} < 0 \qquad (4.2.21)$$

运用引理 2.4.8, 可得

$$\check{\Gamma}_{11} + (\Gamma_{12} + N^* U^*(t) M^* P_2) P_2^{-1} (\Gamma_{12} + N^* U^*(t) M^* P_2)^* < 0 \qquad (4.2.22)$$

通过简单计算, 可得

$$\check{\Gamma}_{11} + (\Gamma_{12} + N^* U^*(t) M^* P_2) P_2^{-1} (\Gamma_{12} + N^* U^*(t) M^* P_2)^* = \Omega(t) \qquad (4.2.23)$$

这样可得

$$\Omega(t) < 0 \qquad (4.2.24)$$

由 $x \neq y$ 可知 $\xi \neq 0$. 从式 (4.2.17) 和式 (4.2.24) 得到

$$(x - y)^* P_1 (h(x) - h(y)) + (h(x) - h(y))^* P_1 (x - y) < 0 \qquad (4.2.25)$$

因此 $h(x) \neq h(y)$, 这就证明了 $h(q)$ 是 $\mathbb{Q}^n$ 上的单射.

接下来, 证明当 $\|q\| \to +\infty$ 时, $\|h(q)\| \to +\infty$. 根据 $h(q)$ 的定义, 有

$$h(q) - h(0) = -Eq + A(f(q) - f(0)) + B(g(q) - g(0)) + F(h(q) - h(0)) \qquad (4.2.26)$$

类似于式 (4.2.17) 的推导过程, 可得

$$q^* P_1 (h(q) - h(0)) + (h(q) - h(0))^* P_1 q \leqslant \eta^* \Omega(t) \eta \qquad (4.2.27)$$

其中, $\eta = [q, f(q) - f(0), g(q) - g(0), h(q) - h(0)]^*$.

因此, 有

$$q^* P_1 (h(q) - h(0)) + (h(q) - h(0))^* P_1 q \leqslant -\lambda_{\min}(-\Omega(t)) \|q\|^2 \qquad (4.2.28)$$

简单计算得到

$$\lambda_{\min}(-\Omega(t)) \|q\|^2 \leqslant -q^* P_1 (h(q) - h(0)) - (h(q) - h(0))^* P_1 q$$

$$= -2\mathrm{Re}(q^*P_1(h(q) - h(0)))$$

$$\leqslant 2|q^*P_1(h(q) - h(0))|$$

$$\leqslant 2\|q\| \cdot \|P_1\| \cdot \|h(q) - h(0)\|$$

$$\leqslant 2\|q\| \cdot \|P_1\| \cdot (\|h(q)\| + \|h(0)\|) \tag{4.2.29}$$

因此, $\lim_{\|q\| \to +\infty} \|h(q)\| = +\infty$. 由引理 2.4.1 可知, $h(q)$ 是 $\mathbb{Q}^n$ 上的同胚映射, 这样中立型时滞分数阶四元数神经网络 (4.2.1) 的平衡点存在且唯一.

步骤 2　证明中立型时滞分数阶四元数神经网络 (4.2.1) 的唯一平衡点 $\tilde{q}$ 是稳定的.

令 $e(t) = q(t) - \tilde{q}$, 将中立型时滞分数阶四元数神经网络 (4.2.1) 改写为

$$_0^C D_t^\alpha e(t) = -E(t)e(t) + A(t)\tilde{f}(e(t)) + B(t)\tilde{g}(e(t-\sigma)) + F(t)(_0^C D_t^\alpha e(t-\tau)) \tag{4.2.30}$$

其中, $\tilde{f}(e(t)) = f(e(t) + \tilde{q}) - f(\tilde{q})$; $\tilde{g}(e(t-\sigma)) = g(e(t-\sigma) + \tilde{q}) - g(\tilde{q})$.

利用假设 4.2.1 可得

$$0 \leqslant e^*(t)LR_1Le(t) - \tilde{f}^*(e(t))R_1\tilde{f}(e(t)) \tag{4.2.31}$$

$$0 \leqslant e^*(t-\sigma)KR_2Ke(t-\sigma) - \tilde{g}^*(e(t-\sigma))R_2\tilde{g}(e(t-\sigma)) \tag{4.2.32}$$

考虑如下 Lyapunov-Krasovskii 泛函:

$$V(t) = {}_0^C D_t^{-(1-\alpha)}(e^*(t)P_1e(t)) + \int_{t-\tau}^t (_0^C D_t^\alpha e(s))^* P_2(_0^C D_t^\alpha e(s))\mathrm{d}s$$

$$+ \int_{t-\sigma}^t e^*(s)KR_2Ke(s)\mathrm{d}s \tag{4.2.33}$$

沿着中立型时滞分数阶四元数神经网络 (4.2.30) 的解计算 $V(t)$ 的导数, 并运用引理 4.2.2, 可得

$$\dot{V}(t) = {}_0^C D_t^\alpha[e^*(t)P_1e(t)] + (_0^C D_t^\alpha e(t))^* P_2(_0^C D_t^\alpha e(t)) - (_0^C D_t^\alpha e(t-\tau))^* P_2$$

$$\times (_0^C D_t^\alpha e(t-\tau)) + e^*(t)KR_2Ke(t) - e^*(t-\sigma)KR_2Ke(t-\sigma)$$

$$\leqslant e^*(t)P_1[-E(t)e(t) + A(t)\tilde{f}(e(t)) + B(t)\tilde{g}(e(t-\sigma)) + F(t)(_0^C D_t^\alpha e(t-\tau))]$$

$$+ (-E(t)e(t) + A(t)\tilde{f}(e(t)) + B(t)\tilde{g}(e(t-\sigma)) + F(t)(_0^C D_t^\alpha e(t-\tau)))^* P_1e(t)$$

$$+ (-E(t)e(t) + A(t)\tilde{f}(e(t)) + B(t)\tilde{g}(e(t-\sigma)) + F(t)(_0^C D_t^\alpha e(t-\tau)))^* P_2$$

$$\times (-E(t)e(t) + A(t)\tilde{f}(e(t)) + B(t)\tilde{g}(e(t-\sigma)) + F(t)(_0^C D_t^\alpha e(t-\tau)))$$

$$- (_0^C D_t^\alpha e(t-\tau))^{\mathrm{T}} P_2(_0^C D_t^\alpha e(t-\tau))$$

$$+ e^*(t)KR_2Ke(t) - e^*(t-\sigma)KR_2Ke(t-\sigma) \tag{4.2.34}$$

类似于式 (4.2.14) ～ 式 (4.2.14) 的推导, 根据式 (4.2.31)、式 (4.2.32) 和式 (4.2.34), 可得

$$\dot{V}(t) \leqslant \omega^*(t)\Omega(t)\omega(t) \leqslant 0 \tag{4.2.35}$$

其中, $\omega(t) = (e^*(t), \tilde{f}^*(e(t)), \tilde{g}^*(e(t-\sigma)), ({}_0^C D_t^\alpha e(t-\tau))^*)^*$.

基于 Lyapunov 稳定性理论, 可知中立型时滞分数阶四元数神经网络 (4.2.1) 的平衡点 $\tilde{q}$ 是全局鲁棒稳定的. 证毕.

注 4.2.1　当 $F(t) = 0$ 时, 中立型时滞分数阶四元数神经网络 (4.2.1) 退化为

$${}_0^C D_t^\alpha q(t) = -E(t)q(t) + A(t)f(q(t)) + B(t)g(q(t-\sigma)) + J(t) \tag{4.2.36}$$

进一步, 当不考虑不确定性时, 中立型时滞分数阶四元数神经网络 (4.2.36) 退化为

$${}_0^C D_t^\alpha q(t) = -Eq(t) + Af(q(t)) + Bg(q(t-\sigma)) + J \tag{4.2.37}$$

对于中立型时滞分数阶四元数神经网络 (4.2.36) 和 (4.2.37), 有如下推论.

推论 4.2.1　在假设 4.2.1 和假设 4.2.2 成立的条件下, 若存在正定矩阵 $P_1, P_2 \in \mathbb{Q}^{n \times n}$, 正对角矩阵 R_1 和 R_2, 以及正常数 $\rho > 0$ 和 $\varepsilon_i > 0$ $(i = 1, 2, 3)$, 使得以下线性矩阵不等式成立:

$$\Gamma = \begin{bmatrix} \Gamma_1 & \Gamma_2 P_2 & 0 & \rho N^* & \Gamma_3 & \Gamma_4 & \Gamma_5 \\ \star & -P_2 & P_2 M & 0 & 0 & 0 & 0 \\ \star & \star & -\rho I & 0 & 0 & 0 & 0 \\ \star & \star & \star & -\rho I & 0 & 0 & 0 \\ \star & \star & \star & \star & -\varepsilon_1 I & 0 & 0 \\ \star & \star & \star & \star & \star & -\varepsilon_2 I & 0 \\ \star & \star & \star & \star & \star & \star & -\varepsilon_3 I \end{bmatrix} < 0 \tag{4.2.38}$$

其中,

$$N = \mathrm{diag}\{-N_E, N_A, N_B\}$$

$$\Gamma_1 = \begin{bmatrix} \Gamma_{11} & P_1 A & P_1 B \\ \star & \varepsilon_2 N_A^* N_A - R_1 & 0 \\ \star & \star & \varepsilon_3 N_B^* N_B - R_2 \end{bmatrix}$$

$$\Gamma_{11} = -P_1 E - E P_1 + \varepsilon_1 N_E^* N_E + L R_1 L + K R_2 K$$

$$\Gamma_2 = \begin{bmatrix} -E^* \\ A^* \\ B^* \end{bmatrix}, \ \Gamma_3 = \begin{bmatrix} P_1 M_E \\ 0 \\ 0 \end{bmatrix}, \ \Gamma_4 = \begin{bmatrix} P_1 M_A \\ 0 \\ 0 \end{bmatrix}, \ \Gamma_5 = \begin{bmatrix} P_1 M_B \\ 0 \\ 0 \end{bmatrix}, \ M = \begin{bmatrix} M_E^* \\ M_A^* \\ M_B^* \end{bmatrix}$$

则中立型时滞分数阶四元数神经网络 (4.2.36) 存在唯一的全局鲁棒稳定的平衡点.

推论 4.2.2　在假设 4.2.1 成立的条件下, 若存在正定矩阵 $P_1, P_2 \in \mathbb{Q}^{n \times n}$, 正对角矩阵 R_1 和 R_2, 使得以下线性矩阵不等式成立:

$$\Gamma = \begin{bmatrix} -P_1 E - E P_1 + L R_1 L + K R_2 K & P_1 A & P_1 B & -E P_2 \\ \star & -R_1 & 0 & A^* P_2 \\ \star & \star & -R_2 & B^* P_2 \\ \star & \star & \star & -P_2 \end{bmatrix} < 0 \quad (4.2.39)$$

则中立型时滞分数阶四元数神经网络 (4.2.37) 存在唯一的全局稳定的平衡点.

接下来, 将给出模型平衡点存在性、唯一性和全局鲁棒稳定性的时滞相关判据.

定理 4.2.2　在假设 4.2.1 和假设 4.2.2 成立的情况下, 若存在正定矩阵 $P_i \in \mathbb{Q}^{n \times n}$ $(i = 1, 2, \cdots, 7)$, 正对角矩阵 R_1 和 R_2, 以及常数 $\rho > 0$ 和 $\varepsilon_i > 0$ $(i = 1, 2, \cdots, 8)$, 使得以下线性矩阵不等式成立:

$$\Pi = (\Pi_{ij})_{9 \times 9} < 0 \quad (4.2.40)$$

其中,

$$\Pi_{11} = \begin{bmatrix} \Pi_{11}^{(11)} & P_1 A & P_1 B & P_1 F \\ \star & \Pi_{11}^{(22)} & 0 & 0 \\ \star & \star & \Pi_{11}^{(33)} & 0 \\ \star & \star & \star & \Pi_{11}^{(44)} \end{bmatrix}, \quad \Pi_{12} = \begin{bmatrix} -E^* \\ A^* \\ B^* \\ F^* \end{bmatrix} P_2, \quad \Pi_{13} = \tau^2 \begin{bmatrix} -E^* \\ A^* \\ B^* \\ F^* \end{bmatrix} P_4$$

$$\Pi_{15} = \rho N^*, \quad \Pi_{16} = \begin{bmatrix} -E^* \\ A^* \\ B^* \\ F^* - I \end{bmatrix} P_3, \quad \Pi_{17} = \begin{bmatrix} 0 & -P_7 \\ 0 & 0 \\ 0 & 0 \\ 0 & 0 \end{bmatrix}, \quad \Pi_{77} = \begin{bmatrix} -P_5 & -P_7 \\ \star & -P_6 \end{bmatrix}$$

$$\Pi_{18} = \begin{bmatrix} P_1 M_E & P_1 M_A & P_1 M_B & P_1 M_F \\ 0 & 0 & 0 & 0 \\ 0 & 0 & 0 & 0 \\ 0 & 0 & 0 & 0 \end{bmatrix}, \quad \Pi_{22} = -P_2, \quad \Pi_{24} = P_2 M$$

$$\Pi_{33} = -\tau^2 P_4, \quad \Pi_{34} = \tau^2 P_4 M, \quad \Pi_{44} = -\rho I$$

$$\Pi_{55} = -\rho I, \quad \Pi_{66} = -P_4, \quad \Pi_{69} = P_3 M$$

$$\Pi_{88} = \text{diag}\{-\varepsilon_1 I, -\varepsilon_2 I, -\varepsilon_3 I, -\varepsilon_4 I\}, \quad \Pi_{99} = \text{diag}\{-\varepsilon_5 I, -\varepsilon_6 I, -\varepsilon_7 I, -\varepsilon_8 I\}$$

其中, $\Pi_{11}^{(11)} = -P_1E - EP_1 + (\varepsilon_1 + \varepsilon_5)N_E^* N_E + LR_1L + KR_2K + P_5 + \sigma^2 P_6$; $\Pi_{11}^{(22)} = \varepsilon_2 N_A^* N_A - R_1 + \varepsilon_6 N_A^* N_A$; $\Pi_{11}^{(33)} = \varepsilon_3 N_B^* N_B - R_2 + \varepsilon_7 N_B^* N_B$; $\Pi_{11}^{(44)} = \varepsilon_4 N_F^* N_F - P_2 + \varepsilon_8 N_F^* N_F$, 则中立型时滞分数阶四元数神经网络 (4.2.1) 存在唯一的全局鲁棒稳定的平衡点.

证明　令

$$
\check{\Pi} = \begin{bmatrix}
\Pi_{11} & \Pi_{12} & \Pi_{14} & \Pi_{15} & \Pi_{18} \\
\star & \Pi_{22} & \Pi_{24} & \Pi_{25} & \Pi_{28} \\
\star & \star & \Pi_{44} & \Pi_{45} & \Pi_{48} \\
\star & \star & \star & \Pi_{55} & \Pi_{58} \\
\star & \star & \star & \star & \Pi_{88}
\end{bmatrix}
$$

由于 $\check{\Pi}$ 是 Π 的子矩阵, 所以 $\check{\Pi} < 0$. $\check{\Pi}$ 与定理 4.2.1 中的 Γ 之差为

$$
\check{\Pi} - \Gamma = \mathrm{diag}\{\Pi_{11} - \Gamma_{11}, 0, 0, 0, 0\} \geqslant 0 \tag{4.2.41}
$$

这意味着, 定理 4.2.1 中的线性矩阵不等式 (4.2.3) 成立. 根据定理 4.2.1, 可知中立型时滞分数阶四元数神经网络 (4.2.1) 存在唯一的平衡点.

设 $\tilde{q}$ 为中立型时滞分数阶四元数神经网络 (4.2.1) 的唯一平衡点, 并且令 $e(t) = q(t) - \tilde{q}$, 那么中立型时滞分数阶四元数神经网络 (4.2.1) 可以重写为

$$
{}_0^C D_t^\alpha e(t) = -E(t)e(t) + A(t)\tilde{f}(e(t)) + B(t)\tilde{g}(e(t-\sigma)) + F(t)({}_0^C D_t^\alpha e(t-\tau)) \tag{4.2.42}
$$

其中, $\tilde{f}(e(t)) = f(e(t) + \tilde{q}) - f(\tilde{q})$; $\tilde{g}(e(t-\sigma)) = g(e(t-\sigma) + \tilde{q}) - g(\tilde{q})$.

考虑如下 Lyapunov-Krasovskii 泛函:

$$
V(t) = V_1(t) + V_2(t) \tag{4.2.43}
$$

其中,

$$
\begin{aligned}
V_1(t) = &\, {}_0^C D_t^{-(1-\alpha)}(e(t)^* P_1 e(t)) + \int_{t-\tau}^t ({}_0^C D_t^\alpha e(s))^* P_2({}_0^C D_t^\alpha e(s))\mathrm{d}s \\
&+ \left(\int_{t-\tau}^t ({}_0^C D_t^\alpha e(s))\mathrm{d}s \right)^* P_3 \left(\int_{t-\tau}^t ({}_0^C D_t^\alpha e(s))\mathrm{d}s \right) \\
&+ \tau \int_{-\tau}^0 \int_{t+\xi}^t ({}_0^C D_t^\alpha e(s))^* P_4({}_0^C D_t^\alpha e(s))\mathrm{d}s\mathrm{d}\xi
\end{aligned} \tag{4.2.44}
$$

$$
\begin{aligned}
V_2(t) = &\int_{t-\sigma}^t e^*(s)(P_5 + KR_2K)e(s)\mathrm{d}s + \sigma \int_{-\sigma}^0 \int_{t+\xi}^t e^*(s)P_6 e(s)\mathrm{d}s\mathrm{d}\xi \\
&+ \left(\int_{t-\sigma}^t e^*(s)\mathrm{d}s \right) P_7 \left(\int_{t-\sigma}^t e(s)\mathrm{d}s \right)
\end{aligned} \tag{4.2.45}
$$

沿着式 (4.2.42) 的轨迹计算 $V_1(t)$ 的导数, 并利用引理 4.2.2 和引理 2.4.2, 可得

$$
\begin{aligned}
\dot{V}_1(t) \leqslant\ & e^*(t)P_1({}_0^C D_t^\alpha e(t)) \\
& + ({}_0^C D_t^\alpha e(t))^* P_1 e(t) + ({}_0^C D_t^\alpha e(t))^*(P_2 + \tau^2 P_4)({}_0^C D_t^\alpha e(t)) \\
& - ({}_0^C D_t^\alpha e(t-\tau))^* P_2({}_0^C D_t^\alpha e(t-\tau)) + ({}_0^C D_t^\alpha e(t) - {}_0^C D_t^\alpha e(t-\tau))^* P_3 \\
& \times \left(\int_{t-\tau}^t ({}_0^C D_t^\alpha e(s)) \mathrm{d}s + \left(\int_{t-\tau}^t ({}_0^C D_t^\alpha e(s)) \mathrm{d}s \right)^* P_3 \left({}_0^C D_t^\alpha e(t) \right. \right. \\
& \left. - {}_0^C D_t^\alpha e(t-\tau) \right) - \left(\int_{t-\tau}^t ({}_0^C D_t^\alpha e(s)) \mathrm{d}s \right)^* P_4 \left(\int_{t-\tau}^t ({}_0^C D_t^\alpha e(s)) \mathrm{d}s \right) \\
\leqslant\ & e^*(t)P_1(-E(t)e(t) + A(t)\tilde{f}(e(t)) + B(t)\tilde{g}(e(t-\sigma)) + F(t)({}_0^C D_t^\alpha e(t-\tau))) \\
& + (-E(t)e(t) + A(t)\tilde{f}(e(t)) + B(t)\tilde{g}(e(t-\sigma)) \\
& + F(t)({}_0^C D_t^\alpha e(t-\tau)))^* P_1 e(t) + (-E(t)e(t) + A(t)\tilde{f}(e(t)) \\
& + B(t)\tilde{g}(e(t-\sigma)) + F(t)({}_0^C D_t^\alpha e(t-\tau)))^*(P_2 + \tau^2 P_4) \\
& \times (-E(t)e(t) + A(t)\tilde{f}(e(t)) + B(t)\tilde{g}(e(t-\sigma)) + F(t)({}_0^C D_t^\alpha e(t-\tau))) \\
& + (-E(t)e(t) + A(t)\tilde{f}(e(t)) + B(t)\tilde{g}(e(t-\sigma)) + (F(t)-I)({}_0^C D_t^\alpha e(t-\tau)))^* \\
& \times P_3 \left(\int_{t-\tau}^t ({}_0^C D_t^\alpha e(s)) \mathrm{d}s \right) + \left(\int_{t-\tau}^t ({}_0^C D_t^\alpha e(s)) \mathrm{d}s \right)^* P_3 \\
& \times (-E(t)e(t) + A(t)\tilde{f}(e(t)) + B(t)\tilde{g}(e(t-\sigma)) + (F(t)-I)({}_0^C D_t^\alpha e(t-\tau))) \\
& - ({}_0^C D_t^\alpha e(t-\tau))^T P_2({}_0^C D_t^\alpha e(t-\tau)) \\
& - \left(\int_{t-\tau}^t ({}_0^C D_t^\alpha e(s)) \mathrm{d}s \right)^* P_4 \left(\int_{t-\tau}^t ({}_0^C D_t^\alpha e(s)) \mathrm{d}s \right) \tag{4.2.46}
\end{aligned}
$$

类似于式 (4.2.14) ∼ 式 (4.2.14) 的推导过程, 由式 (4.2.46) 可得

$$
\dot{V}_1(t) \leqslant \zeta^*(t) \Upsilon(t) \zeta(t) \tag{4.2.47}
$$

其中,

$$
\zeta(t) = \left[e^*(t), \tilde{f}^*(e(t)), \tilde{g}^*(e(t-\sigma)), ({}_0^C D_t^\alpha e(t-\tau))^*, \int_{t-\tau}^t ({}_0^C D_t^\alpha e(s))^* \mathrm{d}s \right]^*
$$

$$\Upsilon(t) = \begin{bmatrix} \Upsilon_{11}(t) & \Upsilon_{12}(t) & \Upsilon_{13}(t) & \Upsilon_{14}(t) & -E^*P_3 \\ \star & \Upsilon_{22}(t) & \Upsilon_{23}(t) & \Upsilon_{24}(t) & A^*P_3 \\ \star & \star & \Upsilon_{33}(t) & \Upsilon_{34}(t) & B^*P_3 \\ \star & \star & \star & \Upsilon_{44}(t) & (F-I)^*P_3 \\ \star & \star & \star & \star & \Upsilon_{55}(t) \end{bmatrix}$$

且 $\Upsilon_{11}(t) = -P_1E - EP_1 + \varepsilon_1^{-1}P_1M_EM_E^*P_1 + \varepsilon_1N_E^*N_E + \varepsilon_2^{-1}P_1M_AM_A^*P_1 + \varepsilon_3^{-1}P_1M_BM_B^*P_1 + \varepsilon_4^{-1}P_1M_FM_F^*P_1 + E(t)(P_2 + \tau^2P_4)E(t) + \varepsilon_5N_E^*N_E$; $\Upsilon_{12}(t) = P_1A - E^*(t)(P_2 + \tau^2P_4)A(t)$; $\Upsilon_{13}(t) = P_1B - E^*(t)(P_2 + \tau^2P_4)B(t)$; $\Upsilon_{14}(t) = P_1F - E^*(t)(P_2 + \tau^2P_4)F(t)$; $\Upsilon_{22}(t) = \varepsilon_2N_A^*N_A + A^*(t)(P_2 + \tau^2P_4)A(t) + \varepsilon_6N_A^*N_A$; $\Upsilon_{23}(t) = A^*(t)(P_2 + \tau^2P_4)B(t)$; $\Upsilon_{24}(t) = A^*(t)(P_2 + \tau^2P_4)F(t)$; $\Upsilon_{33}(t) = \varepsilon_3N_B^*N_B + B^*(t)(P_2 + \tau^2P_4)B(t) + \varepsilon_7N_B^*N_B$; $\Upsilon_{34}(t) = B^*(t)(P_2 + \tau^2P_4)F(t)$; $\Upsilon_{44}(t) = \varepsilon_4N_F^*N_F + F^*(t)(P_2 + \tau^2P_4)F(t) - P_2 + \varepsilon_8N_F^*N_F$; $\Upsilon_{55}(t) = \varepsilon_5^{-1}P_3M_EM_E^*P_3 + \varepsilon_6^{-1}P_3M_AM_A^*P_3 + \varepsilon_7^{-1}P_3M_BM_B^*P_3 + \varepsilon_8^{-1}P_3M_FM_F^*P_3$.

计算 $V_2(t)$ 的导数, 有

$$\dot{V}_2(t) \leqslant e^*(t)(P_5 + KR_2K + \sigma^2P_6)e(t) - e^*(t-\sigma)(P_5 + KR_2K)e(t-\sigma)$$
$$- \left(\int_{t-\sigma}^t e^*(s)\mathrm{d}s\right)P_6\left(\int_{t-\sigma}^t e(s)\mathrm{d}s\right)$$
$$+ (e^*(t) - e^*(t-\sigma))P_7\left(\int_{t-\sigma}^t e(s)\mathrm{d}s\right)$$
$$- \left(\int_{t-\sigma}^t e^*(s)\mathrm{d}s\right)P_7(e(t) - e(t-\sigma)) \tag{4.2.48}$$

利用假设 4.2.1, 可得

$$0 \leqslant e^*(t)LR_1Le(t) - \tilde{f}^*(e(t))R_1\tilde{f}(e(t)) \tag{4.2.49}$$

$$0 \leqslant e^*(t-\sigma)KR_2Ke(t-\sigma) - \tilde{g}^*(e(t-\sigma))R_2\tilde{g}(e(t-\sigma)) \tag{4.2.50}$$

根据式 (4.2.47) ～ 式 (4.2.50), 可得

$$\dot{V}(t) = \vartheta^*(t)\varXi(t)\vartheta(t) \tag{4.2.51}$$

其中, $\vartheta(t) = \left(\zeta^*(t), e^*(t-\sigma), \int_{t-\sigma}^t e^*(s)\mathrm{d}s\right)^*$, 并且

$$\varXi(t) = (\varXi_{ij}(t))_{7\times7}$$

$\Xi_{11}(t) = \Upsilon_{11}(t) + LR_1L + P_5 + KR_2K + \sigma^2 P_6$; $\Xi_{17}(t) = P_7$; $\Xi_{22}(t) = \Upsilon_{22}(t) - R_1$; $\Xi_{33}(t) = \Upsilon_{33}(t) - R_2$; $\Xi_{66}(t) = -P_5$; $\Xi_{67}(t) = -P_7$; $\Xi_{77}(t) = -P_6$; $\Xi(t)$ 中的其余 $\Xi_{ij}(t)$ 与 $\Upsilon(t)$ 中的 $\Upsilon_{ij}(t)$ 相同.

类似于不等式 (4.2.24) 的推导过程, 有

$$\Xi(t) < 0$$

因此

$$\dot{V}(t) \leqslant 0, \ t \geqslant 0 \tag{4.2.52}$$

基于 Lyapunov 稳定性理论, 可知中立型时滞分数阶四元数神经网络 (4.2.1) 的平衡点是全局稳定的. 证毕.

注 4.2.2 定理 4.2.1 和定理 4.2.2 给出的充分判据都是线性矩阵不等式, 可以使用 MATLAB 软件中的 YALMIP 工具箱进行数值计算. 由于线性矩阵不等式的计算复杂程度与矩阵的维数和决策变量的个数都有较高的依赖性, 所以如何降低计算量仍然是一个具有挑战性的问题.

4.2.4 数值示例

下面通过两个数值示例来验证所获结果的正确性和有效性.

例 4.2.1 设中立型时滞分数阶四元数神经网络 (4.2.1) 的参数如下:

$\tau = 0.1$, $\sigma = 0.05$, $f_1(q(t)) = f_2(q(t)) = g_1(q(t)) = g_2(q(t)) = 0.5\tanh(q(t))$

$$E = \begin{bmatrix} 10 & 0 \\ 0 & 10 \end{bmatrix}, \ M_E = \begin{bmatrix} 0.88 & 0 \\ 0 & 0.88 \end{bmatrix}, \ N_E = \begin{bmatrix} 0.9 & 0 \\ 0 & 0.9 \end{bmatrix}$$

$$A = \begin{bmatrix} 0.3 + 0.45\imath + 0.034\jmath + 0.068\kappa & 0.296 + 0.012\imath - 0.068\jmath + 0.051\kappa \\ 0.030 - 0.022\imath + 0.034\jmath + 0.017\kappa & 0.049 + 0.079\imath - 0.034\jmath + 0.068\kappa \end{bmatrix}$$

$$M_A = \begin{bmatrix} 0.585 - 0.293\imath - 0.323\jmath + 0.359\kappa & -0.176 - 0.702\imath - 0.269\jmath + 0.898\kappa \\ -0.176 - 0.117\imath - 0.269\jmath + 1.077\kappa & 0 + 0.468\imath - 0.449\jmath + 0.718\kappa \end{bmatrix}$$

$$N_A = \begin{bmatrix} -0.365 + 0.638\imath - 0.113\jmath + 0.198\kappa & 0.912 + 0.456\imath + 0.283\jmath - 0.142\kappa \\ 0.274 + 0.182\imath + 0.085\jmath + 0.057\kappa & -0.460 + 0.460\imath - 0.142\jmath + 0.142\kappa \end{bmatrix}$$

$$B = \begin{bmatrix} 0.135 + 0.237\imath + 0.184\jmath + 0.459\kappa & 0.338 + 0.169\imath + 0.275\jmath - 0.459\kappa \\ 0.101 + 0.068\imath - 0.184\jmath + 0.092\kappa & -0.184 + 0.367\imath + 0.184\jmath + 0.367\kappa \end{bmatrix}$$

$$M_B = \begin{bmatrix} -0.151 + 0.152\imath - 0.121\jmath + 0.073\kappa & 0.050 + 0.050\imath + 0.483\jmath + 0.363\kappa \\ 0.050 + 0.101\imath + 0.024\jmath + 0.085\kappa & -0.101 - 0.050\imath - 0.048\jmath - 0.024\kappa \end{bmatrix}$$

$$N_B = \begin{bmatrix} -0.329 + 0.247\imath - 0.04\jmath + 0.04\kappa & 0.822 + 0.0822\imath + 0.135\jmath + 0.02\kappa \\ 0.986 + 2.054\imath + 0.068\jmath + 0.270\kappa & -0.165 - 0.082\imath - 0.269\jmath - 0.014\kappa \end{bmatrix}$$

$$F = \begin{bmatrix} 0.076 + 0.113\imath + 0.071\jmath + 0.213\kappa & 0.038 + 0.038\imath + 0.071\jmath - 0.213\kappa \\ 0.038 + 0.076\imath - 0.213\jmath + 0.142\kappa & -0.076 - 0.038\imath + 0.354\jmath + 0.284\kappa \end{bmatrix}$$

$$M_F = \begin{bmatrix} -0.007 + 0.007\imath - 0.026\jmath + 0.079\kappa & 0.023 + 0.002\imath + 0.524\jmath + 0.026\kappa \\ 0.002 + 0.027\imath + 0.367\jmath + 0.184\kappa & -0.005 - 0.002\imath - 0.052\jmath - 0.026\kappa \end{bmatrix}$$

$$N_F = \begin{bmatrix} -0.08 - 0.035\imath - 0.014\jmath + 0.021\kappa & 0.012 + 0.117\imath + 0.090\jmath + 0.069\kappa \\ 0.012 + 0.058\imath + 0.146\jmath + 0.014\kappa & -0.02 - 0.012\imath - 0.02\jmath - 0.1\kappa \end{bmatrix}$$

$$J = \begin{bmatrix} 0.3189 - 0.3189\imath + 0.2620\jmath + 0.1310\kappa \\ 0.6379 + 0.6379\imath + 0.1310\jmath + 0.5240\kappa \end{bmatrix}$$

$$U_E(t) = \begin{bmatrix} 0.1\sin(t) & 0 \\ 0 & 0.02\cos(t) \end{bmatrix}, \quad U_A(t) = \begin{bmatrix} U_A^{(11)}(t) & U_A^{(12)}(t) \\ U_A^{(21)}(t) & U_A^{(22)}(t) \end{bmatrix}$$

$$U_B(t) = \begin{bmatrix} U_B^{(11)}(t) & U_B^{(12)}(t) \\ U_B^{(21)}(t) & U_B^{(22)}(t) \end{bmatrix}, \quad U_F(t) = \begin{bmatrix} U_F^{(11)}(t) & U_F^{(12)}(t) \\ U_F^{(21)}(t) & U_F^{(22)}(t) \end{bmatrix}$$

其中,

$$U_A^{(11)}(t) = 0.1\sin(t) + 0.1\sin(t)\imath + 0.1\sin(t)\jmath + 0.1\sin(t)\kappa$$

$$U_A^{(12)}(t) = 0.1\sin(2t) + 0.2\cos(t)\imath + 0.1\sin(2t)\jmath + 0.2\cos(t)\kappa$$

$$U_A^{(21)}(t) = 0.1\sin(t) + 0.1\cos^2(t)\imath + 0.1\sin(t)\jmath + 0.1\cos^2(t)\kappa$$

$$U_A^{(22)}(t) = 0.2\cos(t) + 0.3\sin(t)\imath + 0.2\cos(t)\jmath + 0.3\sin(t)\kappa$$

$$U_B^{(11)}(t) = 0.1\sin(t) + 0.1\sin(t)\imath + 0.1\sin(t)\jmath + 0.1\sin(t)\kappa$$

$$U_B^{(12)}(t) = 0.1\sin(2t) + 0.2\cos(t)\imath + 0.1\sin(2t)\jmath + 0.2\cos(t)\kappa$$

$$U_B^{(21)}(t) = 0.1\sin(t) + 0.1\cos^2(t)\imath + 0.1\sin(t)\jmath + 0.1\cos^2(t)\kappa$$

$$U_B^{(22)}(t) = 0.2\cos(t) + 0.3\sin(t)\imath + 0.2\cos(t)\jmath + 0.3\sin(t)\kappa$$

$$U_F^{(11)}(t) = 0.1\sin(t) + 0.1\sin(t)\imath + 0.1\sin(t)\jmath + 0.1\sin(t)\kappa$$

$$U_F^{(12)}(t) = 0.1\sin(2t) + 0.2\cos(t)\imath + 0.1\sin(2t)\jmath + 0.2\cos(t)\kappa$$

$$U_F^{(21)}(t) = 0.1\sin(t) + 0.1\cos^2(t)\imath + 0.1\sin(t)\jmath + 0.1\cos^2(t)\kappa$$

$$U_F^{(22)}(t) = 0.2\cos(t) + 0.3\sin(t)\imath + 0.2\cos(t)\jmath + 0.3\sin(t)\kappa$$

通过简单的计算可知, 假设 4.2.1 和假设 4.2.2 成立, 并且 $L = K = \begin{bmatrix} 0.5 & 0 \\ 0 & 0.5 \end{bmatrix}$.

利用 MATLAB 软件中的 YALMTP 工具箱, 得到线性矩阵不等式 (4.2.3) 的一个可行解为

$$P_1 = \begin{bmatrix} 147.8 & -16.72 + 47.04\imath - 29.39\jmath - 11.27\kappa \\ -16.72 - 47.04\imath + 29.39\jmath + 11.27\kappa & 154.5 \end{bmatrix}$$

$$P_2 = \begin{bmatrix} 8.364 & -2.248 + 2.723\imath - 1.07\jmath - 0.9773\kappa \\ -2.248 - 2.723\imath + 1.07\jmath + 0.9773\kappa & 10.68 \end{bmatrix}$$

$$R_1 = \begin{bmatrix} 770.3057 & 0 \\ 0 & 1378 \end{bmatrix}, \quad R_2 = \begin{bmatrix} 1731.6 & 0 \\ 0 & 736.3355 \end{bmatrix}$$

$\rho = 121.2917$, $\varepsilon_1 = 236.4886$, $\varepsilon_2 = 391.1772$, $\varepsilon_3 = 137.6046$, $\varepsilon_4 = 27.9110$

根据定理 4.2.1, 可知中立型时滞分数阶四元数神经网络 (4.2.1) 的平衡点是全局稳定的. 图 4.2.1 ～ 图 4.2.4 分别为该神经网络四个部分的状态轨迹, 验证了获得结果的有效性, 其中 $q_0 = (1.1 + 1.4\imath - 0.5\jmath + 1.5\kappa, -1.6 - 1.4\imath + 1\jmath + 0.3\kappa)^{\mathrm{T}}$.

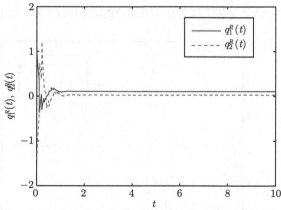

图 4.2.1　模型 (4.2.1) 第一部分的状态轨迹 (例 4.2.1)

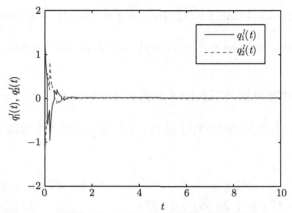

图 4.2.2　模型 (4.2.1) 第二部分的状态轨迹 (例 4.2.1)

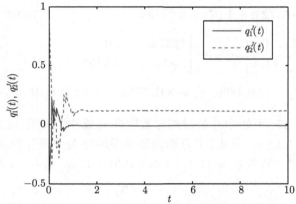

图 4.2.3　模型 (4.2.1) 第三部分的状态轨迹 (例 4.2.1)

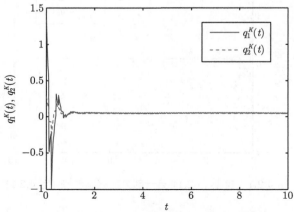

图 4.2.4　模型 (4.2.1) 第四部分的状态轨迹 (例 4.2.1)

例 4.2.2 设中立型时滞分数阶四元数神经网络 (4.2.1) 的参数如下:

$$\tau = 0.1, \ \sigma = 0.04, \ f_1(q(t)) = f_2(q(t)) = g_1(q(t)) = g_2(q(t)) = 0.5 \tanh(q(t))$$

$$E = \begin{bmatrix} 3.9 & 0 \\ 0 & 3.9 \end{bmatrix}, \ M_E = \begin{bmatrix} 0.3431 & 0 \\ 0 & 0.3431 \end{bmatrix}, \ N_E = \begin{bmatrix} 0.5630 & 0 \\ 0 & 0.5630 \end{bmatrix}$$

$$A = \begin{bmatrix} 0.3 + 0.5\imath + 0.2\jmath + 0.4\kappa & 0.3 + 1.2\imath - 0.4\jmath + 0.3\kappa \\ 0.3 - 0.2\imath + 0.2\jmath + 0.1\kappa & 0.5 + 0.8\imath - 0.2\jmath + 0.5\kappa \end{bmatrix}$$

$$M_A = \begin{bmatrix} -0.119 - 0.059\imath - 0.061\jmath + 0.068\kappa & -0.036 - 0.143\imath - 0.051\jmath + 0.169\kappa \\ -0.036 - 0.024\imath - 0.051\jmath + 0.203\kappa & 0 + 0.095\imath - 0.085\jmath + 0.135\kappa \end{bmatrix}$$

$$N_A = \begin{bmatrix} -0.112 + 0.195\imath - 0.223\jmath + 0.390\kappa & 0.279 + 0.139\imath + 0.557\jmath - 0.278\kappa \\ 0.084 + 0.056\imath + 0.167\jmath + 0.111\kappa & -0.139 + 0.139\imath - 0.279\jmath + 0.278\kappa \end{bmatrix}$$

$$B = \begin{bmatrix} 0.217 + 0.380\imath + 0.131\jmath + 0.327\kappa & 0.542 + 0.271\imath + 0.196\jmath - 0.327\kappa \\ 0.163 + 0.108\imath - 0.131\jmath + 0.065\kappa & -0.271 + 0.271\imath + 0.131\jmath + 0.261\kappa \end{bmatrix}$$

$$M_B = \begin{bmatrix} -0.146 + 0.146\imath - 0.476\jmath + 0.286\kappa & 0.049 + 0.049\imath + 0.095\jmath + 0.095\kappa \\ 0.049 + 0.097\imath + 0.095\jmath + 0.190\kappa & -0.097 - 0.049\imath - 0.190\jmath - 0.095\kappa \end{bmatrix}$$

$$N_B = \begin{bmatrix} -0.093 + 0.070\imath - 0.144\jmath + 0.144\kappa & 0.023 + 0.023\imath + 0.048\jmath + 0.048\kappa \\ 0.023 + 0.046\imath + 0.048\jmath + 0.096\kappa & -0.046 - 0.023\imath - 0.096\jmath - 0.048\kappa \end{bmatrix}$$

$$F = \begin{bmatrix} 0.063 + 0.094\imath + 0.023\jmath + 0.069\kappa & 0.313 + 0.313\imath + 0.023\jmath - 0.069\kappa \\ 0.031 + 0.063\imath - 0.069\jmath + 0.046\kappa & -0.063 - 0.031\imath + 0.116\jmath + 0.093\kappa \end{bmatrix}$$

$$M_F = \begin{bmatrix} -0.158 + 0.158\imath - 0.079\jmath + 0.238\kappa & 0.053 + 0.053\imath + 0.079\jmath + 0.079\kappa \\ 0.053 + 0.105\imath + 0.079\jmath + 0.159\kappa & -0.105 - 0.053\imath - 0.159\jmath - 0.079\kappa \end{bmatrix}$$

$$N_F = \begin{bmatrix} -0.135 - 0.058\imath - 0.182\jmath + 0.273\kappa & 0.019 + 0.019\imath + 0.091\jmath + 0.091\kappa \\ 0.019 + 0.039\imath + 0.091\jmath + 0.182\kappa & -0.039 - 0.019\imath - 0.182\jmath - 0.091\kappa \end{bmatrix}$$

$$J = \begin{bmatrix} 2.0803 + 2.0803\imath + 0.2988\jmath + 0.1494\kappa \\ 0.4161 + 0.4161\imath + 0.1494\jmath + 0.5976\kappa \end{bmatrix}$$

$$U_E(t) = \begin{bmatrix} 0.1\sin(t) & 0 \\ 0 & 0.02\cos(t) \end{bmatrix}, \ U_A(t) = \begin{bmatrix} U_A^{(11)}(t) & U_A^{(12)}(t) \\ U_A^{(21)}(t) & U_A^{(22)}(t) \end{bmatrix}$$

$$U_B(t) = \begin{bmatrix} U_B^{(11)}(t) & U_B^{(12)}(t) \\ U_B^{(21)}(t) & U_B^{(22)}(t) \end{bmatrix}, \ U_F(t) = \begin{bmatrix} U_F^{(11)}(t) & U_F^{(12)}(t) \\ U_F^{(21)}(t) & U_F^{(22)}(t) \end{bmatrix}$$

其中,

$$U_A^{(11)}(t) = 0.1\sin(t) + 0.1\sin(t)\imath + 0.1\sin(t)\jmath + 0.1\sin(t)\kappa$$

$$U_A^{(12)}(t) = 0.1\sin(2t) + 0.2\cos(t)\imath + 0.1\sin(2t)\jmath + 0.2\cos(t)\kappa$$

$$U_A^{(21)}(t) = 0.1\sin(t) + 0.1\cos^2(t)\imath + 0.1\sin(t)\jmath + 0.1\cos^2(t)\kappa$$

$$U_A^{(22)}(t) = 0.2\cos(t) + 0.3\sin(t)\imath + 0.2\cos(t)\jmath + 0.3\sin(t)\kappa$$

$$U_B^{(11)}(t) = 0.1\sin(t) + 0.1\sin(t)\imath + 0.1\sin(t)\jmath + 0.1\sin(t)\kappa$$

$$U_B^{(12)}(t) = 0.1\sin(2t) + 0.2\cos(t)\imath + 0.1\sin(2t)\jmath + 0.2\cos(t)\kappa$$

$$U_B^{(21)}(t) = 0.1\sin(t) + 0.1\cos^2(t)\imath + 0.1\sin(t)\jmath + 0.1\cos^2(t)\kappa$$

$$U_B^{(22)}(t) = 0.2\cos(t) + 0.3\sin(t)\imath + 0.2\cos(t)\jmath + 0.3\sin(t)\kappa$$

$$U_F^{(11)}(t) = 0.1\sin(t) + 0.1\sin(t)\imath + 0.1\sin(t)\jmath + 0.1\sin(t)\kappa$$

$$U_F^{(12)}(t) = 0.1\sin(2t) + 0.2\cos(t)\imath + 0.1\sin(2t)\jmath + 0.2\cos(t)\kappa$$

$$U_F^{(21)}(t) = 0.1\sin(t) + 0.1\cos^2(t)\imath + 0.1\sin(t)\jmath + 0.1\cos^2(t)\kappa$$

$$U_F^{(22)}(t) = 0.2\cos(t) + 0.3\sin(t)\imath + 0.2\cos(t)\jmath + 0.3\sin(t)\kappa$$

通过简单的计算, 可知假设 4.2.1 和假设 4.2.2 成立, 并且 $L = K = \begin{bmatrix} 0.5 & 0 \\ 0 & 0.5 \end{bmatrix}$.

利用 MATLAB 软件中的 YALMTP 工具箱, 得到线性矩阵不等式 (4.2.40) 的一个可行解为

$$P_1 = \begin{bmatrix} 93.05 & -8.139 + 6.831\imath - 11.47\jmath - 3.66\kappa \\ -8.139 - 6.831\imath + 11.47\jmath + 3.66\kappa & 98.34 \end{bmatrix}$$

$$P_2 = \begin{bmatrix} 17.07 & -1.417 + 0.5099\imath - 1.942\jmath - 1.11\kappa \\ -1.417 - 0.5099\imath + 1.942\jmath + 1.11\kappa & 17.7 \end{bmatrix}$$

$$P_3 = \begin{bmatrix} 4.647 & -0.422 - 1.721\imath + 1.051\jmath + 0.323\kappa \\ -0.422 + 1.72\imath - 1.051\jmath - 0.323\kappa & 8.979 \end{bmatrix}$$

$$P_4 = \begin{bmatrix} 102.4 & -10.92 - 26.58\imath + 9.608\jmath + 3.467\kappa \\ -10.92 + 26.58\imath - 9.608\jmath - 3.467\kappa & 141.3 \end{bmatrix}$$

$$P_5 = \begin{bmatrix} 83.74 & -19.56 - 8.478\imath - 17.28\jmath - 4.637\kappa \\ -19.56 + 8.478\imath + 17.28\jmath + 4.637\kappa & 101 \end{bmatrix}$$

$$P_6 = \begin{bmatrix} 163.5 & -0.368 - 1.302\imath - 1.265\jmath - 0.372\kappa \\ -0.368 + 1.302\imath + 1.265\jmath + 0.372\kappa & 160.5 \end{bmatrix}$$

$$P_7 = \begin{bmatrix} 39.43 & -4.593 - 1.593\imath - 0.367\jmath - 0.968\kappa \\ -4.593 + 1.593\imath + 0.367\jmath + 0.968\kappa & 43.27 \end{bmatrix}$$

$$R_1 = \begin{bmatrix} 199.1437 & 0 \\ 0 & 369.1562 \end{bmatrix}, \quad R_2 = \begin{bmatrix} 124.6972 & 0 \\ 0 & 140.1443 \end{bmatrix}$$

$\rho = 57.3277, \ \varepsilon_1 = 92.1653, \ \varepsilon_2 = 91.0478, \ \varepsilon_3 = 130.2995, \ \varepsilon_4 = 22.8871$

$\varepsilon_5 = 69.2002, \ \varepsilon_6 = 72.5099, \ \varepsilon_7 = 89.3087, \ \varepsilon_8 = 5.7711$

根据定理 4.2.2, 可知中立型时滞分数阶四元数神经网络 (4.2.1) 的平衡点是全局稳定的. 图 4.2.5 ∼ 图 4.2.8 为该神经网络四个部分的状态轨迹, 验证了获得结果的有效性, 其中 $q_0 = (1.1 + 1.4\imath - 0.5\jmath + 1.5\kappa, -1.6 - 1.4\imath + 1.5\jmath + 0.3\kappa)^{\mathrm{T}}$.

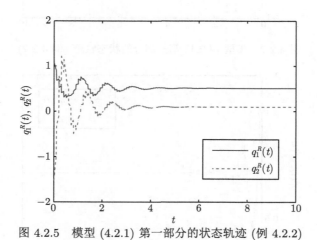

图 4.2.5　模型 (4.2.1) 第一部分的状态轨迹 (例 4.2.2)

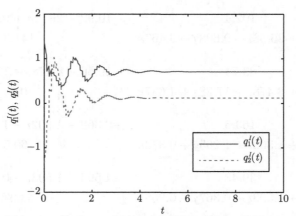

图 4.2.6　模型 (4.2.1) 第二部分的状态轨迹 (例 4.2.2)

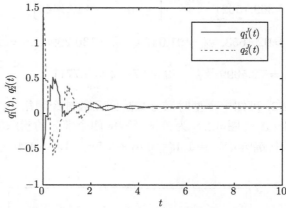

图 4.2.7　模型 (4.2.1) 第三部分的状态轨迹 (例 4.2.2)

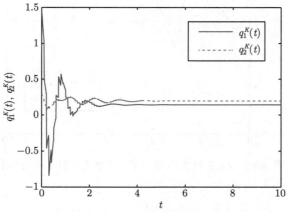

图 4.2.8　模型 (4.2.1) 第四部分的状态轨迹 (例 4.2.2)

第 5 章　四元数神经网络 μ-稳定性及均方稳定性

5.1　混合时滞四元数神经网络 μ-稳定性

本节研究具有时变时滞和无界分布时滞的四元数神经网络全局 μ-稳定性问题. 采用分解方法, 将四元数神经网络模型分解为两个复值模型进行研究. 利用同胚映射原理、Lyapunov 方法和不等式技巧, 建立四元数神经网络平衡点的存在性、唯一性和全局 μ-稳定性的充分条件. 最后通过数值示例验证所得结果的有效性.

5.1.1　模型描述

考虑如下具有时变时滞和无界分布时滞的四元数神经网络:

$$
\begin{aligned}
\dot{q}(t) = & -Dq(t) + Af(q(t)) + Bf(q(t-\tau(t))) \\
& + C\int_{-\infty}^{t} K(t-s)f(q(s))\mathrm{d}s + \omega, \ t \geqslant 0
\end{aligned}
\tag{5.1.1}
$$

其中, $q(t) = (q_1(t), q_2(t), \cdots, q_n(t))^{\mathrm{T}} \in \mathbb{Q}^n$ 表示神经网络在 t 时刻的状态向量; $D = \mathrm{diag}\{d_1, d_2, \cdots, d_n\} \in \mathbb{R}^{n \times n}$, $d_i > 0(i = 1, 2, \cdots, n)$ 表示第 i 个神经元的自反馈连接权值; $f(q(t)) = (f_1(q_1(t)), f_2(q_2(t)), \cdots, f_n(q_n(t)))^{\mathrm{T}} \in \mathbb{Q}^n$ 表示激活函数; $K(\cdot) = \mathrm{diag}\{K_1(\cdot), K_2(\cdot), \cdots, K_n(\cdot)\} \in \mathbb{R}^{n \times n}$ 表示时滞核函数矩阵; $A = (a_{pq})_{n \times n} \in \mathbb{Q}^{n \times n}$, $B = (b_{pq})_{n \times n} \in \mathbb{Q}^{n \times n}$ 和 $C = (c_{pq})_{n \times n} \in \mathbb{Q}^{n \times n}$ $(p, q = 1, 2, \cdots, n)$ 分别表示连接权矩阵、时滞连接权矩阵和分布时滞连接权矩阵; $\tau(t)$ 表示时变时滞; $\omega = (\omega_1, \omega_2, \cdots, \omega_n)^{\mathrm{T}} \in \mathbb{Q}^n$ 表示外部输入向量.

混合时滞四元数神经网络 (5.1.1) 的初始条件为

$$
q(t) = \phi(t) = (\phi_1(t), \phi_2(t), \cdots, \phi_n(t))^{\mathrm{T}} \in \mathbb{Q}^n, \ t \in (-\infty, 0]
$$

其中, $\phi_i(t)$ 在 $(-\infty, 0]$ 上连续有界.

对于混合时滞四元数神经网络 (5.1.1), 令

$$
q(t) = z_{11}(t) + \imath z_{12}(t) + \jmath z_{21}(t) + \kappa z_{22}(t) = z_1(t) + z_2(t)\jmath
$$

$$
z_1(t) = z_{11}(t) + \imath z_{12}(t), \ z_2(t) = z_{21}(t) + \imath z_{22}(t)
$$

类似地

$$A = A_1 + A_2\jmath,\ A_1 = A_1{}^R + \imath A_1{}^I,\ A_2 = A_2{}^R + \imath A_2{}^I$$
$$B = B_1 + B_2\jmath,\ B_1 = B_1{}^R + \imath B_1{}^I,\ B_2 = B_2{}^R + \imath B_2{}^I$$
$$C = C_1 + C_2\jmath,\ C_1 = C_1{}^R + \imath C_1{}^I,\ C_2 = C_2{}^R + \imath C_2{}^I$$
$$\omega = W_1 + W_2\jmath,\ W_1 = W_1{}^R + \imath W_1{}^I,\ W_2 = W_2{}^R + \imath W_2{}^I$$

其中, 符号 P^R 和 P^I 分别表示复矩阵 P 的实部矩阵和虚部矩阵.

5.1.2　基本假设

为了建立稳定性结果, 对模型进行以下假设.

假设 5.1.1　时滞函数 $\tau(t)$ 是非负且连续可微的, 并且满足 $\dot{\tau}(t) \leqslant \varepsilon < 1$, 其中 ε 是一个正常数.

假设 5.1.2　激活函数 $f(q(t))$ 可以表示为

$$f(q(t)) = g_1(z_1(t)) + g_2(z_2(t))\jmath$$

其中, $g_1(z_1(t)) = (g_{11}(z_{11}(t)), g_{12}(z_{12}(t)), \cdots, g_{1n}(z_{1n}(t)))^{\mathrm{T}}$, $g_1(\cdot) : \mathbb{C}^n \to \mathbb{C}^n$; $g_2(z_2(t)) = (g_{21}(z_{21}(t)), g_{22}(z_{22}(t)), \cdots, g_{2n}(z_{2n}(t)))^{\mathrm{T}}$, $g_2(\cdot) : \mathbb{C}^n \to \mathbb{C}^n$.

对于任意 $u, v \in \mathbb{C}$, 存在实常数 γ_p 和 η_p $(p = 1, 2, \cdots, n)$ 使得

$$|g_{1p}(u) - g_{1p}(v)| \leqslant \gamma_p |u - v|$$

$$|g_{2p}(u) - g_{2p}(v)| \leqslant \eta_p |u - v|$$

记 $\Gamma_1 = \mathrm{diag}\{\gamma_1, \gamma_2, \cdots, \gamma_n\}$, $\Gamma_2 = \mathrm{diag}\{\eta_1, \eta_2, \cdots, \eta_n\}$.

假设 5.1.3　核函数 $K_p(s) : [0, +\infty) \to [0, +\infty)$ 是连续函数, 并满足以下条件:

$$\int_0^{+\infty} K_p(s)\mathrm{d}s = 1,\ p = 1, 2, \cdots, n$$

注 5.1.1　根据假设 5.1.2, 容易验证对于任意 $u, v \in \mathbb{C}$, 存在正常数 $\gamma_p > 0$ 和 $\eta_p > 0$ $(p = 1, 2, \cdots, n)$ 使得

$$\left|\overline{g}_{1p}(u) - \overline{g}_{1p}(v)\right| \leqslant \gamma_p |u - v|$$

$$\left|\overline{g}_{2p}(u) - \overline{g}_{2p}(v)\right| \leqslant \eta_p |u - v|$$

5.1.3 基本概念和引理

定义 5.1.1 假设 $\mu(t)$ 是一个正定连续函数且满足 $\lim\limits_{t\to\infty}\mu(t)=\infty$. 如果存在标量 $M>0$ 和 $T>0$ 使得对于 $t>T$, 有

$$\|q(t)-\hat{q}\| \leqslant \frac{M}{\mu(t)}$$

其中, $q(t)$ 是混合时滞四元数神经网络 (5.1.1) 的任意解且 $\hat{q}$ 是混合时滞四元数神经网络 (5.1.1) 的平衡点, 则称混合时滞四元数神经网络 (5.1.1) 是全局 μ-稳定的.

定义 5.1.2 对于常数 $r>0$, 如果存在标量 $M>0$ 使得

$$\|q(t)-\hat{q}\| \leqslant \frac{M}{\mathrm{e}^{rt}}$$

其中, $q(t)$ 是混合时滞四元数神经网络 (5.1.1) 的任意解且 $\hat{q}$ 是混合时滞四元数神经网络 (5.1.1) 的平衡点, 则称混合时滞四元数神经网络 (5.1.1) 是全局指数稳定的.

注 5.1.2 从上面的定义可知, 指数稳定是 μ-稳定的一个特殊情形.

为了证明主要结果, 需要用到如下引理.

引理 5.1.1 若 $M \in \mathbb{C}^{n\times n}$ 是一个正定矩阵, $\alpha(\cdot):(-\infty,a] \to [0,+\infty)$ 是一个标量函数, $F(\cdot):(-\infty,a] \to \mathbb{C}^n$ 是一个向量函数, 则下面的不等式成立:

$$\left(\int_{-\infty}^{a}\alpha(s)F(s)\mathrm{d}s\right)^{*} M \left(\int_{-\infty}^{a}\alpha(s)F(s)\mathrm{d}s\right)$$

$$\leqslant \int_{-\infty}^{a}\alpha(s)\mathrm{d}s\left(\int_{-\infty}^{a}\alpha(s)F^{*}(s)MF(s)\mathrm{d}s\right)$$

5.1.4 主要结果

下面给出混合时滞四元数神经网络 (5.1.1) 平衡点的存在性、唯一性和全局 μ-稳定性的充分条件.

定理 5.1.1 在假设 5.1.2 和假设 5.1.3 成立的条件下, 如果存在两个正定矩阵 $U_i \in \mathbb{C}^{n\times n}(i=1,2)$, 四个正对角矩阵 V_i $(i=1,2,3,4)$, 使得下面的线性矩阵不等式成立:

$$\begin{bmatrix} \phi_{11} & 0 & U_1\chi_1 & -U_1\chi_2 & 0 & 0 \\ \star & \phi_{22} & 0 & 0 & U_2\chi_2 & U_2\chi_1 \\ \star & \star & -V_1 & 0 & 0 & 0 \\ \star & \star & \star & -V_2 & 0 & 0 \\ \star & \star & \star & \star & -V_3 & 0 \\ \star & \star & \star & \star & \star & -V_4 \end{bmatrix} < 0 \qquad (5.1.2)$$

其中,

$$\chi_1 = A_1 + B_1 + C_1,\ \chi_2 = A_2 + B_2 + C_2$$

$$\phi_{11} = -U_1 D - DU_1^* + \Gamma_1(V_1 + V_3)\Gamma_1,\ \phi_{22} = -U_2 D - DU_2^* + \Gamma_2(V_2 + V_4)\Gamma_2$$

则混合时滞四元数神经网络 (5.1.1) 有唯一的平衡点.

证明　根据引理 2.4.7 和假设 5.1.2, 混合时滞四元数神经网络 (5.1.1) 可分离为下面的复值系统, 即

$$
\begin{cases}
\dot{z}_1(t) = -Dz_1(t) + A_1 g_1(z_1(t)) - A_2 \bar{g}_2(z_2(t)) \\
\qquad\quad + B_1 g_1(z_1(t-\tau(t))) - B_2 \bar{g}_2(z_2(t-\tau(t))) \\
\qquad\quad + C_1 \displaystyle\int_{-\infty}^{t} K(t-s) g_1(z_1(s))\mathrm{d}s \\
\qquad\quad - C_2 \displaystyle\int_{-\infty}^{t} K(t-s) \bar{g}_2(z_2(s))\mathrm{d}s + W_1 \\
\dot{z}_2(t) = -Dz_2(t) + A_1 g_2(z_2(t)) + A_2 \bar{g}_1(z_1(t)) \\
\qquad\quad + B_1 g_2(z_2(t-\tau(t))) + B_2 \bar{g}_1(z_1(t-\tau(t))) \\
\qquad\quad + C_1 \displaystyle\int_{-\infty}^{t} K(t-s) g_2(z_2(s))\mathrm{d}s \\
\qquad\quad + C_2 \displaystyle\int_{-\infty}^{t} K(t-s) \bar{g}_1(z_1(s))\mathrm{d}s + W_2
\end{cases}
\tag{5.1.3}
$$

设 $\hat{q} = \hat{z}_1 + \hat{z}_2 \jmath$ 为混合时滞四元数神经网络 (5.1.1) 的平衡点, 则有

$$
\begin{cases}
0 = -D\hat{z}_1 + A_1 g_1(\hat{z}_1) - A_2 \bar{g}_2(\hat{z}_2) + B_1 g_1(\hat{z}_1) - B_2 \bar{g}_2(\hat{z}_2) \\
\qquad + C_1 \displaystyle\int_{-\infty}^{t} K(t-s) g_1(\hat{z}_1)\mathrm{d}s - C_2 \displaystyle\int_{-\infty}^{t} K(t-s) \bar{g}_2(\hat{z}_2)\mathrm{d}s + W_1 \\
0 = -D\hat{z}_2 + A_1 g_2(\hat{z}_2) + A_2 \bar{g}_1(\hat{z}_1) + B_1 g_2(\hat{z}_2) + B_2 \bar{g}_1(\hat{z}_1) \\
\qquad + C_1 \displaystyle\int_{-\infty}^{t} K(t-s) g_2(\hat{z}_2)\mathrm{d}s + C_2 \displaystyle\int_{-\infty}^{t} K(t-s) \bar{g}_1(\hat{z}_1)\mathrm{d}s + W_2
\end{cases}
\tag{5.1.4}
$$

由假设 5.1.3 可知, 混合时滞四元数神经网络 (5.1.1) 有唯一平衡点当且仅当映射 $H : \mathbb{C}^{2n} \to \mathbb{C}^{2n}$:

$$
H[z] = - \begin{bmatrix} D & 0 \\ 0 & D \end{bmatrix} \begin{bmatrix} z_1 \\ z_2 \end{bmatrix} + \begin{bmatrix} \chi_1 & -\chi_2 \\ 0 & 0 \end{bmatrix} \begin{bmatrix} g_1(z_1) \\ \bar{g}_2(z_2) \end{bmatrix}
$$

$$+ \begin{bmatrix} 0 & 0 \\ \chi_2 & \chi_1 \end{bmatrix} \begin{bmatrix} \bar{g}_1(z_1) \\ g_2(z_2) \end{bmatrix} + \begin{bmatrix} W_1 \\ W_2 \end{bmatrix}$$

是同胚映射, 其中, $z = (z_1, z_2)^{\mathrm{T}}$.

接下来, 将分两步去证明混合时滞四元数神经网络 (5.1.1) 平衡点的存在性和唯一性.

步骤 1 证明 $H(z)$ 在 $\mathbb{C}^{2n}$ 上是一个单射. 对于任意的 $z = (z_1, z_2)^{\mathrm{T}}$ 和 $z' = (z_1', z_2')^{\mathrm{T}}$, 其中, $z, z' \in \mathbb{C}^{2n}$, 如果 $z \neq z'$ 使得 $H(z) = H(z')$, 则有

$$- \begin{bmatrix} D & 0 \\ 0 & D \end{bmatrix} \begin{bmatrix} z_1 - z_1' \\ z_2 - z_2' \end{bmatrix} + \begin{bmatrix} \chi_1 & -\chi_2 \\ 0 & 0 \end{bmatrix} \begin{bmatrix} g_1(z_1) - g_1(z_1') \\ \bar{g}_2(z_2) - \bar{g}_2(z_2') \end{bmatrix}$$

$$+ \begin{bmatrix} 0 & 0 \\ \chi_2 & \chi_1 \end{bmatrix} \begin{bmatrix} \bar{g}_1(z_1) - \bar{g}_1(z_1') \\ g_2(z_2) - g_2(z_2') \end{bmatrix} = 0 \tag{5.1.5}$$

在式 (5.1.5) 的两端乘以

$$\begin{bmatrix} z_1 - z_1' \\ z_2 - z_2' \end{bmatrix}^* \begin{bmatrix} U_1 & 0 \\ 0 & U_2 \end{bmatrix}$$

可得

$$0 = - \begin{bmatrix} z_1 - z_1' \\ z_2 - z_2' \end{bmatrix}^* \begin{bmatrix} U_1 D & 0 \\ 0 & U_2 D \end{bmatrix} \begin{bmatrix} z_1 - z_1' \\ z_2 - z_2' \end{bmatrix}$$

$$+ \begin{bmatrix} z_1 - z_1' \\ z_2 - z_2' \end{bmatrix}^* \begin{bmatrix} U_1 \chi_1 & -U_1 \chi_2 \\ 0 & 0 \end{bmatrix} \begin{bmatrix} g_1(z_1) - g_1(z_1') \\ \bar{g}_2(z_2) - \bar{g}_2(z_2') \end{bmatrix}$$

$$+ \begin{bmatrix} z_1 - z_1' \\ z_2 - z_2' \end{bmatrix}^* \begin{bmatrix} 0 & 0 \\ U_2 \chi_2 & U_2 \chi_1 \end{bmatrix} \begin{bmatrix} \bar{g}_1(z_1) - \bar{g}_1(z_1') \\ g_2(z_2) - g_2(z_2') \end{bmatrix} \tag{5.1.6}$$

将式 (5.1.6) 取共轭转置, 得到

$$0 = - \begin{bmatrix} z_1 - z_1' \\ z_2 - z_2' \end{bmatrix}^* \begin{bmatrix} D U_1^* & 0 \\ 0 & D U_2^* \end{bmatrix} \begin{bmatrix} z_1 - z_1' \\ z_2 - z_2' \end{bmatrix}$$

$$+ \begin{bmatrix} g_1(z_1) - g_1(z_1') \\ \bar{g}_2(z_2) - \bar{g}_2(z_2') \end{bmatrix}^* \begin{bmatrix} U_1 \chi_1 & -U_1 \chi_2 \\ 0 & 0 \end{bmatrix}^* \times \begin{bmatrix} z_1 - z_1' \\ z_2 - z_2' \end{bmatrix}$$

$$+ \begin{bmatrix} \bar{g}_1(z_1) - \bar{g}_1(z_1') \\ g_2(z_2) - g_2(z_2') \end{bmatrix}^* \begin{bmatrix} 0 & 0 \\ U_2 \chi_2 & U_2 \chi_1 \end{bmatrix}^* \begin{bmatrix} z_1 - z_1' \\ z_2 - z_2' \end{bmatrix} \tag{5.1.7}$$

结合式 (5.1.6) 和式 (5.1.7), 有

$$
\begin{aligned}
0 = & -\begin{bmatrix} z_1 - z_1' \\ z_2 - z_2' \end{bmatrix}^* \begin{bmatrix} DU_1^* + U_1 D & 0 \\ 0 & DU_2^* + U_2 D \end{bmatrix} \begin{bmatrix} z_1 - z_1' \\ z_2 - z_2' \end{bmatrix} \\
& + \begin{bmatrix} z_1 - z_1' \\ z_2 - z_2' \end{bmatrix}^* \begin{bmatrix} U_1\chi_1 & -U_1\chi_2 \\ 0 & 0 \end{bmatrix} \times \begin{bmatrix} g_1(z_1) - g_1(z_1') \\ \bar{g}_2(z_2) - \bar{g}_2(z_2') \end{bmatrix} \\
& + \begin{bmatrix} g_1(z_1) - g_1(z_1') \\ \bar{g}_2(z_2) - \bar{g}_2(z_2') \end{bmatrix}^* \begin{bmatrix} U_1\chi_1 & -U_1\chi_2 \\ 0 & 0 \end{bmatrix}^* \begin{bmatrix} z_1 - z_1' \\ z_2 - z_2' \end{bmatrix} \\
& + \begin{bmatrix} z_1 - z_1' \\ z_2 - z_2' \end{bmatrix}^* \begin{bmatrix} 0 & 0 \\ U_2\chi_2 & U_2\chi_1 \end{bmatrix} \begin{bmatrix} \bar{g}_1(z_1) - \bar{g}_1(z_1') \\ g_2(z_2) - g_2(z_2') \end{bmatrix} \\
& + \begin{bmatrix} \bar{g}_1(z_1) - \bar{g}_1(z_1') \\ g_2(z_2) - g_2(z_2') \end{bmatrix}^* \begin{bmatrix} 0 & 0 \\ U_2\chi_2 & U_2\chi_1 \end{bmatrix}^* \begin{bmatrix} z_1 - z_1' \\ z_2 - z_2' \end{bmatrix}
\end{aligned} \tag{5.1.8}
$$

令

$$
\begin{aligned}
\Sigma_1 = & -\begin{bmatrix} DU_1^* + U_1 D & 0 \\ 0 & DU_2^* + U_2 D \end{bmatrix} \\
& + \begin{bmatrix} U_1\chi_1 & -U_1\chi_2 \\ 0 & 0 \end{bmatrix} \begin{bmatrix} V_1 & 0 \\ 0 & V_2 \end{bmatrix}^{-1} \begin{bmatrix} U_1\chi_1 & -U_1\chi_2 \\ 0 & 0 \end{bmatrix}^* \\
& + \begin{bmatrix} 0 & 0 \\ U_2\chi_2 & U_2\chi_1 \end{bmatrix} \begin{bmatrix} V_3 & 0 \\ 0 & V_4 \end{bmatrix}^{-1} \begin{bmatrix} 0 & 0 \\ U_2\chi_2 & U_2\chi_1 \end{bmatrix}^*
\end{aligned}
$$

根据式 (5.1.8) 和引理 2.4.3, 可得

$$
\begin{aligned}
0 \leqslant & \begin{bmatrix} z_1 - z_1' \\ z_2 - z_2' \end{bmatrix}^* \Sigma_1 \begin{bmatrix} z_1 - z_1' \\ z_2 - z_2' \end{bmatrix} \\
& + \begin{bmatrix} g_1(z_1) - g_1(z_1') \\ \bar{g}_2(z_2) - \bar{g}_2(z_2') \end{bmatrix}^* \begin{bmatrix} V_1 & 0 \\ 0 & V_2 \end{bmatrix} \begin{bmatrix} g_1(z_1) - g_1(z_1') \\ \bar{g}_2(z_2) - \bar{g}_2(z_2') \end{bmatrix} \\
& + \begin{bmatrix} \bar{g}_1(z_1) - \bar{g}_1(z_1') \\ g_2(z_2) - g_2(z_2') \end{bmatrix}^* \begin{bmatrix} V_3 & 0 \\ 0 & V_4 \end{bmatrix} \begin{bmatrix} \bar{g}_1(z_1) - \bar{g}_1(z_1') \\ g_2(z_2) - g_2(z_2') \end{bmatrix}
\end{aligned} \tag{5.1.9}
$$

利用假设 5.1.2, 有

$$
\begin{bmatrix} g_1(z_1) - g_1(z_1') \\ \bar{g}_2(z_2) - \bar{g}_2(z_2') \end{bmatrix}^* \begin{bmatrix} V_1 & 0 \\ 0 & V_2 \end{bmatrix} \begin{bmatrix} g_1(z_1) - g_1(z_1') \\ \bar{g}_2(z_2) - \bar{g}_2(z_2') \end{bmatrix}
$$

$$
\leqslant \begin{bmatrix} z_1 - z_1' \\ z_2 - z_2' \end{bmatrix}^* \begin{bmatrix} \Gamma_1 & 0 \\ 0 & \Gamma_2 \end{bmatrix}^* \begin{bmatrix} V_1 & 0 \\ 0 & V_2 \end{bmatrix} \begin{bmatrix} \Gamma_1 & 0 \\ 0 & \Gamma_2 \end{bmatrix} \begin{bmatrix} z_1 - z_1' \\ z_2 - z_2' \end{bmatrix}
$$

$$
= \begin{bmatrix} z_1 - z_1' \\ z_2 - z_2' \end{bmatrix}^* \begin{bmatrix} \Gamma_1 V_1 \Gamma_1 & 0 \\ 0 & \Gamma_2 V_2 \Gamma_2 \end{bmatrix} \begin{bmatrix} z_1 - z_1' \\ z_2 - z_2' \end{bmatrix} \tag{5.1.10}
$$

$$
\begin{bmatrix} \bar{g}_1(z_1) - \bar{g}_1(z_1') \\ g_2(z_2) - g_2(z_2') \end{bmatrix}^* \begin{bmatrix} V_3 & 0 \\ 0 & V_4 \end{bmatrix} \begin{bmatrix} \bar{g}_1(z_1) - \bar{g}_1(z_1') \\ g_2(z_2) - g_2(z_2') \end{bmatrix}
$$

$$
\leqslant \begin{bmatrix} z_1 - z_1' \\ z_2 - z_2' \end{bmatrix}^* \begin{bmatrix} \Gamma_1 & 0 \\ 0 & \Gamma_2 \end{bmatrix}^* \begin{bmatrix} V_3 & 0 \\ 0 & V_4 \end{bmatrix} \begin{bmatrix} \Gamma_1 & 0 \\ 0 & \Gamma_2 \end{bmatrix} \begin{bmatrix} z_1 - z_1' \\ z_2 - z_2' \end{bmatrix}
$$

$$
= \begin{bmatrix} z_1 - z_1' \\ z_2 - z_2' \end{bmatrix}^* \begin{bmatrix} \Gamma_1 V_3 \Gamma_1 & 0 \\ 0 & \Gamma_2 V_4 \Gamma_2 \end{bmatrix} \begin{bmatrix} z_1 - z_1' \\ z_2 - z_2' \end{bmatrix} \tag{5.1.11}
$$

综合式 (5.1.9)、式 (5.1.10) 和式 (5.1.11), 可得

$$
0 \leqslant \begin{bmatrix} z_1 - z_1' \\ z_2 - z_2' \end{bmatrix}^* \Sigma_1 \begin{bmatrix} z_1 - z_1' \\ z_2 - z_2' \end{bmatrix}
$$

$$
+ \begin{bmatrix} z_1 - z_1' \\ z_2 - z_2' \end{bmatrix}^* \begin{bmatrix} \Gamma_1 V_1 \Gamma_1 & 0 \\ 0 & \Gamma_2 V_2 \Gamma_2 \end{bmatrix} \begin{bmatrix} z_1 - z_1' \\ z_2 - z_2' \end{bmatrix}
$$

$$
+ \begin{bmatrix} z_1 - z_1' \\ z_2 - z_2' \end{bmatrix}^* \begin{bmatrix} \Gamma_1 V_3 \Gamma_1 & 0 \\ 0 & \Gamma_2 V_4 \Gamma_2 \end{bmatrix} \begin{bmatrix} z_1 - z_1' \\ z_2 - z_2' \end{bmatrix}
$$

$$
= \begin{bmatrix} z_1 - z_1' \\ z_2 - z_2' \end{bmatrix}^* \Lambda_1 \begin{bmatrix} z_1 - z_1' \\ z_2 - z_2' \end{bmatrix}
$$

其中, $\Lambda_1 = \Sigma_1 + \begin{bmatrix} \Gamma_1(V_1 + V_3)\Gamma_1 & 0 \\ 0 & \Gamma_2(V_2 + V_4)\Gamma_2 \end{bmatrix}$.

根据引理 2.4.6 和线性矩阵不等式 (5.1.2), 有 $\Lambda_1 < 0$, 这样 $z - z' = 0$. 因此, $H(\cdot)$ 在 $\mathbb{C}^{2n}$ 上是一个单射.

步骤 2　证明当 $\|z\| \to \infty$ 时, $\|H(z)\| \to \infty$.

设

$$\tilde{H}(z) = H(z) - H(0), \ U = \left[\begin{array}{cc} U_1 & 0 \\ 0 & U_2 \end{array} \right]$$

利用引理 2.4.3 和假设 5.1.2 得到

$$z^* U \tilde{H}(z) + \tilde{H}^*(z) U^* z$$

$$= - \left[\begin{array}{c} z_1 \\ z_2 \end{array} \right]^* \left[\begin{array}{cc} U_1 D + D U_1^* & 0 \\ 0 & U_2 D + D U_2^* \end{array} \right] \left[\begin{array}{c} z_1 \\ z_2 \end{array} \right]$$

$$+ \left[\begin{array}{c} z_1 \\ z_2 \end{array} \right]^* \left[\begin{array}{cc} U_1 \chi_1 & -U_1 \chi_2 \\ 0 & 0 \end{array} \right] \left[\begin{array}{c} g_1(z_1) - g_1(0) \\ \bar{g}_2(z_2) - \bar{g}_2(0) \end{array} \right]$$

$$+ \left[\begin{array}{c} g_1(z_1) - g_1(0) \\ \bar{g}_2(z_2) - \bar{g}_2(0) \end{array} \right]^* \left[\begin{array}{cc} U_1 \chi_1 & -U_1 \chi_2 \\ 0 & 0 \end{array} \right]^* \left[\begin{array}{c} z_1 \\ z_2 \end{array} \right]$$

$$+ \left[\begin{array}{c} z_1 \\ z_2 \end{array} \right]^* \left[\begin{array}{cc} 0 & 0 \\ U_2 \chi_2 & U_2 \chi_1 \end{array} \right] \left[\begin{array}{c} \bar{g}_1(z_1) - \bar{g}_1(0) \\ g_2(z_2) - g_2(0) \end{array} \right]$$

$$+ \left[\begin{array}{c} \bar{g}_1(z_1) - \bar{g}_1(0) \\ g_2(z_2) - g_2(0) \end{array} \right]^* \left[\begin{array}{cc} 0 & 0 \\ U_2 \chi_2 & U_2 \chi_1 \end{array} \right]^* \left[\begin{array}{c} z_1 \\ z_2 \end{array} \right]$$

$$\leqslant \left[\begin{array}{c} z_1 \\ z_2 \end{array} \right]^* \Sigma_1 \left[\begin{array}{c} z_1 \\ z_2 \end{array} \right]$$

$$+ \left[\begin{array}{c} g_1(z_1) - g_1(0) \\ \bar{g}_2(z_2) - \bar{g}_2(0) \end{array} \right]^* \left[\begin{array}{cc} V_1 & 0 \\ 0 & V_2 \end{array} \right] \left[\begin{array}{c} g_1(z_1) - g_1(0) \\ \bar{g}_2(z_2) - \bar{g}_2(0) \end{array} \right]$$

$$+ \left[\begin{array}{c} \bar{g}_1(z_1) - \bar{g}_1(0) \\ g_2(z_2) - g_2(0) \end{array} \right]^* \left[\begin{array}{cc} V_3 & 0 \\ 0 & V_4 \end{array} \right] \left[\begin{array}{c} \bar{g}_1(z_1) - \bar{g}_1(0) \\ g_2(z_2) - g_2(0) \end{array} \right]$$

$$\leqslant \left[\begin{array}{c} z_1 \\ z_2 \end{array} \right]^* \Sigma_1 \left[\begin{array}{c} z_1 \\ z_2 \end{array} \right] + \left[\begin{array}{c} z_1 \\ z_2 \end{array} \right]^* \left[\begin{array}{cc} \Gamma_1 V_1 \Gamma_1 & 0 \\ 0 & \Gamma_2 V_2 \Gamma_2 \end{array} \right] \left[\begin{array}{c} z_1 \\ z_2 \end{array} \right]$$

$$+ \left[\begin{array}{c} z_1 \\ z_2 \end{array} \right]^* \left[\begin{array}{cc} \Gamma_1 V_3 \Gamma_1 & 0 \\ 0 & \Gamma_2 V_4 \Gamma_2 \end{array} \right] \left[\begin{array}{c} z_1 \\ z_2 \end{array} \right]$$

$$= \left[\begin{array}{c} z_1 \\ z_2 \end{array} \right]^* \Lambda_1 \left[\begin{array}{c} z_1 \\ z_2 \end{array} \right]$$

$$= z^* \Lambda_1 z \leqslant -\lambda_{\min}(-\Lambda_1) \|z\|^2$$

应用 Cauchy-Schwarz 不等式, 可推得

$$\lambda_{\min}(-\varLambda_1)\|z\|^2 \leqslant 2\|z^*\|\|U\|\left\|\tilde{H}(z)\right\|$$

当 $z \neq 0$ 时, 有

$$\left\|\tilde{H}(z)\right\| \geqslant \frac{\lambda_{\min}(-\varLambda_1)\|z\|}{2\|U\|}$$

因此, 当 $\|z\| \to \infty$ 时, $\left\|\tilde{H}(z)\right\| \to \infty$, 这意味着, 当 $\|z\| \to \infty$ 时, $\|H(z)\| \to \infty$. 由引理 2.4.1 可知, $H(z)$ 是 $\mathbb{C}^{2n}$ 上的同胚映射. 这样, 混合时滞四元数神经网络 (5.1.1) 具有唯一的平衡点. 证毕.

接下来, 给出混合时滞四元数神经网络 (5.1.1) 平衡点全局 μ-稳定性的充分判据.

令 $\hat{q} = (\hat{q}_1, \hat{q}_2, \cdots, \hat{q}_n)^{\mathrm{T}}$ 是混合时滞四元数神经网络 (5.1.1) 的平衡点. 设 $\tilde{q}(t) = q(t) - \hat{q}$, 则混合时滞四元数神经网络 (5.1.1) 可重新写为

$$
\begin{aligned}
\dot{\tilde{q}}(t) = &- D\tilde{q}(t) + A(f(\tilde{q}(t) + \hat{q}) - f(\hat{q})) + B(f(\tilde{q}(t - \tau(t)) + \hat{q}) - f(\hat{q})) \\
&+ C \int_{-\infty}^{t} K(t - s)(f(\tilde{q}(s) + \hat{q}) - f(\hat{q}))\mathrm{d}s
\end{aligned}
\tag{5.1.12}
$$

显然, 式 (5.1.12) 的原点就是混合时滞四元数神经网络 (5.1.1) 的平衡点.

定理 5.1.2 在假设 5.1.1 ~ 假设 5.1.3 成立的条件下, 如果存在三个常数 α, β 和 δ, 三个正定 Hermitian 矩阵 P, Q 和 R, 六个正对角矩阵 M, U 和 G_i $(i = 1, 2, 3, 4)$, 一个定义在 $[0, \infty)$ 上正定的连续可微函数 $\mu(t)$, 以及常数 $T > 0$, 使得对于 $t > T$, 下面三个条件成立:

$$\frac{\dot{\mu}(t)}{\mu(t)} \leqslant \alpha \tag{5.1.13}$$

$$\frac{\mu(t - \tau(t))}{\mu(t)} \geqslant \beta \tag{5.1.14}$$

$$\frac{\int_0^{+\infty} K_p(s)\mu(s + t)\mathrm{d}s}{\mu(t)} \leqslant \delta, \ p = 1, 2, \cdots, n \tag{5.1.15}$$

同时, 下列线性矩阵不等式成立:

$$
\Omega_1 = \begin{bmatrix}
a_{11} & \star & \star & \star & \star & \star & \star \\
A_1^*P & a_{22} & \star & \star & \star & \star & \star \\
-A_2^*P & 0 & a_{33} & \star & \star & \star & \star \\
B_1^*P & 0 & 0 & a_{44} & \star & \star & \star \\
-B_2^*P & 0 & 0 & 0 & a_{55} & \star & \star \\
C_1^*P & 0 & 0 & 0 & 0 & -M & \star \\
-C_2^*P & 0 & 0 & 0 & 0 & 0 & -U
\end{bmatrix} < 0 \tag{5.1.16}
$$

$$
\Omega_2 = \begin{bmatrix}
b_{11} & \star & \star & \star & \star & \star & \star \\
A_1^*P & b_{22} & \star & \star & \star & \star & \star \\
A_2^*P & 0 & b_{33} & \star & \star & \star & \star \\
B_1^*P & 0 & 0 & b_{44} & \star & \star & \star \\
B_2^*P & 0 & 0 & 0 & b_{55} & \star & \star \\
C_1^*P & 0 & 0 & 0 & 0 & -M & \star \\
C_2^*P & 0 & 0 & 0 & 0 & 0 & -U
\end{bmatrix} < 0 \tag{5.1.17}
$$

其中, $a_{11} = \alpha P - DP - PD + \Gamma_1 G_1 \Gamma_1 + \Gamma_1 G_2 \Gamma_1$; $b_{11} = \alpha P - DP - PD + \Gamma_2 G_3 \Gamma_2 + \Gamma_2 G_4 \Gamma_2$; $a_{22} = Q + \delta M - G_2$; $b_{22} = Q + \delta M - G_4$; $a_{33} = R + \delta U - G_3$; $b_{33} = R + \delta U - G_1$; $a_{44} = -(1-\varepsilon)\beta Q$; $b_{44} = -(1-\varepsilon)\beta Q$; $a_{55} = -(1-\varepsilon)\beta R$; $b_{55} = -(1-\varepsilon)\beta R$, 则混合时滞四元数神经网络 (5.1.1) 的平衡点是 μ-稳定的.

证明　类似于式 (5.1.3) 的分解, 式 (5.1.12) 可以改写为

$$
\begin{aligned}
\dot{\tilde{z}}_1(t) = & -D\tilde{z}_1(t) + A_1(g_1(\tilde{z}_1(t) + \hat{z}_1) - g_1(\hat{z}_1)) - A_2(\bar{g}_2(\tilde{z}_2(t) + \hat{z}_2) - \bar{g}_2(\hat{z}_2)) \\
& + B_1(g_1(\tilde{z}_1(t - \tau(t)) + \hat{z}_1) - g_1(\hat{z}_1)) - B_2(\bar{g}_2(\tilde{z}_2(t - \tau(t)) + \hat{z}_2) - \bar{g}_2(\hat{z}_2)) \\
& + C_1 \int_{-\infty}^{t} K(t-s)(g_1(\tilde{z}_1(s) + \hat{z}_1) - g_1(\hat{z}_1))\mathrm{d}s \\
& - C_2 \int_{-\infty}^{t} K(t-s)(\bar{g}_2(\tilde{z}_2(s) + \hat{z}_2) - \bar{g}_2(\hat{z}_2))\mathrm{d}s \\
\dot{\tilde{z}}_2(t) = & -D\tilde{z}_2(t) + A_1(g_2(\tilde{z}_2(t) + \hat{z}_2) - g_2(\hat{z}_2)) + A_2(\bar{g}_1(\tilde{z}_1(t) + \hat{z}_1) - \bar{g}_1(\hat{z}_1)) \\
& + B_1(g_2(\tilde{z}_2(t - \tau(t)) + \hat{z}_2) - g_2(\hat{z}_2)) + B_2(\bar{g}_1(\tilde{z}_1(t - \tau(t)) + \hat{z}_1) - \bar{g}_1(\hat{z}_1)) \\
& + C_1 \int_{-\infty}^{t} K(t-s)(g_2(\tilde{z}_2(s) + \hat{z}_2) - g_2(\hat{z}_2))\mathrm{d}s
\end{aligned}
$$

$$+ C_2 \int_{-\infty}^{t} K(t-s)(\bar{g}_1(\tilde{z}_1(s) + \hat{z}_1) - \bar{g}_1(\hat{z}_1))\mathrm{d}s$$

$$(5.1.18)$$

为了表示方便, 令 $M = \mathrm{diag}\{m_1, m_2, \cdots, m_n\}$, $U = \mathrm{diag}\{u_1, u_2, \cdots, u_n\}$. 构造以下 Lyapunov-Krasovskii 函数:

$$V(t) = V_1(t) + V_2(t) + V_3(t) \tag{5.1.19}$$

其中,

$$V_1(t) = \mu(t)\tilde{z}_1^*(t)P\tilde{z}_1(t) + \mu(t)\tilde{z}_2^*(t)P\tilde{z}_2(t)$$

$$V_2(t) = \sum_{i=1}^{2} \int_{t-\tau(t)}^{t} \mu(s)(g_i\left(\tilde{z}_i(s) + \hat{z}_i\right) - g_i(\hat{z}_i))^* Q(g_i\left(\tilde{z}_i(s) + \hat{z}_i\right) - g_i(\hat{z}_i))\mathrm{d}s$$

$$+ \sum_{i=1}^{2} \int_{t-\tau(t)}^{t} \mu(s)(\overline{g}_i\left(\tilde{z}_2(s) + \hat{z}_i\right) - \overline{g}_i(\hat{z}_i))^* R(\overline{g}_i\left(\tilde{z}_i(s) + \hat{z}_i\right) - \overline{g}_i(\hat{z}_2))\mathrm{d}s$$

$$V_3(t) = \sum_{i=1}^{2}\sum_{p=1}^{n} m_p \int_{0}^{+\infty} K_p(s) \int_{t-s}^{t} \mu(s+\theta)(g_{ip}(\tilde{z}_i(\theta) + \hat{z}_i) - g_{ip}(\hat{z}_i))^*$$

$$\times (g_{ip}(\tilde{z}_i(\theta) + \hat{z}_i) - g_{ip}(\hat{z}_i))\mathrm{d}\theta\mathrm{d}s$$

$$+ \sum_{i=1}^{2}\sum_{p=1}^{n} u_p \int_{0}^{+\infty} K_p(s) \int_{t-s}^{t} \mu(s+\theta)(\overline{g}_{ip}(\tilde{z}_i(\theta) + \hat{z}_i) - \overline{g}_{ip}(\hat{z}_i))^*$$

$$\times (\overline{g}_{ip}(\tilde{z}_i(\theta) + \hat{z}_i) - \overline{g}_{ip}(\hat{z}_i))\mathrm{d}\theta\mathrm{d}s$$

沿着时滞四元数神经网络 (5.1.18) 的轨迹计算 $V(t)$ 的导数, 得到

$$D^+V(t) = D^+V_1(t) + D^+V_2(t) + D^+V_3(t)$$

其中,

$$D^+V_1(t) = \dot{\mu}(t)\tilde{z}_1^*(t)\,P\tilde{z}_1(t) + \mu(t)\dot{\tilde{z}}_1^*(t)P\tilde{z}_1(t) + \mu(t)\tilde{z}_1^*(t)P\dot{\tilde{z}}_1(t)$$

$$+ \dot{\mu}(t)\tilde{z}_2^*(t)P\tilde{z}_2(t) + \mu(t)\dot{\tilde{z}}_2^*(t)P\tilde{z}_2(t) + \mu(t)\tilde{z}_2^*(t)P\dot{\tilde{z}}_2(t)$$

$$= \dot{\mu}(t)\tilde{z}_1^*(t)P\tilde{z}_1(t) + \mu(t)\tilde{z}_1^*(t)(-D^*P)\tilde{z}_1(t)$$

$$+ \mu(t)(g_1(\tilde{z}_1(t) + \hat{z}_1) - g_1(\hat{z}_1))^* A_1^* P\tilde{z}_1(t)$$

$$+ \mu(t)(\bar{g}_2(\tilde{z}_2(t) + \hat{z}_2) - \bar{g}_2(\hat{z}_2))^*(-A_2^* P)\tilde{z}_1(t)$$

$$+ \mu(t)(g_1(\tilde{z}_1(t - \tau(t)) + \hat{z}_1) - g_1(\hat{z}_1))^* B_1^* P \tilde{z}_1(t)$$

$$+ \mu(t)(\bar{g}_2(\tilde{z}_2(t - \tau(t)) + \hat{z}_2) - \bar{g}_2(\hat{z}_2))^* (-B_2^* P) \tilde{z}_1(t)$$

$$+ \mu(t) \left(\int_{-\infty}^{t} K(t - s)(g_1(\tilde{z}_1(s) + \hat{z}_1) - g_1(\hat{z}_1)) \mathrm{d}s \right)^* C_1^* P \tilde{z}_1(t)$$

$$+ \mu(t) \left(\int_{-\infty}^{t} K(t - s)(\bar{g}_2(\tilde{z}_2(s) + \hat{z}_2) - \bar{g}_2(\hat{z}_2)) \mathrm{d}s \right)^* (-C_2^* P) \tilde{z}_1(t)$$

$$+ \mu(t)\tilde{z}_1^*(t)(-PD)\tilde{z}_1(t)$$

$$+ \mu(t)\tilde{z}_1^*(t)PA_1(g_1(\tilde{z}_1(t) + \hat{z}_1) - g_1(\hat{z}_1))$$

$$+ \mu(t)\tilde{z}_1^*(t)(-PA_2)(\bar{g}_2(\tilde{z}_2(t) + \hat{z}_2) - \bar{g}_2(\hat{z}_2))$$

$$+ \mu(t)\tilde{z}_1^*(t)PB_1(g_1(\tilde{z}_1(t - \tau(t)) + \hat{z}_1) - g_1(\hat{z}_1))$$

$$+ \mu(t)\tilde{z}_1^*(t)(-PB_2)(\bar{g}_2(\tilde{z}_2(t - \tau(t)) + \hat{z}_2) - \bar{g}_2(\hat{z}_2))$$

$$+ \mu(t)\tilde{z}_1^*(t)PC_1 \left(\int_{-\infty}^{t} K(t - s)(g_1(\tilde{z}_1(s) + \hat{z}_1) - g_1(\hat{z}_1)) \mathrm{d}s \right)$$

$$+ \mu(t)\tilde{z}_1^*(t)(-PC_2) \left(\int_{-\infty}^{t} K(t - s)(\bar{g}_2(\tilde{z}_2(s) + \hat{z}_2) - \bar{g}_2(\hat{z}_2)) \mathrm{d}s \right)$$

$$+ \dot{\mu}(t)\tilde{z}_2^*(t)P\tilde{z}_2(t) + \mu(t)\tilde{z}_2^*(t)(-D^*P)\tilde{z}_2(t)$$

$$+ \mu(t)(g_2(\tilde{z}_2(t) + \hat{z}_2) - g_2(\hat{z}_2))^* A_1^* P \tilde{z}_2(t)$$

$$+ \mu(t)(\bar{g}_1(\tilde{z}_1(t) + \hat{z}_1) - \bar{g}_1(\hat{z}_1))^* A_2^* p \tilde{z}_2(t)$$

$$+ \mu(t)(g_2(\tilde{z}_2(t - \tau(t)) + \hat{z}_2) - g_2(\hat{z}_2))^* B_1^* P \tilde{z}_2(t)$$

$$+ \mu(t)(\bar{g}_1(\tilde{z}_1(t - \tau(t)) + \hat{z}_1) - \bar{g}_1(\hat{z}_1))^* B_2^* P \tilde{z}_2(t)$$

$$+ \mu(t) \left(\int_{-\infty}^{t} K(t - s)(g_2(\tilde{z}_2(s) + \hat{z}_2) - g_2(\hat{z}_2)) \mathrm{d}s \right)^* C_1^* P \tilde{z}_2(t)$$

$$+ \mu(t) \left(\int_{-\infty}^{t} K(t - s)(\bar{g}_1(\tilde{z}_1(s) + \hat{z}_1) - \bar{g}_1(\hat{z}_1)) \mathrm{d}s \right)^* C_2^* P \tilde{z}_2(t)$$

$$+ \mu(t)\tilde{z}_2^*(t)(-PD)\tilde{z}_2(t)$$

$$+ \mu(t)\tilde{z}_2^*(t)PA_1(g_2(\tilde{z}_2(t) + \hat{z}_2) - g_2(\hat{z}_2))$$

$$+ \mu(t)\tilde{z}_2^*(t)PA_2(\bar{g}_1(\tilde{z}_1(t) + \hat{z}_1) - \bar{g}_1(\hat{z}_1))$$

$$+ \mu(t)\tilde{z}_2^*(t)PB_1(g_2(\tilde{z}_2(t - \tau(t)) + \hat{z}_2) - g_2(\hat{z}_2))$$

$$+ \mu(t)\tilde{z}_2^*(t)PB_2(\overline{g}_1(\tilde{z}_1(t - \tau(t)) + \hat{z}_1) - \overline{g}_1(\hat{z}_1))$$

$$+ \mu(t)\tilde{z}_2^*(t)PC_1\left(\int_{-\infty}^{t} K(t - s)(g_2(\tilde{z}_2(s) + \hat{z}_2) - g_2(\hat{z}_2))\mathrm{d}s\right)$$

$$+ \mu(t)\tilde{z}_2^*(t)PC_2\left(\int_{-\infty}^{t} K(t - s)(\overline{g}_1(\tilde{z}_1(s) + \hat{z}_1) - \overline{g}_1(\hat{z}_1))\mathrm{d}s\right)$$

$$\tag{5.1.20}$$

$$D^+V_2(t) = \sum_{i=1}^{2} \mu(t)(g_i\,(\tilde{z}_i(t) + \hat{z}_i) - g_i(\hat{z}_i))^*Q(g_i\,(\tilde{z}_i(t) + \hat{z}_i) - g_i(\hat{z}_i))$$

$$- \sum_{i=1}^{2}(1 - \dot{\tau}(t))\mu(t - \tau(t))(g_i\,(\tilde{z}_i(t - \tau(t)) + \hat{z}_i) - g_i(\hat{z}_i))^*$$

$$\times Q(g_i\,(\tilde{z}_i(t - \tau(t)) + -\hat{z}_i) - g_i(\hat{z}_i))$$

$$+ \sum_{i=1}^{2} \mu(t)(\overline{g}_i\,(\tilde{z}_i(t) + \hat{z}_i) - \overline{g}_i(\hat{z}_i))^*R(\overline{g}_i\,(\tilde{z}_i(t) + \hat{z}_i) - \overline{g}_i(\hat{z}_i))$$

$$- \sum_{i=1}^{2}(1 - \dot{\tau}(t))\mu(t - \tau(t))(\overline{g}_i\,(\tilde{z}_i(t - \tau(t)) + \hat{z}_i) - \overline{g}_i(\hat{z}_i))^*$$

$$\times R(\overline{g}_i\,(\tilde{z}_i(t - \tau(t)) + -\hat{z}_i) - \overline{g}_i(\hat{z}_i))$$

$$\leqslant \mu(t)\Bigg(\sum_{i=1}^{2}(g_i\,(\tilde{z}_i(t) + \hat{z}_i) - g_i(\hat{z}_i))^*Q(g_i\,(\tilde{z}_i(t) + \hat{z}_i) - g_i(\hat{z}_i))$$

$$- \sum_{i=1}^{2}(1 - \varepsilon)\beta(g_i\,(\tilde{z}_i(t - \tau(t)) + \hat{z}_i) - g_i(\hat{z}_i))^*$$

$$\times Q(g_i\,(\tilde{z}_i(t - \tau(t)) + -\hat{z}_i) - g_i(\hat{z}_i))$$

$$+ \sum_{i=1}^{2}(\overline{g}_i\,(\tilde{z}_i(t) + \hat{z}_i) - \overline{g}_i(\hat{z}_i))^*R(\overline{g}_i\,(\tilde{z}_i(t) + \hat{z}_i) - \overline{g}_i(\hat{z}_i))$$

$$- \sum_{i=1}^{2}(1 - \varepsilon)\beta(\overline{g}_i\,(\tilde{z}_i(t - \tau(t)) + \hat{z}_i) - \overline{g}_i(\hat{z}_i))^*$$

$$\times R(\overline{g}_i\,(\tilde{z}_i(t - \tau(t)) + -\hat{z}_i) - \overline{g}_i(\hat{z}_i))\Bigg)$$

$$\tag{5.1.21}$$

$$D^+V_3(t) = \sum_{i=1}^{2}\sum_{p=1}^{n} m_p(g_{ip}(\tilde{z}_i(t) + \hat{z}_i) - g_{ip}(\hat{z}_i))^*$$

$$\times (g_{ip}(\tilde{z}_i(t) + \hat{z}_i) - g_{ip}(\hat{z}_i)) \int_0^{+\infty} K_p(s)\mu(s+t)\mathrm{d}s$$

$$- \mu(t) \sum_{i=1}^{2}\sum_{p=1}^{n} m_p \int_0^{+\infty} K_p(s)(g_{ip}(\tilde{z}_i(t-s) + \hat{z}_i) - g_{ip}(\hat{z}_i))^*$$

$$\times (g_{ip}(\tilde{z}_i(t-s) + \hat{z}_i) - g_{ip}(\hat{z}_i))\mathrm{d}s \int_0^{+\infty} K_p(s)\mathrm{d}s$$

$$+ \sum_{i=1}^{2}\sum_{p=1}^{n} u_p(\overline{g}_{ip}(\tilde{z}_i(t) + \hat{z}_i) - \overline{g}_{ip}(\hat{z}_i))^*$$

$$\times (\overline{g}_{ip}(\tilde{z}_i(t) + \hat{z}_i) - \overline{g}_{ip}(\hat{z}_i)) \int_0^{+\infty} K_p(s)\mu(s+t)\mathrm{d}s$$

$$- \mu(t) \sum_{i=1}^{2}\sum_{p=1}^{n} u_p \int_0^{+\infty} K_p(s)(\overline{g}_{ip}(\tilde{z}_i(t-s) + \hat{z}_i) - \overline{g}_{ip}(\hat{z}_i))^*$$

$$\times (\overline{g}_{ip}(\tilde{z}_i(t-s) + \hat{z}_i) - \overline{g}_{ip}(\hat{z}_i))\mathrm{d}s \int_0^{+\infty} K_p(s)\mathrm{d}s$$

$$= \mu(t) \Bigg(\sum_{i=1}^{2}\sum_{p=1}^{n} m_p(g_{ip}(\tilde{z}_i(t) + \hat{z}_i) - g_{ip}(\hat{z}_i))^*$$

$$\times (g_{ip}(\tilde{z}_i(t) + \hat{z}_i) - g_{ip}(\hat{z}_i)) \frac{\displaystyle\int_0^{+\infty} K_p(s)\mu(s+t)\mathrm{d}s}{\mu(t)}$$

$$- \sum_{i=1}^{2}\sum_{p=1}^{n} m_p \int_{-\infty}^{t} K_p(t-s)(g_{ip}(\tilde{z}_i(s) + \hat{z}_i) - g_{ip}(\hat{z}_i))^*$$

$$\times (g_{ip}(\tilde{z}_i(s) + \hat{z}_i) - g_{ip}(\hat{z}_i))\mathrm{d}s \int_{-\infty}^{t} K_p(t-s)\mathrm{d}s$$

$$+ \sum_{i=1}^{2}\sum_{p=1}^{n} u_p(\overline{g}_{ip}(\tilde{z}_i(t) + \hat{z}_i) - \overline{g}_{ip}(\hat{z}_i))^*$$

$$\times (\overline{g}_{ip}(\tilde{z}_i(t) + \hat{z}_i) - \overline{g}_{ip}(\hat{z}_i)) \frac{\displaystyle\int_0^{+\infty} K_p(s)\mu(s+t)\mathrm{d}s}{\mu(t)}$$

$$- \sum_{i=1}^{2} \sum_{p=1}^{n} u_p \int_{-\infty}^{t} K_p(t-s)(\overline{g}_{ip}(\tilde{z}_i(s) + \hat{z}_i) - \overline{g}_{ip}(\hat{z}_i))^*$$

$$\times (\overline{g}_{ip}(\tilde{z}_i(s) + \hat{z}_i) - \overline{g}_{ip}(\hat{z}_i)) \mathrm{d}s \int_{-\infty}^{t} K_p(t-s) \mathrm{d}s \Bigg)$$

$$\leqslant \mu(t) \Bigg(\sum_{i=1}^{2} \sum_{p=1}^{n} m_p \delta(g_{ip}(\tilde{z}_i(t) + \hat{z}_i) - g_{ip}(\hat{z}_i))^*(g_{ip}(\tilde{z}_i(t) + \hat{z}_i) - g_{ip}(\hat{z}_i))$$

$$- \sum_{i=1}^{2} \sum_{p=1}^{n} m_p \bigg(\int_{-\infty}^{t} K_p(t-s)(g_{ip}(\tilde{z}_i(s) + \hat{z}_i) - g_{ip}(\hat{z}_i)) \mathrm{d}s \bigg)^*$$

$$\times \bigg(\int_{-\infty}^{t} K_p(t-s)(g_{ip}(\tilde{z}_i(s) + \hat{z}_i) - g_{ip}(\hat{z}_i)) \mathrm{d}s \bigg)$$

$$+ \sum_{i=1}^{2} \sum_{p=1}^{n} u_p \delta(\overline{g}_{ip}(\tilde{z}_i(t) + \hat{z}_i) - \overline{g}_{ip}(\hat{z}_i))^*(\overline{g}_{ip}(\tilde{z}_i(t) + \hat{z}_i) - \overline{g}_{ip}(\hat{z}_i))$$

$$- \sum_{i=1}^{2} \sum_{p=1}^{n} u_p \bigg(\int_{-\infty}^{t} K_p(t-s)(\overline{g}_{ip}(\tilde{z}_i(s) + \hat{z}_i) - \overline{g}_{ip}(\hat{z}_i)) \mathrm{d}s \bigg)^*$$

$$\times \bigg(\int_{-\infty}^{t} K_p(t-s)(\overline{g}_{ip}(\tilde{z}_i(s) + \hat{z}_i) - \overline{g}_{ip}(\hat{z}_i)) \mathrm{d}s \bigg) \Bigg)$$

$$= \mu(t) \Bigg(\sum_{i=1}^{2} (g_i(\tilde{z}_i(t) + \hat{z}_i) - g_i(\hat{z}_i))^* \delta M(g_i(\tilde{z}_i(t) + \hat{z}_i) - g_i(\hat{z}_i))$$

$$- \sum_{i=1}^{2} \bigg(\int_{-\infty}^{t} K(t-s)(g_i(\tilde{z}_i(s) + \hat{z}_i) - g_i(\hat{z}_i)) \mathrm{d}s \bigg)^* M$$

$$\times \bigg(\int_{-\infty}^{t} K(t-s)(g_i(\tilde{z}_i(s) + \hat{z}_i) - g_i(\hat{z}_i)) \mathrm{d}s \bigg)$$

$$+ \sum_{i=1}^{2} (\overline{g}_i(\tilde{z}_i(t) + \hat{z}_i) - \overline{g}_i(\hat{z}_i))^* \delta U(\overline{g}_i(\tilde{z}_i(t) + \hat{z}_i) - \overline{g}_i(\hat{z}_i))$$

$$- \sum_{i=1}^{2} \bigg(\int_{-\infty}^{t} K(t-s)(\overline{g}_i(\tilde{z}_i(s) + \hat{z}_i) - \overline{g}_i(\hat{z}_i)) \mathrm{d}s \bigg)^* U$$

$$\times \bigg(\int_{-\infty}^{t} K(t-s)(\overline{g}_i(\tilde{z}_i(s) + \hat{z}_i) - \overline{g}_i(\hat{z}_i)) \mathrm{d}s \bigg) \Bigg) \qquad (5.1.22)$$

在推导不等式 (5.1.21) 和不等式 (5.1.22) 时, 应用了假设 5.1.1 和假设 5.1.3、定理的条件式 (5.1.14) 和式 (5.1.15) 以及引理 5.1.1.

由于 $G_i > 0$ ($i = 1, 2, 3, 4$) 是正对角矩阵, 利用假设 5.1.2 可得

$$
\begin{aligned}
0 \leqslant {} & \mu(t)\tilde{z}_1^*(t)\varGamma_1 G_1 \varGamma_1 \tilde{z}_1(t) - \mu(t)(\bar{g}_1(\tilde{z}_1(t) + \hat{z}_1) - \bar{g}_1(\hat{z}_1))^* \\
& \times G_1(\bar{g}_1(\tilde{z}_1(t) + \hat{z}_1) - \bar{g}_1(\hat{z}_1))
\end{aligned}
\tag{5.1.23}
$$

$$
\begin{aligned}
0 \leqslant {} & \mu(t)\tilde{z}_1^*(t)\varGamma_1 G_2 \varGamma_1 \tilde{z}_1(t) - \mu(t)(g_1(\tilde{z}_1(t) + \hat{z}_1) - g_1(\hat{z}_1))^* \\
& \times G_2(g_1(\tilde{z}_1(t) + \hat{z}_1) - g_1(\hat{z}_1))
\end{aligned}
\tag{5.1.24}
$$

$$
\begin{aligned}
0 \leqslant {} & \mu(t)\tilde{z}_2^*(t)\varGamma_2 G_3 \varGamma_2 \tilde{z}_2(t) - \mu(t)(\bar{g}_2(\tilde{z}_2(t) + \hat{z}_2) - \bar{g}_2(\hat{z}_2))^* \\
& \times G_3(\bar{g}_2(\tilde{z}_2(t) + \hat{z}_2) - \bar{g}_2(\hat{z}_2))
\end{aligned}
\tag{5.1.25}
$$

$$
\begin{aligned}
0 \leqslant {} & \mu(t)\tilde{z}_2^*(t)\varGamma_2 G_4 \varGamma_2 \tilde{z}_2(t) - \mu(t)(g_2(\tilde{z}_2(t) + \hat{z}_2) - g_2(\hat{z}_2))^* \\
& \times G_4(g_2(\tilde{z}_2(t) + \hat{z}_2) - g_2(\hat{z}_2))
\end{aligned}
\tag{5.1.26}
$$

综合式 (5.1.20) $\sim$ 式 (5.1.26) 并使用式 (5.1.13) 可得

$$
D^+ V(t) \leqslant \mu(t)\zeta_1^* \varOmega_1 \zeta_1 + \mu(t)\zeta_2^* \varOmega_2 \zeta_2
\tag{5.1.27}
$$

其中,

$$
\begin{aligned}
\zeta_1^* = {} & \bigg(\tilde{z}_1^*(t), (g_1(\tilde{z}_1(t) + \hat{z}_1) - g_1(\hat{z}_1))^*, (\bar{g}_2(\tilde{z}_2(t) + \hat{z}_2) - \bar{g}_2(\hat{z}_2))^*, \\
& (g_1(\tilde{z}_1(t - \tau(t)) + \hat{z}_1) - g_1(\hat{z}_1))^*, (\bar{g}_2(\tilde{z}_2(t - \tau(t)) + \hat{z}_2) - \bar{g}_2(\hat{z}_2))^*, \\
& \bigg(\int_{-\infty}^t K(t - s)(g_1(\tilde{z}_1(s) + \hat{z}_1) - g_1(\hat{z}_1))\mathrm{d}s \bigg)^*, \\
& \bigg(\int_{-\infty}^t K(t - s)(\bar{g}_2(\tilde{z}_2(s) + \hat{z}_2) - \bar{g}_2(\hat{z}_2))\mathrm{d}s \bigg)^* \bigg) \\
\zeta_2^* = {} & \bigg(\tilde{z}_2^*(t), (g_2(\tilde{z}_2(t) + \hat{z}_2) - g_2(\hat{z}_2))^*, (\bar{g}_1(\tilde{z}_1(t) + \hat{z}_1) - \bar{g}_1(\hat{z}_1))^*, \\
& (g_2(\tilde{z}_2(t - \tau(t)) + \hat{z}_2) - g_2(\hat{z}_2))^*, (\bar{g}_1(\tilde{z}_1(t - \tau(t)) + \hat{z}_1) - \bar{g}_1(\hat{z}_1))^*, \\
& \bigg(\int_{-\infty}^t K(t - s)(g_2(\tilde{z}_2(s) + \hat{z}_2) - g_2(\hat{z}_2))\mathrm{d}s \bigg)^*, \\
& \bigg(\int_{-\infty}^t K(t - s)(\bar{g}_1(\tilde{z}_1(s) + \hat{z}_1) - \bar{g}_1(\hat{z}_1))\mathrm{d}s \bigg)^* \bigg)
\end{aligned}
$$

基于式 (5.1.16) 和式 (5.1.17) 以及式 (5.1.27), 可得

$$D^+V(t) \leqslant 0 \tag{5.1.28}$$

从 $V(t)$ 的定义可知, 对于任意 $t > T$, 有

$$V(0) \geqslant V(t) \geqslant \mu(t)\lambda_{\min}(P)\|\tilde{q}(t)\|^2$$

这样有

$$\|\tilde{q}(t)\|^2 \leqslant \frac{K}{\mu(t)}, \; t > T$$

其中, $K = \dfrac{V(0)}{\lambda_{\min}(P)}$.

因此, 混合时滞四元数神经网络 (5.1.1) 的平衡点是 μ-稳定的. 证毕.

推论 5.1.1 在假设 5.1.1 和假设 5.1.3 成立的条件下, 且 $0 \leqslant \tau(t) \leqslant \tau$, 其中, τ 是常数. 如果存在满足 $\gamma > \alpha$ 的两个正常数 α 和 γ, 三个正定矩阵 P, Q 和 R, 五个正对角矩阵 M, G_i ($i = 1, 2, 3, 4$), 使得式 (5.1.16) 和式 (5.1.17) 成立, 其中, $a_{11} = \alpha P - DP - PD + \Gamma_1 G_1 \Gamma_1 + \Gamma_1 G_2 \Gamma_1$, $b_{11} = \alpha P - DP - PD + \Gamma_2 G_3 \Gamma_2 + \Gamma_2 G_4 \Gamma_2$, $a_{22} = Q + \dfrac{\gamma}{\gamma - \alpha}M - G_2$, $b_{22} = Q + \dfrac{\gamma}{\gamma - \alpha}M - G_4$, $a_{33} = R + \dfrac{\gamma}{\gamma - \alpha}U - G_3$, $b_{33} = R + \dfrac{\gamma}{\gamma - \alpha}U - G_1$, $a_{44} = -(1 - \varepsilon)\mathrm{e}^{-\alpha\tau}Q$, $b_{44} = -(1 - \varepsilon)\mathrm{e}^{-\alpha\tau}Q$, $a_{55} = -(1 - \varepsilon)\mathrm{e}^{-\alpha\tau}R$, $b_{55} = -(1 - \varepsilon)\mathrm{e}^{-\alpha\tau}R$, 则混合时滞四元数神经网络 (5.1.1) 的平衡点是全局指数稳定的.

证明 取 $\mu(t) = \mathrm{e}^{\alpha t}$, $K_p(s) = \gamma\mathrm{e}^{-\gamma s}$ ($p = 1, 2, \cdots, n$), 可得

$$\int_0^{+\infty} K_p(s)\mathrm{d}s = 1$$

$$\frac{\dot{\mu}(t)}{\mu(t)} = \alpha$$

$$\frac{\mu(t - \tau(t))}{\mu(t)} = \mathrm{e}^{-\alpha\tau(t)} \geqslant \mathrm{e}^{-\alpha\tau} = \beta$$

$$\frac{\displaystyle\int_0^{+\infty} K_p(s)\mu(s + t)\mathrm{d}s}{\mu(t)} = \frac{\displaystyle\int_0^{+\infty} \gamma\mathrm{e}^{-\gamma s}\mathrm{e}^{\alpha(s+t)}\mathrm{d}s}{\mathrm{e}^{\alpha t}} = \frac{\gamma}{\gamma - \alpha} = \delta$$

这样定理 5.1.2 的条件得到满足. 证毕.

5.1.5　数值示例

下面提供了两个数值示例来验证所获得结果的有效性.

例 5.1.1　考虑以下时滞四元数神经网络:

$$
\begin{cases}
\dot{q}(t) = -Dq(t) + Af(q(t)) + Bf(q(t-\tau(t))) + C\displaystyle\int_{-\infty}^{t} K(t-s)f(q(s))\mathrm{d}s + \omega \\
q(t) = \phi(t) \in \mathbb{Q}^n,\ t \in (-\infty, 0]
\end{cases}
$$

$$(5.1.29)$$

其中, $q(t) = z_1(t) + z_2(t)\jmath$, $z_1(t) = z_{11}(t) + z_{12}(t)\imath$, $z_2(t) = z_{21}(t) + z_{22}(t)\imath$; $f(q(t)) = g_1(z_1(t)) + g_2(z_2(t))\jmath$, $g_1(z_1(t)) = (g_{11}(z_{11}(t)), g_{12}(z_{12}(t)))^{\mathrm{T}}$, $g_2(z_2(t)) = (g_{21}(z_{21}(t)), g_{22}(z_{22}(t)))^{\mathrm{T}}$, $g_{11}(x) = g_{12}(x) = \dfrac{1}{20}(|x+1| - |x-1|)$, $g_{21}(x) = g_{22}(x) = \dfrac{1}{10}(|x+1| - |x-1|)$; $\tau(t) = 2 + 0.9\sin(t)$, $K_1(t) = K_2(t) = \mathrm{e}^{-t}$, 且

$$
A = \begin{bmatrix} 0.6 + 0.3\imath - 0.5\jmath + 0.42\kappa & -0.3 + 0.7\imath - 0.6\jmath + 0.14\kappa \\ -0.7 - 0.4\imath + 0.14\jmath + 0.53\kappa & 0.2 + 0.3\imath + 0.1\jmath + 0.6\kappa \end{bmatrix}
$$

$$
B = \begin{bmatrix} 0.2 - 0.3\imath + 0.7\jmath + 0.1\kappa & 0.5 - 0.3\imath + 0.6\jmath - 0.1\kappa \\ 0.3 + 0.7\imath + 0.2\jmath + 0.6\kappa & -0.1 + 0.6\imath - 0.3\jmath - 0.3\kappa \end{bmatrix}
$$

$$
C = \begin{bmatrix} 0.2 + 0.35\imath - 0.6\jmath + 0.3\kappa & 0.4 + 0.2\imath - 0.4\jmath - 0.2\kappa \\ 0.7 + 0.4\imath + 0.1\jmath + 0.4\kappa & 0.3 + 0.4\imath - 0.2\jmath - 0.3\kappa \end{bmatrix}
$$

$$
D = \begin{bmatrix} 3 & 0 \\ 0 & 3 \end{bmatrix},\ \omega = \begin{bmatrix} -0.7 + 0.2\imath + -0.4\jmath + 0.8\kappa \\ 0.4 + 0.7\imath - 0.9\jmath - 0.4\kappa \end{bmatrix}
$$

容易检查, 假设 5.1.1 ∼ 假设 5.1.3 成立, 并且 $\varepsilon = 0.9$, $\varGamma_1 = \mathrm{diag}\{0.1, 0.1\}$, $\varGamma_2 = \mathrm{diag}\{0.2, 0.2\}$, 也容易看出

$$
A_1 = \begin{bmatrix} 0.6 + 0.3\imath & -0.3 + 0.7\imath \\ -0.7 - 0.4\imath & 0.2 + 0.3\imath \end{bmatrix},\ A_2 = \begin{bmatrix} -0.5 + 0.42\imath & -0.6 + 0.14\imath \\ 0.14 + 0.53\imath & 0.1 + 0.6\imath \end{bmatrix}
$$

$$
B_1 = \begin{bmatrix} 0.2 - 0.3\imath & 0.5 - 0.3\imath \\ 0.3 + 0.7\imath & -0.1 + 0.6\imath \end{bmatrix},\ B_2 = \begin{bmatrix} 0.7 + 0.1\imath & 0.6 - 0.1\imath \\ 0.2 + 0.6\imath & -0.3 - 0.3\imath \end{bmatrix}
$$

$$
C_1 = \begin{bmatrix} 0.2 + 0.35\imath & 0.4 + 0.2\imath \\ 0.7 + 0.4\imath & 0.3 + 0.4\imath \end{bmatrix},\ C_2 = \begin{bmatrix} -0.6 + 0.3\imath & -0.4 - 0.2\imath \\ 0.1 + 0.4\imath & -0.2 - 0.3\imath \end{bmatrix}
$$

使用 MATLAB 软件中的 YALMIP 工具箱, 可得线性矩阵不等式 (5.1.2) 的一个可行解为

$$U_1 = \begin{bmatrix} 6.2785 + 0.0000\imath & -0.7612 + 0.0267\imath \\ -0.7612 - 0.0267\imath & 5.6637 + 0.0000\imath \end{bmatrix}$$

$$U_2 = \begin{bmatrix} 7.1478 - 0.0000\imath & -0.5054 - 0.2998\imath \\ -0.5039 + 0.2989\imath & 6.3475 - 0.0000\imath \end{bmatrix}$$

$$V_1 = \begin{bmatrix} 42.0516 & 0 \\ 0 & 42.0147 \end{bmatrix}, \quad V_2 = \begin{bmatrix} 42.0012 & 0 \\ 0 & 41.8097 \end{bmatrix}$$

$$V_3 = \begin{bmatrix} 42.0516 & 0 \\ 0 & 42.0147 \end{bmatrix}, \quad V_4 = \begin{bmatrix} 42.0012 & 0 \\ 0 & 41.8097 \end{bmatrix}$$

由定理 5.1.1 可知, 时滞四元数神经网络 (5.1.29) 具有唯一的平衡点.

若取 $\mu(t) = \mathrm{e}^{0.2t}$, 则有

$$\frac{\dot{\mu}(t)}{\mu(t)} = 0.2 = \alpha,$$

$$\frac{\mu(t - \tau(t))}{\mu(t)} = \mathrm{e}^{-0.2(2 + 0.9\sin(t))} \geqslant \mathrm{e}^{-0.58} = \beta$$

$$\frac{\displaystyle\int_0^{+\infty} K_p(s)\mu(s + t)\mathrm{d}s}{\mu(t)} = \frac{\displaystyle\int_0^{+\infty} \mathrm{e}^{-s}\mathrm{e}^{0.2(s + t)}\mathrm{d}s}{\mathrm{e}^{0.2t}} = \frac{5}{4} = \delta, \ p = 1, 2$$

这样定理 5.1.2 的条件 (5.1.13) $\sim$ (5.1.15) 得到满足.

使用 MATLAB 软件中的 YALMIP 工具箱, 得到了式 (5.1.16) 和式 (5.1.17) 的一个可行解, 即

$$P = \begin{bmatrix} 5.4218 + 0.0000\imath & 0.0111 + 0.0108\imath \\ 0.0111 - 0.0108\imath & 5.3404 + 0.0000\imath \end{bmatrix}$$

$$Q = 10^2 \times \begin{bmatrix} 2.1123 + 0.0000\imath & 0.0043 - 0.0055\imath \\ 0.0043 + 0.0055\imath & 2.1156 + 0.0000\imath \end{bmatrix}$$

$$R = 10^2 \times \begin{bmatrix} 2.1627 + 0.0000\imath & -0.0104 - 0.0033\imath \\ -0.0104 + 0.0033\imath & 2.0725 + 0.0000\imath \end{bmatrix}$$

$$M = \begin{bmatrix} 17.7626 & 0 \\ 0 & 17.2099 \end{bmatrix}, \quad U = \begin{bmatrix} 17.4736 & 0 \\ 0 & 17.0250 \end{bmatrix}$$

$$G_1 = \begin{bmatrix} 256.7815 & 0 \\ 0 & 247.2418 \end{bmatrix}, \ G_2 = \begin{bmatrix} 251.6786 & 0 \\ 0 & 250.9480 \end{bmatrix}$$

$$G_3 = \begin{bmatrix} 255.0241 & 0 \\ 0 & 245.4694 \end{bmatrix}, \ G_4 = \begin{bmatrix} 251.8422 & 0 \\ 0 & 250.6704 \end{bmatrix}$$

由推论 5.1.1 可知, 时滞四元数神经网络 (5.1.29) 的平衡点是全局指数稳定的.

图 5.1.1 ~ 图 5.1.4 描述了具有初值 $\phi_1(t) = 2.64 - 2.4\imath + 1.2\jmath + 1.032\kappa$, $\phi_2(t) = -3 + 4.32\imath - 1.2\jmath - 2.4\kappa$ 的时滞四元数神经网络 (5.1.29) 四个部分的状态轨迹, 验证了时滞四元数神经网络 (5.1.29) 平衡点的全局指数稳定性.

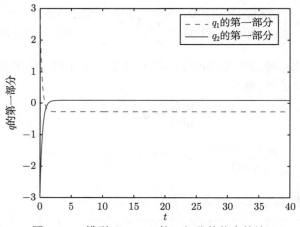

图 5.1.1　模型 (5.1.29) 第一部分的状态轨迹

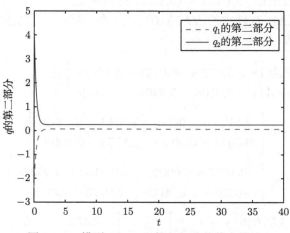

图 5.1.2　模型 (5.1.29) 第二部分的状态轨迹

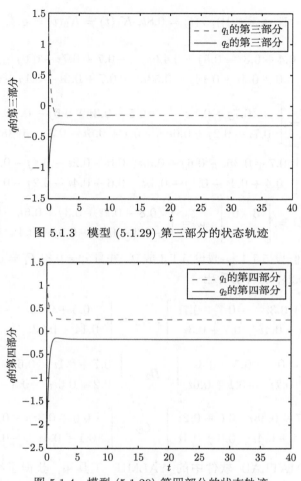

图 5.1.3   模型 (5.1.29) 第三部分的状态轨迹

图 5.1.4   模型 (5.1.29) 第四部分的状态轨迹

例 5.1.2   考虑以下时滞四元数神经网络:

$$
\begin{cases}
\dot{q}(t) = -Dq(t) + Af(q(t)) + Bf(q(t - \tau(t))) \\
\qquad + C \displaystyle\int_{-\infty}^{t} K(t-s)f(q(s))\mathrm{d}s + \omega \\
q(t) = \phi(t) \in Q^n,\ t \in (-\infty, 0]
\end{cases}
\tag{5.1.30}
$$

其中, $q(t) = z_1(t) + z_2(t)\jmath$, $z_1(t) = z_{11}(t) + z_{12}(t)\imath$, $z_2(t) = z_{21}(t) + z_{22}(t)\imath$; $f(h(t)) = g_1(z_1(t)) + g_2(z_2(t))\jmath$, $g_1(z_1(t)) = (g_{11}(z_{11}(t)), g_{12}(z_{12}(t)))^{\mathrm{T}}$, $g_2(z_2(t)) = (g_{21}(z_{21}(t)), g_{22}(z_{22}(t)))^{\mathrm{T}}$, $g_{11}(x) = g_{12}(x) = \dfrac{1}{25}(|x + 1| - |x - 1|)$, $g_{21}(x) =$

$g_{22}(x) = \dfrac{1}{10}(|x+1| - |x-1|); \ \tau(t) = 0.8t, \ K_1(t) = K_2(t) = \mathrm{e}^{-t}$, 且

$$A = \begin{bmatrix} 0.4 + 0.3\imath - 0.5\jmath + 0.42\kappa & -0.7 + 0.7\imath - 0.6\jmath + 0.14\kappa \\ -0.6 - 0.4\imath + 0.14\jmath + 0.53\kappa & 0.7 + 0.3\imath + 0.1\jmath + 0.6\kappa \end{bmatrix}$$

$$B = \begin{bmatrix} 0.7\jmath + 0.1\kappa & 0.5 - 0.3\imath + 0.6\jmath - 0.1\kappa \\ 0.7\imath + 0.2\jmath + 0.6\kappa & -0.1 + 0.6\imath - 0.3\jmath - 0.3\kappa \end{bmatrix}$$

$$C = \begin{bmatrix} 0.7 + 0.35\imath - 0.6\jmath + 0.3\kappa & 0.6 + 0.2\imath - 0.4\jmath - 0.2\kappa \\ 0.4 + 0.4\imath + 0.1\jmath + 0.4\kappa & 0.6 + 0.4\imath - 0.2\jmath - 0.3\kappa \end{bmatrix}$$

$$D = \begin{bmatrix} 3 & 0 \\ 0 & 3 \end{bmatrix}, \ \omega = \begin{bmatrix} 0.8 - 0.2\imath + 0.3\jmath + 0.6\kappa \\ -0.3 + 0.8\imath + 0.9\jmath - 0.4\kappa \end{bmatrix}$$

容易检查, 假设 5.1.1 $\sim$ 假设 5.1.3 成立, 并且 $\varepsilon = 0.8$, $\Gamma_1 = \mathrm{diag}\{0.08, 0.08\}$, $\Gamma_2 = \mathrm{diag}\{0.2, 0.2\}$, 也容易看出

$$A_1 = \begin{bmatrix} 0.4 + 0.3\imath & -0.7 + 0.7\imath \\ -0.6 - 0.4\imath & 0.7 + 0.3\imath \end{bmatrix}, \ A_2 = \begin{bmatrix} -0.5 + 0.42\imath & -0.6 + 0.14\imath \\ 0.14 + 0.53\imath & 0.1 + 0.6\imath \end{bmatrix}$$

$$B_1 = \begin{bmatrix} 0 & 0.5 - 0.3\imath \\ 0.7\imath & -0.1 + 0.6\imath \end{bmatrix}, \ B_2 = \begin{bmatrix} 0.7 + 0.1\imath & 0.6 - 0.1\imath \\ 0.2 + 0.6\imath & -0.3 - 0.3\imath \end{bmatrix}$$

$$C_1 = \begin{bmatrix} 0.7 + 0.35\imath & 0.6 + 0.2\imath \\ 0.4 + 0.4\imath & 0.6 + 0.4\imath \end{bmatrix}, \ C_2 = \begin{bmatrix} -0.6 + 0.3\imath & -0.4 - 0.2\imath \\ 0.1 + 0.4\imath & -0.2 - 0.3\imath \end{bmatrix}$$

通过使用 MATLAB 软件中的 YALMIP 工具箱, 获得了线性矩阵不等式 (5.1.2) 的一个可行解:

$$U_1 = \begin{bmatrix} 5.5993 + 0.0000\imath & -0.6285 - 0.0774\imath \\ -0.6285 + 0.0774\imath & 4.8672 - 0.0000\imath \end{bmatrix}$$

$$U_2 = \begin{bmatrix} 6.3474 - 0.0000\imath & -0.4742 - 0.3811\imath \\ -0.4731 + 0.3802\imath & 5.7279 - 0.0000\imath \end{bmatrix}$$

$$V_1 = \begin{bmatrix} 38.4061 & 0 \\ 0 & 38.3780 \end{bmatrix}, \ V_2 = \begin{bmatrix} 38.3034 & 0 \\ 0 & 38.1553 \end{bmatrix}$$

$$V_3 = \begin{bmatrix} 38.4061 & 0 \\ 0 & 38.3780 \end{bmatrix}, \ V_4 = \begin{bmatrix} 38.3034 & 0 \\ 0 & 38.1553 \end{bmatrix}$$

由定理 5.1.1 可知, 时滞四元数神经网络 (5.1.30) 具有唯一的平衡点.

若取 $\mu(t) = t$, $T = 10$, 则对于 $t > T$, 有

$$\frac{\dot{\mu}(t)}{\mu(t)} = \frac{1}{t} < 0.1 = \alpha$$

$$\frac{\mu(t - \tau(t))}{\mu(t)} = 0.2 = \beta$$

$$\frac{\displaystyle\int_0^{+\infty} K_p(s)\mu(s + t)\mathrm{d}s}{\mu(t)} = 1 + \frac{1}{t} < 1.1 = \delta$$

这样定理 5.1.2 的式 (5.1.13) $\sim$ 式 (5.1.15) 得到满足.

使用 MATLAB 软件中的 YALMIP 工具箱, 可得到式 (5.1.16) 和式 (5.1.17) 的一个可行解为

$$P = \begin{bmatrix} 19.4357 + 0.0000\imath & 0.2126 + 0.0620\imath \\ 0.2126 - 0.0620\imath & 19.5931 + 0.0000\imath \end{bmatrix}$$

$$Q = 10^2 \times \begin{bmatrix} 6.6733 + 0.0000\imath & 0.0576 - 0.0468\imath \\ 0.0576 + 0.0468\imath & 7.2681 + 0.0000\imath \end{bmatrix}$$

$$R = 10^2 \times \begin{bmatrix} 7.4782 + 0.0000\imath & -0.0637 - 0.0210\imath \\ -0.0637 + 0.0210\imath & 7.0783 + 0.0000\imath \end{bmatrix}$$

$$M = \begin{bmatrix} 62.5246 & 0 \\ 0 & 62.5990 \end{bmatrix}, \quad U = \begin{bmatrix} 59.6638 & 0 \\ 0 & 56.4594 \end{bmatrix}$$

$$G_1 = \begin{bmatrix} 880.6687 & 0 \\ 0 & 837.3341 \end{bmatrix}, \quad G_2 = \begin{bmatrix} 795.7913 & 0 \\ 0 & 859.3705 \end{bmatrix}$$

$$G_3 = \begin{bmatrix} 867.1242 & 0 \\ 0 & 823.9968 \end{bmatrix}, \quad G_4 = \begin{bmatrix} 795.7303 & 0 \\ 0 & 866.2646 \end{bmatrix}$$

根据定理 5.1.2, 时滞四元数神经网络 (5.1.30) 的平衡点是全局 μ-稳定的.

图 5.1.5 $\sim$ 图 5.1.8 描述了具有初值 $\phi_1(t) = 6 - 12\cos(t) + (5 - 12\sin(0.5t))\imath + 5\cos(0.2t)\jmath + 3\sin(t)\kappa$, $\phi_2(t) = 4\sin(0.4t) + (5 - 10\cos(0.5t))\imath + 4\sin(0.22t)\jmath + 4\cos(t)\kappa$ 的时滞四元数神经网络 (5.1.30) 四个部分的状态轨迹, 验证了时滞四元数神经网络 (5.1.30) 平衡点的稳定性.

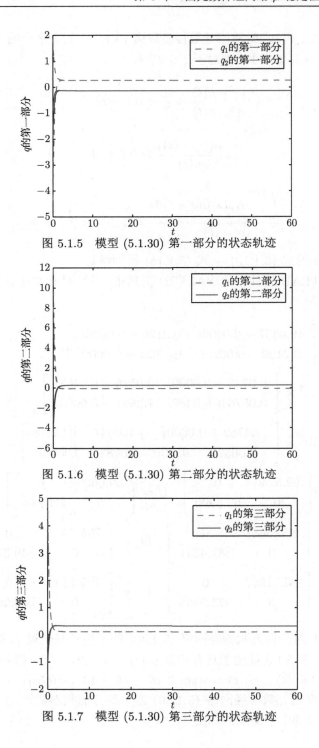

图 5.1.5   模型 (5.1.30) 第一部分的状态轨迹

图 5.1.6   模型 (5.1.30) 第二部分的状态轨迹

图 5.1.7   模型 (5.1.30) 第三部分的状态轨迹

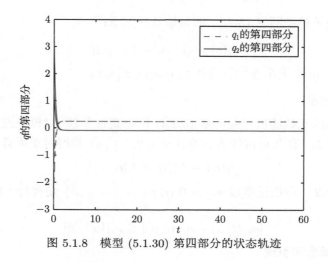

图 5.1.8 模型 (5.1.30) 第四部分的状态轨迹

5.2 中立型时滞四元数随机神经网络均方稳定性

本节研究具有变系数和中立型时滞四元数随机神经网络的稳定性. 没有将四元数神经网络模型分离为两个复值或四个实值模型, 而是通过数学分析方法建立网络均方稳定性判据. 最后通过数值示例验证所得结果的有效性.

5.2.1 模型描述

考虑如下具有变系数和中立型时滞的四元数随机神经网络:

$$
\mathrm{d}\left(q_i(t) - \sum_{j=1}^{n} c_{ij}(t) q_j(t - \delta(t))\right) = \left(-d_i(t) q_i(t) + \sum_{j=1}^{n} a_{ij}(t) f_j(q_j(t))\right.
$$

$$
+ \sum_{j=1}^{n} b_{ij}(t) f_j(q_j(t - \tau(t))) + J_i(t)\bigg) \mathrm{d}t
$$

$$
+ \sum_{j=1}^{n} \sigma_{ij}(t, q_j(t)) \mathrm{d} w_j(t) \tag{5.2.1}
$$

其中, $t \geqslant 0$, $q_i(t) \in \mathbb{Q}$ 是网络的第 i 个神经元状态; $f_i(q_i(t)) \in \mathbb{Q}$ 是第 i 个神经元的激活函数; $\delta(t)$ $(0 \leqslant \delta(t) \leqslant \delta)$ 是中立型时滞; $\tau(t)$ $(0 \leqslant \tau(t) \leqslant \tau)$ 是离散时滞; $d_i(t) \in \mathbb{R}$ 是自反馈连接权值, 并满足 $0 < \underline{d_i} \leqslant d_i(t) \leqslant \overline{d_i}$; $a_{ij}(t) \in \mathbb{Q}$, $b_{ij}(t) \in \mathbb{Q}$ 和 $c_{ij}(t) \in \mathbb{Q}$ 是有界连接权值; $J_i(t) \in \mathbb{Q}$ 是有界外部输入; $\sigma_{ij}(t, q_j(t))$ 是随机效应密度; $w_j(t)$ 是在具有自然过滤 $\{\mathscr{F}_t\} \geqslant 0$ 的完备概率空间 $(\Omega, \mathscr{F}, P)$ 上定义的布朗运动.

四元数随机神经网络 (5.2.1) 的初始条件如下:

$$q_i(s) = \phi_i(s), \ s \in [-\varrho, 0] \tag{5.2.2}$$

其中, ϕ_i 在 $(-\varrho, 0]$ 上是连续有界的且 $\varrho = \max\{\delta, \tau\}$.

5.2.2　基本假设

为了建立四元数随机神经网络 (5.2.1) 的稳定性条件, 对模型进行以下假设.

假设 5.2.1　存在正常数 $l_i > 0$ $(i = 1, 2, \cdots, n)$ 使得对于所有 $\alpha, \beta \in \mathbb{Q}$, 有

$$|f_i(\alpha) - f_i(\beta)| \leqslant l_i |\alpha - \beta|$$

假设 5.2.2　存在正常数 $\pi_{ij} > 0$ $(i, j = 1, 2, \cdots, n)$ 使得对于所有 $\alpha, \beta \in \mathbb{Q}$ 和 $t \geqslant 0$, 有

$$|\sigma_{ij}(t, \alpha) - \sigma_{ij}(t, \beta)| \leqslant \pi_{ij} |\alpha - \beta|$$

5.2.3　基本概念和引理

定义 5.2.1　如果对于任意 $\varepsilon > 0$, 存在 $\omega > 0$, 当 $E\|\phi(t) - \varphi(t)\| < \omega$ 时, 以下不等式成立:

$$E\|q(t) - p(t)\|^2 < \varepsilon$$

其中, $q(t) = (q_1(t), q_2(t), \cdots, q_n(t))^{\mathrm{T}}$ 和 $p(t) = (p_1(t), p_2(t), \cdots, p_n(t))^{\mathrm{T}}$ 分别是四元数随机神经网络 (5.2.1) 在初始条件 $\phi(t) = (\phi_1(t), \phi_2(t), \cdots, \phi_n(t))^{\mathrm{T}}$ 和 $\varphi(t) = (\varphi_1(t), \varphi_2(t), \cdots, \varphi_n(t))^{\mathrm{T}}$ 下的两个解; $E(\cdot)$ 表示期望, 则称四元数随机神经网络 (5.2.1) 是均方稳定的.

以下引理在推导主要结果时被用到.

引理 5.2.1　如果 $w(t) = (w_1(t), w_2(t), \cdots, w_n(t))^{\mathrm{T}} \in \mathbb{R}^n$ 是一个定义在完备概率空间 $(\Omega, \mathscr{F}, P)$ 上的 n 维布朗运动, 则有

$$E\left\{ \int_0^t h_i(s)\mathrm{d}w_i(s) \int_0^t h_j(s)\mathrm{d}w_j(s) \right\} = E\left\{ \int_0^t h_i(s)h_j(s)\mathrm{d}\langle w_i(s), w_j(s)\rangle_s \right\}$$

其中, $\langle w_i(s), w_j(s)\rangle_s = \delta_{ij}s$, δ_{ij} 是相关系数; h_i 是适应的, 且 $h_i \in L^1(\Omega \times [0, t])$ $(i, j = 1, 2, \cdots, n)$.

引理 5.2.2　设 $f(t), g(t) \in C([a, b], \mathbb{Q})$, 则有

$$\left| \int_a^b f(s)g(s)\mathrm{d}s \right|^2 \leqslant \int_a^b |f(s)|\mathrm{d}s \int_a^b |f(s)||g(s)|^2\mathrm{d}s$$

引理 5.2.3　设 $a_i, b_i \in \mathbb{Q}$ $(i = 1, 2, \cdots, n)$, 则有

$$\left(\sum_{i=1}^n |a_i b_i| \right)^2 \leqslant \sum_{i=1}^n |a_i|^2 \sum_{i=1}^n |b_i|^2$$

5.2.4 主要结果

定理 5.2.1 在假设 5.2.1 和假设 5.2.2 成立的条件下, 如果以下不等式成立:

$$
\sup_{t \in [0,\infty)} \sum_{i=1}^{n} \left(\frac{1}{\underline{d_i}} \int_0^t \mathrm{e}^{-\underline{d_i}(t-s)} \left(\overline{d_i}^2 \sum_{j=1}^{n} |c_{ij}(s)|^2 + \sum_{j=1}^{n} l_j^2 |a_{ij}(s)|^2 \right.\right.
$$
$$
\left.\left. + \sum_{j=1}^{n} l_j^2 |b_{ij}(s)|^2 \right) \mathrm{d}s + \frac{1}{2\underline{d_i}} \sum_{j=1}^{n} \pi_{ij}^2 \right) = \eta < \frac{1}{5} \tag{5.2.3}
$$

则四元数随机神经网络 (5.2.1) 是均方稳定的.

证明 设

$$
G(\xi) = \sup_{t \in [0,\infty)} \sum_{i=1}^{n} \left(\frac{1}{\underline{d_i} - \xi} \int_0^t \mathrm{e}^{-(\underline{d_i}-\xi)(t-s)} \left(\overline{d_i}^2 \sum_{j=1}^{n} |c_{ij}(s)|^2 + \sum_{j=1}^{n} l_j^2 |a_{ij}(s)|^2 \right.\right.
$$
$$
\left.\left. + \sum_{j=1}^{n} l_j^2 |b_{ij}(s)|^2 \right) \mathrm{d}s + \frac{1}{2(\underline{d_i} - \xi)} \sum_{j=1}^{n} \pi_{ij}^2 \right) \tag{5.2.4}
$$

容易验证 $G(\xi)$ 是区间 $(0, \underline{d_i})$ 上单调且连续的递增函数, 且当 $\xi \to \underline{d_i}$ 时, $G(\xi) \to \infty$. 由不等式 (5.2.3) 可得

$$
G(0) = \sup_{t \in [0,\infty)} \sum_{i=1}^{n} \left(\frac{1}{\underline{d_i}} \int_0^t \mathrm{e}^{-\underline{d_i}(t-s)} \left(\overline{d_i}^2 \sum_{j=1}^{n} |c_{ij}(s)|^2 + \sum_{j=1}^{n} l_j^2 |a_{ij}(s)|^2 \right.\right.
$$
$$
\left.\left. + \sum_{j=1}^{n} l_j^2 |b_{ij}(s)|^2 \right) \mathrm{d}s + \frac{1}{2\underline{d_i}} \sum_{j=1}^{n} \pi_{ij}^2 \right) < \frac{1}{5} \tag{5.2.5}
$$

设 $G(\xi^*) = \dfrac{1}{5}$, 则必存在一个正常数 $\lambda > 0$ ($\lambda < \xi^* < \underline{d_i}$) 使得

$$
G(\lambda) = \sup_{t \in [0,\infty)} \sum_{i=1}^{n} \left(\frac{1}{\underline{d_i} - \lambda} \int_0^t \mathrm{e}^{-(\underline{d_i}-\lambda)(t-s)} \left(\overline{d_i}^2 \sum_{j=1}^{n} |c_{ij}(s)|^2 + \sum_{j=1}^{n} l_j^2 |a_{ij}(s)|^2 \right.\right.
$$
$$
\left.\left. + \sum_{j=1}^{n} l_j^2 |b_{ij}(s)|^2 \right) \mathrm{d}s + \frac{1}{2(\underline{d_i} - \lambda)} \sum_{j=1}^{n} \pi_{ij}^2 \right) < \frac{1}{5} \tag{5.2.6}
$$

令 $q(t) = (q_1(t), q_2(t), \cdots, q_n(t))^{\mathrm{T}}$ 和 $p(t) = (p_1(t), p_2(t), \cdots, p_n(t))^{\mathrm{T}}$ 是四元数随机神经网络 (5.2.1) 的任意两个解, 并且 $\phi(t) = (\phi_1(t), \phi_2(t), \cdots, \phi_n(t))^{\mathrm{T}}$ 和 $\varphi(t) = (\varphi_1(t), \varphi_2(t), \cdots, \varphi_n(t))^{\mathrm{T}}$ 分别是解 $q(t)$ 和 $p(t)$ 的初始条件, 则四元数随机神经网络 (5.2.1) 可以改写为

$$d\left(u_i(t) - \sum_{j=1}^{n} c_{ij}(t)u_j(t - \delta(t))\right) = \left(-d_i(t)u_i(t) + \sum_{j=1}^{n} a_{ij}(t)h_j(u_j(t))\right.$$

$$\left. + \sum_{j=1}^{n} b_{ij}(t)h_j(u_j(t - \tau(t)))\right)dt$$

$$+ \sum_{j=1}^{n} \vartheta_{ij}(t, u_j(t))dw_j(t) \qquad (5.2.7)$$

其中, $t \geqslant 0$, $u_i(t) = q_i(t) - p_i(t)$; $h_i(u_i(t)) = f_i(q_i(t)) - f_i(p_i(t))$; $\vartheta_{ij}(t, u_j(t)) = \sigma_{ij}(t, q_j(t)) - \sigma_{ij}(t, p_j(t))$, 并且 $\psi(s) = (\psi_1(s), \psi_2(s), \cdots, \psi_n(s))^{\mathrm{T}}$, $\psi_i(s) = \phi_i(s) - \varphi_i(s)$ 是式 (5.2.7) 解 $u(t)$ 的初始条件.

将式 (5.2.7) 的两边乘以 $e^{\int_0^t d_i(\xi)d\xi}$, 从 0 到 t 积分可得

$$u_i(t) = e^{-\int_0^t d_i(\xi)d\xi}\left(\psi_i(0) - \sum_{j=1}^{n} c_{ij}(0)\psi_j(-\delta(0))\right)$$

$$- \int_0^t d_i(s)e^{-\int_s^t d_i(\xi)d\xi}\sum_{j=1}^{n} c_{ij}(s)u_j(s - \delta(s))ds$$

$$+ \int_0^t e^{-\int_s^t d_i(\xi)d\xi}\sum_{j=1}^{n} a_{ij}(s)h_j(u_j(s))ds$$

$$+ \int_0^t e^{-\int_s^t d_i(\xi)d\xi}\sum_{j=1}^{n} b_{ij}(s)h_j(u_j(t - \tau(t)))ds$$

$$+ \int_0^t e^{-\int_s^t d_i(\xi)d\xi}\sum_{j=1}^{n} \vartheta_{ij}(s, u_j(s))dw_j(s)$$

$$= I_{i1}(t) + I_{i2}(t) + I_{i3}(t) + I_{i4}(t) + I_{i5}(t) \qquad (5.2.8)$$

不难看出

$$|u_i(t)|^2 \leqslant 5(|I_{i1}(t)|^2 + |I_{i2}(t)|^2 + |I_{i3}(t)|^2 + |I_{i4}(t)|^2 + |I_{i5}(t)|^2) \qquad (5.2.9)$$

定义如下一个随机过程空间:

$$X = \left\{u(t) : [-\varrho, \infty) \times \Omega \to Q^n \middle| u_i(t) = \psi_i(t) \, , \, t \in [-\varrho, 0], \right.$$

$$\left. 且 \lim_{t \to \infty} e^{\lambda t}\sum_{i=1}^{n} E|u_i(t)|^2 = 0\right\}$$

定义 $u(t) \in X$ 的范数为

$$\|u(t)\|_X = \sup_{t \in [-\varrho, \infty)} \sum_{i=1}^{n} E|u_i(t)|^2$$

则 X 是一个完备空间.

定义一个算子 F: $(Fu)(t) = ((F_1 u_1)(t), (F_2 u_2)(t), \cdots, (F_n u_n)(t))^{\mathrm{T}} \in X$. 当 $t \in [-\varrho, 0]$ 时, $(F_i u_i)(t) = \psi_i(t)$; 当 $t \geqslant 0$ 时, 有

$$(F_i u_i)(t) = I_{i1}(t) + I_{i2}(t) + I_{i3}(t) + I_{i4}(t) + I_{i5}(t) \tag{5.2.10}$$

下面将分四步证明该定理.

步骤 1 证明在均方期望下 F 在 $[0, \infty)$ 上的连续性.

对于任意 $r \in \mathbb{R}$, 只需证明以下公式成立:

$$E \sum_{i=1}^{n} |(F_i u_i)(t+r) - (F_i u_i)(t)|^2 \to 0, \ r \to 0 \tag{5.2.11}$$

容易验证

$$E \sum_{i=1}^{n} |I_{ij}(t+r) - I_{ij}(t)|^2 \to 0, \ r \to 0, \ j = 1, 2, 3, 4 \tag{5.2.12}$$

下面证明 $I_{i5}(t)$ 在 $[0, \infty)$ 上均方期望的连续性.

由引理 5.2.1 可得

$$E \sum_{i=1}^{n} |I_{i5}(t+r) - I_{i5}(t)|^2$$

$$= E \sum_{i=1}^{n} \left| \int_0^t \mathrm{e}^{-\int_s^t d_i(\xi)\mathrm{d}\xi} \left(\mathrm{e}^{-\int_t^{t+r} d_i(\xi)\mathrm{d}\xi} - 1 \right) \sum_{j=1}^{n} \vartheta_{ij}(s, u_j(s))\mathrm{d}w_j(s) \right.$$

$$\left. - \int_t^{t+r} \mathrm{e}^{-\int_s^{t+r} d_i(\xi)\mathrm{d}\xi} \sum_{j=1}^{n} \vartheta_{ij}(s, u_j(s))\mathrm{d}w_j(s) \right|^2$$

$$\leqslant 2E \sum_{i=1}^{n} \left| \int_0^t \mathrm{e}^{-\int_s^t d_i(\xi)\mathrm{d}\xi} \left(\mathrm{e}^{-\int_t^{t+r} d_i(\xi)\mathrm{d}\xi} - 1 \right) \sum_{j=1}^{n} \vartheta_{ij}(s, u_j(s))\mathrm{d}w_j(s) \right|^2$$

$$+ 2E \sum_{i=1}^{n} \left| \int_t^{t+r} \mathrm{e}^{-\int_s^{t+r} d_i(\xi)\mathrm{d}\xi} \sum_{j=1}^{n} \vartheta_{ij}(s, u_j(s))\mathrm{d}w_j(s) \right|^2$$

$$\leqslant 2E \sum_{i=1}^{n} \int_{0}^{t} \mathrm{e}^{-2\int_{s}^{t} d_i(\xi)\mathrm{d}\xi} \left(\mathrm{e}^{-\int_{t}^{t+r} d_i(\xi)\mathrm{d}\xi} - 1 \right)^2 \left(\sum_{j=1}^{n} |\vartheta_{ij}(s, u_j(s))| \right)^2 \mathrm{d}s$$

$$+ 2E \sum_{i=1}^{n} \int_{t}^{t+r} \mathrm{e}^{-2\int_{s}^{t+r} d_i(\xi)\mathrm{d}\xi} \left(\sum_{j=1}^{n} |\vartheta_{ij}(s, u_j(s))| \right)^2 \mathrm{d}s \tag{5.2.13}$$

容易看出, 当 $r \to 0$ 时, 有

$$E \sum_{i=1}^{n} |I_{i5}(t+r) - I_{i5}(t)|^2 \to 0 \tag{5.2.14}$$

因此, 连续性证明完毕.

　　步骤 2　证明 $F(X) \subseteq X$.

　　对于任意 $u(t) \in X$, 由式 (5.2.10) 可得

$$\mathrm{e}^{\lambda t} E \sum_{i=1}^{n} |(F_i u_i)(t)|^2 = \mathrm{e}^{\lambda t} E \sum_{i=1}^{n} \left| \sum_{j=1}^{5} I_{ij}(t) \right|^2 \leqslant 5 \sum_{j=1}^{5} \mathrm{e}^{\lambda t} \sum_{i=1}^{n} E \left| I_{ij}(t) \right|^2 \tag{5.2.15}$$

接下来, 估计式 (5.2.15) 中右侧的项.

　　注意到 $\lambda < \underline{d_i}$, 容易得出: 当 $t \to \infty$ 时, 有

$$\mathrm{e}^{\lambda t} \sum_{i=1}^{n} E \left| I_{i1}(t) \right|^2 \leqslant \mathrm{e}^{\lambda t} \sum_{i=1}^{n} \mathrm{e}^{-2\int_{0}^{t} d_i(\xi)\mathrm{d}\xi} \left| \psi_i(0) - \sum_{j=1}^{n} c_{ij}(0)\psi_j(-\delta(0)) \right|^2$$

$$\leqslant \sum_{i=1}^{n} \mathrm{e}^{-(2\underline{d_i}-\lambda)t} \left| \psi_i(0) - \sum_{j=1}^{n} c_{ij}(0)\psi_j(-\delta(0)) \right|^2 \to 0 \tag{5.2.16}$$

　　由引理 5.2.2 和引理 5.2.3 可得

$$\mathrm{e}^{\lambda t} \sum_{i=1}^{n} E \left| I_{i2}(t) \right|^2$$

$$\leqslant \mathrm{e}^{\lambda t} \sum_{i=1}^{n} E \left(\int_{0}^{t} \overline{d_i} \mathrm{e}^{-\underline{d_i}(t-s)} \sum_{j=1}^{n} |c_{ij}(s)||u_j(s-\delta(s))|\mathrm{d}s \right)^2$$

$$\leqslant \mathrm{e}^{\lambda t} \sum_{i=1}^{n} E \left(\int_{0}^{t} \overline{d_i} \mathrm{e}^{-\underline{d_i}(t-s)}\mathrm{d}s \int_{0}^{t} \overline{d_i} \mathrm{e}^{-\underline{d_i}(t-s)} \left(\sum_{j=1}^{n} |c_{ij}(s)||u_j(s-\delta(s))| \right)^2 \mathrm{d}s \right)$$

$$\leqslant \mathrm{e}^{\lambda t} \sum_{i=1}^{n} E \left(\frac{\overline{d_i}}{\underline{d_i}} \int_{0}^{t} \overline{d_i} \mathrm{e}^{-\underline{d_i}(t-s)} \sum_{j=1}^{n} |c_{ij}(s)|^2 \sum_{j=1}^{n} |u_j(s-\delta(s))|^2 \mathrm{d}s \right) \tag{5.2.17}$$

注意到, 当 $t \to \infty$ 时, $t - \delta(t) \to \infty$ 和 $t - \tau(t) \to \infty$. 因此, 对于任意的 $\varepsilon > 0$, 存在一个正常数 $T > 0$, 当 $t > T$ 时, 下面三个不等式都成立:

$$
\begin{cases}
\mathrm{e}^{\lambda t} \displaystyle\sum_{i=1}^{n} E|u_i(t)|^2 < \varepsilon \\[3mm]
\mathrm{e}^{\lambda t} \displaystyle\sum_{i=1}^{n} E|u_i(t - \delta(t))|^2 < \varepsilon \mathrm{e}^{\lambda \delta} \\[3mm]
\mathrm{e}^{\lambda t} \displaystyle\sum_{i=1}^{n} E|u_i(t - \tau(t))|^2 < \varepsilon \mathrm{e}^{\lambda \tau}
\end{cases}
\tag{5.2.18}
$$

因此, 有

$$
\begin{aligned}
& \mathrm{e}^{\lambda t} \sum_{i=1}^{n} E \left| I_{i2}(t) \right|^2 \\
\leqslant\ & \mathrm{e}^{\lambda t} \sum_{i=1}^{n} E \left(\frac{\overline{d_i}}{\underline{d_i}} \int_0^T \overline{d_i} \mathrm{e}^{-\underline{d_i}(t-s)} \sum_{j=1}^{n} |c_{ij}(s)|^2 \sum_{j=1}^{n} |u_j(s - \delta(s))|^2 \mathrm{d}s \right) \\
& + \mathrm{e}^{\lambda t} \sum_{i=1}^{n} E \left(\frac{\overline{d_i}}{\underline{d_i}} \int_T^t \overline{d_i} \mathrm{e}^{-\underline{d_i}(t-s)} \sum_{j=1}^{n} |c_{ij}(s)|^2 \sum_{j=1}^{n} |u_j(s - \delta(s))|^2 \mathrm{d}s \right) \\
\leqslant\ & \sup_{s \in [0,T]} \left\{ \mathrm{e}^{\lambda(s - \delta(s))} E \sum_{j=1}^{n} |u_j(s - \delta(s))|^2 \right\} \\
& \times \sum_{i=1}^{n} \frac{\mathrm{e}^{\lambda \delta} \overline{d_i}^2}{\underline{d_i}} \int_0^T \mathrm{e}^{-(\underline{d_i} - \lambda)(t-s)} \sum_{j=1}^{n} |c_{ij}(s)|^2 \mathrm{d}s \\
& + \varepsilon \sum_{i=1}^{n} \frac{\mathrm{e}^{\lambda \delta} \overline{d_i}^2}{\underline{d_i}} \int_T^t \mathrm{e}^{-(\underline{d_i} - \lambda)(t-s)} \sum_{j=1}^{n} |c_{ij}(s)|^2 \mathrm{d}s
\end{aligned}
\tag{5.2.19}
$$

容易计算 $\displaystyle\lim_{t \to \infty} \int_T^t \mathrm{e}^{-(\underline{d_i} - \lambda)(t-s)} \sum_{j=1}^{n} |c_{ij}(s)|^2 \mathrm{d}s = \frac{1}{\underline{d_i} - \lambda} \lim_{t \to \infty} \sum_{j=1}^{n} |c_{ij}(t)|^2$ 是有界的. 因此, 当 $t \to \infty$ 时, 有

$$
\mathrm{e}^{\lambda t} \sum_{i=1}^{n} E \left| I_{i2}(t) \right|^2 \to 0
\tag{5.2.20}
$$

与不等式 (5.2.19) 的推导类似, 利用假设 5.2.1 可以得到, 当 $t \to \infty$ 时, 有

$$\mathrm{e}^{\lambda t}\sum_{i=1}^{n}E\left|I_{i3}(t)\right|^{2}$$

$$\leqslant \sup_{s\in[0,T]}\left\{\mathrm{e}^{\lambda s}E\sum_{j=1}^{n}|u_{j}(s)|^{2}\right\}\sum_{i=1}^{n}\frac{1}{\underline{d_{i}}}\int_{0}^{T}\mathrm{e}^{-(\underline{d_{i}}-\lambda)(t-s)}\sum_{j=1}^{n}l_{j}^{2}|a_{ij}(s)|^{2}\mathrm{d}s$$

$$+\varepsilon\sum_{i=1}^{n}\frac{1}{\underline{d_{i}}}\int_{T}^{t}\mathrm{e}^{-(\underline{d_{i}}-\lambda)(t-s)}\sum_{j=1}^{n}l_{j}^{2}|a_{ij}(s)|^{2}\mathrm{d}s\to 0 \tag{5.2.21}$$

$$\mathrm{e}^{\lambda t}\sum_{i=1}^{n}E\left|I_{i4}(t)\right|^{2}\leqslant \sup_{s\in[0,T]}\left\{\mathrm{e}^{\lambda(s-\tau(s))}E\sum_{j=1}^{n}|u_{j}(s-\tau(s))|^{2}\right\}$$

$$\times\sum_{i=1}^{n}\frac{\mathrm{e}^{\lambda\tau}}{\underline{d_{i}}}\int_{0}^{T}\mathrm{e}^{-(\underline{d_{i}}-\lambda)(t-s)}\sum_{j=1}^{n}l_{j}^{2}|b_{ij}(s)|^{2}\mathrm{d}s$$

$$+\varepsilon\sum_{i=1}^{n}\frac{\mathrm{e}^{\lambda\tau}}{\underline{d_{i}}}\int_{T}^{t}\mathrm{e}^{-(\underline{d_{i}}-\lambda)(t-s)}\sum_{j=1}^{n}l_{j}^{2}|b_{ij}(s)|^{2}\mathrm{d}s\to 0 \tag{5.2.22}$$

使用引理 5.2.1 和假设 5.2.2 可得, 当 $t\to\infty$ 时, 有

$$\mathrm{e}^{\lambda t}\sum_{i=1}^{n}E\left|I_{i5}(t)\right|^{2}\leqslant \mathrm{e}^{\lambda t}\sum_{i=1}^{n}E\left(\int_{0}^{t}\mathrm{e}^{-\int_{s}^{t}d_{i}(\xi)\mathrm{d}\xi}\sum_{j=1}^{n}|\vartheta_{ij}(s,u_{j}(s))|\mathrm{d}w_{j}(s)\right)^{2}$$

$$=\mathrm{e}^{\lambda t}\sum_{i=1}^{n}E\int_{0}^{t}\mathrm{e}^{-2\int_{s}^{t}d_{i}(\xi)\mathrm{d}\xi}\left(\sum_{j=1}^{n}|\vartheta_{ij}(s,u_{j}(s))|\right)^{2}\mathrm{d}s$$

$$\leqslant \sup_{s\in[0,T]}\left\{\mathrm{e}^{\lambda s}E\sum_{j=1}^{n}|u_{j}(s)|^{2}\right\}\sum_{i=1}^{n}\sum_{j=1}^{n}\frac{\pi_{ij}^{2}}{2\underline{d_{i}}-\lambda}\mathrm{e}^{-(2\underline{d_{i}}-\lambda)(t-T)}$$

$$+\varepsilon\sum_{i=1}^{n}\sum_{j=1}^{n}\frac{\pi_{ij}^{2}}{2\underline{d_{i}}-\lambda}\to 0 \tag{5.2.23}$$

综合式 (5.2.16) 和式 (5.2.20) $\sim$ 式 (5.2.23) 可得, 当 $t\to\infty$ 时, 有

$$\mathrm{e}^{\lambda t}E\sum_{i=1}^{n}|(F_{i}u_{i})(t)|^{2}\to 0 \tag{5.2.24}$$

这意味着 $F(X)\subseteq X$.

步骤 3　证明在均方期望下 $F(X)$ 是 $[0,\infty)$ 上的压缩映射.

对于任意 $u(t),v(t)\in X$, 当 $t\in[-\varrho,\infty)$ 时, $u(t)=v(t)=\psi(t)$. 由式 (5.2.10) 可得

$$\sum_{i=1}^{n} E\Big|(F_i u_i)(t) - (F_i v_i)(t)\Big|^2$$

$$\leqslant 4\sum_{i=1}^{n} E\bigg(\int_0^t d_i(s)\mathrm{e}^{-\int_s^t d_i(\xi)\mathrm{d}\xi} \sum_{j=1}^{n} c_{ij}(s)|u_j(s-\delta(s)) - v_j(s-\delta(s))|\mathrm{d}s\bigg)^2$$

$$+ 4\sum_{i=1}^{n} E\bigg(\int_0^t \mathrm{e}^{-\int_s^t d_i(\xi)\mathrm{d}\xi} \sum_{j=1}^{n} a_{ij}(s)|h_j(u_j(s)) - h_j(v_j(s))|\mathrm{d}s\bigg)^2$$

$$+ 4\sum_{i=1}^{n} E\bigg(\int_0^t \mathrm{e}^{-\int_s^t d_i(\xi)\mathrm{d}\xi} \sum_{j=1}^{n} b_{ij}(s)|h_j(u_j(s-\tau(s))) - h_j(v_j(s-\tau(s)))|\mathrm{d}s\bigg)^2$$

$$+ 4\sum_{i=1}^{n} E\bigg(\int_0^t \mathrm{e}^{-\int_s^t d_i(\xi)\mathrm{d}\xi} \sum_{j=1}^{n} |\vartheta_{ij}(s,u_j(s)) - \vartheta_{ij}(s,v_j(s))|\mathrm{d}w_j(s)\bigg)^2 \quad (5.2.25)$$

与上述推导类似, 有

$$\sum_{i=1}^{n} E\Big|(F_i u_i)(t) - (F_i v_i)(t)\Big|^2$$

$$\leqslant 4\sum_{i=1}^{n} E\bigg(\frac{\overline{d_i}}{\underline{d_i}} \int_0^t \overline{d_i}\mathrm{e}^{-\underline{d_i}(t-s)} \sum_{j=1}^{n} |c_{ij}(s)|^2 \sum_{j=1}^{n} |u_j(s-\delta(s)) - v_j(s-\delta(s))|^2 \mathrm{d}s\bigg)$$

$$+ 4\sum_{i=1}^{n} E\bigg(\frac{1}{\underline{d_i}} \int_0^t \mathrm{e}^{-\underline{d_i}(t-s)} \sum_{j=1}^{n} l_j^2|a_{ij}(s)|^2 \sum_{j=1}^{n} |u_j(s) - v_j(s)|^2 \mathrm{d}s\bigg)$$

$$+ 4\sum_{i=1}^{n} E\bigg(\frac{1}{\underline{d_i}} \int_0^t \mathrm{e}^{-\underline{d_i}(t-s)} \sum_{j=1}^{n} l_j^2|b_{ij}(s)|^2 \sum_{j=1}^{n} |u_j(s-\tau(s)) - v_j(s-\tau(s))|^2 \mathrm{d}s\bigg)$$

$$+ 4\sum_{i=1}^{n} E\bigg(\int_0^t \mathrm{e}^{-2\underline{d_i}(t-s)} \sum_{j=1}^{n} \pi_{ij}^2 \sum_{j=1}^{n} |u_j(s) - v_j(s)|^2 \mathrm{d}s\bigg) \quad (5.2.26)$$

因此, 有

$$\sup_{s\in[-\varrho,\infty)} \sum_{i=1}^{n} E\Big|(F_i u_i)(t) - (F_i v_i)(t)\Big|^2$$

$$\leqslant 4\sup_{s\in[-\varrho,\infty)} \bigg\{\sum_{i=1}^{n} E\Big|u_i(s) - v_i(s)\Big|^2\bigg\} \sum_{i=1}^{n} \bigg(\frac{1}{\underline{d_i}} \int_0^t \mathrm{e}^{-\underline{d_i}(t-s)} \bigg(\overline{d_i}^2 \sum_{j=1}^{n} |c_{ij}(s)|^2$$

$$+ \sum_{j=1}^{n} l_j^2|a_{ij}(s)|^2 + \sum_{j=1}^{n} l_j^2|b_{ij}(s)|^2\bigg)\mathrm{d}s + \frac{1}{2\underline{d_i}} \sum_{j=1}^{n} \pi_{ij}^2\bigg) \quad (5.2.27)$$

利用式 (5.2.5) 可得, 对于所有 $t \geqslant 0$, 有

$$\|F(u(t)) - F(v(t))\| \leqslant \frac{4}{5}\|u(t) - v(t)\| \tag{5.2.28}$$

这意味着, 在均方期望下 $F(X)$ 是 $[0, \infty)$ 上的压缩映射.

步骤 4　证明四元数随机神经网络 (5.2.1) 是均方稳定的.

由步骤 3 以及压缩映射原理可知, F 具有唯一不动点 $u(t)$, 并且 $u(t)$ 也是不等式 (5.2.3) 的一个解, 并满足 $\lim\limits_{t \to \infty} \mathrm{e}^{\lambda t} \sum\limits_{i=1}^{n} E|u_i(t)| = 0$. 因此, 只需证明系统 (5.2.3) 的唯一解 $u(t)$ 在均方期望下是稳定的.

从式 (5.2.8) 和上述推导, 易得

$$
\begin{aligned}
\sum_{i=1}^{n} E|u_i(t)|^2 \leqslant{} & 5\sum_{i=1}^{n} E\left(\mathrm{e}^{-2\mathrm{e}^{\underline{d_i} t}}\left|\psi_i(0) - \sum_{j=1}^{n} c_{ij}(0)\psi_j(-\delta(0))\right|\right)^2 \\
& + 5\sum_{i=1}^{n} E\left(\frac{1}{\underline{d_i}}\int_0^t \mathrm{e}^{-\underline{d_i}(t-s)}\overline{d_i}^2 \sum_{j=1}^{n}|c_{ij}(s)|^2 \sum_{j=1}^{n}|u_j(s-\delta(s))|^2\mathrm{d}s\right) \\
& + 5\sum_{i=1}^{n} E\left(\frac{1}{\underline{d_i}}\int_0^t \mathrm{e}^{-\underline{d_i}(t-s)} \sum_{j=1}^{n}l_j^2|a_{ij}(s)|^2 \sum_{j=1}^{n}|u_j(s)|^2\mathrm{d}s\right) \\
& + 5\sum_{i=1}^{n} E\left(\frac{1}{\underline{d_i}}\int_0^t \mathrm{e}^{-\underline{d_i}(t-s)} \sum_{j=1}^{n}l_j^2|b_{ij}(s)|^2 \sum_{j=1}^{n}|u_j(s-\tau(s))|^2\mathrm{d}s\right) \\
& + 5\sum_{i=1}^{n} E\left(\int_0^t \mathrm{e}^{-2\underline{d_i}(t-s)} \sum_{j=1}^{n}\pi_{ij}^2 \sum_{j=1}^{n}|u_j(s)|^2\mathrm{d}s\right) \tag{5.2.29}
\end{aligned}
$$

对于给定的常数 $\varepsilon > 0$, 选择满足 $\omega < \left(\dfrac{1}{5} - \eta\right)\varepsilon\Big/ \max\limits_{1 \leqslant i \leqslant n}\left\{\left(1 + \sum\limits_{j=1}^{n}|c_{ij}(0)|\right)^2\right\}$ 的正常数 ω.

下面证明当初值条件满足 $\sum\limits_{i=1}^{n} E|\psi_i(t)|^2 < \omega$ 时, 以下不等式成立:

$$\sum_{i=1}^{n} E|u_i(t)|^2 < \varepsilon, \ t \geqslant 0 \tag{5.2.30}$$

事实上, 如果该不等式不成立, 则必存在一个正常数 $T^* > 0$, 使得

$$\sum_{i=1}^{n} E|u_i(T^*)|^2 = \varepsilon \tag{5.2.31}$$

且

$$\sum_{i=1}^{n} E|u_i(t)|^2 \leqslant \varepsilon, \ t \in [-\varrho, T^*] \tag{5.2.32}$$

由式 (5.2.29) 和式 (5.2.32) 可得

$$\sum_{i=1}^{n} E|u_i(T^*)|^2 \leqslant 5 \max_{1 \leqslant i \leqslant n} \left\{ \left(1 + \sum_{j=1}^{n} |c_{ij}(0)|\right)^2 \right\} \omega + 5\eta\varepsilon < \varepsilon \tag{5.2.33}$$

这与式 (5.2.31) 矛盾. 因此, 有

$$\sum_{i=1}^{n} E|u_i(t)|^2 < \varepsilon, \ t \geqslant 0 \tag{5.2.34}$$

故四元数随机神经网络 (5.2.1) 是均方稳定的. 证毕.

注 5.2.1 从定理 5.2.1 的证明过程可知, 定理 5.2.1 对于实数随机神经网络和复数随机神经网络也是有效的.

注 5.2.2 当不考虑随机效应时, 四元数随机神经网络 (5.2.1) 可以简化为

$$\mathrm{d}\left(q_i(t) - \sum_{j=1}^{n} c_{ij}(t)q_j(t - \delta(t))\right)$$
$$= \left(-d_i(t)q_i(t) + \sum_{j=1}^{n} a_{ij}(t)f_j(q_j(t))\right.$$
$$\left. + \sum_{j=1}^{n} b_{ij}(t)f_j(q_j(t - \tau(t))) + J_i(t)\right)\mathrm{d}t \tag{5.2.35}$$

进一步, 当式 (5.2.35) 的系数为常数时, 式 (5.2.35) 可以简化为

$$\mathrm{d}\left(q_i(t) - \sum_{j=1}^{n} c_{ij}q_j(t - \delta(t))\right) = \left(-d_i q_i(t) + \sum_{j=1}^{n} a_{ij}f_j(q_j(t))\right.$$
$$\left. + \sum_{j=1}^{n} b_{ij}f_j(q_j(t - \tau(t))) + J_i\right)\mathrm{d}t \tag{5.2.36}$$

定义以下连续函数空间:

$$X = \left\{ u(t): [-\varrho, \infty) \times \Omega \to Q^n \middle| u_i(t) = \psi_i(t), \ t \in [-\varrho, 0] \ \text{且} \ \lim_{t \to \infty} \sum_{i=1}^{n} |u_i(t)| = 0 \right\}$$

并且 $u(t)$ 的范数定义如下:

$$\|u(t)\|_X = \sup_{t\in[-\varrho,\infty)} \sum_{i=1}^{n} |u_i(t)|$$

则 X 是一个完备空间.

对于式 (5.2.35) 和式 (5.2.36), 有下列结果.

推论 5.2.1　在假设 5.2.1 条件下, 如果以下不等式成立:

$$\sup_{t\in[0,\infty)} \sum_{i=1}^{n} \int_0^t e^{-\underline{d_i}(t-s)} \left(\overline{d_i} \sum_{j=1}^{n} |c_{ij}(s)| \right.$$
$$\left. + \sum_{j=1}^{n} l_j |a_{ij}(s)| + \sum_{j=1}^{n} l_j |b_{ij}(s)| \right) \mathrm{d}s < 1 \tag{5.2.37}$$

则式 (5.2.35) 是稳定的.

推论 5.2.2　在假设 5.2.1 条件下, 如果以下不等式成立:

$$\sum_{i=1}^{n} \frac{1}{d_i} \left(d_i \sum_{j=1}^{n} |c_{ij}| + \sum_{j=1}^{n} l_j |a_{ij}| + \sum_{j=1}^{n} l_j |b_{ij}| \right) < 1 \tag{5.2.38}$$

则式 (5.2.36) 是稳定的.

5.2.5　数值示例

下面通过数值示例验证所得结果的正确性和有效性.

例 5.2.1　考虑以下具有变系数和中立型时滞的四元数随机神经网络:

$$\mathrm{d}\left(q_i(t) - \sum_{j=1}^{n} c_{ij}(t) q_j(t-\delta(t)) \right) = \left(-d_i(t)q_i(t) + \sum_{j=1}^{n} a_{ij}(t) f_j(q_j(t)) \right.$$
$$\left. + \sum_{j=1}^{n} b_{ij}(t) f_j(q_j(t-\tau(t))) + J_i(t) \right) \mathrm{d}t$$
$$+ \sum_{j=1}^{n} \sigma_{ij}(t, q_j(t)) \mathrm{d}w_j(t) \tag{5.2.39}$$

假设四元数随机神经网络 (5.2.39) 的参数如下:

$$\delta(t) = 0.1 + 0.05|\sin(7t)|, \ \tau(t) = 0.02 + 0.01|\cos(0.9t)|$$

$$f_1(q_1(t)) = 0.01 \tanh(q_1(t)), \ f_2(q_2(t)) = 0.03 \tanh(q_2(t))$$

$$c_{11}(t) = 0.02\sin(t) - 0.01\cos(t)\imath - 0.03\sin(t)\jmath + 0.01\cos(t)\kappa$$

$$c_{12}(t) = 0.03\cos(t) + 0.02\cos(t)\imath + 0.013\sin(t)\jmath - 0.015\sin(t)\kappa$$

$$c_{21}(t) = -0.02\cos(t) + 0.01\cos(t)\imath + 0.013\sin(t)\jmath - 0.01\sin(t)\kappa$$

$$c_{22}(t) = 0.015\cos(t) + 0.013\cos(t)\imath + 0.021\sin(t)\jmath - 0.016\sin(t)\kappa$$

$$d_1(t) = 0.1 + \frac{0.05}{1 + 2t^2}, \; d_2(t) = 0.3 - \frac{0.1}{6 + 7t^2}$$

$$a_{11}(t) = 0.017\cos(t) - 0.02\cos(t)\imath - 0.012\sin(t)\jmath + 0.014\sin(t)\kappa$$

$$a_{12}(t) = 0.012\cos(t) + 0.013\cos(t)\imath + 0.014\sin(t)\jmath - 0.011\sin(t)\kappa$$

$$a_{21}(t) = 0.013\cos(t) + 0.019\cos(t)\imath + 0.011\sin(t)\jmath - 0.017\sin(t)\kappa$$

$$a_{22}(t) = 0.021\cos(t) + 0.013\cos(t)\imath + 0.019\sin(t)\jmath - 0.014\sin(t)\kappa$$

$$b_{11}(t) = 0.019\cos(t) - 0.014\cos(t)\imath + 0.012\sin(t)\jmath - 0.021\sin(t)\kappa$$

$$b_{12}(t) = 0.017\cos(t) + 0.015\cos(t)\imath - 0.01\sin(t)\jmath - 0.017\sin(t)\kappa$$

$$b_{21}(t) = 0.014\cos(t) + 0.015\cos(t)\imath + 0.016\sin(t)\jmath - 0.014\sin(t)\kappa$$

$$b_{22}(t) = 0.015\cos(t) + 0.017\cos(t)\imath - 0.019\sin(t)\jmath - 0.012\sin(t)\kappa$$

$$J_1(t) = 0.31\sin(2t) + 0.12\cos(t)\imath - 0.13\sin(t)\jmath + 0.5\sin(0.9t)\kappa$$

$$J_2(t) = -0.12\cos(3t) + 0.1\cos(t)\imath + 0.2\cos(2t)\jmath + 0.3\sin(t)\kappa$$

$$\sigma_{11}(t, q_1(t)) = 0.03q_1(t), \; \sigma_{12}(t, q_2(t)) = -0.02q_2(t)$$

$$\sigma_{21}(t, q_1(t)) = 0.01q_1(t), \; \sigma_{22}(t, q_2(t)) = -0.03q_2(t)$$

容易得到, 中立型时滞 $\delta(t)$ 的上界 $\delta = 0.15$, 离散时滞 $\delta(t)$ 的上界 $\tau = 0.03$, 自反馈连接权值的下界和上界分别是 $\underline{d_1} = 0.1$, $\underline{d_2} = 0.283$ 和 $\bar{d_1} = 0.15$, $\bar{d_2} = 0.3$.

容易检查, 假设 5.2.1 和假设 5.2.2 得到满足, 且 $l_1 = 0.01$, $l_2 = 0.03$, $\pi_{11} = 0.03$, $\pi_{12} = 0.02$, $\pi_{21} = 0.01$, $\pi_{22} = 0.03$. 通过计算, 有

$$\sup_{t\in[0,\infty)} \sum_{i=1}^n \left(\frac{1}{\underline{d_i}} \int_0^t \mathrm{e}^{-\underline{d_i}(t-s)} \left(\bar{d_i}^2 \sum_{j=1}^n |c_{ij}(s)|^2 + \sum_{j=1}^n l_j^2 |a_{ij}(s)|^2 + \sum_{j=1}^n l_j^2 |b_{ij}(s)|^2 \right) \mathrm{d}s \right.$$

$$\left. + \frac{1}{2\underline{d_i}} \sum_{j=1}^n \pi_{ij}^2 \right) = 0.0169 < \frac{1}{5}$$

因此, 从定理 5.2.1 可知, 四元数随机神经网络 (5.2.39) 是均方稳定的.

　　下面对四元数随机神经网络 (5.2.39) 进行数值仿真. 选取初始条件: $q_1(s) = 0.4 + 0.26\imath + 0.05\jmath - 0.01\kappa$, $q_2(s) = 0.97 - 0.24\imath + 0.04\jmath + 0.023\kappa$, $p_1(s) = 0.5 + 0.1\imath + 0.02\jmath + 0.03\kappa$, $p_2(s) = 0.95 - 0.32\imath + 0.01\jmath - 0.12\kappa$, 其中, $s \in [-0.15, 0]$. 图 5.2.1 ～ 图 5.2.4 是 $u_1(t) = q_1(t) - p_1(t)$ 和 $u_2(t) = q_2(t) - p_2(t)$ 的状态轨迹图, 这也验证了四元数随机神经网络 (5.2.39) 的稳定性.

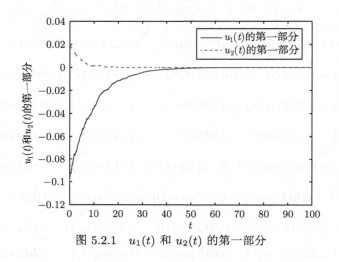

图 5.2.1　$u_1(t)$ 和 $u_2(t)$ 的第一部分

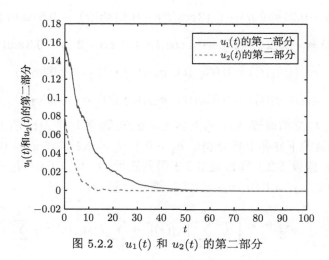

图 5.2.2　$u_1(t)$ 和 $u_2(t)$ 的第二部分

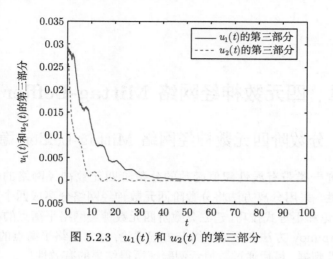

图 5.2.3 $u_1(t)$ 和 $u_2(t)$ 的第三部分

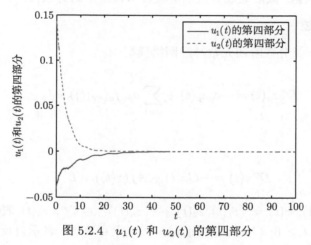

图 5.2.4 $u_1(t)$ 和 $u_2(t)$ 的第四部分

第 6 章   四元数神经网络 Mittag-Leffler 稳定性

6.1   分数阶四元数神经网络 Mittag-Leffler 稳定性

本节研究一类带有线性阈值函数的分数阶四元数神经网络的全局 Mittag-Leffler 稳定性. 采用分离方法将分数阶四元数神经网络分离成四个实值模型. 基于 M-矩阵理论和不等式技巧, 建立分数阶四元数神经网络平衡点的存在唯一性判据. 通过 Lyapunov 方法和分数阶微分方程理论, 建立网络平衡点的全局 Mittag-Leffler 稳定性判据. 最后通过数值示例验证所得结果的有效性.

6.1.1   模型描述

考虑如下一类分数阶四元数神经网络模型:

$$D^{\alpha} z_p(t) = -c_p z_p(t) + \sum_{q=1}^{n} a_{pq} f_q(z_q(t)) + l_p \tag{6.1.1}$$

其向量形式为

$$D^{\alpha} z(t) = -C z(t) + A f(z(t)) + L \tag{6.1.2}$$

其中, $\alpha \in (0,1)$; $z(t) = (z_1(t), z_2(t), \cdots, z_n(t))^{\mathrm{T}} \in \mathbb{Q}^n$, $z_p(t)$ 表示第 p 个神经元的状态变量, $t \geqslant 0$; $C = \mathrm{diag}\{c_1, c_2, \cdots, c_n\} \in \mathbb{R}^{n \times n}$ 表示自反馈连接权矩阵, $c_p > 0$; $A = (a_{pq})_{n \times n} \in \mathbb{Q}^{n \times n}$ 表示连接权矩阵; $L = (l_1, l_2, \cdots, l_n)^{\mathrm{T}} \in \mathbb{Q}^n$ 表示外部输入量; $f(z(t)) = (f_1(z_1(t)), f_2(z_2(t)), \cdots, f_n(z_n(t)))^{\mathrm{T}} \in \mathbb{Q}^n$ 表示激活函数, $f_q(z_q(t))$ 表示一个四元数值的线性阈值函数:

$$f_q(z_q) = \max\{0, z_q^R\} + \imath \max\{0, z_q^I\} + \jmath \max\{0, z_q^J\} + \kappa \max\{0, z_q^K\} \tag{6.1.3}$$

其中, $z_q = z_q^R + \imath z_q^I + \jmath z_q^J + \kappa z_q^K$ 且 $z_q^R, z_q^I, z_q^J, z_q^K \in \mathbb{R}$, $q = 1, 2, \cdots, n$.

初始条件为

$$z(0) = z_0 \in \mathbb{Q}^n \tag{6.1.4}$$

其中, $z_0 = z^R(0) + \imath z^I(0) + \jmath z^J(0) + \kappa z^K(0)$.

6.1.2 基本概念和引理

引理 6.1.1 设 $f(z) = f^R(z^R) + \imath f^I(z^I) + \jmath f^J(z^J) + \kappa f^K(z^K) \in \mathbb{Q}^n$, 其中, $f_q^R(z_q^R) = \max\{0, z_q^R\}$, $f_q^I(z_q^I) = \max\{0, z_q^I\}$, $f_q^J(z_q^J) = \max\{0, z_q^J\}$, $f_q^K(z_q^K) = \max\{0, z_q^K\}(q = 1, 2, \cdots, n)$, 则对于任意 $z^R, \tilde{z}^R, z^I, \tilde{z}^I, z^J, \tilde{z}^J, z^K, \tilde{z}^K \in \mathbb{R}^n$, 下列不等式成立:

$$|f^R(z^R) - f^R(\tilde{z}^R)| \leqslant |z^R - \tilde{z}^R| \tag{6.1.5}$$

$$|f^I(z^I) - f^I(\tilde{z}^I)| \leqslant |z^I - \tilde{z}^I| \tag{6.1.6}$$

$$|f^J(z^J) - f^J(\tilde{z}^J)| \leqslant |z^J - \tilde{z}^J| \tag{6.1.7}$$

$$|f^K(z^K) - f^K(\tilde{z}^K)| \leqslant |z^K - \tilde{z}^K| \tag{6.1.8}$$

$$\|f(z) - f(\tilde{z})\| \leqslant \|z - \tilde{z}\| \tag{6.1.9}$$

$$(f(z) - f(\tilde{z}))^* \varLambda (f(z) - f(\tilde{z})) \leqslant (z - \tilde{z})^* \varLambda (z - \tilde{z}) \tag{6.1.10}$$

其中, $\varLambda$ 是任意的正对角矩阵.

证明 通过直接计算, 容易证明式 (6.1.5)∼ 式 (6.1.8) 成立. 因此, 只需证明式 (6.1.9) ∼ 式 (6.1.10) 成立即可.

设 $z = (z_1, z_2, \cdots, z_n)^{\mathrm{T}}$, $\tilde{z} = (\tilde{z}_1, \tilde{z}_2, \cdots, \tilde{z}_n)^{\mathrm{T}}$, $\varLambda = \mathrm{diag}\{\varLambda_1, \varLambda_2, \cdots, \varLambda_n\}$, 其中, $\varLambda_q > 0$, $q = 1, 2, \cdots, n$, 则由式 (6.1.5) ∼ 式 (6.1.8) 可得

$$(|f^R(z^R) - f^R(\tilde{z}^R)|)^2 + (|f^I(z^I) - f^I(\tilde{z}^I)|)^2$$

$$+ (|f^J(z^J) - f^J(\tilde{z}^J)|)^2 + (|f^K(z^K) - f^K(\tilde{z}^K)|)^2$$

$$\leqslant (|z^R - \tilde{z}^R|)^2 + (|z^I - \tilde{z}^I|)^2 + (|z^J - \tilde{z}^J|)^2 + (|z^K - \tilde{z}^K|)^2$$

这与式 (6.1.9) 等价. 通过计算, 可得

$$(f(z) - f(\tilde{z}))^* \varLambda (f(z) - f(\tilde{z}))$$

$$= \sum_{q=1}^n \varLambda_q |f_q(z_q) - f_q(\tilde{z}_q)|^2$$

$$\leqslant \sum_{q=1}^n \varLambda_q |z_q - \tilde{z}_q|^2$$

$$= (z - \tilde{z})^* \varLambda (z - \tilde{z})$$

可知, 式 (6.1.10) 成立. 证毕.

下面对模型 (6.1.2) 进行分离.

设 $z(t) = z^R + \imath z^I + \jmath z^J + \kappa z^K$, $f(z) = f^R(z^R) + \imath f^I(z^I) + \jmath f^J(z^J) + \kappa f^K(z^K)$, $A = A^R + \imath A^I + \jmath A^J + \kappa A^K$, $L = L^R + \imath L^I + \jmath L^J + \kappa L^K$, 则模型 (6.1.2) 分离为

$$\begin{cases}
D^\alpha z^R(t) = -C z^R(t) + A^R f^R(z^R(t)) - A^I f^I(z^I(t)) \\
\qquad\qquad - A^J f^J(z^J(t)) - A^K f^K(z^K(t)) + L^R \\
D^\alpha z^I(t) = -C z^I(t) + A^R f^I(z^I(t)) + A^I f^R(z^R(t)) \\
\qquad\qquad + A^J f^K(z^K(t)) - A^K f^J(z^J(t)) + L^I \\
D^\alpha z^J(t) = -C z^J(t) + A^R f^J(z^J(t)) - A^I f^K(z^K(t)) \\
\qquad\qquad + A^J f^R(z^R(t)) + A^K f^I(z^I(t)) + L^J \\
D^\alpha z^K(t) = -C z^K(t) + A^R f^K(z^K(t)) + A^I f^J(z^J(t)) \\
\qquad\qquad - A^J f^I(z^I(t)) + A^K f^R(z^R(t)) + L^K
\end{cases} \tag{6.1.11}$$

令 $\hat{C} = \mathrm{diag}\{C, C, C, C\}$, $Z(t) = ((z^R(t))^{\mathrm{T}}, (z^I(t))^{\mathrm{T}}, (z^J(t))^{\mathrm{T}}, (z^K(t))^{\mathrm{T}})^{\mathrm{T}}$, $\hat{f}(Z(t)) = ((f^R(z^R(t)))^{\mathrm{T}}, (f^I(z^I(t)))^{\mathrm{T}}, (f^J(z^J(t)))^{\mathrm{T}}, (f^K(z^K(t)))^{\mathrm{T}})^{\mathrm{T}}$, $\hat{L} = ((L^R)^{\mathrm{T}}, (L^I)^{\mathrm{T}}, (L^J)^{\mathrm{T}}, (L^K)^{\mathrm{T}})^{\mathrm{T}}$, 且

$$\hat{A} = \begin{bmatrix}
A^R & -A^I & -A^J & -A^K \\
A^I & A^R & -A^K & A^J \\
A^J & A^K & A^R & -A^I \\
A^K & -A^J & A^I & A^R
\end{bmatrix}$$

则式 (6.1.11) 等价于

$$D^\alpha Z(t) = -\hat{C} Z(t) + \hat{A} \hat{f}(Z(t)) + \hat{L} \tag{6.1.12}$$

定义 6.1.1　如果常值向量 $z^\star = (z_1^\star, z_2^\star, \cdots, z_n^\star)^{\mathrm{T}}$ 满足

$$-C z^\star + A f(z^\star) + L = 0 \tag{6.1.13}$$

则称其为模型 (6.1.2) 的平衡点.

定义 6.1.2 如果存在三个正常数 H, λ 和 β, 使得模型 (6.1.2) 以 z_0 为初始值的任意解 $z(t)$ 满足

$$\|z(t) - z^\star\| \leqslant H\|z_0 - z^\star\|\left(E_\alpha(-\lambda t^\alpha)\right)^\beta,\ t \geqslant 0$$

则称模型 (6.1.2) 的平衡点 $z^\star$ 是全局 Mittag-Leffler 稳定的.

引理 6.1.2 设 $V(t)$ 是定义在 $[0, +\infty)$ 上的连续函数, 且满足

$$D^\alpha V(t) \leqslant -\lambda V(t)$$

其中, $0 < \alpha < 1$; λ 是一个正常数, 则有

$$V(t) \leqslant V(0)E_\alpha(-\lambda t^\alpha),\ t \geqslant 0$$

引理 6.1.3 设矩阵 $A = (a_{pq})_{n \times n}$ 的非对角线上的元素都是非正的, 则 A 是一个非奇异 M-矩阵当且仅当以下任意一个条件成立:

(1) 矩阵 A 的所有主子式都是正数;

(2) 矩阵 A 是正定稳定的, 即矩阵 A 的每一个特征值的实部都是正数;

(3) 矩阵 A 的所有对角元素都是正数, 并且存在一个正对角矩阵 $\Theta = \text{diag}\{\theta_1, \theta_2, \cdots, \theta_n\}$ 使得 $A\Theta$ 是严格对角行占优的, 即

$$a_{pp}\theta_p > \sum_{q=1, q \neq p}^{n} |a_{pq}|\theta_q,\ p = 1, 2, \cdots, n$$

(4) 矩阵 A 的所有对角元素都是正数, 并且存在正对角矩阵 $\Theta = \text{diag}\{\theta_1, \theta_2, \cdots, \theta_n\}$ 使得 ΘA 是严格对角列占优的, 即

$$a_{qq}\theta_q > \sum_{p=1, p \neq q}^{n} \theta_p|a_{pq}|,\ q = 1, 2, \cdots, n$$

6.1.3 主要结果

为了证明系统 (6.1.12) 平衡点的存在唯一性, 对模型进行以下假设.

假设 6.1.1 矩阵 $\hat{C} - |\hat{A}|$ 是一个非奇异 M-矩阵.

假设 6.1.2 令 $B = \hat{C} - |\hat{A}|$, 则 $B + B^{\text{T}}$ 是一个非奇异 M-矩阵.

定理 6.1.1 如果假设 6.1.1 成立, 则系统 (6.1.12) 存在唯一的平衡点.

定理 6.1.2 如果假设 6.1.2 成立, 则系统 (6.1.12) 存在唯一的平衡点.

注 6.1.1 根据拓扑度理论, 定理 6.1.1 和定理 6.1.2 容易得证.

令系统 (6.1.12) 的平衡点为 $Z^\star = ((Z^{\star R})^{\mathrm{T}}, (Z^{\star I})^{\mathrm{T}}, (Z^{\star J})^{\mathrm{T}}, (Z^{\star K})^{\mathrm{T}})^{\mathrm{T}}$. 通过变换 $H(t) = Z(t) - Z^\star$, 系统 (6.1.12) 可以转化为

$$D^\alpha H(t) = -\hat{C} H(t) + \hat{A} \hat{F}(H(t)) \tag{6.1.14}$$

其中, $H(t) = ((h^R(t))^{\mathrm{T}}, (h^I(t))^{\mathrm{T}}, (h^J(t))^{\mathrm{T}}, (h^K(t))^{\mathrm{T}})^{\mathrm{T}}$; $\hat{F}(H(t)) = \hat{f}(H(t)+Z^\star) - \hat{f}(Z^\star) = ((\hat{F}^R(h^R(t)))^{\mathrm{T}}, (\hat{F}^I(h^I(t)))^{\mathrm{T}}, (\hat{F}^J(h^J(t)))^{\mathrm{T}}, (\hat{F}^K(h^K(t)))^{\mathrm{T}})^{\mathrm{T}}$; 矩阵 $\hat{C}$ 和 $\hat{A}$ 的定义同系统 (6.1.12) 中.

定理 6.1.3　在假设 6.1.1 成立的条件下, 如果存在正常数 ρ, 使得下面不等式成立:

$$\lambda_1 = \min_{1 \leqslant p \leqslant n} \left\{ 2c_p - \sum_{q=1}^{n} \rho^{-1} \left(|a_{pq}^R| + |a_{pq}^I| + |a_{pq}^J| + |a_{pq}^K| \right) \right.$$

$$\left. - \sum_{q=1}^{n} \rho \left(|a_{qp}^R| + |a_{qp}^I| + |a_{qp}^J| + |a_{qp}^K| \right) \right\} > 0 \tag{6.1.15}$$

则模型 (6.1.2) 的平衡点是全局 Mittag-Leffler 稳定的.

证明　考虑如下 Lyapunov 函数:

$$V(t) = \sum_{p=1}^{n} \frac{1}{2} (h_p^R(t))^2 + \sum_{p=1}^{n} \frac{1}{2} (h_p^I(t))^2$$

$$+ \sum_{p=1}^{n} \frac{1}{2} (h_p^J(t))^2 + \sum_{p=1}^{n} \frac{1}{2} (h_p^K(t))^2 \tag{6.1.16}$$

沿着系统 (6.1.14) 的轨迹计算 $V(t)$ 的 α 阶 Caputo 导数, 可得

$$D^\alpha V(t)$$

$$= \sum_{p=1}^{n} \frac{1}{2} D^\alpha (h_p^R(t))^2 + \sum_{p=1}^{n} \frac{1}{2} D^\alpha (h_p^I(t))^2 + \sum_{p=1}^{n} \frac{1}{2} D^\alpha (h_p^J(t))^2 + \sum_{p=1}^{n} \frac{1}{2} D^\alpha (h_p^K(t))^2$$

$$\leqslant \sum_{p=1}^{n} |h_p^R(t)| D^\alpha |h_p^R(t)| + \sum_{p=1}^{n} |h_p^I(t)| D^\alpha |h_p^I(t)|$$

$$+ \sum_{p=1}^{n} |h_p^J(t)| D^\alpha |h_p^J(t)| + \sum_{p=1}^{n} |h_p^K(t)| D^\alpha |h_p^K(t)|$$

$$\leqslant \sum_{p=1}^{n} |h_p^R(t)| \mathrm{sgn}(h_p^R(t)) D^\alpha (h_p^R(t)) + \sum_{p=1}^{n} |h_p^I(t)| \mathrm{sgn}(h_p^I(t)) D^\alpha (h_p^I(t))$$

$$+ \sum_{p=1}^{n} |h_p^J(t)| \mathrm{sgn}(h_p^J(t)) D^\alpha(h_p^J(t)) + \sum_{p=1}^{n} |h_p^K(t)| \mathrm{sgn}(h_p^K(t)) D^\alpha(h_p^K(t))$$

$$= \sum_{p=1}^{n} |h_p^R(t)| \mathrm{sgn}(h_p^R(t)) \left(-c_p h_p^R(t) + \sum_{q=1}^{n} a_{pq}^R \hat{F}_q^R(h_q^R(t)) - \sum_{q=1}^{n} a_{pq}^I \hat{F}_q^I(h_q^I(t)) \right.$$

$$\left. - \sum_{q=1}^{n} a_{pq}^J \hat{F}_q^J(h_q^J(t)) - \sum_{q=1}^{n} a_{pq}^K \hat{F}_q^K(h_q^K(t)) \right)$$

$$+ \sum_{p=1}^{n} |h_p^I(t)| \mathrm{sgn}(h_p^I(t)) \left(-c_p h_p^I(t) + \sum_{q=1}^{n} a_{pq}^R \hat{F}_q^I(h_q^I(t)) + \sum_{q=1}^{n} a_{pq}^I \hat{F}_q^R(h_q^R(t)) \right.$$

$$\left. + \sum_{q=1}^{n} a_{pq}^J \hat{F}_q^K(h_q^K(t)) - \sum_{q=1}^{n} a_{pq}^K \hat{F}_q^J(h_q^J(t)) \right)$$

$$+ \sum_{p=1}^{n} |h_p^J(t)| \mathrm{sgn}(h_p^J(t)) \left(-c_p h_p^J(t) + \sum_{q=1}^{n} a_{pq}^R \hat{F}_q^J(h_q^J(t)) - \sum_{q=1}^{n} a_{pq}^I \hat{F}_q^K(h_q^K(t)) \right.$$

$$\left. + \sum_{q=1}^{n} a_{pq}^J \hat{F}_q^R(h_q^R(t)) + \sum_{q=1}^{n} a_{pq}^K \hat{F}_q^I(h_q^I(t)) \right)$$

$$+ \sum_{p=1}^{n} |h_p^K(t)| \mathrm{sgn}(h_p^K(t)) \left(-c_p h_p^K(t) + \sum_{q=1}^{n} a_{pq}^R \hat{F}_q^K(h_q^K(t)) + \sum_{q=1}^{n} a_{pq}^I \hat{F}_q^J(h_q^J(t)) \right.$$

$$\left. - \sum_{q=1}^{n} a_{pq}^J \hat{F}_q^I(h_q^I(t)) + \sum_{q=1}^{n} a_{pq}^K \hat{F}_q^R(h_q^R(t)) \right) + \sum_{q=1}^{n} |a_{pq}^J| |h_q^J(t)|$$

$$\leqslant \sum_{p=1}^{n} |h_p^R(t)| \left(-c_p |h_p^R(t)| + \sum_{q=1}^{n} |a_{pq}^R| |h_q^R(t)| + \sum_{q=1}^{n} |a_{pq}^I| |h_q^I(t)| \right.$$

$$\left. + \sum_{q=1}^{n} |a_{pq}^K| |h_q^K(t)| \right) + \sum_{p=1}^{n} |h_p^I(t)| \left(-c_p |h_p^I(t)| + \sum_{q=1}^{n} |a_{pq}^R| |h_q^I(t)| \right.$$

$$\left. + \sum_{q=1}^{n} |a_{pq}^I| |h_q^R(t)| + \sum_{q=1}^{n} |a_{pq}^J| |h_q^K(t)| + \sum_{q=1}^{n} |a_{pq}^K| |h_q^J(t)| \right)$$

$$+ \sum_{p=1}^{n} |h_p^J(t)| \left(-c_p |h_p^J(t)| + \sum_{q=1}^{n} |a_{pq}^R| |h_q^J(t)| + \sum_{q=1}^{n} |a_{pq}^I| |h_q^K(t)| \right.$$

$$\left. + \sum_{q=1}^{n} |a_{pq}^J| |h_q^R(t)| + \sum_{q=1}^{n} |a_{pq}^K| |h_q^I(t)| \right) + \sum_{p=1}^{n} |h_p^K(t)| \left(-c_p |h_p^K(t)| \right.$$

$$+ \sum_{q=1}^{n} |a_{pq}^{R}||h_{q}^{K}(t)| + \sum_{q=1}^{n} |a_{pq}^{I}||h_{q}^{J}(t)| + \sum_{q=1}^{n} |a_{pq}^{J}||h_{q}^{I}(t)| + \sum_{q=1}^{n} |a_{pq}^{K}||h_{q}^{R}(t)| \Bigg)$$

$$= - \sum_{p=1}^{n} c_{p}(h_{p}^{R}(t))^{2} + \sum_{p=1}^{n}\sum_{q=1}^{n} |a_{pq}^{R}||h_{p}^{R}(t)||h_{q}^{R}(t)| + \sum_{p=1}^{n}\sum_{q=1}^{n} |a_{pq}^{I}||h_{p}^{R}(t)||h_{q}^{I}(t)|$$

$$+ \sum_{p=1}^{n}\sum_{q=1}^{n} |a_{pq}^{J}||h_{p}^{R}(t)||h_{q}^{J}(t)| + \sum_{p=1}^{n}\sum_{q=1}^{n} |a_{pq}^{K}||h_{p}^{R}(t)||h_{q}^{K}(t)|$$

$$- \sum_{p=1}^{n} c_{p}(h_{p}^{I}(t))^{2} + \sum_{p=1}^{n}\sum_{q=1}^{n} |a_{pq}^{R}||h_{p}^{I}(t)||h_{q}^{I}(t)| + \sum_{p=1}^{n}\sum_{q=1}^{n} |a_{pq}^{I}||h_{p}^{I}(t)||h_{q}^{R}(t)|$$

$$+ \sum_{p=1}^{n}\sum_{q=1}^{n} |a_{pq}^{J}||h_{p}^{I}(t)||h_{q}^{K}(t)| + \sum_{p=1}^{n}\sum_{q=1}^{n} |a_{pq}^{K}||h_{p}^{I}(t)||h_{q}^{J}(t)|$$

$$- \sum_{p=1}^{n} c_{p}(h_{p}^{J}(t))^{2} + \sum_{p=1}^{n}\sum_{q=1}^{n} |a_{pq}^{R}||h_{p}^{J}(t)||h_{q}^{J}(t)| + \sum_{p=1}^{n}\sum_{q=1}^{n} |a_{pq}^{I}||h_{p}^{J}(t)||h_{q}^{K}(t)|$$

$$+ \sum_{p=1}^{n}\sum_{q=1}^{n} |a_{pq}^{J}||h_{p}^{J}(t)||h_{q}^{R}(t)| + \sum_{p=1}^{n}\sum_{q=1}^{n} |a_{pq}^{K}||h_{p}^{J}(t)||h_{q}^{I}(t)|$$

$$- \sum_{p=1}^{n} c_{p}(h_{p}^{K}(t))^{2} + \sum_{p=1}^{n}\sum_{q=1}^{n} |a_{pq}^{R}||h_{p}^{K}(t)||h_{q}^{K}(t)| + \sum_{p=1}^{n}\sum_{q=1}^{n} |a_{pq}^{I}||h_{p}^{K}(t)||h_{q}^{J}(t)|$$

$$+ \sum_{p=1}^{n}\sum_{q=1}^{n} |a_{pq}^{J}||h_{p}^{K}(t)||h_{q}^{I}(t)| + \sum_{p=1}^{n}\sum_{q=1}^{n} |a_{pq}^{K}||h_{p}^{K}(t)||h_{q}^{R}(t)|$$

$$\leqslant - \sum_{p=1}^{n} c_{p}(h_{p}^{R}(t))^{2} + \sum_{p=1}^{n}\sum_{q=1}^{n} |a_{pq}^{R}|\left(\frac{\rho^{-1}}{2}(h_{p}^{R}(t))^{2} + \frac{\rho}{2}(h_{q}^{R}(t))^{2} \right)$$

$$+ \sum_{p=1}^{n}\sum_{q=1}^{n} |a_{pq}^{I}|\left(\frac{\rho^{-1}}{2}(h_{p}^{R}(t))^{2} + \frac{\rho}{2}(h_{q}^{I}(t))^{2} \right)$$

$$+ \sum_{p=1}^{n}\sum_{q=1}^{n} |a_{pq}^{J}|\left(\frac{\rho^{-1}}{2}(h_{p}^{R}(t))^{2} + \frac{\rho}{2}(h_{q}^{J}(t))^{2} \right)$$

$$+ \sum_{p=1}^{n}\sum_{q=1}^{n} |a_{pq}^{K}|\left(\frac{\rho^{-1}}{2}(h_{p}^{R}(t))^{2} + \frac{\rho}{2}(h_{q}^{K}(t))^{2} \right)$$

$$- \sum_{p=1}^{n} c_{p}(h_{p}^{I}(t))^{2} + \sum_{p=1}^{n}\sum_{q=1}^{n} |a_{pq}^{R}|\left(\frac{\rho^{-1}}{2}(h_{p}^{I}(t))^{2} + \frac{\rho}{2}(h_{q}^{I}(t))^{2} \right)$$

$$+ \sum_{p=1}^{n} \sum_{q=1}^{n} |a_{pq}^I| \left(\frac{\rho^{-1}}{2} (h_p^I(t))^2 + \frac{\rho}{2} (h_q^R(t))^2 \right)$$

$$+ \sum_{p=1}^{n} \sum_{q=1}^{n} |a_{pq}^J| \left(\frac{\rho^{-1}}{2} (h_p^I(t))^2 + \frac{\rho}{2} (h_q^K(t))^2 \right)$$

$$+ \sum_{p=1}^{n} \sum_{q=1}^{n} |a_{pq}^K| \left(\frac{\rho^{-1}}{2} (h_p^I(t))^2 + \frac{\rho}{2} (h_q^J(t))^2 \right)$$

$$- \sum_{p=1}^{n} c_p (h_p^J(t))^2 + \sum_{p=1}^{n} \sum_{q=1}^{n} |a_{pq}^R| \left(\frac{\rho^{-1}}{2} (h_p^J(t))^2 + \frac{\rho}{2} (h_q^J(t))^2 \right)$$

$$+ \sum_{p=1}^{n} \sum_{q=1}^{n} |a_{pq}^I| \left(\frac{\rho^{-1}}{2} (h_p^J(t))^2 + \frac{\rho}{2} (h_q^K(t))^2 \right)$$

$$+ \sum_{p=1}^{n} \sum_{q=1}^{n} |a_{pq}^J| \left(\frac{\rho^{-1}}{2} (h_p^J(t))^2 + \frac{\rho}{2} (h_q^R(t))^2 \right)$$

$$+ \sum_{p=1}^{n} \sum_{q=1}^{n} |a_{pq}^K| \left(\frac{\rho^{-1}}{2} (h_p^J(t))^2 + \frac{\rho}{2} (h_q^I(t))^2 \right)$$

$$- \sum_{p=1}^{n} c_p (h_p^K(t))^2 + \sum_{p=1}^{n} \sum_{q=1}^{n} |a_{pq}^R| \left(\frac{\rho^{-1}}{2} (h_p^K(t))^2 \right.$$

$$\left. + \frac{\rho}{2} (h_q^K(t))^2 \right) + \sum_{p=1}^{n} \sum_{q=1}^{n} |a_{pq}^I| \left(\frac{\rho^{-1}}{2} (h_p^K(t))^2 + \frac{\rho}{2} (h_q^J(t))^2 \right)$$

$$+ \sum_{p=1}^{n} \sum_{q=1}^{n} |a_{pq}^J| \left(\frac{\rho^{-1}}{2} (h_p^K(t))^2 + \frac{\rho}{2} (h_q^I(t))^2 \right)$$

$$+ \sum_{p=1}^{n} \sum_{q=1}^{n} |a_{pq}^K| \left(\frac{\rho^{-1}}{2} (h_p^K(t))^2 + \frac{\rho}{2} (h_q^R(t))^2 \right)$$

$$= - \sum_{p=1}^{n} c_p (h_p^R(t))^2 + \sum_{p=1}^{n} \sum_{q=1}^{n} \left(|a_{pq}^R| + |a_{pq}^I| + |a_{pq}^J| + |a_{pq}^K| \right) \frac{\rho^{-1}}{2} (h_p^R(t))^2$$

$$+ \sum_{q=1}^{n} \sum_{p=1}^{n} \left(|a_{qp}^R| + |a_{qp}^I| + |a_{qp}^J| + |a_{qp}^K| \right) \frac{\rho}{2} (h_p^R(t))^2$$

$$- \sum_{p=1}^{n} c_p (h_p^I(t))^2 + \sum_{p=1}^{n} \sum_{q=1}^{n} \left(|a_{pq}^R| + |a_{pq}^I| + |a_{pq}^J| + |a_{pq}^K| \right) \frac{\rho^{-1}}{2} (h_p^I(t))^2$$

$$+ \sum_{q=1}^{n} \sum_{p=1}^{n} \left(|a_{qp}^R| + |a_{qp}^I| + |a_{qp}^J| + |a_{qp}^K| \right) \frac{\rho}{2} (h_p^I(t))^2$$

$$- \sum_{p=1}^{n} c_p (h_p^J(t))^2 + \sum_{p=1}^{n} \sum_{q=1}^{n} \left(|a_{pq}^R| + |a_{pq}^I| + |a_{pq}^J| + |a_{pq}^K| \right) \frac{\rho^{-1}}{2} (h_p^J(t))^2$$

$$+ \sum_{q=1}^{n} \sum_{p=1}^{n} \left(|a_{qp}^R| + |a_{qp}^I| + |a_{qp}^J| + |a_{qp}^K| \right) \frac{\rho}{2} (h_p^J(t))^2$$

$$- \sum_{p=1}^{n} c_p (h_p^K(t))^2 + \sum_{p=1}^{n} \sum_{q=1}^{n} \left(|a_{pq}^R| + |a_{pq}^I| + |a_{pq}^J| + |a_{pq}^K| \right) \frac{\rho^{-1}}{2} (h_p^K(t))^2$$

$$+ \sum_{q=1}^{n} \sum_{p=1}^{n} \left(|a_{qp}^R| + |a_{qp}^I| + |a_{qp}^J| + |a_{qp}^K| \right) \frac{\rho}{2} (h_p^K(t))^2$$

$$= - \sum_{p=1}^{n} \left(2c_p - \sum_{q=1}^{n} \rho^{-1} \left(|a_{pq}^R| + |a_{pq}^I| + |a_{pq}^J| + |a_{pq}^K| \right) \right.$$

$$\left. - \sum_{q=1}^{n} \rho \left(|a_{qp}^R| + |a_{qp}^I| + |a_{qp}^J| + |a_{qp}^K| \right) \right) \frac{1}{2} (h_p^R(t))^2$$

$$- \sum_{p=1}^{n} \left(2c_p - \sum_{q=1}^{n} \rho^{-1} \left(|a_{pq}^R| + |a_{pq}^I| + |a_{pq}^J| + |a_{pq}^K| \right) \right.$$

$$\left. - \sum_{q=1}^{n} \rho \left(|a_{qp}^R| + |a_{qp}^I| + |a_{qp}^J| + |a_{qp}^K| \right) \right) \frac{1}{2} (h_p^I(t))^2$$

$$- \sum_{p=1}^{n} \left(2c_p - \sum_{q=1}^{n} \rho^{-1} \left(|a_{pq}^R| + |a_{pq}^I| + |a_{pq}^J| + |a_{pq}^K| \right) \right.$$

$$\left. - \sum_{q=1}^{n} \rho \left(|a_{qp}^R| + |a_{qp}^I| + |a_{qp}^J| + |a_{qp}^K| \right) \right) \frac{1}{2} (h_p^J(t))^2$$

$$- \sum_{p=1}^{n} \left(2c_p - \sum_{q=1}^{n} \rho^{-1} \left(|a_{pq}^R| + |a_{pq}^I| + |a_{pq}^J| + |a_{pq}^K| \right) \right.$$

$$\left. - \sum_{q=1}^{n} \rho \left(|a_{qp}^R| + |a_{qp}^I| + |a_{qp}^J| + |a_{qp}^K| \right) \right) \frac{1}{2} (h_p^K(t))^2$$

$$\leqslant - \lambda_1 \sum_{p=1}^{n} \frac{1}{2} (h_p^R(t))^2 - \lambda_1 \sum_{p=1}^{n} \frac{1}{2} (h_p^I(t))^2$$

$$- \lambda_1 \sum_{p=1}^{n} \frac{1}{2} (h_p^J(t))^2 - \lambda_1 \sum_{p=1}^{n} \frac{1}{2} (h_p^K(t))^2$$

$$= - \lambda_1 V(t) \tag{6.1.17}$$

注意到

$$V(t) = \frac{1}{2} (h^R)^{\mathrm{T}} (h^R) + \frac{1}{2} (h^I)^{\mathrm{T}} (h^I) + \frac{1}{2} (h^J)^{\mathrm{T}} (h^J) + \frac{1}{2} (h^K)^{\mathrm{T}} (h^K)$$

$$= \frac{1}{2} \| H(t) \|^2 \tag{6.1.18}$$

由式 (6.1.17)、式 (6.1.18) 和引理 6.1.2 得到

$$\| H(t) \|^2 \leqslant \| H(0) \|^2 E_\alpha(-\lambda_1 t^\alpha) \tag{6.1.19}$$

即

$$\| Z(t) - Z^\star \| \leqslant \| Z_0 - Z^\star \| \left(E_\alpha(-\lambda_1 t^\alpha) \right)^{\frac{1}{2}} \tag{6.1.20}$$

那么, 根据定义 6.1.2, 可知系统 (6.1.14) 的平衡点是全局 Mittag-Leffler 稳定的, 也就是说模型 (6.1.2) 的唯一平衡点是全局 Mittag-Leffler 稳定的. 证毕.

定理 6.1.4 在假设 6.1.1 成立的条件下, 如果存在一个对角矩阵 $Q > 0$ 和一个正常数 λ_2, 使得以下不等式成立:

$$\Omega := |A^R| Q |A^R|^{\mathrm{T}} + |A^I| Q |A^I|^{\mathrm{T}} + |A^J| Q |A^J|^{\mathrm{T}}$$

$$+ |A^K| Q |A^K|^{\mathrm{T}} + 16 Q^{-1} + 2 \lambda_2 I_0 - 4C \leqslant 0 \tag{6.1.21}$$

则模型 (6.1.2) 的平衡点是全局 Mittag-Leffler 稳定的.

证明 为了便于表达, 令

$$B_1 = \frac{|A^R|}{2}, \ B_2 = \frac{|A^I|}{2}, \ B_3 = \frac{|A^J|}{2}, \ B_4 = \frac{|A^K|}{2}$$

考虑如下 Lyapunov 函数:

$$V(t) = \sum_{p=1}^{n} \frac{1}{2} (h_p^R(t))^2 + \sum_{p=1}^{n} \frac{1}{2} (h_p^I(t))^2$$

$$+ \sum_{p=1}^{n} \frac{1}{2} (h_p^J(t))^2 + \sum_{p=1}^{n} \frac{1}{2} (h_p^K(t))^2 \tag{6.1.22}$$

沿着系统 (6.1.14) 的轨迹计算 $V(t)$ 的 α 阶 Caputo 导数, 可得

$$D^\alpha V(t)$$

$$\leqslant -\sum_{p=1}^n c_p (h_p^R(t))^2 + \sum_{p=1}^n \sum_{q=1}^n |a_{pq}^R||h_p^R(t)||h_q^R(t)| + \sum_{p=1}^n \sum_{q=1}^n |a_{pq}^I||h_p^R(t)||h_q^I(t)|$$

$$+ \sum_{p=1}^n \sum_{q=1}^n |a_{pq}^J||h_p^R(t)||h_q^J(t)| + \sum_{p=1}^n \sum_{q=1}^n |a_{pq}^K||h_p^R(t)||h_q^K(t)|$$

$$- \sum_{p=1}^n c_p (h_p^I(t))^2 + \sum_{p=1}^n \sum_{q=1}^n |a_{pq}^R||h_p^I(t)||h_q^I(t)| + \sum_{p=1}^n \sum_{q=1}^n |a_{pq}^I||h_p^I(t)||h_q^R(t)|$$

$$+ \sum_{p=1}^n \sum_{q=1}^n |a_{pq}^J||h_p^I(t)||h_q^K(t)| + \sum_{p=1}^n \sum_{q=1}^n |a_{pq}^K||h_p^I(t)||h_q^J(t)|$$

$$- \sum_{p=1}^n c_p (h_p^J(t))^2 + \sum_{p=1}^n \sum_{q=1}^n |a_{pq}^R||h_p^J(t)||h_q^J(t)| + \sum_{p=1}^n \sum_{q=1}^n |a_{pq}^I||h_p^J(t)||h_q^K(t)|$$

$$+ \sum_{p=1}^n \sum_{q=1}^n |a_{pq}^J||h_p^J(t)||h_q^R(t)| + \sum_{p=1}^n \sum_{q=1}^n |a_{pq}^K||h_p^J(t)||h_q^I(t)|$$

$$- \sum_{p=1}^n c_p (h_p^K(t))^2 + \sum_{p=1}^n \sum_{q=1}^n |a_{pq}^R||h_p^K(t)||h_q^K(t)| + \sum_{p=1}^n \sum_{q=1}^n |a_{pq}^I||h_p^K(t)||h_q^J(t)|$$

$$+ \sum_{p=1}^n \sum_{q=1}^n |a_{pq}^J||h_p^K(t)||h_q^I(t)| + \sum_{p=1}^n \sum_{q=1}^n |a_{pq}^K||h_p^K(t)||h_q^R(t)|$$

$$+ \lambda_2 \sum_{p=1}^n \frac{1}{2}(h_p^R(t))^2 + \lambda_2 \sum_{p=1}^n \frac{1}{2}(h_p^I(t))^2 + \lambda_2 \sum_{p=1}^n \frac{1}{2}(h_p^J(t))^2 + \lambda_2 \sum_{p=1}^n \frac{1}{2}(h_p^K(t))^2$$

$$- \lambda_2 \left(\sum_{p=1}^n \frac{1}{2}(h_p^R(t))^2 + \sum_{p=1}^n \frac{1}{2}(h_p^I(t))^2 + \sum_{p=1}^n \frac{1}{2}(h_p^J(t))^2 + \sum_{p=1}^n \frac{1}{2}(h_p^K(t))^2 \right)$$

$$= -|h^R|^{\mathrm{T}}C|h^R| + |h^R|^{\mathrm{T}}B_1|h^R| + |h^R|^{\mathrm{T}}B_1^{\mathrm{T}}|h^R| + |h^R|^{\mathrm{T}}B_2|h^I| + |h^I|^{\mathrm{T}}B_2^{\mathrm{T}}|h^R|$$

$$+ |h^R|^{\mathrm{T}}B_3|h^J| + |h^J|^{\mathrm{T}}B_3^{\mathrm{T}}|h^R| + |h^R|^{\mathrm{T}}B_4|h^K| + |h^K|^{\mathrm{T}}B_4^{\mathrm{T}}|h^R|$$

$$- |h^I|^{\mathrm{T}}C|h^I| + |h^I|^{\mathrm{T}}B_1|h^I| + |h^I|^{\mathrm{T}}B_1^{\mathrm{T}}|h^I| + |h^I|^{\mathrm{T}}B_2|h^R| + |h^R|^{\mathrm{T}}B_2^{\mathrm{T}}|h^I|$$

$$+ |h^I|^{\mathrm{T}}B_3|h^K| + |h^K|^{\mathrm{T}}B_3^{\mathrm{T}}|h^I| + |h^I|^{\mathrm{T}}B_4|h^J| + |h^J|^{\mathrm{T}}B_4^{\mathrm{T}}|h^I|$$

$$- |h^J|^{\mathrm{T}}C|h^J| + |h^J|^{\mathrm{T}}B_1|h^J| + |h^J|^{\mathrm{T}}B_1^{\mathrm{T}}|h^J| + |h^J|^{\mathrm{T}}B_2|h^K| + |h^K|^{\mathrm{T}}B_2^{\mathrm{T}}|h^J|$$

$$+ |h^J|^{\mathrm{T}} B_3 |h^R| + |h^R|^{\mathrm{T}} B_3^{\mathrm{T}} |h^J| + |h^J|^{\mathrm{T}} B_4 |h^I| + |h^I|^{\mathrm{T}} B_4^{\mathrm{T}} |h^J|$$

$$- |h^K|^{\mathrm{T}} C |h^K| + |h^K|^{\mathrm{T}} B_1 |h^K| + |h^K|^{\mathrm{T}} B_1^{\mathrm{T}} |h^K| + |h^K|^{\mathrm{T}} B_2 |h^J| + |h^J|^{\mathrm{T}} B_2^{\mathrm{T}} |h^K|$$

$$+ |h^K|^{\mathrm{T}} B_3 |h^I| + |h^I|^{\mathrm{T}} B_3^{\mathrm{T}} |h^K| + |h^K|^{\mathrm{T}} B_4 |h^R| + |h^R|^{\mathrm{T}} B_4^{\mathrm{T}} |h^K|$$

$$+ \frac{\lambda_2}{2} (h^R)^{\mathrm{T}} h^R + \frac{\lambda_2}{2} (h^I)^{\mathrm{T}} h^I + \frac{\lambda_2}{2} (h^J)^{\mathrm{T}} h^J + \frac{\lambda_2}{2} (h^K)^{\mathrm{T}} h^K - \lambda_2 V(t)$$

$$\leqslant (h^R)^{\mathrm{T}} \left(B_1 Q B_1^{\mathrm{T}} + B_2 Q B_2^{\mathrm{T}} + B_3 Q B_3^{\mathrm{T}} + B_4 Q B_4^{\mathrm{T}} + 4Q^{-1} + \frac{\lambda_2}{2} I_0 - C \right) h^R$$

$$+ (h^I)^{\mathrm{T}} \left(B_1 Q B_1^{\mathrm{T}} + B_2 Q B_2^{\mathrm{T}} + B_3 Q B_3^{\mathrm{T}} + B_4 Q B_4^{\mathrm{T}} + 4Q^{-1} + \frac{\lambda_2}{2} I_0 - C \right) h^I$$

$$+ (h^J)^{\mathrm{T}} \left(B_1 Q B_1^{\mathrm{T}} + B_2 Q B_2^{\mathrm{T}} + B_3 Q B_3^{\mathrm{T}} + B_4 Q B_4^{\mathrm{T}} + 4Q^{-1} + \frac{\lambda_2}{2} I_0 - C \right) h^J$$

$$+ (h^K)^{\mathrm{T}} \left(B_1 Q B_1^{\mathrm{T}} + B_2 Q B_2^{\mathrm{T}} + B_3 Q B_3^{\mathrm{T}} + B_4 Q B_4^{\mathrm{T}} + 4Q^{-1} + \frac{\lambda_2}{2} I_0 - C \right) h^K$$

$$- \lambda_2 V(t)$$

$$= \frac{1}{4} (h^R)^{\mathrm{T}} \big(|A^R| Q |A^R|^{\mathrm{T}} + |A^I| Q |A^I|^{\mathrm{T}} + |A^J| Q |A^J|^{\mathrm{T}}$$

$$+ |A^K| Q |A^K|^{\mathrm{T}} + 16 Q^{-1} + 2 \lambda_2 I_0 - 4C \big) h^R$$

$$+ \frac{1}{4} (h^I)^{\mathrm{T}} \big(|A^R| Q |A^R|^{\mathrm{T}} + |A^I| Q |A^I|^{\mathrm{T}} + |A^J| Q |A^J|^{\mathrm{T}}$$

$$+ |A^K| Q |A^K|^{\mathrm{T}} + 16 Q^{-1} + 2 \lambda_2 I_0 - 4C \big) h^I$$

$$+ \frac{1}{4} (h^J)^{\mathrm{T}} \big(|A^R| Q |A^R|^{\mathrm{T}} + |A^I| Q |A^I|^{\mathrm{T}} + |A^J| Q |A^J|^{\mathrm{T}}$$

$$+ |A^K| Q |A^K|^{\mathrm{T}} + 16 Q^{-1} + 2 \lambda_2 I_0 - 4C \big) h^J$$

$$+ \frac{1}{4} (h^K)^{\mathrm{T}} \big(|A^R| Q |A^R|^{\mathrm{T}} + |A^I| Q |A^I|^{\mathrm{T}} + |A^J| Q |A^J|^{\mathrm{T}}$$

$$+ |A^K| Q |A^K|^{\mathrm{T}} + 16 Q^{-1} + 2 \lambda_2 I_0 - 4C \big) h^K - \lambda_2 V(t) \tag{6.1.23}$$

于是有

$$D^\alpha V(t) \leqslant \frac{1}{4} (h^R)^{\mathrm{T}} \Omega h^R + \frac{1}{4} (h^I)^{\mathrm{T}} \Omega h^I + \frac{1}{4} (h^J)^{\mathrm{T}} \Omega h^J$$

$$+ \frac{1}{4} (h^K)^{\mathrm{T}} \Omega h^K - \lambda_2 V(t)$$

$$\leqslant - \lambda_2 V(t) \tag{6.1.24}$$

注意到

$$V(t) = \frac{1}{2}(h^R)^{\mathrm{T}}(h^R) + \frac{1}{2}(h^I)^{\mathrm{T}}(h^I) + \frac{1}{2}(h^J)^{\mathrm{T}}(h^J) + \frac{1}{2}(h^K)^{\mathrm{T}}(h^K)$$

$$= \frac{1}{2}\|H(t)\|^2 \tag{6.1.25}$$

可得

$$\|H(t)\|^2 \leqslant \|H(0)\|^2 E_\alpha(-\lambda_2 t^\alpha) \tag{6.1.26}$$

即

$$\|Z(t) - Z^\star\| \leqslant \|Z_0 - Z^\star\| \left(E_\alpha(-\lambda_2 t^\alpha)\right)^{\frac{1}{2}} \tag{6.1.27}$$

那么, 根据定义 6.1.2, 可知系统 (6.1.14) 的平衡点是全局 Mittag-Leffler 稳定的, 也就是说模型 (6.1.2) 的唯一平衡点是全局 Mittag-Leffler 稳定的. 证毕.

定理 6.1.5　在假设 6.1.1 成立的条件下, 如果以下条件成立:

$$\lambda_3 := \min_{1 \leqslant p \leqslant n} \{2c_p\} - 4\lambda_{\max}(\Theta) > 0 \tag{6.1.28}$$

其中, $\lambda_{\max}(\Theta) = \max\{\lambda_{\max}(\Theta_1), \lambda_{\max}(\Theta_2), \lambda_{\max}(\Theta_3), \lambda_{\max}(\Theta_4)\}$, 且

$$\Theta_1 := \begin{bmatrix} 0 & B_1 \\ B_1^{\mathrm{T}} & 0 \end{bmatrix}, \quad \Theta_2 := \begin{bmatrix} 0 & B_2 \\ B_2^{\mathrm{T}} & 0 \end{bmatrix}$$

$$\Theta_3 := \begin{bmatrix} 0 & B_3 \\ B_3^{\mathrm{T}} & 0 \end{bmatrix}, \quad \Theta_4 := \begin{bmatrix} 0 & B_4 \\ B_4^{\mathrm{T}} & 0 \end{bmatrix}$$

并且 $B_1 = \dfrac{|A^R|}{2}$, $B_2 = \dfrac{|A^I|}{2}$, $B_3 = \dfrac{|A^J|}{2}$, $B_4 = \dfrac{|A^K|}{2}$, 则模型 (6.1.2) 的平衡点是全局 Mittag-Leffler 稳定的.

证明　容易计算 $|\lambda I_{2n} - \Theta_i| = |\lambda^2 I_n - B_i B_i^{\mathrm{T}}|$ $(i = 1, 2, 3, 4)$. 显然 λ 和 $-\lambda$ 都是矩阵 $B_i B_i^{\mathrm{T}}$ 的特征值. 若 $B_i B_i^{\mathrm{T}}$ 是正定矩阵, 则 λ^2 是正实数, 从而可得 $\lambda_{\max}(\Theta_i) > 0$.

考虑如下 Lyapunov 函数:

$$V(t) = \sum_{p=1}^{n} \frac{1}{2}(h_p^R(t))^2 + \sum_{p=1}^{n} \frac{1}{2}(h_p^I(t))^2$$

$$+ \sum_{p=1}^{n} \frac{1}{2}(h_p^J(t))^2 + \sum_{p=1}^{n} \frac{1}{2}(h_p^K(t))^2 \tag{6.1.29}$$

沿着系统 (6.1.14) 的轨迹计算 $V(t)$ 的 α 阶 Caputo 导数, 可得

$D^\alpha V(t)$

$$\leqslant - \sum_{p=1}^{n} c_p(h_p^R(t))^2 + \sum_{p=1}^{n}\sum_{q=1}^{n}|a_{pq}^R||h_p^R(t)||h_q^R(t)| + \sum_{p=1}^{n}\sum_{q=1}^{n}|a_{pq}^I||h_p^R(t)||h_q^I(t)|$$

$$+ \sum_{p=1}^{n}\sum_{q=1}^{n}|a_{pq}^J||h_p^R(t)||h_q^J(t)| + \sum_{p=1}^{n}\sum_{q=1}^{n}|a_{pq}^K||h_p^R(t)||h_q^K(t)|$$

$$- \sum_{p=1}^{n} c_p(h_p^I(t))^2 + \sum_{p=1}^{n}\sum_{q=1}^{n}|a_{pq}^R||h_p^I(t)||h_q^I(t)| + \sum_{p=1}^{n}\sum_{q=1}^{n}|a_{pq}^I||h_p^I(t)||h_q^R(t)|$$

$$+ \sum_{p=1}^{n}\sum_{q=1}^{n}|a_{pq}^J||h_p^I(t)||h_q^K(t)| + \sum_{p=1}^{n}\sum_{q=1}^{n}|a_{pq}^K||h_p^I(t)||h_q^J(t)|$$

$$- \sum_{p=1}^{n} c_p(h_p^J(t))^2 + \sum_{p=1}^{n}\sum_{q=1}^{n}|a_{pq}^R||h_p^J(t)||h_q^J(t)| + \sum_{p=1}^{n}\sum_{q=1}^{n}|a_{pq}^I||h_p^J(t)||h_q^K(t)|$$

$$+ \sum_{p=1}^{n}\sum_{q=1}^{n}|a_{pq}^J||h_p^J(t)||h_q^R(t)| + \sum_{p=1}^{n}\sum_{q=1}^{n}|a_{pq}^K||h_p^J(t)||h_q^I(t)|$$

$$- \sum_{p=1}^{n} c_p(h_p^K(t))^2 + \sum_{p=1}^{n}\sum_{q=1}^{n}|a_{pq}^R||h_p^K(t)||h_q^K(t)| + \sum_{p=1}^{n}\sum_{q=1}^{n}|a_{pq}^I||h_p^K(t)||h_q^J(t)|$$

$$+ \sum_{p=1}^{n}\sum_{q=1}^{n}|a_{pq}^J||h_p^K(t)||h_q^I(t)| + \sum_{p=1}^{n}\sum_{q=1}^{n}|a_{pq}^K||h_p^K(t)||h_q^R(t)|$$

$$= - \sum_{p=1}^{n} c_p(h_p^R(t))^2 + |h^R|^{\mathrm{T}}B_1|h^R| + |h^R|^{\mathrm{T}}B_1^{\mathrm{T}}|h^R| + |h^R|^{\mathrm{T}}B_2|h^I| + |h^I|^{\mathrm{T}}B_2^{\mathrm{T}}|h^R|$$

$$+ |h^R|^{\mathrm{T}}B_3|h^J| + |h^J|^{\mathrm{T}}B_3^{\mathrm{T}}|h^R| + |h^R|^{\mathrm{T}}B_4|h^K| + |h^K|^{\mathrm{T}}B_4^{\mathrm{T}}|h^R|$$

$$- \sum_{p=1}^{n} c_p(h_p^I(t))^2 + |h^I|^{\mathrm{T}}B_1|h^I| + |h^I|^{\mathrm{T}}B_1^{\mathrm{T}}|h^I| + |h^I|^{\mathrm{T}}B_2|h^R| + |h^R|^{\mathrm{T}}B_2^{\mathrm{T}}|h^I|$$

$$+ |h^I|^{\mathrm{T}}B_3|h^K| + |h^K|^{\mathrm{T}}B_3^{\mathrm{T}}|h^I| + |h^I|^{\mathrm{T}}B_4|h^J| + |h^J|^{\mathrm{T}}B_4^{\mathrm{T}}|h^I|$$

$$-\sum_{p=1}^{n} c_p (h_p^J(t))^2 + |h^J|^{\mathrm{T}} B_1 |h^J| + |h^J|^{\mathrm{T}} B_1^{\mathrm{T}} |h^J| + |h^J|^{\mathrm{T}} B_2 |h^K| + |h^K|^{\mathrm{T}} B_2^{\mathrm{T}} |h^J|$$

$$+ |h^J|^{\mathrm{T}} B_3 |h^R| + |h^R|^{\mathrm{T}} B_3^{\mathrm{T}} |h^J| + |h^J|^{\mathrm{T}} B_4 |h^I| + |h^I|^{\mathrm{T}} B_4^{\mathrm{T}} |h^J|$$

$$-\sum_{p=1}^{n} c_p (h_p^K(t))^2 + |h^K|^{\mathrm{T}} B_1 |h^K| + |h^K|^{\mathrm{T}} B_1^{\mathrm{T}} |h^K| + |h^K|^{\mathrm{T}} B_2 |h^J| + |h^J|^{\mathrm{T}} B_2^{\mathrm{T}} |h^K|$$

$$+ |h^K|^{\mathrm{T}} B_3 |h^I| + |h^I|^{\mathrm{T}} B_3^{\mathrm{T}} |h^K| + |h^K|^{\mathrm{T}} B_4 |h^R| + |h^R|^{\mathrm{T}} B_4^{\mathrm{T}} |h^K|$$

$$\leqslant -\sum_{p=1}^{n} c_p (h_p^R(t))^2 - \sum_{p=1}^{n} c_p (h_p^I(t))^2 - \sum_{p=1}^{n} c_p (h_p^J(t))^2 - \sum_{p=1}^{n} c_p (h_p^K(t))^2$$

$$+ \lambda_{\max}(\Theta_1)\Big(|h^R|^{\mathrm{T}}|h^R| + |h^R|^{\mathrm{T}}|h^R|\Big) + \lambda_{\max}(\Theta_2)\Big(|h^R|^{\mathrm{T}}|h^R| + |h^I|^{\mathrm{T}}|h^I|\Big)$$

$$+ \lambda_{\max}(\Theta_3)\Big(|h^R|^{\mathrm{T}}|h^R| + |h^J|^{\mathrm{T}}|h^J|\Big) + \lambda_{\max}(\Theta_4)\Big(|h^R|^{\mathrm{T}}|h^R| + |h^K|^{\mathrm{T}}|h^K|\Big)$$

$$+ \lambda_{\max}(\Theta_1)\Big(|h^I|^{\mathrm{T}}|h^I| + |h^I|^{\mathrm{T}}|h^I|\Big) + \lambda_{\max}(\Theta_2)\Big(|h^I|^{\mathrm{T}}|h^I| + |h^R|^{\mathrm{T}}|h^R|\Big)$$

$$+ \lambda_{\max}(\Theta_3)\Big(|h^I|^{\mathrm{T}}|h^I| + |h^K|^{\mathrm{T}}|h^K|\Big) + \lambda_{\max}(\Theta_4)\Big(|h^I|^{\mathrm{T}}|h^I| + |h^J|^{\mathrm{T}}|h^J|\Big)$$

$$+ \lambda_{\max}(\Theta_1)\Big(|h^J|^{\mathrm{T}}|h^J| + |h^J|^{\mathrm{T}}|h^J|\Big) + \lambda_{\max}(\Theta_2)\Big(|h^J|^{\mathrm{T}}|h^J| + |h^K|^{\mathrm{T}}|h^K|\Big)$$

$$+ \lambda_{\max}(\Theta_3)\Big(|h^J|^{\mathrm{T}}|h^J| + |h^R|^{\mathrm{T}}|h^R|\Big) + \lambda_{\max}(\Theta_4)\Big(|h^J|^{\mathrm{T}}|h^J| + |h^I|^{\mathrm{T}}|h^I|\Big)$$

$$+ \lambda_{\max}(\Theta_1)\Big(|h^K|^{\mathrm{T}}|h^K| + |h^K|^{\mathrm{T}}|h^K|\Big) + \lambda_{\max}(\Theta_2)\Big(|h^K|^{\mathrm{T}}|h^K| + |h^J|^{\mathrm{T}}|h^J|\Big)$$

$$+ \lambda_{\max}(\Theta_3)\Big(|h^K|^{\mathrm{T}}|h^K| + |h^I|^{\mathrm{T}}|h^I|\Big) + \lambda_{\max}(\Theta_4)\Big(|h^K|^{\mathrm{T}}|h^K| + |h^R|^{\mathrm{T}}|h^R|\Big)$$

$$\leqslant 4\lambda_{\max}(\Theta)\Big(2(h^R)^{\mathrm{T}} h^R + 2(h^I)^{\mathrm{T}} h^I + 2(h^J)^{\mathrm{T}} h^J + 2(h^K)^{\mathrm{T}} h^K\Big) - \min_{1\leqslant p\leqslant n}\{2c_p\} V(t)$$

$$\leqslant -\Big(\min_{1\leqslant p\leqslant n}\{2c_p\} - 4\lambda_{\max}(\Theta)\Big) V(t)$$

$$= -\lambda_3 V(t) \tag{6.1.30}$$

注意到

$$V(t) = \frac{1}{2}(h^R)^{\mathrm{T}}(h^R) + \frac{1}{2}(h^I)^{\mathrm{T}}(h^I) + \frac{1}{2}(h^J)^{\mathrm{T}}(h^J)$$

$$+ \frac{1}{2}(h^K)^{\mathrm{T}}(h^K) = \frac{1}{2}\|H(t)\|^2 \tag{6.1.31}$$

可得

$$\|H(t)\|^2 \leqslant \|H(0)\|^2 E_\alpha(-\lambda_3 t^\alpha) \tag{6.1.32}$$

即

$$\|Z(t) - Z^\star\| \leqslant \|Z_0 - Z^\star\| \left(E_\alpha(-\lambda_3 t^\alpha)\right)^{\frac{1}{2}} \tag{6.1.33}$$

根据定义 6.1.2, 可知系统 (6.1.14) 的平衡点是全局 Mittag-Leffler 稳定的, 也就是说模型 (6.1.2) 的唯一平衡点是全局 Mittag-Leffler 稳定的. 证毕.

6.1.4 数值示例

例 6.1.1 考虑如下分数阶四元数神经网络模型:

$$D^\alpha z(t) = -Cz(t) + Af(z(t)) + L \tag{6.1.34}$$

其中, $\alpha = 0.95$; $z(t) = z^R + \imath z^I + \jmath z^J + \kappa z^K = (z_1(t), z_2(t))^{\mathrm{T}}$; $C = \mathrm{diag}(4, 4)$; $f(z) = \max\{0, z^R\} + \imath \max\{0, z^I\} + \jmath \max\{0, z^J\} + \kappa \max\{0, z^K\}$; $L = (0.3 - 0.2\imath - 0.5\jmath + 0.6\kappa - 0.4 + 0.3\imath + 0.4\jmath - 0.3\kappa)^{\mathrm{T}}$; 且

$$A = \begin{bmatrix} -0.12 - 0.45\imath - 0.15\jmath - 0.52\kappa & -0.45 + 0.24\imath - 0.42\jmath + 0.26\kappa \\ -0.35 + 0.15\imath - 0.21\jmath + 0.16\kappa & -0.65 - 0.12\imath - 0.21\jmath - 0.14\kappa \end{bmatrix}$$

通过计算, $\hat{C} - |\hat{A}|$ 的特征值为 1.7266, 4.7676, 4.1025, 3.9772, 3.9134, 3.3324, 3.5288, 3.5775. 因此, $\hat{C} - |\hat{A}|$ 是一个非奇异 M-矩阵. 根据定理 6.1.1, 可知系统 (6.1.34) 有唯一的平衡点.

下面分别验证式 (6.1.15)、式 (6.1.21) 和式 (6.1.28).

(1) 令 $\rho = 1$, 则 $\lambda_1 = \max\{4.72, 4.48\} = 4.72 > 0$, 因此式 (6.1.15) 成立;

(2) 令 $Q = \mathrm{diag}\{4, 4\}$, $\lambda_2 = 1$, 则 $\lambda(\Omega) = -9.8219, -8.4489$, 即 $\Omega < 0$, 因此式 (6.1.21) 成立;

(3) $\lambda_{\max}(\Theta_1) = 0.4340$, $\lambda_{\max}(\Theta_2) = 0.2720$, $\lambda_{\max}(\Theta_3) = 0.2624$, $\lambda_{\max}(\Theta_4) = 0.3085$, 则 $\lambda_3 = 2 \times 4 - 4 \times 0.4340 = 6.264 > 0$, 因此式 (6.1.28) 成立.

由定理 6.1.3、定理 6.1.4 和定理 6.1.5 可知, 模型 (6.1.34) 的唯一平衡点是全局 Mittag-Leffler 稳定的. 取初始值 $z_{10} = 1.5 + 0.5\imath + 2.5\jmath + 3.5\kappa$, $z_{20} = -1.5 - 0.5\imath - 2.5\jmath - 3.5\kappa$ 对模型 (6.1.34) 进行仿真, 图 6.1.1 ~ 图 6.1.4 给出了模型 (6.1.34) 四个部分的状态轨迹.

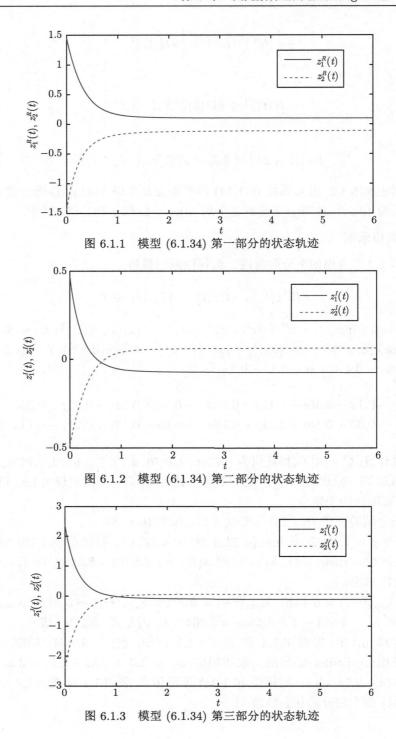

图 6.1.1　模型 (6.1.34) 第一部分的状态轨迹

图 6.1.2　模型 (6.1.34) 第二部分的状态轨迹

图 6.1.3　模型 (6.1.34) 第三部分的状态轨迹

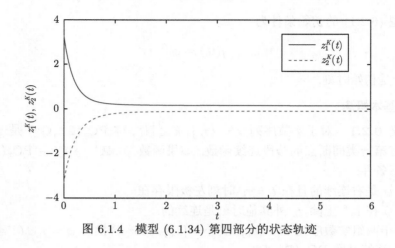

图 6.1.4 模型 (6.1.34) 第四部分的状态轨迹

6.2 具有脉冲的分数阶四元数神经网络 Mittag-Leffler 稳定性

本节研究具有分段常数变元和脉冲的分数阶四元数神经网络的全局 Mittag-Leffler 稳定性. 不对四元数神经网络的模型进行分离, 直接利用具有脉冲的分数阶 Gronwall 不等式, 导出网络模型在分段常数变元上的解与网络模型解之间的不等式关系, 并利用矩阵不等式技巧和 Lyapunov 稳定性理论, 建立网络平衡点全局 Mittag-Leffler 稳定性的充分判据. 最后通过数值示例验证所得结果的有效性.

6.2.1 模型描述

考虑如下具有分段常数变元和脉冲的分数阶四元数神经网络模型:

$$\begin{cases} {}^{C}_{t_0}D_t^\alpha q(t) = -Dq(t) + Af(q(t)) + Bg(q(\gamma(t))) + U, \ t \neq \tau_k \\ \Delta q(\tau_k) = q(\tau_k) - q(\tau_k^-) = J_k(q(\tau_k^-)), \ t = \tau_k \end{cases} \quad (6.2.1)$$

其中, $t \geq t_0$, $k \in \mathbb{N}^+ = \{0, 1, 2, \cdots\}$; $\gamma(t)$ 为分段常数变元函数且满足 $\gamma(t) = \theta_\iota$, $t \in [\theta_\iota, \theta_{\iota+1})$, $\iota \in \mathbb{N} = \{1, 2, \cdots\}$, θ_ι 为一组固定的实数序列, 并且存在两个正实数 $\underline{\theta}, \bar{\theta}$ 使得 $\underline{\theta} \leq \theta_{\iota+1} - \theta_\iota < \bar{\theta}$; $q(t) = (q_1(t), q_2(t), \cdots, q_n(t))^{\mathrm{T}} \in \mathbb{Q}^n$ 为神经元的状态向量, n 为神经元的个数; $f(q(t)) = (f_1(q_1(t)), f_2(q_2(t)), \cdots, f_n(q_n(t)))^{\mathrm{T}} \in \mathbb{Q}^n$ 和 $g(q(t)) = (g_1(q_1(t)), g_2(q_2(t)), \cdots, g_n(q_n(t)))^{\mathrm{T}} \in \mathbb{Q}^n$ 为神经元的激活函数; $D = \mathrm{diag}\{d_1, d_2, \cdots, d_n\} \in \mathbb{R}^{n \times n}$ 为自反馈连接权矩阵且 $d_i > 0$; $A = (a_{ij})_{n \times n} \in \mathbb{Q}^{n \times n}$ 和 $B = (b_{ij})_{n \times n} \in \mathbb{Q}^{n \times n}$ 为已知的连接权矩阵; U 为外部输入向量; $J_k(q(\tau_k^-))$ 为脉冲扰动, 其中 τ_k 为脉冲时刻且满足 $0 < \tau_1 < \tau_2 < \cdots$, $\lim_{k \to +\infty} \tau_k = +\infty$, $q(\tau_k^-) = \lim_{t \to \tau_k^-} q(t)$, $q(\tau_k) = q(\tau_k^+) = \lim_{t \to \tau_k^+} q(t)$.

模型 (6.2.1) 的初始条件为

$$q(t_0) = q_0$$

其中, t_0 是初始时刻.

6.2.2　基本概念

定义 6.2.1　对于实数序列 $\tau = \{\tau_k\}$, $k \in \mathbb{N}^+$, 称 $\mathrm{PC}_\tau(\mathbb{R}^+, \mathbb{Q}^n)$ 是一类右连续且具有第一类间断点的分段连续函数. 如果函数 $\psi : \mathbb{R}^+ \to \mathbb{Q}^n \in \mathrm{PC}_\tau(\mathbb{R}^+, \mathbb{Q}^n)$ 满足如下条件:

(1) ψ 是右连续的且在 $t = \tau_k$ 时刻左极限存在;

(2) ψ 在 $\mathbb{R}^+$ 上除 τ_k 外其他时刻是连续的.

那么, 对于两组实数序列 $\theta = \{\theta_\iota\}$ 和 $\tau = \{\tau_k\}$, 将 τ 替换为 $\varphi = \tau \cup \theta$, 建立一类新的分段连续函数 $\mathrm{PC}_\varphi(\mathbb{R}^+, \mathbb{Q}^n)$.

定义 6.2.2　如果初始值为 $q(t_0) = q_0$ 的分段连续函数 $q(t) = (q_1(t), q_2(t), \cdots, q_n(t))^{\mathrm{T}} : \mathbb{R}^+ \to \mathbb{Q}^n$ 满足如下条件:

(1) $q(t) \in \mathrm{PC}_\tau$;

(2) ${}_{t_0}^C D_t^\alpha q(t) \in \mathrm{PC}_\varphi$;

(3) $q(t)$ 在 $[t_0, +\infty)$ 上满足模型 (6.2.1).

那么, 称此分段连续函数是模型 (6.2.1) 的解.

注 6.2.1　根据分段常数函数的定义, 函数 $\gamma(t)$ 是右连续的. 然而, 脉冲微分方程中通常默认函数在脉冲时刻 τ_k 是左连续的. 因此, 必须要假设分段常数变元的脉冲时刻和切换时刻具有相同的连续性. 考虑到分段常数变元, 函数具有右连续性是一个更适合后续研究的假设.

定义 6.2.3　如果 $-D\hat{q} + Af(\hat{q}) + Bg(\hat{q}) + U = 0$, 同时 $J_k(\hat{q}(\tau_k^-)) = 0$, 则称常数向量 $\hat{q} \in \mathbb{Q}^n$ 为模型 (6.2.1) 的平衡点.

定义 6.2.4　对于模型 (6.2.1) 具有初始值 q_0 的任意解 $q(t)$, 如果存在三个正常数 M, λ 和 θ, 使得

$$\|q(t) - \hat{q}\| \leqslant M\|q_0 - \hat{q}\|[E_\alpha(-\lambda(t - t_0)^\alpha)]^\theta$$

则称模型 (6.2.1) 的平衡点 $\hat{q}$ 是全局 Mittag-Leffler 稳定的.

定义 6.2.5　如果以下两个条件都成立:

(1) $V(t, v)$ 除 τ_k 时刻外其他时刻均是连续的, 对于任意 $u \in \mathbb{Q}^n$, $V(\tau_k^-, u) = \lim\limits_{(t,v) \to (\tau_k^-, u)} V(t, v)$, $V(\tau_k^+, u) = \lim\limits_{(t,v) \to (\tau_k^+, u)} V(t, v)$, $V(\tau_k, u) = V(\tau_k^+, u)$;

(2) $V(t, u)$ 是关于 u 局部 Lipschitz 连续的, 且 $V(t, 0) = 0$.

那么, 称函数 $V : \mathbb{R}^+ \times \mathbb{Q}^n \to \mathbb{R}^+$ 属于 Θ 类.

6.2.3　基本假设

为了研究模型 (6.2.1) 的全局 Mittag-Leffler 稳定性, 需要进行以下假设.

假设 6.2.1　激活函数 $f_j(\cdot)$ 和 $g_j(\cdot)$ 有界并满足 Lipschitz 条件, 即对于任意 $q_1, q_2 \in \mathbb{Q}$, $j = 1, 2, \cdots, n$, 存在两个实数正对角矩阵 $L = \mathrm{diag}\{l_1, l_2, \cdots, l_n\}$ 和 $W = \mathrm{diag}\{w_1, w_2, \cdots, w_n\}$, 使得

$$|f_j(q_1) - f_j(q_2)| \leqslant l_j |q_1 - q_2|$$

$$|g_j(q_1) - g_j(q_2)| \leqslant w_j |q_1 - q_2|$$

假设 6.2.2　存在一个矩阵 $E_k = \mathrm{diag}\{e_{1k}, e_{2k}, \cdots, e_{nk}\}$, 使得脉冲算子 $J_k : \mathbb{Q}^n \to \mathbb{Q}^n$ 满足

$$J_k(q(\tau_k^-)) = E_k q(\tau_k^-)$$

其中, $k \in \mathbb{N}^+$.

假设 6.2.3　模型参数满足 $\varepsilon \lambda_2 + (\varepsilon \lambda_1 + \sigma \rho)(1 + \varepsilon \lambda_2)(1 + \sigma E_\alpha(\lambda_1 \bar{\theta}^\alpha))^\rho E_\alpha(\lambda_1 \cdot \bar{\theta}^\alpha) < 1$, 其中,

$$\varepsilon = \frac{\bar{\theta}^\alpha}{\Gamma(\alpha+1)}, \ \sigma = \max_{1 \leqslant i \leqslant n, k \in \mathbb{N}^+}\{|e_{ik}|\}$$

$$\lambda_1 = \max_{1 \leqslant i \leqslant n}\left\{d_i + l_i \sum_{j=1}^n |a_{ji}|\right\}, \ \lambda_2 = \max_{1 \leqslant i \leqslant n}\left\{w_i \sum_{j=1}^n |b_{ji}|\right\}$$

6.2.4　基本引理

为了证明主要结果, 需要用到如下引理.

引理 6.2.1　假设 $a(t)$ 是在 $t_0 \leqslant t < T$ 上局部可积的非负非减函数, 则常数 $b > 0$, $\beta_k > 0$. 对于 $t \in [t_k, t_{k+1})$, 如果 $q(t) \in \mathrm{PC}_\varphi$ 满足如下不等式:

$$\|q(t)\| \leqslant a(t) + b \int_{t_0}^t (t-s)^{\alpha-1}\|q(s)\|\mathrm{d}s + \sum_{t_0 < \tau_k \leqslant t} \beta_k \|q(\tau_k^-)\|$$

则

$$\|q(t)\| \leqslant a(t)(1 + \beta E_\alpha(b\Gamma(\alpha)(t-t_0)^\alpha))^k E_\alpha(b\Gamma(\alpha)(t-t_0)^\alpha)$$

其中, $\beta = \max_{k \in \mathbb{N}^+}\{\beta_k\}$.

引理 6.2.2　如果存在函数 $V \in \Theta$ 和常数 $\nu \in (0,1]$, $\mu > 0$, 使得

$${}_{t_0}^C D_t^\alpha V(t,q) \leqslant -\mu V(t,q), \ t \neq \tau_k$$

$$V(\tau_k, q + J_k(q)) \leqslant \nu V(\tau_k^-, q)$$

其中, $t \in [t_0, \infty)$; $\alpha \in (0,1)$; $k \in \mathbb{N}^+$, 则

$$V(t,q) \leqslant V(t_0,q_0)E_\alpha(-\mu(t-t_0)^\alpha),\ t \in [t_0,\infty)$$

其初始值为 $q(t_0) = q_0$.

由假设 6.2.1 和 Brouwer 不动点定理, 容易证明模型 (6.2.1) 平衡点的存在性. 设 $\hat{q}$ 是模型 (6.2.1) 的平衡点, 令 $\varrho(t) = q(t) - \hat{q}$, 则模型 (6.2.1) 变为

$$\begin{cases} {}^C_{t_0}D_t^\alpha \varrho(t) = -D\varrho(t) + A\hat{f}(\varrho(t)) + B\hat{g}(\varrho(\gamma(t))),\ t \neq \tau_k \\ \Delta\varrho(\tau_k) = \varrho(\tau_k) - \varrho(\tau_k^-) = J_k(\varrho(\tau_k^-)), \qquad\qquad t = \tau_k \end{cases} \quad (6.2.2)$$

其中, $\hat{f}(\varrho(t)) = f(\varrho(t) + \hat{q}) - f(\hat{q})$; $\hat{g}(\varrho(t)) = g(\varrho(t) + \hat{q}) - g(\hat{q})$.

为了处理分段常数变元的状态变量, 需要用到如下引理.

引理 6.2.3　在假设 6.2.1 ~ 假设 6.2.3 成立的条件下, 并且对于所有 $t \in \mathbb{R}$, $\varrho(t) = (\varrho_1(t), \varrho_2(t), \cdots, \varrho_n(t))^{\mathrm{T}}$ 是模型 (6.2.1) 的解, 则有

$$\|\varrho(\gamma(t))\|_2^2 \leqslant n\eta^2 \|\varrho(t)\|_2^2 \qquad (6.2.3)$$

其中, 参数 η 定义为

$$\eta = (1 - (\varepsilon\lambda_2 + (\varepsilon\lambda_1 + \sigma\rho)(1 + \varepsilon\lambda_2)(1 + \sigma E_\alpha(\lambda_1\bar{\theta}^\alpha))^\rho E_\alpha(\lambda_1\bar{\theta}^\alpha)))^{-1}$$

证明　给定 $\sigma = \max\limits_{1 \leqslant i \leqslant n, k \in \mathbb{N}^+} \{|e_{ik}|\}$, 由假设 6.2.2 可得

$$|J_k(\varrho_i(\tau_k^-))| \leqslant \sigma|\varrho_i(\tau_k^-)| \qquad (6.2.4)$$

其中, $i = 1, 2, \cdots, n$.

固定 $\iota \in N$, 则当 $t \in [\theta_\iota, \theta_{\iota+1})$ 时, 由分数阶积分的定义可得

$$\varrho_i(t) = \varrho_i(\theta_\iota) + \frac{1}{\Gamma(\alpha)} \int_{\theta_\iota}^t (t-s)^{\alpha-1} \bigg(-d_i\varrho_i(s) + \sum_{j=1}^n a_{ij}\hat{f}_j(\varrho_j(s))$$

$$+ \sum_{j=1}^n b_{ij}\hat{g}_j(\varrho_j(\theta_\iota)) \bigg)\mathrm{d}s + \sum_{\theta_\iota < \tau_k \leqslant t} J_{ik}(\varrho_i(\tau_k^-))$$

两边取绝对值并求和, 并由式 (6.2.4) 可得

$$\|\varrho(t)\|_1 = \sum_{i=1}^n |\varrho_i(t)|$$

$$\leqslant \|\varrho(\theta_\iota)\|_1 + \sum_{i=1}^n \bigg(\frac{1}{\Gamma(\alpha)} \int_{\theta_\iota}^t (t-s)^{\alpha-1} \bigg(-d_i|\varrho_i(s)| + \sum_{j=1}^n |a_{ij}||\hat{f}_j(\varrho_j(s))|$$

$$+ \sum_{j=1}^{n} |b_{ij}||\hat{g}_j(\varrho_j(\theta_\iota))| \Bigg) \mathrm{d}s + \sum_{\theta_\iota < \tau_k \leqslant t} |J_k(\varrho_i(\tau_k^-))| \Bigg)$$

$$\leqslant \|\varrho(\theta_\iota)\|_1 + \frac{1}{\Gamma(\alpha)} \int_{\theta_\iota}^{t} (t-s)^{\alpha-1} \Bigg(\sum_{i=1}^{n} \Bigg(d_i + l_i \sum_{j=1}^{n} |a_{ji}| \Bigg) |\varrho_i(s)|$$

$$+ \sum_{i=1}^{n} \Bigg(w_i \sum_{j=1}^{n} |b_{ji}| \Bigg) |\varrho_i(\theta_\iota)| \Bigg) \mathrm{d}s + \sum_{i=1}^{n} \sum_{\theta_\iota < \tau_k \leqslant t} \sigma |\varrho_i(\tau_k^-)|$$

$$\leqslant \|\varrho(\theta_\iota)\|_1 + \frac{1}{\Gamma(\alpha)} \int_{\theta_\iota}^{t} (t-s)^{\alpha-1} \Bigg(\sum_{i=1}^{n} \lambda_1 |\varrho_i(s)| + \sum_{i=1}^{n} \lambda_2 |\varrho_i(\theta_\iota)| \Bigg) \mathrm{d}s$$

$$+ \sum_{\theta_\iota < \tau_k \leqslant t} \sigma \|\varrho(\tau_k^-)\|_1$$

$$\leqslant \|\varrho(\theta_\iota)\|_1 + \varepsilon\lambda_2 \|\varrho(\theta_\iota)\|_1 + \frac{\lambda_1}{\Gamma(\alpha)} \int_{\theta_\iota}^{t} (t-s)^{\alpha-1} \|\varrho(s)\|_1 \mathrm{d}s$$

$$+ \sum_{\theta_\iota < \tau_k \leqslant t} \sigma \|\varrho(\tau_k^-)\|_1 \tag{6.2.5}$$

由引理 6.2.1 和式 (6.2.5) 可得

$$\|\varrho(t)\|_1 \leqslant (1 + \varepsilon\lambda_2)(1 + \sigma E_\alpha(\lambda_1 \bar{\theta}^\alpha))^\rho E_\alpha(\lambda_1 \bar{\theta}^\alpha) \|\varrho(\theta_\iota)\|_1$$

其中, $\rho = \max_{\iota \in \mathbb{N}} \{\rho_\iota\}$, ρ_ι 是脉冲点 τ_k 在区间 $[\theta_\iota, t)$ 内的个数. 特别地, 有

$$\|\varrho(\tau_k^-)\|_1 \leqslant (1 + \varepsilon\lambda_2)(1 + \sigma E_\alpha(\lambda_1 \bar{\theta}^\alpha))^\rho E_\alpha(\lambda_1 \bar{\theta}^\alpha) \|\varrho(\theta_\iota)\|_1$$

因此, 当 $t \in [\theta_\iota, \theta_{\iota+1})$ 时, 可得

$$\|\varrho(\theta_\iota)\|_1 \leqslant \|\varrho(t)\|_1 + \varepsilon\lambda_2 \|\varrho(\theta_\iota)\|_1$$

$$+ \frac{\lambda_1}{\Gamma(\alpha)} \int_{\theta_\iota}^{t} (t-s)^{\alpha-1} \|\varrho(s)\|_1 \mathrm{d}s + \sum_{\theta_\iota < \tau_k \leqslant t} \sigma \|\varrho(\tau_k^-)\|_1$$

$$\leqslant \|\varrho(t)\|_1 + \varepsilon\lambda_2 \|\varrho(\theta_\iota)\|_1$$

$$+ \frac{\lambda_1}{\Gamma(\alpha)} \int_{\theta_\iota}^{t} (t-s)^{\alpha-1} (1 + \varepsilon\lambda_2)(1 + \sigma E_\alpha(\lambda_1 \bar{\theta}^\alpha))^\rho E_\alpha(\lambda_1 \bar{\theta}^\alpha) \|\varrho(\theta_\iota)\|_1 \mathrm{d}s$$

$$+ \sum_{\theta_\iota < \tau_k \leqslant t} \sigma (1 + \varepsilon\lambda_2)(1 + \sigma E_\alpha(\lambda_1 \bar{\theta}^\alpha))^\rho E_\alpha(\lambda_1 \bar{\theta}^\alpha) \|\varrho(\theta_\iota)\|_1$$

$$\leqslant (\varepsilon\lambda_2 + (\varepsilon\lambda_1 + \sigma\rho)(1 + \varepsilon\lambda_2)(1 + \sigma E_\alpha(\lambda_1 \bar{\theta}^\alpha))^\rho E_\alpha(\lambda_1 \bar{\theta}^\alpha)) \|\varrho(\theta_\iota)\|_1$$

$$+ \|\varrho(t)\|_1 \tag{6.2.6}$$

由假设 6.2.3 可知

$$\|\varrho(\theta_\iota)\|_1 \leqslant \eta \|\varrho(t)\|_1$$

从而有

$$\|\varrho(\gamma(t))\|_1 \leqslant \eta \|\varrho(t)\|_1 \tag{6.2.7}$$

将向量 1-范数转化为向量欧氏范数, 可以得到

$$\|\varrho\|_1^2 = \left(\sum_{i=1}^n |\varrho_i|\right)^2 \leqslant n \sum_{i=1}^n |\varrho_i|^2 = n\|\varrho\|_2^2$$

$$\|\varrho\|_2^2 = \sum_{i=1}^n |\varrho_i|^2 \leqslant \left(\sum_{i=1}^n |\varrho_i|\right)^2 = \|\varrho\|_1^2$$

$$\|\varrho\|_2^2 \leqslant \|\varrho\|_1^2 \leqslant n\|\varrho\|_2^2$$

$$\|\varrho(\gamma(t))\|_2^2 \leqslant \|\varrho(\gamma(t))\|_1^2$$

$$\eta^2\|\varrho(t)\|_1^2 \leqslant n\eta^2\|\varrho(t)\|_2^2$$

因此, 利用式 (6.2.7) 可得

$$\|\varrho(\gamma(t))\|_2^2 \leqslant n\eta^2\|\varrho(t)\|_2^2$$

即式 (6.2.3) 成立. 证毕.

6.2.5　主要结果

定理 6.2.1　在假设 6.2.1 ~ 假设 6.2.3 成立的条件下, 如果下列条件成立:

(1) 存在正定矩阵 $Q \in \mathbb{Q}^{n \times n}$, 正对角矩阵 $R_1, R_2 \in \mathbb{R}^{n \times n}$ 和常数 $\mu > 0$, 使得以下条件成立, 即

$$\begin{bmatrix} \mu Q - QD - DQ + LR_1L + n\eta^2 WR_2W & QA & QB \\ A^*Q & -R_1 & 0 \\ B^*Q & 0 & -R_2 \end{bmatrix} < 0 \tag{6.2.8}$$

(2) 存在常数 $\nu \in (0,1]$, 使得

$$(I + E_k)^*Q(I + E_k) - \nu Q < 0 \tag{6.2.9}$$

则模型 (6.2.1) 的平衡点是全局 Mittag-Leffler 稳定的.

证明 构造如下 Lyapunov 函数:

$$V(t) = \varrho^*(t) Q \varrho(t), \ V(t) \in \Theta \tag{6.2.10}$$

当 $t \neq \tau_k$ 时, 沿式 (6.2.2) 的轨迹计算 $V(t)$ 的分数阶导数, 可得

$$
\begin{aligned}
{}_{t_0}^{C} D_t^\alpha V(t) \leqslant\ & \varrho^*(t) Q(-D\varrho(t) + A\hat{f}(\varrho(t)) + B\hat{g}(\varrho(\gamma(t)))) \\
& + (-D\varrho(t) + A\hat{f}(\varrho(t)) + B\hat{g}(\varrho(\gamma(t))))^* Q \varrho(t) \\
=\ & \varrho^*(t)(-QD - DQ)\varrho(t) \\
& + \varrho^*(t) Q A \hat{f}(\varrho(t)) + \hat{f}^*(\varrho(t)) A^* Q \varrho(t) \\
& + \varrho^*(t) Q B \hat{g}(\varrho(\gamma(t))) + \hat{g}^*(\varrho(\gamma(t))) B^* Q \varrho(t)
\end{aligned} \tag{6.2.11}
$$

对于实正对角矩阵 R_1 和 R_2, 由假设 6.2.1 可得

$$\hat{f}^*(\varrho(t)) R_1 \hat{f}(\varrho(t)) \leqslant \varrho^*(t) L R_1 L \varrho(t) \tag{6.2.12}$$

$$\hat{g}^*(\varrho(\gamma(t))) R_2 \hat{g}(\varrho(\gamma(t))) \leqslant \varrho^*(\gamma(t)) W R_2 W \varrho(\gamma(t)) \tag{6.2.13}$$

联立式 (6.2.11) $\sim$ 式 (6.2.13), 可得

$$
\begin{aligned}
{}_{t_0}^{C} D_t^\alpha V(t) \leqslant\ & \varrho^*(t)(-QD - DQ)\varrho(t) + \varrho^*(t) Q A R_1^{-1} A^* Q \varrho(t) \\
& + \hat{f}^*(\varrho(t)) R_1 \hat{f}(\varrho(t)) + \varrho^*(t) Q B R_2^{-1} B^* Q \varrho(t) \\
& + \hat{g}^*(\varrho(\gamma(t))) R_2 \hat{g}(\varrho(\gamma(t))) \\
\leqslant\ & \varrho^*(t)(-QD - DQ)\varrho(t) + \varrho^*(t) Q A R_1^{-1} A^* Q \varrho(t) + \varrho^*(t) L R_1 L \varrho(t) \\
& + \varrho^*(t) Q B R_2^{-1} B^* Q \varrho(t) + \varrho^*(\gamma(t)) W R_2 W \varrho(\gamma(t)) \\
\leqslant\ & \varrho^*(t)(-QD - DQ + Q A R_1^{-1} A^* Q + Q B R_2^{-1} B^* Q \\
& + L R_1 L)\varrho(t) + \varrho^*(\gamma(t)) W R_2 W \varrho(\gamma(t))
\end{aligned} \tag{6.2.14}
$$

根据引理 6.2.1, 由式 (6.2.8) 和式 (6.2.14) 可得

$$
\begin{aligned}
{}_{t_0}^{C} D_t^\alpha V(t) \leqslant\ & \varrho^*(t)(-QD - DQ + Q A R_1^{-1} A^* Q + Q B R_2^{-1} B^* Q + L R_1 L)\varrho(t) \\
& + n\eta^2 \varrho^*(t) W R_2 W \varrho(t) \\
=\ & \varrho^*(t)(\mu Q - QD - DQ + Q A R_1^{-1} A^* Q + Q B R_2^{-1} B^* Q \\
& + L R_1 L + n\eta^2 W R_2 W)\varrho(t) - \mu \varrho^*(t) Q \varrho(t)
\end{aligned}
$$

$$\leqslant -\mu \varrho^*(t) Q \varrho(t)$$

$$= -\mu V(t) \tag{6.2.15}$$

当 $t = \tau_k$ 时, 由条件 (6.2.9) 可知

$$V(\tau_k) = \varrho^*(\tau_k) Q \varrho(\tau_k)$$

$$= (\varrho(\tau_k^-) + E_k \varrho(\tau_k^-))^* Q(\varrho(\tau_k^-) + E_k \varrho(\tau_k^-))$$

$$= \varrho(\tau_k^-)^* (I + E_k)^* Q(I + E_k) \varrho(\tau_k^-)$$

$$= \varrho(\tau_k^-)^* ((I + E_k)^* Q(I + E_k) - \nu Q) \varrho(\tau_k^-)$$

$$\quad + \nu \varrho(\tau_k^-)^* Q \varrho(\tau_k^-)$$

$$\leqslant \nu V(\tau_k^-) \tag{6.2.16}$$

根据引理 6.2.2, 由式 (6.2.15) 和式 (6.2.16) 可知

$$V(t) < V(t_0) E_\alpha(-\mu(t - t_0)^\alpha) \tag{6.2.17}$$

由所构造的 Lyapunov 函数易知

$$\lambda_{\min}(Q) \|\varrho(t)\|^2 \leqslant \varrho^*(t) Q \varrho(t) \leqslant \lambda_{\max}(Q) \|\varrho(t)\|^2$$

从而有

$$\|q(t) - \hat{q}\|^2 \leqslant \frac{V(t)}{\lambda_{\min}(Q)}, \ V(t_0) \leqslant \lambda_{\max}(Q) \|q_0 - \hat{q}\|^2 \tag{6.2.18}$$

由式 (6.2.17) 和式 (6.2.18) 可得

$$\|q(t) - \hat{q}\|^2 \leqslant \frac{\lambda_{\max}(Q)}{\lambda_{\min}(Q)} \|q_0 - \hat{q}\|^2 E_\alpha(-\mu(t - t_0)^\alpha)$$

进一步可得

$$\|q(t) - \hat{q}\| \leqslant \sqrt{\frac{\lambda_{\max}(Q)}{\lambda_{\min}(Q)}} \|q_0 - \hat{q}\| (E_\alpha(-\mu(t - t_0)^\alpha))^{\frac{1}{2}}$$

由定义 6.2.4 可知, 模型 (6.2.1) 的平衡点是全局 Mittag-Leffler 稳定的. 证毕.

当 $F(t) = 0$, 即无分段常数变元项时, 模型 (6.2.1) 退化为如下模型:

$$\begin{cases} {}^C_{t_0} D_t^\alpha q(t) = -Dq(t) + Af(q(t)) + U, & t \neq \tau_k \\ \Delta q(\tau_k) = q(\tau_k) - q(\tau_k^-) = J_k(q(\tau_k^-)), & t = \tau_k \end{cases} \tag{6.2.19}$$

对于模型 (6.2.19), 有下面的结论.

推论 6.2.1　　在假设 6.2.2 成立的条件下, 如果激活函数 $f_i(\cdot)$ 有界且存在正对角矩阵 $L = \mathrm{diag}\{l_1, l_2, \cdots, l_n\}$, 使得对于所有 $q_1, q_2 \in \mathbb{Q}$, 有

$$|f_j(q_1) - f_j(q_2)| \leqslant l_j |q_1 - q_2|$$

成立, 并且满足下列条件:

(1) 存在正定矩阵 $Q \in \mathbb{Q}^{n \times n}$, 正对角矩阵 $R_1 \in \mathbb{R}^{n \times n}$ 和 $\mu > 0$ 使得

$$\begin{bmatrix} \mu Q - QD - DQ + LR_1L & QA \\ A^*Q & -R_1 \end{bmatrix} < 0$$

(2) 存在常数 $\nu \in (0, 1]$ 使得

$$(I + E_k)^*Q(I + E_k) - \nu Q < 0$$

则模型 (6.2.19) 的平衡点是全局 Mittag-Leffler 稳定的.

当模型 (6.2.1) 中无脉冲项时, 该模型退化为如下模型:

$$_{t_0}^{C}D_t^{\alpha}q(t) = -Dq(t) + Af(q(t)) + Bg(q(\gamma(t))) + U \tag{6.2.20}$$

对于模型 (6.2.20), 有下面的结果.

推论 6.2.2　　在假设 6.2.1 成立的条件下, 如果下列条件成立:

(1) $\varepsilon\lambda_2 + \varepsilon\lambda_1(1 + \varepsilon\lambda_2)E_\alpha(\lambda_1\bar{\theta}^\alpha) < 1$;

(2) 存在正定矩阵 $Q \in \mathbb{Q}^{n \times n}$, 正对角矩阵 $R_1, R_2 \in \mathbb{R}^{n \times n}$ 以及常数 $\mu > 0$, 使得

$$\begin{bmatrix} \mu Q - QD - DQ + LR_1L + n\eta^2WR_2W & QA & QB \\ A^*Q & -R_1 & 0 \\ B^*Q & 0 & -R_2 \end{bmatrix} < 0$$

则模型 (6.2.20) 的平衡点是全局 Mittag-Leffler 稳定的.

6.2.6　数值示例

例 6.2.1　　假设模型 (6.2.1) 的参数取值如下:

$$f_1(q(t)) = f_2(q(t)) = 0.1\tanh(q(t))$$

$$g_1(q(t)) = g_2(q(t)) = 0.2\tanh(q(t))$$

$$A = \begin{bmatrix} 0.156 + 0.302\imath + 0.285\jmath + 0.311\kappa & 0.219 + 0.053\imath - 0.283\jmath + 0.082\kappa \\ 0.089 - 0.187\imath + 0.114\jmath + 0.096\kappa & 0.170 + 0.003\imath - 0.103\jmath + 0.363\kappa \end{bmatrix}$$

$$B = \begin{bmatrix} 0.269 - 0.156\imath + 0.042\jmath + 0.103\kappa & 0.142 + 0.111\imath + 0.039\jmath - 0.058\kappa \\ 0.054 + 0.092\imath - 0.047\jmath + 0.002\kappa & -0.078 + 0.217\imath + 0.145\jmath + 0.152\kappa \end{bmatrix}$$

$$D = \begin{bmatrix} 0.5 & 0 \\ 0 & 0.5 \end{bmatrix}, \quad U = \begin{bmatrix} 0.2 - 0.3\imath + 0.3\jmath + 0.2\kappa \\ -0.1 + 0.2\imath + 0.4\jmath + 0.2\kappa \end{bmatrix}, \quad E_k = \begin{bmatrix} -0.1 & 0 \\ 0 & -0.1 \end{bmatrix}$$

分数阶次 $\alpha = 0.95$, 实数序列 $\{\theta_\iota\} = \dfrac{\iota}{5}$, $\iota \in \mathbb{N}$, $\{\tau_k\} = \dfrac{k}{10}$, $k \in \mathbb{N}^+$.

易验证激活函数满足假设 6.2.1 且 $L = \begin{bmatrix} 0.1 & 0 \\ 0 & 0.1 \end{bmatrix}$, $W = \begin{bmatrix} 0.2 & 0 \\ 0 & 0.2 \end{bmatrix}$, 也易检查脉冲算子满足假设 6.2.2. 通过简单计算, 可得

$$\bar{\theta} = 0.2, \quad \varepsilon = \frac{\bar{\theta}^\alpha}{\Gamma(\alpha+1)} = 0.2212, \quad \sigma = 0.1, \quad \rho = 2$$

$$\lambda_1 = \max_{1 \leqslant i \leqslant n} \left\{ d_i + l_i \sum_{j=1}^n |a_{ji}| \right\} = 0.5797, \quad \lambda_2 = \max_{1 \leqslant i \leqslant n} \left\{ w_i \sum_{j=1}^n |b_{ji}| \right\} = 0.1012$$

$$\varepsilon\lambda_2 + (\varepsilon\lambda_1 + \sigma\rho)(1 + \varepsilon\lambda_2)(1 + \sigma E_\alpha(\lambda_1\bar{\theta}^\alpha))^\rho E_\alpha(\lambda_1\bar{\theta}^\alpha) = 0.4958 < 1$$

即满足假设 6.2.3 且 $\eta = 1.9832$.

取 $\mu = 0.1$, $\nu = 0.9$, 通过 MATLAB 软件中的 YALMIP 工具箱, 可以计算出线性矩阵不等式 (6.2.8) 和 (6.2.9) 有下列一组可行解:

$$Q = \begin{bmatrix} 8.986 & -0.905 - 0.398\imath - 0.725\jmath + 1.169\kappa \\ -0.905 + 0.398\imath + 0.725\jmath - 1.169\kappa & 10.900 \end{bmatrix}$$

$$R_1 = \begin{bmatrix} 12.8831 & 0 \\ 0 & 12.7887 \end{bmatrix}, \quad R_2 = \begin{bmatrix} 8.1439 & 0 \\ 0 & 9.3198 \end{bmatrix}$$

因此, 由定理 6.2.1 可知, 模型 (6.2.1) 的平衡点是全局 Mittag-Leffler 稳定的. 图 6.2.1 ~ 图 6.2.4 显示了模型 (6.2.1) 四个部分的状态轨迹, 其中初始值为 $q_0 = (-0.3 + 1.7\imath + 1.6\jmath + 0.4\kappa, 1.9 - 1.5\imath - 0.3\jmath + 1.8\kappa)^{\mathrm{T}}$.

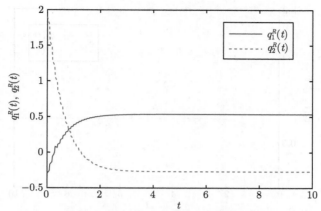

图 6.2.1 模型 (6.2.1) 第一部分的状态轨迹 (有脉冲影响)

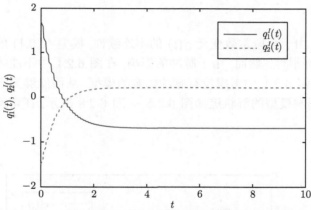

图 6.2.2 模型 (6.2.1) 第二部分的状态轨迹 (有脉冲影响)

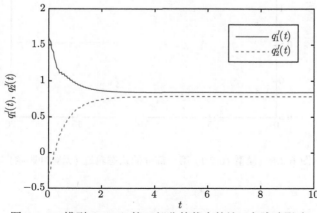

图 6.2.3 模型 (6.2.1) 第三部分的状态轨迹 (有脉冲影响)

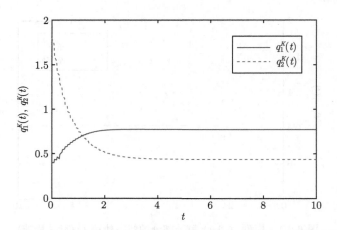

图 6.2.4　模型 (6.2.1) 第四部分的状态轨迹 (有脉冲影响)

注 6.2.2　由于分段常数变元 $\gamma(t)$ 的不连续性, 模型 (6.2.1) 解轨迹在切换处 θ_ι 上显示出非光滑性. 然而, 由于脉冲的影响, 在图 6.2.1 中不能明显观察到这一特征. 因此, 在例 6.2.1 中考虑没有脉冲影响的模型, 从而能够突出切换点的非平滑性. 无脉冲影响模型的解轨迹如图 6.2.5 ～ 图 6.2.8 所示, 在切换处呈现出解的非光滑性.

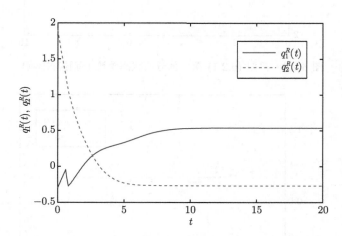

图 6.2.5　模型 (6.2.1) 第一部分的状态轨迹 (无脉冲影响)

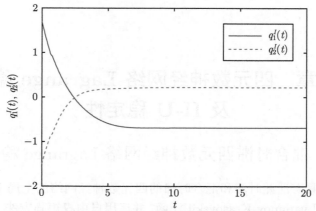

图 6.2.6　模型 (6.2.1) 第二部分的状态轨迹 (无脉冲影响)

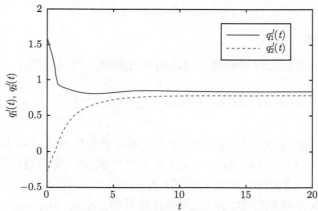

图 6.2.7　模型 (6.2.1) 第三部分的状态轨迹 (无脉冲影响)

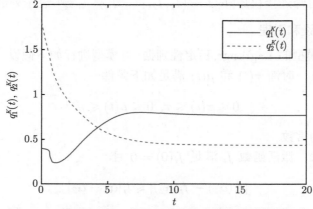

图 6.2.8　模型 (6.2.1) 第四部分的状态轨迹 (无脉冲影响)

第 7 章 四元数神经网络 Lagrange 稳定性及 H-U 稳定性

7.1 混合时滞四元数神经网络 Lagrange 稳定性

本节研究具有泄漏时滞和混合时滞的四元数神经网络的全局 Lagrange 稳定性. 通过构造 Lyapunov-Krasovskii 泛函, 并运用自由权矩阵方法, 建立模型全局 Lagrange 稳定性的线性矩阵不等式判据. 最后通过数值示例验证所得结果的有效性.

7.1.1 模型描述

考虑如下具有泄漏时滞和混合时滞的四元数神经网络模型:

$$\dot{q}(t) = -Dq(t-\delta) + Af(q(t)) + Bf(q(t-\tau(t))) + C\int_{t-\mu(t)}^{t} f(q(s))\mathrm{d}s + I \quad (7.1.1)$$

其中, $q(t) = (q_1(t), q_2(t), \cdots, q_n(t))^{\mathrm{T}} \in \mathbb{Q}^n$ 表示神经网络在 t 时刻的神经元状态向量, $t \geqslant 0$; $D = \mathrm{diag}\{d_1, d_2, \cdots, d_n\} \in \mathbb{R}^{n \times n}$ 表示自反馈连接权矩阵, $d_j > 0$ $(j = 1, 2, \cdots, n)$; $f(q(t)) = (f_1(q_1(t)), f_2(q_2(t)), \cdots, f_n(q_n(t)))^{\mathrm{T}} \in \mathbb{Q}^n$ 表示激活函数; $\tau(t)$ 表示离散时滞; $\mu(t)$ 表示分布时滞; $A = (a_{pq})_{n \times n} \in \mathbb{Q}^{n \times n}$, $B = (b_{pq})_{n \times n} \in \mathbb{Q}^{n \times n}$ 和 $C = (c_{pq})_{n \times n} \in \mathbb{Q}^{n \times n}$ 分别表示连接权矩阵、离散时滞连接权矩阵和分布时滞连接权矩阵; $I = (I_1, I_2, \cdots, I_n)^{\mathrm{T}} \in \mathbb{Q}^n$ 表示外部输入向量.

7.1.2 基本假设和引理

为了建立模型的 Lagrange 稳定性判据, 对模型进行如下假设.

假设 7.1.1 时滞 $\tau(t)$ 和 $\mu(t)$ 满足如下条件:

$$0 \leqslant \tau(t) \leqslant \tau, \ 0 \leqslant \mu(t) \leqslant \mu$$

其中, τ 和 μ 为常数.

假设 7.1.2 激活函数 f_i 满足 $f_i(0) = 0$ 且

$$|f_i(\alpha_1) - f_i(\alpha_2)| \leqslant l_i|\alpha_1 - \alpha_2|$$

其中, $i = 1, 2, \cdots, n$ 以及 $\alpha_1 \neq \alpha_2$, $l_i > 0$, 令 $L = \mathrm{diag}\{l_1, l_2, \cdots, l_n\}$.

引理 7.1.1 设 $V(t) \in C([0, +\infty), \mathbb{R})$, 如果存在两个正数 α 和 β, 使得

$$D^+V(t) \leqslant -\alpha V(t) + \beta, \ t \geqslant 0$$

则

$$V(t) - \frac{\beta}{\alpha} \leqslant \left(V(0) - \frac{\beta}{\alpha}\right)\mathrm{e}^{-\alpha t}, \ t \geqslant 0$$

7.1.3 主要结果

定理 7.1.1 在假设 7.1.1 和假设 7.1.2 成立的情况下, 对于给定的常数 $\alpha > 0$, 如果存在六个正定矩阵 U_1, U_2, U_3, Q_1, Q_2, $Q_3 \in \mathbb{Q}^{n \times n}$, 八个四元数矩阵 S_1, S_2, W_{11}, W_{12}, W_{13}, W_{22}, W_{23}, $W_{33} \in \mathbb{Q}^{n \times n}$, 以及两个正对角矩阵 P_1, $P_2 \in \mathbb{R}^{n \times n}$, 使得下面两个线性矩阵不等式成立:

$$W = \begin{bmatrix} W_{11} & W_{12} & W_{13} \\ W_{12}^* & W_{22} & W_{23} \\ W_{13}^* & W_{23}^* & W_{33} \end{bmatrix} > 0 \tag{7.1.2}$$

$$\Pi = (\Pi_{ij})_{11 \times 11} < 0 \tag{7.1.3}$$

其中, $\Pi_{ji} = \Pi_{ij}^*$; $\Pi_{11} = -Q_1D - DQ_1 + \alpha Q_1 + \delta Q_2 + \tau W_{11} + W_{13} + W_{13}^* + LP_1L$; $\Pi_{12} = \tau W_{12} - W_{13} + W_{23}^*$; $\Pi_{13} = Q_1A$; $\Pi_{14} = Q_1B$; $\Pi_{15} = Q_1C$; $\Pi_{16} = DQ_1D - \alpha Q_1D$; $\Pi_{19} = Q_1$; $\Pi_{22} = \tau W_{22} - W_{23} - W_{23}^* + LP_2L$; $\Pi_{33} = \mu Q_3 - P_1$; $\Pi_{37} = A^*S_1^*$; $\Pi_{38} = A^*S_2^*$; $\Pi_{44} = -P_2$; $\Pi_{47} = B^*S_1^*$; $\Pi_{48} = B^*S_2^*$; $\Pi_{55} = -\dfrac{\mathrm{e}^{-\alpha\mu}}{\mu}Q_3$; $\Pi_{57} = C^*S_1^*$; $\Pi_{58} = C^*S_2^*$; $\Pi_{66} = \alpha DQ_1D - \dfrac{\mathrm{e}^{-\alpha\delta}}{\delta}Q_2$; $\Pi_{67} = -DQ_1$; $\Pi_{68} = -DQ_1D$; $\Pi_{77} = \tau\mathrm{e}^{\alpha\tau}W_{33} - S_1 - S_1^*$; $\Pi_{78} = -S_1D - S_2^*$; $\Pi_{7,10} = S_1$; $\Pi_{88} = -S_2D - DS_2^*$; $\Pi_{8,11} = S_2$; $\Pi_{99} = -U_1$; $\Pi_{10,10} = -U_2$; $\Pi_{11,11} = -U_3$; 其余 $\Pi_{ij} = 0$, 则模型(7.1.1)是 Lagrange 一致稳定的且集合

$$\Omega = \left\{ x \in \mathbb{Q}^n \mid \|x\| \leqslant \left(\frac{I^*(U_1 + U_2 + U_3)I}{\alpha\lambda_{\min}(Q_1)}\right)^{\frac{1}{2}} \mathrm{e}^{\delta\|D\|} \right\} \tag{7.1.4}$$

是模型 (7.1.1) 的全局吸引集的一个估计.

证明 构造如下 Lyapunov-Krasovskii 泛函:

$$V(t) = V_1(t) + V_2(t) + V_3(t) + V_4(t) + V_5(t) \tag{7.1.5}$$

其中,

$$V_1(t) = \left(q(t) - D \int_{t-\delta}^t q(s)\mathrm{d}s \right)^* Q_1 \left(q(t) - D \int_{t-\delta}^t q(s)\mathrm{d}s \right)$$

$$V_2(t) = \int_{-\delta}^0 \int_{t+\epsilon}^t \mathrm{e}^{\alpha(s-t)} q^*(s) Q_2 q(s)\mathrm{d}s\mathrm{d}\epsilon$$

$$V_3(t) = \int_{-\mu}^0 \int_{t+\epsilon}^t \mathrm{e}^{\alpha(s-t)} f^*(q(s)) Q_3 f(q(s))\mathrm{d}s\mathrm{d}\epsilon$$

$$V_4(t) = \int_{-\tau}^0 \int_{t+\epsilon}^t \mathrm{e}^{\alpha(\tau+s-t)} \dot{q}^*(s) W_{33} \dot{q}(s)\mathrm{d}s\mathrm{d}\epsilon$$

$$V_5(t) = \int_0^t \int_{\epsilon-\tau(\epsilon)}^\epsilon \mathrm{e}^{\alpha(s-t)} p^*(\epsilon,s) W p(\epsilon,s)\mathrm{d}s\mathrm{d}\epsilon$$

以及 $p(\epsilon,s) = (q^*(\epsilon), q^*(\epsilon-\tau(\epsilon)), \dot{q}^*(s))^*$.

沿着模型 (7.1.1) 的轨迹对 $V_1(t)$ 求导, 可得

$$\dot{V}_1(t) = \left(q(t) - D \int_{t-\delta}^t q(s)\mathrm{d}s \right)^* Q_1 (\dot{q}(t) - Dq(t) + Dq(t-\delta))$$

$$+ (\dot{q}(t) - Dq(t) + Dq(t-\delta))^* Q_1 \left(q(t) - D \int_{t-\delta}^t q(s)\mathrm{d}s \right)$$

$$= \left(q(t) - D \int_{t-\delta}^t q(s)\mathrm{d}s \right)^* Q_1 \Big(-Dq(t) + Af(q(t))$$

$$+ Bf(q(t-\tau(t))) + C \int_{t-\mu(t)}^t f(q(s))\mathrm{d}s + I \Big) + \Big(-Dq(t) + Af(q(t))$$

$$+ Bf(q(t-\tau(t))) + C \int_{t-\mu(t)}^t f(q(s))\mathrm{d}s + I \Big)^* Q_1 \left(q(t) - D \int_{t-\delta}^t q(s)\mathrm{d}s \right)$$

$$- \alpha V_1(t) + \alpha \left(q(t) - D \int_{t-\delta}^t q(s)\mathrm{d}s \right)^* Q_1 \left(q(t) - D \int_{t-\delta}^t q(s)\mathrm{d}s \right)$$

$$= -\alpha V_1(t) + q^*(t)(\alpha Q_1 - Q_1 D - D Q_1)q(t) + q^*(t)Q_1 A f(q(t))$$

$$+ f^*(q(t))A^* Q_1 q(t) + q^*(t)Q_1 B f(q(t-\tau(t))) + f^*(q(t-\tau(t)))B^* Q_1 q(t)$$

$$+ q^*(t)Q_1 C \int_{t-\mu(t)}^t f(q(s))\mathrm{d}s + \left(\int_{t-\mu(t)}^t f(q(s))\mathrm{d}s \right)^* C^* Q_1 q(t)$$

$$+ q^*(t)Q_1 I + I^* Q_1 q(t) + \left(\int_{t-\delta}^t q(s)\mathrm{d}s \right)^* (-\alpha D Q_1 + D Q_1 D)q(t)$$

$$+ q^*(t)(-\alpha Q_1 D + DQ_1 D) \int_{t-\delta}^{t} q(s)\mathrm{d}s$$

$$- f^*(q(t))A^*Q_1 D \int_{t-\delta}^{t} q(s)\mathrm{d}s - \left(\int_{t-\delta}^{t} q(s)\mathrm{d}s\right)^* DQ_1 A f(q(t))$$

$$- \left(\int_{t-\delta}^{t} q(s)\mathrm{d}s\right)^* DQ_1 B f(q(t-\tau(t)))$$

$$- f^*(q(t-\tau(t)))B^*Q_1 D \int_{t-\delta}^{t} q(s)\mathrm{d}s$$

$$- \left(\int_{t-\delta}^{t} q(s)\mathrm{d}s\right)^* DQ_1 C \int_{t-\mu(t)}^{t} f(q(s))\mathrm{d}s$$

$$- \left(\int_{t-\mu(t)}^{t} f(q(s))\mathrm{d}s\right)^* C^*Q_1 D \int_{t-\delta}^{t} q(s)\mathrm{d}s$$

$$+ \left(\int_{t-\delta}^{t} q(s)\mathrm{d}s\right)^* \alpha DQ_1 D \left(\int_{t-\delta}^{t} q(s)\mathrm{d}s\right)$$

$$- \left(\int_{t-\delta}^{t} q(s)\mathrm{d}s\right)^* DQ_1 I - I^*Q_1 D \left(\int_{t-\delta}^{t} q(s)\mathrm{d}s\right) \tag{7.1.6}$$

根据引理 2.4.3, 可以得到

$$\dot{V}_1(t) \leqslant -\alpha V_1(t) + q^*(t)(\alpha Q_1 - Q_1 D - DQ_1 + Q_1 U_1^{-1}Q_1)q(t) + q^*(t)Q_1 A f(q(t))$$

$$+ f^*(q(t))A^*Q_1 q(t) + q^*(t)Q_1 B f(q(t-\tau(t))) + f^*(q(t-\tau(t)))B^*Q_1 q(t)$$

$$+ q^*(t)Q_1 C \int_{t-\mu(t)}^{t} f(q(s))\mathrm{d}s + \left(\int_{t-\mu(t)}^{t} f(q(s))\mathrm{d}s\right)^* C^*Q_1 q(t) + I^*U_1 I$$

$$+ \left(\int_{t-\delta}^{t} q(s)\mathrm{d}s\right)^* (-\alpha DQ_1 + DQ_1 D)q(t)$$

$$+ q^*(t)(-\alpha Q_1 D + DQ_1 D) \int_{t-\delta}^{t} q(s)\mathrm{d}s$$

$$- \left(\int_{t-\delta}^{t} q(s)\mathrm{d}s\right)^* DQ_1 A f(q(t)) - f^*(q(t))A^*Q_1 D \int_{t-\delta}^{t} q(s)\mathrm{d}s$$

$$- \left(\int_{t-\delta}^{t} q(s)\mathrm{d}s\right)^* DQ_1 B f(q(t-\tau(t)))$$

$$- f^*(q(t-\tau(t)))B^*Q_1 D \int_{t-\delta}^{t} q(s)\mathrm{d}s$$

$$- \left(\int_{t-\delta}^{t} q(s)\mathrm{d}s \right)^{*} DQ_1 C \int_{t-\mu(t)}^{t} f(q(s))\mathrm{d}s$$

$$- \left(\int_{t-\mu(t)}^{t} f(q(s))\mathrm{d}s \right)^{*} C^* Q_1 D \int_{t-\delta}^{t} q(s)\mathrm{d}s$$

$$+ \left(\int_{t-\delta}^{t} q(s)\mathrm{d}s \right)^{*} \alpha D Q_1 D \left(\int_{t-\delta}^{t} q(s)\mathrm{d}s \right)$$

$$- \left(\int_{t-\delta}^{t} q(s)\mathrm{d}s \right)^{*} DQ_1 I - I^* Q_1 D \left(\int_{t-\delta}^{t} q(s)\mathrm{d}s \right) \tag{7.1.7}$$

计算 $V_2(t), V_3(t), V_4(t), V_5(t)$ 的导数, 应用假设 7.1.1 和引理 2.4.2, 可得

$$\dot{V}_2(t) = - \alpha \int_{-\delta}^{0} \int_{t+\epsilon}^{t} \mathrm{e}^{\alpha(s-t)} q^*(s) Q_2 q(s) \mathrm{d}s \mathrm{d}\epsilon + \delta q^*(t) Q_2 q(t)$$

$$- \int_{t-\delta}^{t} \mathrm{e}^{\alpha(s-t)} q^*(s) Q_2 q(s) \mathrm{d}s$$

$$\leqslant - \alpha V_2(t) + \delta q^*(t) Q_2 q(t) - \mathrm{e}^{-\alpha\delta} \int_{t-\delta}^{t} q^*(s) Q_2 q(s) \mathrm{d}s$$

$$\leqslant - \alpha V_2(t) + \delta q^*(t) Q_2 q(t)$$

$$- \frac{\mathrm{e}^{-\alpha\delta}}{\delta} \left(\int_{t-\delta}^{t} q(s)\mathrm{d}s \right)^{*} Q_2 \left(\int_{t-\delta}^{t} q(s)\mathrm{d}s \right) \tag{7.1.8}$$

$$\dot{V}_3(t) = - \alpha \int_{-\mu}^{0} \int_{t+\epsilon}^{t} \mathrm{e}^{\alpha(s-t)} f^*(q(s)) Q_3 f(q(s)) \mathrm{d}s \mathrm{d}\epsilon + \mu f^*(q(t)) Q_3 f(q(t))$$

$$- \int_{t-\mu}^{t} \mathrm{e}^{\alpha(s-t)} f^*(q(s)) Q_3 f(q(s)) \mathrm{d}s$$

$$\leqslant - \alpha V_3(t) + \mu f^*(q(t)) Q_3 f(q(t)) - \mathrm{e}^{-\alpha\mu} \int_{t-\mu(t)}^{t} f^*(q(s)) Q_3 f(q(s)) \mathrm{d}s$$

$$\leqslant - \alpha V_3(t) + \mu f^*(q(t)) Q_3 f(q(t))$$

$$- \frac{\mathrm{e}^{-\alpha\mu}}{\mu} \left(\int_{t-\mu(t)}^{t} f(q(s))\mathrm{d}s \right)^{*} Q_3 \left(\int_{t-\mu(t)}^{t} f(q(s))\mathrm{d}s \right) \tag{7.1.9}$$

$$\dot{V}_4(t) = -\alpha \int_{-\tau}^{0} \int_{t+\epsilon}^{t} \mathrm{e}^{\alpha(\tau+s-t)} \dot{q}^*(s) W_{33} \dot{q}(s) \mathrm{d}s \mathrm{d}\epsilon + \tau \mathrm{e}^{\alpha\tau} \dot{q}^*(t) W_{33} \dot{q}(t)$$

$$- \int_{t-\tau}^{t} \mathrm{e}^{\alpha(s-t+\tau)} \dot{q}^*(s) W_{33} \dot{q}(s) \mathrm{d}s$$

$$\leqslant -\alpha V_4(t) + \tau e^{\alpha\tau}\dot{q}^*(t)W_{33}\dot{q}(t) - \int_{t-\tau}^{t} \dot{q}^*(s)W_{33}\dot{q}(s)\mathrm{d}s \qquad (7.1.10)$$

$$\dot{V}_5(t) = -\alpha \int_0^t \int_{\epsilon-\tau(\epsilon)}^{\epsilon} e^{\alpha(s-t)}p^*(\epsilon,s)Wp(\epsilon,s)\mathrm{d}s\mathrm{d}\epsilon$$

$$+ \int_{t-\tau(t)}^{t} e^{\alpha(s-t)}p^*(t,s)Wp(t,s)\mathrm{d}s$$

$$\leqslant -\alpha V_5(t) + \int_{t-\tau(t)}^{t} p^*(t,s)Wp(t,s)\mathrm{d}s$$

$$\leqslant -\alpha V_5(t) + q^*(t)(\tau W_{11} + W_{13} + W_{13}^*)q(t)$$

$$+ q^*(t)(\tau W_{12} - W_{13} + W_{23}^*)q(t-\tau(t))$$

$$+ q^*(t-\tau(t))(\tau W_{12}^* - W_{13}^* + W_{23})q(t)$$

$$+ q^*(t-\tau(t))(\tau W_{22} - W_{23} - W_{23}^*)q(t-\tau(t))$$

$$+ \int_{t-\tau}^{t} \dot{q}^*(s)W_{33}\dot{q}(s)\mathrm{d}s \qquad (7.1.11)$$

由式 (7.1.7) ~ 式 (7.1.11), 可得

$$\dot{V}(t) \leqslant -\alpha V(t) + q^*(t)(\alpha Q_1 - Q_1 D - DQ_1 + Q_1 U_1^{-1}Q_1 + \delta Q_2 + \tau W_{11} + W_{13}$$

$$+ W_{13}^*)q(t) + q^*(t)Q_1 A f(q(t))$$

$$+ f^*(q(t))A^*Q_1 q(t) + q^*(t)Q_1 B f(q(t-\tau(t)))$$

$$+ f^*(q(t-\tau(t)))B^*Q_1 q(t) + q^*(t)Q_1 C \int_{t-\mu(t)}^{t} f(q(s))\mathrm{d}s$$

$$+ \left(\int_{t-\mu(t)}^{t} f(q(s))\mathrm{d}s\right)^* C^*Q_1 q(t)$$

$$+ \left(\int_{t-\delta}^{t} q(s)\mathrm{d}s\right)^* (-\alpha DQ_1 + DQ_1 D)q(t)$$

$$+ q^*(t)(-\alpha Q_1 D + DQ_1 D)\int_{t-\delta}^{t} q(s)\mathrm{d}s$$

$$+ q^*(t)(\tau W_{12} - W_{13} + W_{23}^*)q(t-\tau(t))$$

$$+ q^*(t-\tau(t))(\tau W_{12}^* - W_{13}^* + W_{23})q(t)$$

$$+ q^*(t-\tau(t))(\tau W_{22} - W_{23} - W_{23}^*)q(t-\tau(t))$$

$$- \left(\int_{t-\delta}^{t} q(s)\mathrm{d}s \right)^* DQ_1 A f(q(t)) - f^*(q(t)) A^* Q_1 D \int_{t-\delta}^{t} q(s)\mathrm{d}s$$

$$- \left(\int_{t-\delta}^{t} q(s)\mathrm{d}s \right)^* DQ_1 B f(q(t-\tau(t)))$$

$$- f^*(q(t-\tau(t))) B^* Q_1 D \int_{t-\delta}^{t} q(s)\mathrm{d}s$$

$$- \left(\int_{t-\delta}^{t} q(s)\mathrm{d}s \right)^* DQ_1 C \int_{t-\mu(t)}^{t} f(q(s))\mathrm{d}s + \mu f^*(q(s)) Q_3 f(q(s))$$

$$- \left(\int_{t-\mu(t)}^{t} f(q(s))\mathrm{d}s \right)^* C^* Q_1 D \int_{t-\delta}^{t} q(s)\mathrm{d}s$$

$$+ \left(\int_{t-\delta}^{t} q(s)\mathrm{d}s \right)^* \left(\alpha DQ_1 D - \frac{\mathrm{e}^{-\alpha\delta}}{\delta} Q_2 \right) \left(\int_{t-\delta}^{t} q(s)\mathrm{d}s \right)$$

$$- \left(\int_{t-\delta}^{t} q(s)\mathrm{d}s \right)^* DQ_1 I - I^* Q_1 D \left(\int_{t-\delta}^{t} q(s)\mathrm{d}s \right) + I^* U_1 I$$

$$- \frac{\mathrm{e}^{-\alpha\mu}}{\mu} \left(\int_{t-\mu(t)}^{t} f(q(s))\mathrm{d}s \right)^* Q_3 \left(\int_{t-\mu(t)}^{t} f(q(s))\mathrm{d}s \right)$$

$$+ \tau \mathrm{e}^{\alpha\tau} \dot{q}^*(t) W_{33} \dot{q}(t) \tag{7.1.12}$$

根据假设 7.1.2 的条件, 可得

$$f^*(q(t)) P_1 f(q(t)) \leqslant q^*(t) L P_1 L q(t) \tag{7.1.13}$$

$$f^*(q(t-\tau(t))) P_2 f(q(t-\tau(t))) \leqslant q^*(t-\tau(t)) L P_2 L q(t-\tau(t)) \tag{7.1.14}$$

对式 (7.1.1) 两边左乘 $\dot{q}^*(t) S_1$, 得到

$$\dot{q}^*(t) S_1 \dot{q}(t) = -\dot{q}^*(t) S_1 D q(t-\delta) + \dot{q}^*(t) S_1 A f(q(t)) + \dot{q}^*(t) S_1 B f(q(t-\tau(t)))$$

$$+ \dot{q}^*(t) S_1 C \int_{t-\mu(t)}^{t} f(q(s))\mathrm{d}s + \dot{q}^*(t) S_1 I \tag{7.1.15}$$

并对式 (7.1.15) 的两边进行共轭转置, 可得

$$\dot{q}^*(t) S_1^* \dot{q}(t) = -q^*(t-\delta) D S_1^* \dot{q}(t) + f^*(q(t)) A^* S_1^* \dot{q}(t) + f^*(q(t-\tau(t))) B^* S_1^* \dot{q}(t)$$

$$+ \left(\int_{t-\mu(t)}^{t} f(q(s))\mathrm{d}s \right)^* C^* S_1^* \dot{q}(t) + I^* S_1^* \dot{q}(t) \tag{7.1.16}$$

将式 (7.1.15) 和式 (7.1.16) 相加, 并利用引理 2.4.3, 可得

$$
\begin{aligned}
0 =\ & -\dot{q}^*(t)(S_1 + S_1^*)\dot{q}(t) - q^*(t-\delta)DS_1^*\dot{q}(t) - \dot{q}^*(t)S_1 Dq(t-\delta) \\
& + \dot{q}^*(t)S_1 Af(q(t)) + f^*(q(t))A^* S_1^*\dot{q}(t) + \dot{q}^*(t)S_1 Bf(q(t-\tau(t))) \\
& + f^*(q(t-\tau(t)))B^* S_1^*\dot{q}(t) + \dot{q}^*(t)S_1 C \int_{t-\mu(t)}^{t} f(q(s))\mathrm{d}s \\
& + \left(\int_{t-\mu(t)}^{t} f(q(s))\mathrm{d}s\right)^* C^* S_1^*\dot{q}(t) + \dot{q}^*(t)S_1 I + I^* S_1^*\dot{q}(t) \\
\leqslant\ & \dot{q}^*(t)(-S_1 - S_1^* + S_1 U_2^{-1} S_1^*)\dot{q}(t) - q^*(t-\delta)DS_1^*\dot{q}(t) \\
& - \dot{q}^*(t)S_1 Dq(t-\delta) + \dot{q}^*(t)S_1 Af(q(t)) + f^*(q(t))A^* S_1^*\dot{q}(t) \\
& + \dot{q}^*(t)S_1 Bf(q(t-\tau(t))) + f^*(q(t-\tau(t)))B^* S_1^*\dot{q}(t) \\
& + \dot{q}^*(t)S_1 C \int_{t-\mu(t)}^{t} f(q(s))\mathrm{d}s \\
& + \left(\int_{t-\mu(t)}^{t} f(q(s))\mathrm{d}s\right)^* C^* S_1^*\dot{q}(t) + I^* U_2 I
\end{aligned} \tag{7.1.17}
$$

同理, 将式 (7.1.1) 的左边乘以 $q^*(t-\delta)S_2$, 可得

$$
\begin{aligned}
q^*(t-\delta)S_2\dot{q}(t) =\ & -q^*(t-\delta)S_2 Dq(t-\delta) \\
& + q^*(t-\delta)S_2 Af(q(t)) + q^*(t-\delta)S_2 I \\
& + q^*(t-\delta)S_2 Bf(q(t-\tau(t))) \\
& + q^*(t-\delta)S_2 C \int_{t-\mu(t)}^{t} f(q(s))\mathrm{d}s
\end{aligned} \tag{7.1.18}
$$

并对式 (7.1.18) 两边进行共轭转置, 可得

$$
\begin{aligned}
\dot{q}^*(t)S_2^* q(t-\delta) =\ & -q^*(t-\delta)DS_2^* q(t-\delta) \\
& + f^*(q(t))A^* S_2^* q(t-\delta) + I^* S_2^* q(t-\delta) \\
& + f^*(q(t-\tau(t)))B^* S_2^* q(t-\delta) \\
& + \left(\int_{t-\mu(t)}^{t} f(q(s))\mathrm{d}s\right)^* C^* S_2^* q(t-\delta)
\end{aligned} \tag{7.1.19}
$$

将式 (7.1.18) 和式 (7.1.19) 相加, 并利用引理 2.4.3, 可得

$$
0 \leqslant q^*(t-\delta)(-S_2 D - DS_2^* + S_2 U_3^{-1} S_2^*)q(t-\delta) - \dot{q}^*(t)S_2^* q(t-\delta)
$$

$$-q^*(t-\delta)S_2\dot{q}(t) + f^*(q(t))A^*S_2^*q(t-\delta) + q^*(t-\delta)S_2Af(q(t))$$

$$+q^*(t-\delta)S_2Bf(q(t-\tau(t))) + f^*(q(t-\tau(t)))B^*S_2^*q(t-\delta)$$

$$+\left(\int_{t-\mu(t)}^{t} f(q(s))\mathrm{d}s\right)^* C^*S_2^*q(t-\delta)$$

$$+q^*(t-\delta)S_2C\int_{t-\mu(t)}^{t} f(q(s))\mathrm{d}s + I^*U_3I \tag{7.1.20}$$

进一步, 对式 (7.1.1) 两边同乘以 $\left(\displaystyle\int_{t-\delta}^{t} q(s)\mathrm{d}s\right)^* DQ_1$, 得到

$$\left(\int_{t-\delta}^{t} q(s)\mathrm{d}s\right)^* DQ_1\dot{q}(t) = -\left(\int_{t-\delta}^{t} q(s)\mathrm{d}s\right)^* DQ_1Dq(t-\delta)$$

$$+\left(\int_{t-\delta}^{t} q(s)\mathrm{d}s\right)^* DQ_1Af(q(t))$$

$$+\left(\int_{t-\delta}^{t} q(s)\mathrm{d}s\right)^* DQ_1Bf(q(t-\tau(t)))$$

$$+\left(\int_{t-\delta}^{t} q(s)\mathrm{d}s\right)^* DQ_1C\left(\int_{t-\mu(t)}^{t} f(q(s))\mathrm{d}s\right)$$

$$+\left(\int_{t-\delta}^{t} q(s)\mathrm{d}s\right)^* DQ_1I \tag{7.1.21}$$

并对式 (7.1.21) 进行共轭转置, 可得

$$\dot{q}^*(t)Q_1D\int_{t-\delta}^{t} q(s)\mathrm{d}s = -q^*(t-\delta)DQ_1D\int_{t-\delta}^{t} q(s)\mathrm{d}s$$

$$+f^*(q(t))A^*Q_1D\int_{t-\delta}^{t} q(s)\mathrm{d}s$$

$$+f^*(q(t-\tau(t)))B^*Q_1D\int_{t-\delta}^{t} q(s)\mathrm{d}s$$

$$+\left(\int_{t-\mu(t)}^{t} f(q(s))\mathrm{d}s\right)^* C^*Q_1D\left(\int_{t-\delta}^{t} q(s)\mathrm{d}s\right)$$

$$+I^*Q_1D\int_{t-\delta}^{t} q(s)\mathrm{d}s \tag{7.1.22}$$

利用引理 2.4.3, 由式 (7.1.21) 和式 (7.1.22) 可得

$$
\begin{aligned}
0 = {} & -\dot{q}^*(t)Q_1D\int_{t-\delta}^{t}q(s)\mathrm{d}s - \left(\int_{t-\delta}^{t}q(s)\mathrm{d}s\right)^* DQ_1\dot{q}(t) \\
& -q^*(t-\delta)DQ_1D\int_{t-\delta}^{t}q(s)\mathrm{d}s - \left(\int_{t-\delta}^{t}q(s)\mathrm{d}s\right)^* DQ_1Dq(t-\delta) \\
& +f^*(q(t))A^*Q_1D\int_{t-\delta}^{t}q(s)\mathrm{d}s + \left(\int_{t-\delta}^{t}q(s)\mathrm{d}s\right)^* DQ_1Af(q(t)) \\
& +f^*(q(t-\tau(t)))B^*Q_1D\int_{t-\delta}^{t}q(s)\mathrm{d}s + \left(\int_{t-\delta}^{t}q(s)\mathrm{d}s\right)^* DQ_1Bf(q(t-\tau(t))) \\
& + \left(\int_{t-\mu(t)}^{t}f(q(s))\mathrm{d}s\right)^* C^*Q_1D\int_{t-\delta}^{t}q(s)\mathrm{d}s + \left(\int_{t-\delta}^{t}q(s)\mathrm{d}s\right)^* DQ_1C \\
& \times \int_{t-\mu(t)}^{t}f(q(s))\mathrm{d}s + I^*Q_1D\int_{t-\delta}^{t}q(s)\mathrm{d}s + \left(\int_{t-\delta}^{t}q(s)\mathrm{d}s\right)^* DQ_1I \qquad (7.1.23)
\end{aligned}
$$

将式 (7.1.12)~ 式 (7.1.14)、式 (7.1.17)、式 (7.1.20) 和式 (7.1.23) 相加, 可得

$$
\begin{aligned}
\dot{V}(t) \leqslant {} & -\alpha V(t) + q^*(t)(\alpha Q_1 - Q_1D - DQ_1 + Q_1U_1^{-1}Q_1 + \delta Q_2 + \tau W_{11} + W_{13} \\
& + W_{13}^* + LP_1L)q(t) + q^*(t)(\tau W_{12} - W_{13} + W_{23}^*)q(t-\tau(t)) + q^*(t-\tau(t)) \\
& \times (\tau W_{12}^* - W_{13}^* + W_{23})q(t) + q^*(t)Q_1Af(q(t)) + f^*(q(t))A^*Q_1q(t) \\
& + q^*(t)Q_1Bf(q(t-\tau(t))) + f^*(q(t-\tau(t)))B^*Q_1q(t) \\
& + q^*(t)Q_1C\int_{t-\mu(t)}^{t}f(q(s))\mathrm{d}s + \left(\int_{t-\mu(t)}^{t}f(q(s))\mathrm{d}s\right)^* C^*Q_1q(t) \\
& + \left(\int_{t-\delta}^{t}q(s)\mathrm{d}s\right)^*(-\alpha DQ_1 + DQ_1D)q(t) + q^*(t)(-\alpha Q_1D + DQ_1D) \\
& \times \int_{t-\delta}^{t}q(s)\mathrm{d}s + q^*(t-\tau(t))(\tau W_{22} - W_{23} - W_{23}^* + LP_2L)q(t-\tau(t)) \\
& - q^*(t-\delta)DQ_1D\int_{t-\delta}^{t}q(s)\mathrm{d}s - \left(\int_{t-\delta}^{t}q(s)\mathrm{d}s\right)^* DQ_1Dq(t-\delta) \\
& + f^*(q(t))(\mu Q_3 - P_1)f(q(t)) - f^*(q(t-\tau(t)))P_2 \\
& \times f(q(t-\tau(t))) + \left(\int_{t-\delta}^{t}q(s)\mathrm{d}s\right)^*\left(\alpha DQ_1D - \frac{\mathrm{e}^{-\alpha\delta}}{\delta}Q_2\right)\left(\int_{t-\delta}^{t}q(s)\mathrm{d}s\right) \\
& - \frac{\mathrm{e}^{-\alpha\mu}}{\mu}\left(\int_{t-\mu(t)}^{t}f(q(s))\mathrm{d}s\right)^* Q_3\left(\int_{t-\mu(t)}^{t}f(q(s))\mathrm{d}s\right) + \dot{q}^*(t)(\tau\mathrm{e}^{\alpha\tau}W_{33}
\end{aligned}
$$

$$- S_1 - S_1^* + S_1 U_2^{-1} S_1^*)\dot{q}(t) + q^*(t-\delta)(-DS_1^* - S_2)\dot{q}(t)$$

$$+ \dot{q}^*(t)(-S_1 D - S_2^*)q(t-\delta) + \dot{q}^*(t)S_1 Af(q(t)) + f^*(q(t))A^* S_1^* \dot{q}(t)$$

$$+ \dot{q}^*(t)S_1 Bf(q(t-\tau(t))) + f^*(q(t-\tau(t)))B^* S_1^* \dot{q}(t)$$

$$+ \dot{q}^*(t)S_1 C \int_{t-\mu(t)}^{t} f(q(s))\mathrm{d}s + \left(\int_{t-\mu(t)}^{t} f(q(s))\mathrm{d}s \right)^* C^* S_1^* \dot{q}(t)$$

$$- \dot{q}^*(t)Q_1 D \int_{t-\delta}^{t} q(s)\mathrm{d}s - \left(\int_{t-\delta}^{t} q(s)\mathrm{d}s \right)^* DQ_1 \dot{q}(t) + q^*(t-\delta)(-S_2 D$$

$$- DS_2^* + S_2 U_3^{-1} S_2^*)q(t-\delta) + f^*(q(t))A^* S_2^* q(t-\delta) + q^*(t-\delta)S_2 Af(q(t))$$

$$+ q^*(t-\delta)S_2 Bf(q(t-\tau(t))) + f^*(q(t-\tau(t)))B^* S_2^* q(t-\delta)$$

$$+ \left(\int_{t-\mu(t)}^{t} f(q(s))\mathrm{d}s \right)^* C^* S_2^* q(t-\delta) + q^*(t-\delta)S_2 C \int_{t-\mu(t)}^{t} f(q(s))\mathrm{d}s$$

$$+ I^*(U_1 + U_2 + U_3)I$$

$$= - \alpha V(t) + \varphi^*(t)\Theta\varphi(t) + I^*(U_1 + U_2 + U_3)I \tag{7.1.24}$$

其中, $\varphi(t) = \Big(q^*(t), q^*(t-\tau(t)), f^*(q(t)), f^*(q(t-\tau(t))), \int_{t-\mu}^{t} f^*(q(s))\mathrm{d}s, \int_{t-\delta}^{t} q^*(s)\mathrm{d}s,$

$\dot{q}^*(t), q^*(t-\delta) \Big)^*$, 以及

$$\Theta = (\Theta_{ij})_{8\times 8}$$

$\Theta_{ji} = \Theta_{ij}^*$, $\Theta_{11} = -Q_1 D - DQ_1 + \alpha Q_1 + Q_1 U_1^{-1} Q_1 + \delta Q_2 + \tau W_{11} + W_{13} + W_{13}^* + LP_1 L$, $\Theta_{12} = \tau W_{12} - W_{13} + W_{23}^*$, $\Theta_{13} = Q_1 A$, $\Theta_{14} = Q_1 B$, $\Theta_{15} = Q_1 C$, $\Theta_{16} = DQ_1 D - \alpha Q_1 D$, $\Theta_{22} = \tau W_{22} - W_{23} - W_{23}^* + LP_2 L$, $\Theta_{33} = \mu Q_3 - P_1$, $\Theta_{37} = A^* S_1^*$, $\Theta_{38} = A^* S_2^*$, $\Theta_{44} = -P_2$, $\Theta_{47} = B^* S_1^*$, $\Theta_{48} = B^* S_2^*$, $\Theta_{55} = -\dfrac{\mathrm{e}^{-\alpha\mu}}{\mu}Q_3$, $\Theta_{57} = C^* S_1^*$, $\Theta_{58} = C^* S_2^*$, $\Theta_{66} = \alpha DQ_1 D - \dfrac{\mathrm{e}^{-\alpha\delta}}{\delta}Q_2$, $\Theta_{67} = -DQ_1$, $\Theta_{68} = -DQ_1 D$, $\Theta_{77} = \tau \mathrm{e}^{\alpha\tau} W_{33} - S_1 - S_1^* + S_1 U_2^{-1} S_1^*$, $\Theta_{78} = -S_1 D - S_2^*$, $\Theta_{88} = -S_2 D - DS_2^* + S_2 U_3^{-1} S_2^*$, 其他的 Θ_{ij} 都为 0.

利用引理 2.4.5, 可知 $\Pi < 0$ 与 $\Theta < 0$ 等价. 由式 (7.1.3) 和式 (7.1.24) 可知

$$\dot{V}(t) \leqslant -\alpha V(t) + I^*(U_1 + U_2 + U_3)I \tag{7.1.25}$$

由引理 7.1.1 和式 (7.1.25) 可得

$$V(t) - \frac{I^*(U_1 + U_2 + U_3)I}{\alpha} \leqslant \left(V(0) - \frac{I^*(U_1 + U_2 + U_3)I}{\alpha} \right) \mathrm{e}^{-\alpha t} \tag{7.1.26}$$

由 $V(t)$ 的定义可知

$$V(t) \geqslant \lambda_{\min}(Q_1) \left\| q(t) - D \int_{t-\delta}^{t} q(s)\mathrm{d}s \right\|^2 \tag{7.1.27}$$

并且

$$
\begin{aligned}
V(0) &= \left(q(0) - D \int_{-\delta}^{0} q(s)\mathrm{d}s \right)^* Q_1 \left(q(0) - D \int_{-\delta}^{0} q(s)\mathrm{d}s \right) \\
&\quad + \int_{-\delta}^{0} \int_{\epsilon}^{0} \mathrm{e}^{\alpha s} q^*(s) Q_2 q(s)\mathrm{d}s\mathrm{d}\epsilon + \int_{-\mu}^{0} \int_{\epsilon}^{0} \mathrm{e}^{\alpha s} f^*(q(s)) Q_3 f(q(s))\mathrm{d}s\mathrm{d}\epsilon \\
&\quad + \int_{-\tau}^{0} \int_{\epsilon}^{0} \mathrm{e}^{\alpha(\tau+s)} \dot{q}^*(s) W_{33} \dot{q}(s)\mathrm{d}s\mathrm{d}\epsilon \\
&\quad + \int_{-\mu}^{0} \int_{\epsilon}^{0} \mathrm{e}^{\alpha(\mu+s)} \dot{q}^*(s) W_{33} \dot{q}(s)\mathrm{d}s\mathrm{d}\epsilon \\
&\leqslant \left((1+\delta\|D\|)^2 \|Q_1\| + \frac{\delta}{\alpha}\|Q_2\| + \frac{\mu}{\alpha}\|Q_3\| \max_{1\leqslant i\leqslant n}\{l_i^2\} \right) \sup_{s\in[-\xi,0]} \|\psi(s)\|^2 \\
&\quad + \left(\mathrm{e}^{\alpha\tau}\frac{\tau}{\alpha}\|W_{33}\| + \mathrm{e}^{\alpha\mu}\frac{\mu}{\alpha}\|W_{33}\| \right) \sup_{s\in[-\xi,0]} \|\dot{\psi}(s)\|^2 \tag{7.1.28}
\end{aligned}
$$

令

$$
\begin{aligned}
M &= \left((1+\delta\|D\|)^2 \|Q_1\| + \frac{\delta}{\alpha}\|Q_2\| + \frac{\mu}{\alpha}\|Q_3\| \max_{1\leqslant i\leqslant n}\{l_i^2\} \right) \sup_{s\in[-\xi,0]} \|\psi(s)\|^2 \\
&\quad + \left(\mathrm{e}^{\alpha\tau}\frac{\tau}{\alpha}\|W_{33}\| + \mathrm{e}^{\alpha\mu}\frac{\mu}{\alpha}\|W_{33}\| \right) \sup_{s\in[-\xi,0]} \|\dot{\psi}(s)\|^2 \tag{7.1.29}
\end{aligned}
$$

根据式 (7.1.26) 和式 (7.1.28), 可得

$$V(t) - \frac{I^*(U_1 + U_2 + U_3)I}{\alpha} \leqslant M\mathrm{e}^{-\alpha t} \tag{7.1.30}$$

因此, 模型 (7.1.1) 是全局吸引的.

由式 (7.1.27) 和式 (7.1.30) 可得

$$\left\| q(t) - D \int_{t-\delta}^{t} q(s)\mathrm{d}s \right\| \leqslant \left(\frac{M}{\lambda_{\min}(Q_1)} + \frac{I^*(U_1+U_2+U_3)I}{\alpha\lambda_{\min}(Q_1)} \right)^{\frac{1}{2}} \tag{7.1.31}$$

进一步, 有

$$\|q(t)\| \leqslant \left(\frac{M}{\lambda_{\min}(Q_1)} + \frac{I^*(U_1+U_2+U_3)I}{\alpha\lambda_{\min}(Q_1)} \right)^{\frac{1}{2}} + \|D\| \int_{t-\delta}^{t} \|q(s)\|\mathrm{d}s \tag{7.1.32}$$

应用 Gronwall 不等式, 得到

$$\|q(t)\| \leqslant \left(\frac{M}{\lambda_{\min}(Q_1)} + \frac{I^*(U_1 + U_2 + U_3)I}{\alpha \lambda_{\min}(Q_1)} \right)^{\frac{1}{2}} \mathrm{e}^{\delta \|D\|} \tag{7.1.33}$$

因此, 模型 (7.1.1) 在 Lagrange 意义下一致稳定. 进一步, 得到模型 (7.1.1) 全局指数吸引集的一个估计为

$$\Omega = \left\{ q(t) \in \mathbb{Q}^n | V(q(t)) \leqslant \frac{I^*(U_1 + U_2 + U_3)I}{\alpha} \right\}$$

$$\subseteq \left\{ q(t) \in \mathbb{Q}^n \mid \|q(t)\| \leqslant \left(\frac{I^*(U_1 + U_2 + U_3)I}{\alpha \lambda_{\min}(Q_1)} \right)^{\frac{1}{2}} \mathrm{e}^{\delta \|D\|} \right\} \tag{7.1.34}$$

证毕.

注 7.1.1　在此没有对四元数神经网络模型进行分离, 从而研究了具有泄漏时滞、时变离散时滞和时变分布时滞的四元数神经网络在 Lagrange 意义下的全局指数稳定性, 建立了模型 Lagrange 稳定性判据, 并给出了模型全局指数吸引集的一个估计.

注 7.1.2　不同于 Lyapunov 稳定性, Lagrange 稳定性涉及的是整个系统的稳定性. Lagrange 稳定的系统涉及解的有界性和全局吸引集, 因此 Lagrange 稳定的系统可能具有多稳定的动力学行为.

7.1.4　数值示例

例 7.1.1　考虑以下带有混合时滞的四元数神经网络模型:

$$\dot{q}(t) = -Dq(t-\delta) + Af(q(t)) + Bf(q(t-\tau(t))) + C \int_{t-\mu(t)}^{t} f(q(s))\mathrm{d}s + I \tag{7.1.35}$$

其中,

$$A = \begin{bmatrix} 0.25 + 0.36\imath - 0.37\jmath + 0.06\kappa & 0.13 + 0.26\imath + 0.38\jmath - 0.18\kappa \\ -0.24 + 0.56\imath + 0.09\jmath - 0.97\kappa & -0.46 - 0.47\imath - 0.25\jmath + 0.46\kappa \end{bmatrix}$$

$$B = \begin{bmatrix} 0.37 - 0.86\imath + 0.37\jmath + 0.64\kappa & 0.57 + 0.24\imath - 0.08\jmath + 0.24\kappa \\ 0.35 - 0.15\imath + 0.58\jmath + 0.13\kappa & -0.08 + 0.11\imath + 0.36\jmath - 0.12\kappa \end{bmatrix}$$

$$C = \begin{bmatrix} -0.74 + 0.25\imath + 0.27\jmath + 0.27\kappa & -0.53 - 0.15\imath + 0.24\jmath + 0.02\kappa \\ 0.36 - 0.03\imath + 0.12\jmath - 0.19\kappa & -0.43 - 0.25\imath + 0.04\jmath - 0.27\kappa \end{bmatrix}$$

$$D = \begin{bmatrix} 4.5 & 0 \\ 0 & 4.5 \end{bmatrix}, \quad I = \begin{bmatrix} 0.2 - 0.1\imath - 0.3\jmath + 0.3\kappa \\ -0.6 + 0.1\imath + 0.4\jmath - 0.2\kappa \end{bmatrix}$$

$$\delta = 0.1, \ \tau(t) = 0.1|\sin(3t)|, \ \mu(t) = 0.05 + 0.05|\cos(5t)|$$

$$f_q(q_q) = \frac{1}{10}(|q_{1q}| + \imath|q_{2q}| + \jmath|q_{3q}| + \kappa|q_{4q}|), \ q_q = q_{1q} + \imath q_{2q} + \jmath q_{3q} + \kappa q_{4q}, \ q = 1,2$$

容易验证假设 7.1.1 和假设 7.1.2 的条件是满足的, 并且 $\tau = 0.1$, $\mu = 0.1$ 和 $L = \mathrm{diag}\{0.1, 0.1\}$. 对于给定的 $\alpha = 0.1$, 运用 MATLAB 软件中的 YALMIP 工具箱, 得到线性矩阵不等式 (7.1.2) 和式 (7.1.3) 的可行解为

$$U_1 = \begin{bmatrix} 429.32 & 0.6187\jmath - 0.1643\kappa \\ -0.6187\jmath + 0.1643\kappa & 429.32 \end{bmatrix}$$

$$U_2 = \begin{bmatrix} 429.33 & 0.0013\jmath - 0.0004\kappa \\ -0.0013\jmath + 0.0004\kappa & 429.33 \end{bmatrix}$$

$$U_3 = \begin{bmatrix} 429.82 & 0.01\imath + 0.0135\jmath - 0.0037\kappa \\ -0.01\imath - 0.0135\jmath + 0.0037\kappa & 429.82 \end{bmatrix}$$

$$Q_1 = \begin{bmatrix} 0.8158 & 0 + 0.001\imath + 0.001\jmath - 0.0004\kappa \\ 0 - 0.001\imath - 0.001\jmath + 0.0004\kappa & 0.817 \end{bmatrix}$$

$$Q_2 = \begin{bmatrix} 24.7078 & 0.0002\imath + 0.00022\jmath - 0.00025\kappa \\ -0.0002\imath - 0.00022\jmath + 0.00025\kappa & 24.7080 \end{bmatrix}$$

$$Q_3 = \begin{bmatrix} 24.6182 & 0.043 + 0.029\imath + 0.007\jmath - 0.025\kappa \\ 0.043 - 0.029\imath - 0.007\jmath + 0.025\kappa & 24.5836 \end{bmatrix}$$

$$P_1 = \begin{bmatrix} 415.6977 & 0 \\ 0 & 415.0961 \end{bmatrix}, \quad P_2 = \begin{bmatrix} 410.5110 & 0 \\ 0 & 409.3139 \end{bmatrix}$$

$$S_1 = \begin{bmatrix} -3.263 + 0.0001\imath - 0.0001\jmath & 0.027 - 0.103\imath - 0.123\jmath + 0.042\kappa \\ 0.027 + 0.103\imath + 0.123\jmath - 0.042\kappa & -3.313 + 0.0001\imath - 0.0001\jmath \end{bmatrix}$$

$$S_2 = 10\begin{bmatrix} 17.902 + 0.001\imath - 0.0004\jmath & -0.054 + 0.205\imath + 0.246\jmath - 0.084\kappa \\ -0.054 - 0.207\imath - 0.248\jmath + 0.084\kappa & 18.002 + 0.001\imath - 0.001\jmath + 0.0003\kappa \end{bmatrix}$$

$$W_{11} = \begin{bmatrix} 1302.2 & 0.0361\jmath - 0.0082\kappa \\ -0.0361\jmath + 0.0082\kappa & 1302.1 \end{bmatrix}$$

$$W_{12} = \begin{bmatrix} -513.27 & -0.01\imath + 0.0103\jmath - 0.0025\kappa \\ -0.02\imath - 0.0187\jmath + 0.0046\kappa & -513.24 \end{bmatrix}$$

$$W_{13} = \begin{bmatrix} -23.015 & 0 + 0.001\imath + 0.001\jmath - 0.0003\kappa \\ 0 - 0.002\imath - 0.003\jmath + 0.0006\kappa & -23.015 \end{bmatrix}$$

$$W_{22} = \begin{bmatrix} 1230.1 & 0.0089\jmath - 0.0020\kappa \\ -0.0089\jmath + 0.0020\kappa & 1230 \end{bmatrix}$$

$$W_{23} = \begin{bmatrix} 28.312 & 0 + 0.0006\imath + 0.0007\jmath - 0.0002\kappa \\ 0 - 0.0001\imath - 0.0001\jmath + 0.00003\kappa & 28.310 \end{bmatrix}$$

$$W_{33} = \begin{bmatrix} 1805.2 & 0 - 0.002\imath - 2.235\jmath + 0.777\kappa \\ 0 + 0.002\imath + 2.235\jmath - 0.777\kappa & 1806.1 \end{bmatrix}$$

根据定理 7.1.1, 可知模型 (7.1.35) 在 Lagrange 意义下是全局指数稳定的. 进一步, 计算出模型 (7.1.35) 全局吸引集的估计为

$$\Omega = \{q(t) \in \mathbb{Q}^n \mid \|q(t)\| \leqslant 8.7536\}$$

图 7.1.1 ~ 图 7.1.4 为该神经网络四个部分的状态轨迹. 初始条件是由随机四元数向量确定的, 其中, $q = (q_1, q_2)^{\mathrm{T}} \in \mathbb{Q}^2$ 表示神经元的状态变量.

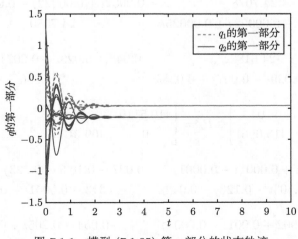

图 7.1.1　模型 (7.1.35) 第一部分的状态轨迹

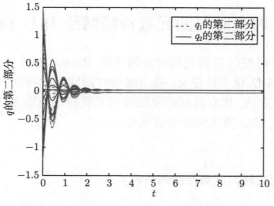

图 7.1.2 模型 (7.1.35) 第二部分的状态轨迹

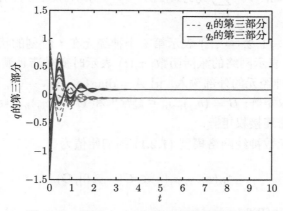

图 7.1.3 模型 (7.1.35) 第三部分的状态轨迹

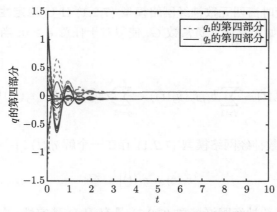

图 7.1.4 模型 (7.1.35) 第四部分的状态轨迹

7.2　时变时滞四元数神经网络 H-U 稳定性

本节研究具有时变时滞四元数神经网络的 Hyers-Ulam (H-U) 稳定性. 基于一般泛函方程的 H-U 稳定性定义, 提出时变时滞四元数神经网络 H-U 稳定性概念. 利用逐次逼近方法, 建立具有时变时滞四元数神经网络 H-U 稳定性的充分条件. 通过数值示例, 验证所得结果的有效性.

7.2.1　模型描述

考虑如下时变时滞四元数神经网络模型:

$$\frac{\mathrm{d}q_i(t)}{\mathrm{d}t} = -a_i q_i(t) + \sum_{j=1}^{n} b_{ij} f_j(q_j(t)) + \sum_{j=1}^{n} c_{ij} f_j(q_j(t - \tau_j(t))) + I_i(t) \quad (7.2.1)$$

其中, $q_i(t) \in \mathbb{Q}(i = 1, 2, \cdots, n)$ 表示第 i 个神经元在 t 时刻的状态, $0 \leqslant t \leqslant t_f < +\infty$; $f_j : \mathbb{Q} \to \mathbb{Q}$ 表示网络的激活函数; $\tau_j(t)$ 表示时变时滞且满足 $0 < \tau_j(t) \leqslant \tau$; $I_i(t)$ 表示第 i 个神经元的外部输入. 记 $A = \mathrm{diag}\{a_1, a_2, \cdots, a_n\} \in \mathbb{R}^{n \times n}(a_i > 0)$ 表示自反馈连接权矩阵; $B = (b_{ij})_{n \times n} \in \mathbb{Q}^{n \times n}$ 和 $C = (c_{ij})_{n \times n} \in \mathbb{Q}^{n \times n}$ 分别表示连接权矩阵和时滞连接权矩阵.

时变时滞四元数神经网络模型 (7.2.1) 的初始值为

$$q_i(s) = \varphi_i(s) \in C([-\tau, 0], \mathbb{Q})$$

7.2.2　基本概念和假设

下面给出时变时滞四元数神经网络模型 (7.2.1) H-U 稳定性的定义.

定义 7.2.1　如果存在非负常数 G, 使得对于任意 $\epsilon \geqslant 0$, 当 $v_i(t) : [-\tau, t_f] \to \mathbb{Q}$ 满足

$$\left| \frac{\mathrm{d}v_i(t)}{\mathrm{d}t} + a_i v_i(t) - \sum_{j=1}^{n} b_{ij} f_j(v_j(t)) - \sum_{j=1}^{n} c_{ij} f_j(v_j(t - \tau_j(t))) - I_i(t) \right| \leqslant \epsilon$$

时, 时变时滞四元数神经网络模型 (7.2.1) 存在一个解 $q_i(t) : [-\tau, t_f] \to \mathbb{Q}$ 使得

$$|v_i(t) - q_i(t)| \leqslant G\epsilon$$

则称时变时滞四元数神经网络模型 (7.2.1) 具有 H-U 稳定性, 称 G 为时变时滞四元数神经网络模型 (7.2.1) 的 H-U 稳定性常数.

将时变时滞四元数神经网络模型 (7.2.1) 改写为如下的等价形式:

$$
\begin{cases}
q_i(0) = \varphi_i(0) \\
q_i(t) = \varphi_i(0) - \displaystyle\int_0^t a_i q_i(s)\mathrm{d}s + \int_0^t \sum_{j=1}^n b_{ij} f_j(q_j(s))\mathrm{d}s \\
\qquad\quad + \displaystyle\int_0^t \sum_{j=1}^n c_{ij} f_j(q_j(s - \tau_j(s)))\mathrm{d}s + \int_0^t I_i(s)\mathrm{d}s
\end{cases}
\tag{7.2.2}
$$

并对网络模型进行如下假设.

假设 7.2.1 对于 $i = 1, 2, \cdots, n$ 和所有的 $x, y \in \mathbb{Q}$, 存在 $l_i > 0$ 使得

$$
|f_i(x) - f_i(y)| \leqslant l_i |x - y|
$$

定义 $L = \mathrm{diag}\{l_1, l_2, \cdots, l_n\}$.

假设 7.2.2 对于所有 $i = 1, 2, \cdots, n$, 时滞项 $\tau_{ij}(t)$ 满足 $\tau_j(t) \leqslant t$.

7.2.3 基本引理

引理 7.2.1 对于常数 $a \in \mathbb{Q}$ 和函数 $x(t) \in \mathbb{Q}$, 有

$$
\frac{\mathrm{d}(ax(t))}{\mathrm{d}t} = a\frac{\mathrm{d}x(t)}{\mathrm{d}t}, \quad \int_0^t ax(s)\mathrm{d}s = a\int_0^t x(s)\mathrm{d}s
$$

引理 7.2.2 假设 $\psi, \alpha, \phi \in C[a, b]$ 满足

$$
\psi(t) \leqslant \phi(t) + \int_a^t \alpha(s)\psi(s)\mathrm{d}s, \ a \leqslant t \leqslant b
$$

则

$$
\psi(t) \leqslant \phi(t) + \int_a^t \phi(s)\alpha(s)\mathrm{e}^{\int_s^t \alpha(r)dr}\mathrm{d}s, \ a \leqslant t \leqslant b
$$

7.2.4 主要结果

下面给出时变时滞四元数神经网络模型 (7.2.1) H-U 稳定性的充分条件, 并利用逐次逼近方法给予证明.

定理 7.2.1 在假设 7.2.1 和假设 7.2.2 成立的条件下, 对于任意 $\epsilon \geqslant 0$, $t \in [-\tau, t_f]$, 如果存在函数 $v_i(t) : [-\tau, t_f] \to \mathbb{Q}$ 满足

$$
\left| v_i'(t) + a_i v_i(t) - \sum_{j=1}^n b_{ij} f_j(v_j(t)) - \sum_{j=1}^n c_{ij} f_j(v_j(t - \tau_j(t))) - I_i(t) \right| \leqslant \epsilon
$$

则时变时滞四元数神经网络模型 (7.2.1) 存在唯一解 $q_i(t) : [-\tau, t_f] \to \mathbb{Q}$ 并满足

$$|v_i(t) - q_i(t)| \leqslant \frac{\mathrm{e}^{Mt_f} - 1}{M}\epsilon$$

其中, $M = \max\{M_i : i = 1, 2, \cdots, n\}$, $M_i = a_i + \sum\limits_{j=1}^{n} |b_{ij}| l_j + \sum\limits_{j=1}^{n} |c_{ij}| l_j$.

证明　定义

$$q_i^0(t) = v_i(t), \ t \in [-\tau, t_f]$$

显然, $q_i^0(t) \in C([-\tau, t_f], \mathbb{Q})$, 即对于所有的 $t \in [-\tau, t_f]$, $(t, q_i^0(t)) \in \mathbb{R} \times C([-\tau, t_f], \mathbb{Q})$.

定义如下序列:

$$q_i^{m+1}(t) = \begin{cases} v_i(t), \ t \in [-\tau, 0] \\ v_i(0) - \displaystyle\int_0^t a_i q_i^m(s)\mathrm{d}s + \int_0^t \sum_{j=1}^n b_{ij} f_j(q_j^m(s))\mathrm{d}s \\ \quad + \displaystyle\int_0^t \sum_{j=1}^n c_{ij} f_j(q_j^m(s - \tau_j(s)))\mathrm{d}s + \int_0^t I_i(s)\mathrm{d}t, \ t \in [0, t_f] \end{cases}$$

$$\tag{7.2.3}$$

由于对于所有的 $t \in [-\tau, 0]$, $u_i^{m+1}(t) = v_i(t)$, 所以下面仅考虑 $t \in [0, t_f]$ 时的情况. 对于所有的 $t \in [0, t_f]$ 和 $m \in \mathbb{N}^+$, 以下不等式成立:

$$\left| q_i^m(t) - q_i^{m-1}(t) \right| \leqslant \frac{\epsilon}{M} \cdot \frac{M^m}{m!} t^m \tag{7.2.4}$$

事实上, 当 $m = 1$ 时, 对于所有 $t \in [0, t_f]$, 由

$$\left| v_i'(t) + a_i v_i(t) - \sum_{j=1}^n b_{ij} f_j(v_j(t)) - \sum_{j=1}^n c_{ij} f_j(v_j(t - \tau_j(t))) - I_i(t) \right| \leqslant \epsilon$$

可计算

$$\left| q_i^1(t) - q_i^0(t) \right|$$

$$= \left| v_i(0) - \int_0^t a_i q_i^0(s)\mathrm{d}s + \int_0^t \sum_{j=1}^n b_{ij} f_j(q_j^0(s))\mathrm{d}s + \int_0^t \sum_{j=1}^n c_{ij} f_j(q_j^0(s - \tau_j(s)))\mathrm{d}s \right.$$

$$\left. + \int_0^t I_i(s)\mathrm{d}s - v_i(t) \right|$$

$$= \left| -\int_0^t a_i q_i^0(s)\mathrm{d}s + \int_0^t \sum_{j=1}^n b_{ij} f_j(q_j^0(s))\mathrm{d}s + \int_0^t \sum_{j=1}^n c_{ij} f_j(q_j^0(s - \tau_j(s)))\mathrm{d}s \right.$$

$$+ \int_0^t I_i(s)\mathrm{d}s - \int_0^t v_i'(s)\mathrm{d}s \Big|$$

$$\leqslant \int_0^t \Big| - a_i q_i^0(s) + \sum_{j=1}^n b_{ij} f_j(q_j^0(s)) + \sum_{j=1}^n c_{ij} f_j(q_j^0(s - \tau_j(s))) + I_i(s) - v_i'(s) \Big| \mathrm{d}s$$

$$\leqslant \int_0^t \epsilon \mathrm{d}s = t\epsilon$$

即当 $m = 1$ 时, 式 (7.2.4) 成立.

假设当 $m = k$ 时, 式 (7.2.4) 成立, 即对于所有 $t \in [0, t_f]$, 有

$$\big| q_i^k(t) - q_i^{k-1}(t) \big| \leqslant \frac{\epsilon}{M} \cdot \frac{M^k}{k!} t^k$$

当 $m = k + 1$ 时, 由假设 7.2.1 和条件 $M = \max \{M_p : p = 1, 2, \cdots, n\}$ 可得

$$\big| q_i^{k+1}(t) - q_i^k(t) \big|$$

$$= \Big| v_i(0) - \int_0^t a_i q_i^k(s)\mathrm{d}s + \int_0^t \sum_{j=1}^n b_{ij} f_j(q_j^k(s))\mathrm{d}s + \int_0^t \sum_{j=1}^n c_{ij} f_j(q_j^k(s - \tau_j(s)))\mathrm{d}s$$

$$+ \int_0^t I_i(s)\mathrm{d}s - \Big(v_i(0) - \int_0^t a_i q_i^{k-1}(s)\mathrm{d}s + \int_0^t \sum_{j=1}^n b_{ij} f_j(q_j^{k-1}(s))\mathrm{d}s$$

$$+ \int_0^t \sum_{j=1}^n c_{ij} f_j(q_j^{k-1}(s - \tau_j(s)))\mathrm{d}s + \int_0^t I_i(s)\mathrm{d}s \Big) \Big|$$

$$\leqslant a_i \int_0^t \big| q_i^k(s) - q_i^{k-1}(s) \big| \mathrm{d}s + \sum_{j=1}^n |b_{ij}| \int_0^t \Big| f_j(q_j^k(s)) - f_j(q_j^{k-1}(s)) \Big| \mathrm{d}s$$

$$+ \sum_{j=1}^n |c_{ij}| \int_0^t \Big| f_j(q_j^k(s - \tau_j(s))) - f_j(q_j^{k-1}(s - \tau_j(s))) \Big| \mathrm{d}s$$

$$\leqslant \Big(a_i + \sum_{j=1}^n |b_{ij}| l_j + \sum_{j=1}^n |c_{ij}| l_j \Big) \int_0^t \frac{\epsilon}{M} \cdot \frac{M^k}{k!} s^k \mathrm{d}s$$

$$= M_i \frac{\epsilon}{M} \cdot \frac{M^k}{(k+1)!} t^{k+1} \leqslant \frac{\epsilon}{M} \cdot \frac{M^{k+1}}{(k+1)!} t^{k+1}$$

即当 $m = k + 1$ 时, 式 (7.2.4) 成立.

进一步, 有

$$\sum_{m=1}^{\infty} \left| q_i^m(t) - q_i^{m-1}(t) \right| \leqslant \sum_{m=1}^{\infty} \frac{\epsilon}{M} \cdot \frac{M^m}{m!} t^m \leqslant \frac{\epsilon}{M} \sum_{m=1}^{\infty} \frac{(Mt_f)^m}{m!}$$

$$= \frac{\mathrm{e}^{Mt_f} - 1}{M} \epsilon \tag{7.2.5}$$

因此, $\{q_i^m(t)\}$ 一致收敛到连续函数 $q_i(t)$.

进而, 有

$$|q_i^m(t) - q_i(t)| \leqslant \frac{\epsilon}{M} \sum_{k=m+1}^{\infty} \frac{(Mt)^k}{k!}$$

对于所有的 $t \in [0, t_f]$, 由假设 7.2.1 可得

$$\left| \int_0^t \left(-a_i q_i^m(s) + \sum_{j=1}^n b_{ij} f_j(q_j^m(s)) + \sum_{j=1}^n c_{ij} f_j(q_j^m(s - \tau_j(s))) + I_i(s) \right. \right.$$

$$\left. \left. - \left(-a_i q_i(s) + \sum_{j=1}^n b_{ij} f_j(q_j(s)) + \sum_{j=1}^n c_{ij} f_j(q_j(s - \tau_j(s))) + I_i(s) \right) \right) \mathrm{d}s \right|$$

$$\leqslant \int_0^t a_i \left| q_i^m(s) - q_i(s) \right| \mathrm{d}s + \sum_{j=1}^n |b_{ij}| \int_0^t \left| f_j(q_j^m(s)) - f_j(q_j(s)) \right| \mathrm{d}s$$

$$+ \sum_{j=1}^n |c_{ij}| \int_0^t |f_j(q_j^m(s - \tau_j(s))) - f_j(q_j(s - \tau_j(s)))| \mathrm{d}s$$

$$\leqslant \left(a_i + \sum_{j=1}^n |b_{ij}| l_j + \sum_{j=1}^n |c_{ij}| l_j \right) \int_0^t \frac{\epsilon}{M} \sum_{k=m+1}^{\infty} \frac{(Mt)^k}{k!} \mathrm{d}s$$

$$\leqslant \frac{\epsilon}{M} \sum_{k=m+2}^{\infty} \frac{(Mt_f)^k}{k!} < \frac{\mathrm{e}^{Mt_f} - 1}{M} \epsilon$$

因此, 当 $m \to \infty$ 时, $\left| \int_0^t \left(-a_i q_i^m(s) + \sum_{j=1}^n b_{ij} f_j(q_j^m(s)) + \sum_{j=1}^n c_{ij} f_j(q_j^m(s - \tau_j(s))) + \right. \right.$

$$I_i(s) - \left(-a_i q_i(s) + \sum_{j=1}^n b_{ij} f_j(q_j(s)) + \sum_{j=1}^n c_{ij} f_j(q_j(s - \tau_j(s))) + I_i(s) \right) \right) \mathrm{d}s \Bigg|$$ 一致

收敛到 0. 这样, 当 $m \to \infty$ 时, 有

$$q_i^{m+1}(t) = v_i(0) - \int_0^t a_i u_i^m(s) \mathrm{d}s + \int_0^t \sum_{j=1}^n b_{ij} f_j(q_j^m(s)) \mathrm{d}s$$

$$+ \int_0^t \sum_{j=1}^n c_{ij} f_j(q_j^m(s-\tau_j(s))) \mathrm{d}s + \int_0^t I_i(s) \mathrm{d}s$$

收敛于

$$q_i(t) = v_i(0) - \int_0^t a_i q_i(s) \mathrm{d}s + \int_0^t \sum_{j=1}^n b_{ij} f_j(q_j(s)) \mathrm{d}s$$

$$+ \int_0^t \sum_{j=1}^n c_{ij} f_j(q_j(s-\tau_j(s))) \mathrm{d}s + \int_0^t I_i(s) \mathrm{d}s$$

故 $q_i(t)$ 是具有初始值 $v_i(0)$ 的时变时滞四元数神经网络模型 (7.2.1) 的一个解.

下面证明时变时滞四元数神经网络模型 (7.2.1) 的解是唯一的.

将时变时滞四元数神经网络模型 (7.2.1) 写成如下向量形式:

$$\frac{\mathrm{d}q(t)}{\mathrm{d}t} = -Aq(t) + Bf(q(t)) + Cf(q(t-\tau(t))) + I(t) \tag{7.2.6}$$

其中, $q(t) = (q_1(t), q_2(t), \cdots, q_n(t))^{\mathrm{T}} \in \mathbb{Q}^n$; $A = \mathrm{diag}\{a_1, a_2, \cdots, a_n\} \in \mathbb{R}^{n \times n}$; $B = (b_{pq})_{n \times n} \in \mathbb{Q}^{n \times n}$; $C = (c_{pq})_{n \times n} \in \mathbb{Q}^{n \times n}$; $f(q(t)) = (f_1(q_1(t)), \cdots, f_n(q_n(t)))^{\mathrm{T}} \in \mathbb{Q}^n$; $I(t) = (I_1(t), I_2(t), \cdots, I_n(t))^{\mathrm{T}} \in \mathbb{Q}^n$.

由以上证明可知, $u(t)$ 是式 (7.2.6) 在初始条件 $(0, v(0))$ 下的一个解, 其中 $v(0) = (v_1(0), v_2(0), \cdots, v_n(0))^{\mathrm{T}}$. 假设 $\tilde{q}(t) = (\tilde{q}_1(t), \tilde{q}_2(t), \cdots, \tilde{q}_n(t))^{\mathrm{T}} \in \mathbb{Q}^n$ 是式 (7.2.6) 在初始条件 $(0, v(0))$ 下的另一个解, 则有

$$q(t) = v(0) - \int_0^t Aq(s) \mathrm{d}s + \int_0^t Bf(q(s)) \mathrm{d}s$$

$$+ \int_0^t Cf(q(s-\tau(s))) \mathrm{d}s + \int_0^t I(s) \mathrm{d}s \tag{7.2.7}$$

$$\tilde{q}(t) = v(0) - \int_0^t A\tilde{q}(s) \mathrm{d}s + \int_0^t Bf(\tilde{q}(s)) \mathrm{d}s$$

$$+ \int_0^t Cf(\tilde{q}(s-\tau(s))) \mathrm{d}s + \int_0^t I(s) \mathrm{d}s \tag{7.2.8}$$

计算

$$\max_{\xi \in [t-\tau(t), t]} |q(\xi) - \tilde{q}(\xi)|$$

$$\leqslant \max_{\xi \in [t-\tau(t), t]} \int_0^\xi (\|A\| + \|B\|L) \|q(s) - \tilde{q}(s)\| + \|B\|L \|q(s-\tau(s)) - \tilde{q}(s-\tau(s))\| \mathrm{d}s$$

$$\leqslant \int_0^t (\|A\| + \|B\|L + \|C\|L) \max_{\sigma \in (s-\tau(s),s)} \|q(\sigma) - \tilde{q}(\sigma)\| \mathrm{d}s$$

由引理 7.2.2 可得

$$0 \leqslant \|q(t) - \tilde{q}(t)\| \leqslant \max_{\xi \in [t-\tau(t),t]} \|q(\xi) - \tilde{q}(\xi)\| \leqslant 0$$

这表明, 对于所有的 $t \in [0, t_f]$, 有 $q(t) = \tilde{q}(t)$. 证毕.

当时滞项 $\tau_j(t) = 0$ 时, 时变时滞四元数神经网络模型 (7.2.1) 将退化为以下形式:

$$\frac{\mathrm{d}q_i(t)}{\mathrm{d}t} = -a_i q_i(t) + \sum_{j=1}^{n} b_{ij} f_j(q_j(t)) + I_i(t) \tag{7.2.9}$$

对于时变时滞四元数神经网络模型 (7.2.9), 有以下推论.

推论 7.2.1 在假设 7.2.1 成立的条件下, 对于任意 $\epsilon \geqslant 0$, $t \in [0, t_f]$, 如果 $v_i(t) : [0, t_f] \to \mathbb{Q}$ 满足

$$\left| v_i'(t) + a_i v_i(t) - \sum_{j=1}^{n} b_{ij} f_j(v_j(t)) - I_i(t) \right| \leqslant \epsilon$$

则时变时滞四元数神经网络模型 (7.2.9) 存在唯一解 $q_i(t) : [0, t_f] \to \mathbb{Q}$ 并满足

$$|v_i(t) - q_i(t)| \leqslant \frac{\mathrm{e}^{Mt_f} - 1}{M} \epsilon$$

其中, $M = \max\{M_i : i = 1, 2, \cdots, n\}$, $M_i = a_i + \sum_{j=1}^{n} |b_{ij}| l_j$.

由于四元数神经网络是实数神经网络和复数神经网络的推广, 所以四元数神经网络的 H-U 稳定性结论可以应用到实数神经网络和复数神经网络. 考虑以下时变时滞实数神经网络模型:

$$\frac{\mathrm{d}u_i(t)}{\mathrm{d}t} = -a_i u_i(t) + \sum_{j=1}^{n} b_{ij} f_j(u_j(t)) + \sum_{j=1}^{n} c_{ij} f_j(u_j(t - \tau_{ij}(t))) + I_i(t) \tag{7.2.10}$$

其中, $0 \leqslant t \leqslant t_f < +\infty$, $i = 1, 2, \cdots, n$, $u_i(t) \in \mathbb{R}$; $A = \mathrm{diag}\{a_1, a_2, \cdots, a_n\} \in \mathbb{R}^{n \times n}$, $a_i > 0$ $(i = 1, 2, \cdots, n)$; $B = (b_{ij})_{n \times n} \in \mathbb{R}^{n \times n}$; $C = (c_{ij})_{n \times n} \in \mathbb{R}^{n \times n}$; $f_j : \mathbb{R} \to \mathbb{R}$.

时变时滞实数神经网络模型 (7.2.10) 的初始值为

$$u_i(s) = \varphi(s) \in C([-\tau, 0], \mathbb{R})$$

推论 7.2.2 在假设 7.2.1 和假设 7.2.2 成立的条件下, 对于任意 $\epsilon \geqslant 0$, $t \in [-\tau, t_f]$, 如果 $v_i(t) : [-\tau, t_f] \to \mathbb{R}$ 满足

$$\left| v_i'(t) + a_i v_i(t) - \sum_{j=1}^{n} b_{ij} f_j(v_j(t)) - \sum_{j=1}^{n} c_{ij} f_j(v_j(t - \tau_{ij}(t))) - I_i(t) \right| \leqslant \epsilon$$

则时变时滞实数神经网络模型 (7.2.10) 存在唯一解 $u_i(t) : [-\tau, t_f] \to \mathbb{R}$ 并满足

$$|v_i(t) - u_i(t)| \leqslant \frac{e^{Mt_f} - 1}{M} \epsilon$$

其中, $M = \max \{M_i : i = 1, 2, \cdots, n\}$, $M_i = a_i + \sum_{j=1}^{n} |b_{ij}| l_j + \sum_{j=1}^{n} |c_{ij}| l_j$.

7.2.5 数值示例

下面通过两个数值示例验证所得结果的正确性和有效性.

例 7.2.1 考虑以下时变时滞四元数神经网络模型:

$$\frac{\mathrm{d}q(t)}{\mathrm{d}t} = -Aq(t) + Bf(q(t)) + Cf(q(t - \tau(t))) + I(t) \tag{7.2.11}$$

其中, $f(q(t)) = \tanh(q(t)) = (\tanh(q_1(t)), \tanh(q_2(t)))^{\mathrm{T}}$; $\tau(t) = 0.1 \sin^2(t)$; $I(t) = (\sin(t), \sin(t))^{\mathrm{T}}$; $A = \mathrm{diag}\{1, 1.2\}$; $B = (b_{ij})_{2 \times 2}$; $C = (c_{ij})_{2 \times 2}$, 且

$b_{11} = -0.2 - 0.8\imath + 0.2\jmath - \kappa$, $\quad b_{12} = -0.8 + 0.4\imath + 0.8\jmath + 0.4\kappa$

$b_{21} = -0.6 + 0.2\imath + 0.4\jmath + 0.2\kappa$, $\quad b_{22} = -1.2 - 0.2\imath + 0.4\jmath - 0.2\kappa$

$c_{11} = 0.4 - 0.2\imath - 0.2\jmath + 0.2\kappa$, $\quad c_{12} = 0.4 + 0.2\imath + 0.4\jmath - 0.6\kappa$

$c_{21} = -0.2 + 0.2\imath + 0.2\jmath - 0.4\kappa$, $\quad c_{22} = 0.6 - 0.6\imath - 0.2\jmath + 0.4\kappa$

类似于时变时滞四元数神经网络模型 (7.2.11), 考虑如下近似系统:

$$\frac{\mathrm{d}v(t)}{\mathrm{d}t} = -Av(t) + Bf(v(t)) + Cf(v(t - \tau(t))) + I(t) + \epsilon \tag{7.2.12}$$

设 $\epsilon = 0.5$, $t_f = 0.8$, 则可计算 $g = \frac{e^{Mt_f} - 1}{M} \epsilon = 1.9016$. 考虑近似系统

(7.2.12) 在初始条件 $v(0) = \begin{bmatrix} 1.2 - 1.3\imath + 1.4\jmath + 1.9\kappa \\ -1.6 + 1.8\imath - 1.5\jmath - 1.6\kappa \end{bmatrix}$ 下的解为 $v(t)$. 图 7.2.1

和图 7.2.2 给出了时变时滞四元数神经网络模型 (7.2.11) 及其近似系统 (7.2.12) 在初始条件 $q^s(0) = v^s(0) \pm g, s \in \{R, I, J, K\}$ 下的解曲线. 此外, 图 7.2.1 和图 7.2.2 中的虚线为 $v^s(t) \pm g, s \in \{R, I, J, K\}$. 图 7.2.3 给出了时变时滞四元数神经网络模型 (7.2.11) 及其近似系统 (7.2.12) 的误差曲线, 表明 $|q_i^s(t) - v_i^s(t)| \leqslant$

$g, s \in \{R, I, J, K\}, i = 1, 2.$ 然后通过定理 7.2.1, 可以说明时变时滞四元数神经网络模型 (7.2.11) 具有 H-U 稳定性.

为了进一步验证本节的结论, 选择 $\epsilon = 2$, $\epsilon = 1$ 和 $\epsilon = 0.1$, 图 7.2.4 $\sim$ 图 7.2.6 分别给出了时变时滞四元数神经网络模型 (7.2.11) 及其近似系统 (7.2.12) 的误差曲线.

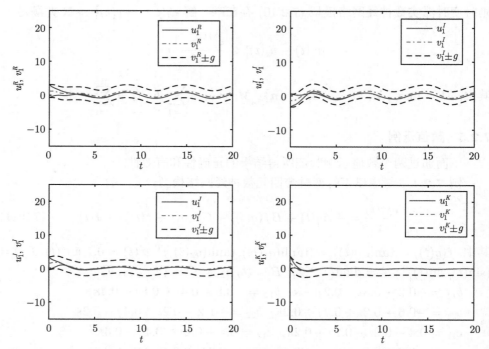

图 7.2.1　$\epsilon = 0.5$ 时时变时滞四元数神经网络模型 (7.2.11) 及其近似系统 (7.2.12)第一维的解曲线

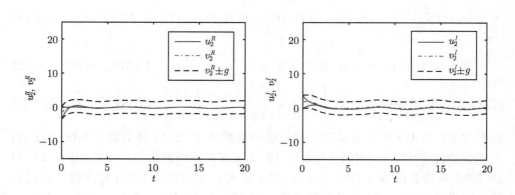

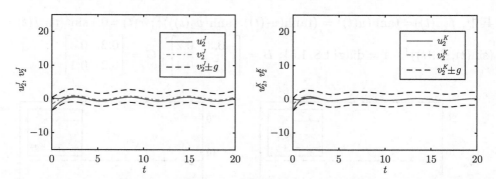

图 7.2.2 $\epsilon = 0.5$ 时时变时滞四元数神经网络模型 (7.2.11) 及其近似系统 (7.2.12)第二维的
解曲线

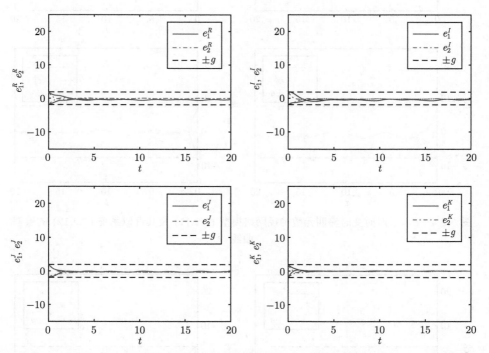

图 7.2.3 $\epsilon = 0.5$ 时时变时滞四元数神经网络模型 (7.2.11) 及其近似系统 (7.2.12) 的误差曲线

下面给出实数情况的例子.

例 7.2.2 考虑以下时变时滞实数神经网络模型:

$$\frac{\mathrm{d}u(t)}{\mathrm{d}t} = -Au(t) + Bf(u(t)) + Cf(u(t-\tau(t))) + I(t) \qquad (7.2.13)$$

其中, $f(u(t)) = \tanh(u(t)) = (\tanh(u_1(t)), \tanh(u_2(t)))^T$; $\tau(t) = 0.1\sin^2(t)$; $I(t) = (\sin(t), \sin(t))^T$; $A = \mathrm{diag}\{1.8, 1.5\}$; $B = \begin{bmatrix} -0.3 & 0.2 \\ 0.5 & 0.4 \end{bmatrix}$; $C = \begin{bmatrix} 0.2 & 0.3 \\ 0.2 & 0.1 \end{bmatrix}$.

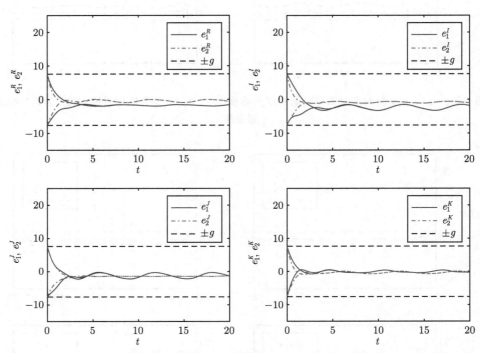

图 7.2.4 $\epsilon = 2$ 时时变时滞四元数神经网络模型 (7.2.11) 及其近似系统 (7.2.12) 的误差曲线

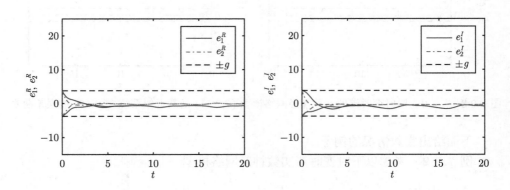

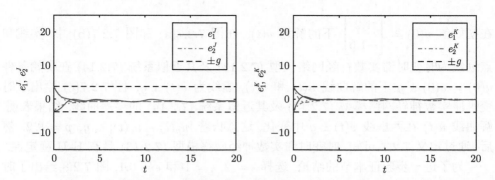

图 7.2.5 $\epsilon = 1$ 时时变时滞四元数神经网络模型 (7.2.11) 及其近似系统 (7.2.12) 的误差曲线

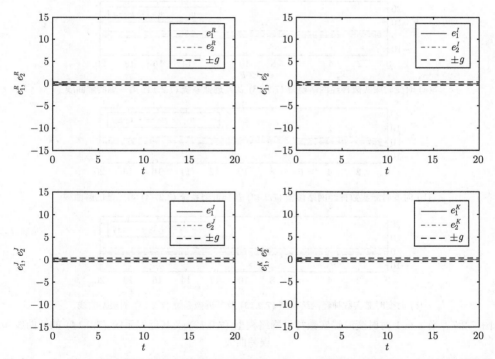

图 7.2.6 $\epsilon = 0.1$ 时时变时滞四元数神经网络模型 (7.2.11) 及其近似系统 (7.2.12) 的误差曲线

时变时滞实数神经网络模型 (7.2.13) 的近似系统为

$$\frac{\mathrm{d}v(t)}{\mathrm{d}t} = -Av(t) + Bf(v(t)) + Cf(v(t-\tau(t))) + I(t) + \epsilon \qquad (7.2.14)$$

设 $\epsilon = 1$, $t_f = 0.8$, 则可计算 $g = \dfrac{\mathrm{e}^{Mt_f} - 1}{M}\epsilon = 2.1623$. 考虑近似系统 (7.2.14)

在初始值 $v(0) = \begin{bmatrix} 1.2 \\ -1.6 \end{bmatrix}$ 下的解为 $v(t)$. 在图 7.2.7(a) 和图 7.2.7(b) 中, 实线和点划线为时变时滞实数神经网络模型 (7.2.13) 及其近似系统 (7.2.14) 在初始条件 $u(0) = v(0) \pm g$ 下的解曲线 $u(t)$ 和 $v(t)$, 虚线为 $v(t) \pm g$. 图 7.2.7(c) 给出了时变时滞实数神经网络模型 (7.2.13) 及其近似系统 (7.2.14) 的误差曲线. 结果表明, 解曲线 $u(t)$ 在两虚线 $v(t) \pm g$ 中变化, 这意味着 $|u_p(t) - v_p(t)| \leqslant g$, $p = 1, 2$. 然后, 通过定义 7.2.1 可知, 时变时滞实数神经网络模型 (7.2.13) 具有 H-U 稳定性.

为了进一步验证本节的结论, 选择 $\epsilon = 2$, $\epsilon = 1$ 和 $\epsilon = 0.1$, 图 7.2.8 给出了时变时滞实数神经网络模型 (7.2.13) 及其近似系统 (7.2.14) 的误差曲线.

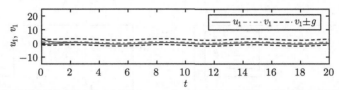

(a) 时变时滞实数神经网络模型 (7.2.13) 及其近似系统 (7.2.14) 第一维的解曲线

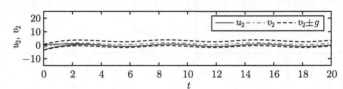

(b) 时变时滞实数神经网络模型 (7.2.13) 及其近似系统 (7.2.14) 第二维的解曲线

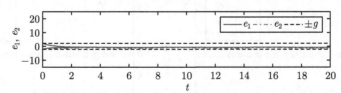

(c) 时变时滞实数神经网络模型 (7.2.13) 及其近似系统 (7.2.14) 的误差曲线

图 7.2.7　当 $\epsilon = 1$ 时时变时滞实数神经网络模型 (7.2.13) 及其近似系统 (7.2.14) 的解曲线和误差曲线

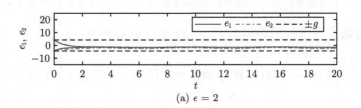

(a) $\epsilon = 2$

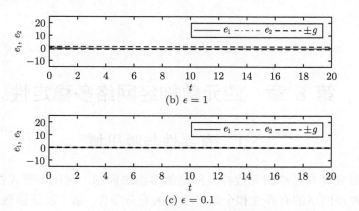

图 7.2.8 当 $\epsilon = 2$, $\epsilon = 1$ 和 $\epsilon = 0.1$ 时时变时滞实数神经网络模型 (7.2.13) 及其近似系统 (7.2.14) 的误差曲线

第 8 章　四元数神经网络多稳定性

8.1　有界性与吸引域

本节研究具有时滞四元数神经网络的多稳态问题. 利用不等式技巧, 给出时滞四元数神经网络的有界性和全局吸引性的充分条件. 基于激活函数的几何性质, 获得了若干准则, 以确保存在 81^n 个平衡点, 其中 16^n 个平衡点是局部稳定的.

8.1.1　模型描述

考虑以下时滞四元数神经网络模型:

$$\dot{q}_i(t) = -c_i q_i(t) + \sum_{j=1}^{n} a_{ij} f_j(q_j(t)) + \sum_{j=1}^{n} b_{ij} f_j(q_j(t-\tau_j)) + h_i \tag{8.1.1}$$

其中, $i = 1, 2, \cdots, n$; $t \geqslant 0$.

时滞四元数神经网络模型 (8.1.1) 的等价的向量形式为

$$\dot{q}(t) = -Cq(t) + Af(q(t)) + Bf(q(t-\tau)) + h \tag{8.1.2}$$

其中, $q(t) = (q_1(t), q_2(t), \cdots, q_n(t))^{\mathrm{T}} \in \mathbb{Q}^n$ 是具有 n 个神经元的四元数神经网络在 t 时刻的状态向量; $C = \mathrm{diag}\{c_1, c_2, \cdots, c_n\} \in \mathbb{R}^{n \times n}$ 是自反馈连接权矩阵, $c_i > 0$ $(i = 1, 2, \cdots, n)$; $A = (a_{ij})_{n \times n} \in \mathbb{Q}^{n \times n}$ 和 $B = (b_{ij})_{n \times n} \in \mathbb{Q}^{n \times n}$ 分别是连接权矩阵和时滞连接权矩阵; $h = (h_1, h_2, \cdots, h_n)^{\mathrm{T}} \in \mathbb{Q}^n$ 是外部输入向量; $f(q(t)) = (f_1(q_1(t)), f_2(q_2(t)), \cdots, f_n(q_n(t)))^{\mathrm{T}} \in \mathbb{Q}^n$ 是激活函数. 设 $\tau_M = \max\{\tau_1, \tau_2, \cdots, \tau_n\}$.

8.1.2　基本假设

假设 8.1.1　设 $p = p^{(0)} + p^{(1)}\imath + p^{(2)}\jmath + p^{(3)}\kappa$, 其中, $p^{(0)}, p^{(1)}, p^{(2)}, p^{(3)} \in \mathbb{R}$. 对于所有的 $j = 1, 2, \cdots, n$, $f_j(p)$ 可以通过其实部和虚部表示为

$$f_j(p) = f_j^{(0)}(p^{(0)}) + f_j^{(1)}(p^{(1)})\imath + f_j^{(2)}(p^{(2)})\jmath + f_j^{(3)}(p^{(3)})\kappa$$

其中, $f_j^{(\ell)}(\cdot): \mathbb{R} \to \mathbb{R}$ 连续且定义为

$$f_j^{(\ell)}(x) = \begin{cases} u_j^{(\ell)}, & x \in (-\infty, r_j^{(\ell)}) \\ \bar{f}_j^{(\ell)}(x), & x \in [r_j^{(\ell)} s_j^{(\ell)}] \\ v_j^{(\ell)}, & x \in (s_j^{(\ell)}, +\infty) \end{cases} \tag{8.1.3}$$

其中, $\ell = 0, 1, 2, 3$, $\bar{f}_j^{(\ell)}$ 是单调非减函数, 且对于任意 $x, y \in [r_j^{(\ell)}, s_j^{(\ell)}]$, 满足

$$0 \leqslant \alpha_j^{(\ell)} \leqslant \frac{\bar{f}_j^{(\ell)}(x) - \bar{f}_j^{(\ell)}(y)}{x - y}$$

并且 $\alpha_j^{(\ell)}$ 为正常数, $j = 1, 2, \cdots, n$.

8.1.3 基本概念

定义 8.1.1 如果等价形式 (8.1.2) 在任何初始条件 $\varphi \in C([t_0 - \tau, t_0], D)$ 下的解 $q(t; t_0, \varphi)$ 都满足 $q(t; t_0, \varphi) \in D$, 则称集合 $D \in \mathbb{Q}^n$ 是等价形式 (8.1.2) 的一个正不变集.

定义 8.1.2 设 S 是 D 的一个完备子集, S_ϵ 是 S 的 ϵ 邻域. 如果对于任意 $\epsilon > 0$, 等价形式 (8.1.2) 的所有轨迹最终进入并留在 S_ϵ, 则称完备子集 S 在 D 中是局部吸引的, 当 $D = \mathbb{Q}^n$ 时, S 是全局吸引的.

8.1.4 主要结果

下面给出时滞四元数神经网络模型 (8.1.1) 或者其等价形式 (8.1.2) 平衡点有界性和全局吸引性的一些充分条件.

定理 8.1.1 在假设 8.1.1 成立的条件下, 对于任意的初始条件 $\varphi \in C([t_0 - \tau_M, t_0], D)$, 时滞四元数神经网络模型 (8.1.1) 的解 $q(t; t_0, \varphi)$ 在 $[t_0, +\infty)$ 上是有界的. 另外, 完备子集

$$S = \left\{ (q_1, q_2, \cdots, q_n)^{\mathrm{T}} \in \mathbb{Q}^n \middle| |q_i| \leqslant \Gamma_i, i = 1, 2, \cdots, n \right\}$$

是时滞四元数神经网络模型 (8.1.1) 的一个全局吸引集. 其中,

$$\Gamma_i = c_i \sqrt{(2n+1) \left(\sum_{j=1}^{n} (|a_{ij}|^2 + |b_{ij}|^2) m_j^2 + |h_i|^2 \right)}$$

$$m_j = \sqrt{\sum_{\ell=0}^{2} \max \left\{ (u_j^{(\ell)})^2, (v_j^{(\ell)})^2 \right\}}$$

证明 为了表示方便, 用 $q(t)$ 表示解 $q(t; t_0, \varphi)$. 令 $\gamma_i = \dfrac{c_i}{2n+1}$, 由于 $c_i > 0$, 有 $2c_i - (2n+1)\gamma_i > 0$, $i = 1, 2, \cdots, n$.

沿着时滞四元数神经网络模型 (8.1.1) 的轨迹计算 $|q_i(t)|^2$ 的导数, 由引理 2.4.3 可得

$$
\begin{aligned}
\frac{\mathrm{d}(|q_i(t)|^2)}{\mathrm{d}t} &= \dot{q}_i^*(t)q_i(t) + q_i^*(t)\dot{q}_i(t) \\
&= -2c_i q_i^*(t)q_i(t) \\
&\quad + q_i^*(t)\left(\sum_{j=1}^n a_{ij}f_j(q_j(t))\right) + \left(\sum_{j=1}^n a_{ij}f_j(q_j(t))\right)^* q_i(t) \\
&\quad + q_i^*(t)\left(\sum_{j=1}^n b_{ij}f_j(q_j(t-\tau_j))\right) + \left(\sum_{j=1}^n b_{ij}f_j(q_j(t-\tau_j))\right)^* q_i(t) \\
&\quad + q_i^*(t)h_i + h_i^* q_i(t) \\
&\leqslant -2c_i q_i^*(t)q_i(t) \\
&\quad + \sum_{j=1}^n \left(\gamma_i q_i^*(t)q_i(t) + \gamma_i^{-1} f_j^*(q_j(t))a_{ij}^* a_{ij} f_j(q_j(t))\right) \\
&\quad + \sum_{j=1}^n \left(\gamma_i q_i^*(t)q_i(t) + \gamma_i^{-1} f_j^*(q_j(t-\tau_j))b_{ij}^* b_{ij} f_j(q_j(t-\tau_j))\right) \\
&\quad + \gamma_i q_i^*(t)q_i(t) + \gamma_i^{-1} h_i^* h_i \\
&\leqslant -(2c_i - (2n+1)\gamma_i)|q_i(t)|^2 \\
&\quad + \gamma_i^{-1}\left(\sum_{j=1}^n (|a_{ij}|^2 + |b_{ij}|^2)m_j^2 + |h_i|^2\right)
\end{aligned} \tag{8.1.4}
$$

将式 (8.1.4) 改写为

$$
\frac{\mathrm{d}(|q_i(t)|^2)}{\mathrm{d}t} + d_i |q_i(t)|^2 \leqslant K_i \tag{8.1.5}
$$

其中, $d_i = 2c_i - (2n+1)\gamma_i$; $K_i = \gamma_i^{-1}\left(\sum_{j=1}^n (|a_{ij}|^2 + |b_{ij}|^2)m_j^2 + |h_i|^2\right)$.

对于所有的 $t \in [t_0, +\infty)$ 和 $i \in \{1, 2, \cdots, n\}$, 式 (8.1.5) 左右两边乘以 $\mathrm{e}^{d_i t}$, 再从 t_0 到 t 进行积分可得

$$
|q_i(t)|^2 \leqslant |\varphi_i(t_0)|^2 \mathrm{e}^{d_i(t_0-t)} + \frac{K_i}{d_i}\left(1 - \mathrm{e}^{d_i(t_0-t)}\right)
$$

$$\leqslant |\varphi_i(t_0)|^2 + \frac{K_i}{d_i} \tag{8.1.6}$$

因此, 时滞四元数神经网络模型 (8.1.1) 的解 $q(t; t_0, \varphi)$ 在 $[t_0, +\infty)$ 上是有界的.

进一步, 由式 (8.1.6) 可得

$$\lim_{t \to +\infty} \sup |q_i(t)|^2 \leqslant \lim_{t \to +\infty} \sup \left\{ |\varphi_i(t_0)|^2 \mathrm{e}^{d_i(t_0-t)} + \frac{K_i}{d_i} \left(1 - \mathrm{e}^{d_i(t_0-t)}\right) \right\}$$

$$= \frac{K_i}{d_i} = \Gamma_i^2$$

因此, 完备子集 S 是时滞四元数神经网络模型 (8.1.1) 的全局吸引集. 证毕.

8.2 模型的多稳定性

本节给出时滞四元数神经网络模型 (8.1.1) 或者其等价形式 (8.1.2) 平衡点存在性和稳定性的一些充分条件. 最后通过数值示例验证所得结果的有效性.

8.2.1 平衡点的存在性

时滞四元数神经网络模型 (8.1.1) 等价于如下形式:

$$\begin{aligned}
\dot{q}_i^{(0)}(t) = &-c_i q_i^{(0)}(t) + \sum_{j=1}^{n} \Big(a_{ij}^{(0)} f_j^{(0)}(q_j^{(0)}(t)) \\
&- a_{ij}^{(1)} f_j^{(1)}(q_j^{(1)}(t)) - a_{ij}^{(2)} f_j^{(2)}(q_j^{(2)}(t)) \\
&- a_{ij}^{(3)} f_j^{(3)}(q_j^{(3)}(t)) \Big) + \sum_{j=1}^{n} \Big(b_{ij}^{(0)} f_j^{(0)}(q_j^{(0)}(t - \tau_j)) \\
&- b_{ij}^{(1)} f_j^{(1)}(q_j^{(1)}(t - \tau_j)) - b_{ij}^{(2)} f_j^{(2)}(q_j^{(2)}(t - \tau_j)) \\
&- b_{ij}^{(3)} f_j^{(3)}(q_j^{(3)}(t - \tau_j)) \Big) + h_i^{(0)} \\
\dot{q}_i^{(1)}(t) = &-c_i q_i^{(1)}(t) + \sum_{j=1}^{n} \Big(a_{ij}^{(0)} f_j^{(1)}(q_j^{(1)}(t)) \\
&+ a_{ij}^{(1)} f_j^{(0)}(q_j^{(0)}(t)) + a_{ij}^{(2)} f_j^{(3)}(q_j^{(3)}(t)) \\
&- a_{ij}^{(3)} f_j^{(2)}(q_j^{(2)}(t)) \Big) + \sum_{j=1}^{n} \Big(b_{ij}^{(0)} f_j^{(1)}(q_j^{(1)}(t - \tau_j)) \\
&+ b_{ij}^{(1)} f_j^{(0)}(q_j^{(0)}(t - \tau_j)) + b_{ij}^{(2)} f_j^{(3)}(q_j^{(3)}(t - \tau_j))
\end{aligned} \tag{8.2.1}$$

$$- b_{ij}^{(3)} f_j^{(2)}(q_j^{(2)}(t - \tau_j))) + h_i^{(1)} \tag{8.2.2}$$

$$
\dot{q}_i^{(2)}(t) = -c_i q_i^{(2)}(t) + \sum_{j=1}^{n} \Big(a_{ij}^{(0)} f_j^{(2)}(q_j^{(2)}(t))
$$

$$
+ a_{ij}^{(2)} f_j^{(0)}(q_j^{(0)}(t)) - a_{ij}^{(1)} f_j^{(3)}(q_j^{(3)}(t))
$$

$$
+ a_{ij}^{(3)} f_j^{(1)}(q_j^{(1)}(t)) \Big) + \sum_{j=1}^{n} \Big(b_{ij}^{(0)} f_j^{(2)}(q_j^{(2)}(t - \tau_j))
$$

$$
+ b_{ij}^{(2)} f_j^{(0)}(q_j^{(0)}(t - \tau_j)) - b_{ij}^{(1)} f_j^{(3)}(q_j^{(3)}(t - \tau_j))
$$

$$
+ b_{ij}^{(3)} f_j^{(1)}(q_j^{(1)}(t - \tau_j)) \Big) + h_i^{(2)} \tag{8.2.3}
$$

$$
\dot{q}_i^{(3)}(t) = -c_i q_i^{(3)}(t) + \sum_{j=1}^{n} \Big(a_{ij}^{(0)} f_j^{(3)}(q_j^{(3)}(t))
$$

$$
+ a_{ij}^{(3)} f_j^{(0)}(q_j^{(0)}(t)) + a_{ij}^{(1)} f_j^{(2)}(q_j^{(2)}(t))
$$

$$
- a_{ij}^{(2)} f_j^{(1)}(q_j^{(1)}(t)) \Big) + \sum_{j=1}^{n} \Big(b_{ij}^{(0)} f_j^{(3)}(q_j^{(3)}(t - \tau_j))
$$

$$
+ b_{ij}^{(3)} f_j^{(0)}(q_j^{(0)}(t - \tau_j)) + b_{ij}^{(1)} f_j^{(2)}(q_j^{(2)}(t - \tau_j))
$$

$$
- b_{ij}^{(2)} f_j^{(1)}(q_j^{(1)}(t - \tau_j)) \Big) + h_i^{(3)} \tag{8.2.4}
$$

对于所有的 $i = 1, 2, \cdots, n$ 和 $x \in \mathbb{R}$, 定义以下实值连续函数:

$$
\hat{F}_i^{(\ell)}(x) = -c_i x + (a_{ii}^{(0)} + b_{ii}^{(0)}) f_i^{(\ell)}(x) + \hat{\eta}_i^{(\ell)} \tag{8.2.5}
$$

$$
\check{F}_i^{(\ell)}(x) = -c_i x + (a_{ii}^{(0)} + b_{ii}^{(0)}) f_i^{(\ell)}(x) + \check{\eta}_i^{(\ell)} \tag{8.2.6}
$$

其中, $\ell = 0, 1, 2, 3$, 实数 $\hat{\eta}_i^{(\ell)}$, $\check{\eta}_i^{(\ell)}$ 为

$$
\hat{\eta}_i^{(0)} = \sum_{j=1, j \neq i}^{n} \max \Big\{ (a_{ij}^{(0)} + b_{ij}^{(0)}) u_j^{(0)}, (a_{ij}^{(0)} + b_{ij}^{(0)}) v_j^{(0)} \Big\}
$$

$$
- \sum_{j=1}^{n} \Big(\min \Big\{ (a_{ij}^{(1)} + b_{ij}^{(1)}) u_j^{(1)}, (a_{ij}^{(1)} + b_{ij}^{(1)}) v_j^{(1)} \Big\}
$$

$$
+ \min \Big\{ (a_{ij}^{(2)} + b_{ij}^{(2)}) u_j^{(2)}, (a_{ij}^{(2)} + b_{ij}^{(2)}) v_j^{(2)} \Big\}
$$

$$
+ \min \Big\{ (a_{ij}^{(3)} + b_{ij}^{(3)}) u_j^{(3)}, (a_{ij}^{(3)} + b_{ij}^{(3)}) v_j^{(3)} \Big\} \Big)
$$

$$+ h_i^{(0)}$$

$$\check{\eta}_i^{(0)} = \sum_{j=1, j \neq i}^{n} \min \left\{ (a_{ij}^{(0)} + b_{ij}^{(0)}) u_j^{(0)}, (a_{ij}^{(0)} + b_{ij}^{(0)}) v_j^{(0)} \right\}$$

$$- \sum_{j=1}^{n} \left(\max \left\{ (a_{ij}^{(1)} + b_{ij}^{(1)}) u_j^{(1)}, (a_{ij}^{(1)} + b_{ij}^{(1)}) v_j^{(1)} \right\} \right.$$

$$+ \max \left\{ (a_{ij}^{(2)} + b_{ij}^{(2)}) u_j^{(2)}, (a_{ij}^{(2)} + b_{ij}^{(2)}) v_j^{(2)} \right\}$$

$$\left. + \max \left\{ (a_{ij}^{(3)} + b_{ij}^{(3)}) u_j^{(3)}, (a_{ij}^{(3)} + b_{ij}^{(3)}) v_j^{(3)} \right\} \right)$$

$$+ h_i^{(0)}$$

$$\hat{\eta}_i^{(1)} = \sum_{j=1, j \neq i}^{n} \max \left\{ (a_{ij}^{(0)} + b_{ij}^{(0)}) u_j^{(1)}, (a_{ij}^{(0)} + b_{ij}^{(0)}) v_j^{(1)} \right\}$$

$$+ \sum_{j=1}^{n} \left(\max \left\{ (a_{ij}^{(1)} + b_{ij}^{(1)}) u_j^{(0)}, (a_{ij}^{(1)} + b_{ij}^{(1)}) v_j^{(0)} \right\} \right.$$

$$+ \max \left\{ (a_{ij}^{(2)} + b_{ij}^{(2)}) u_j^{(3)}, (a_{ij}^{(2)} + b_{ij}^{(2)}) v_j^{(3)} \right\}$$

$$\left. - \min \left\{ (a_{ij}^{(3)} + b_{ij}^{(3)}) u_j^{(2)}, (a_{ij}^{(3)} + b_{ij}^{(3)}) v_j^{(2)} \right\} \right)$$

$$+ h_i^{(1)}$$

$$\check{\eta}_i^{(1)} = \sum_{j=1, j \neq i}^{n} \min \left\{ (a_{ij}^{(0)} + b_{ij}^{(0)}) u_j^{(1)}, (a_{ij}^{(0)} + b_{ij}^{(0)}) v_j^{(1)} \right\}$$

$$+ \sum_{j=1}^{n} \left(\min \left\{ (a_{ij}^{(1)} + b_{ij}^{(1)}) u_j^{(0)}, (a_{ij}^{(1)} + b_{ij}^{(1)}) v_j^{(0)} \right\} \right.$$

$$+ \min \left\{ (a_{ij}^{(2)} + b_{ij}^{(2)}) u_j^{(3)}, (a_{ij}^{(2)} + b_{ij}^{(2)}) v_j^{(3)} \right\}$$

$$\left. - \max \left\{ (a_{ij}^{(3)} + b_{ij}^{(3)}) u_j^{(2)}, (a_{ij}^{(3)} + b_{ij}^{(3)}) v_j^{(2)} \right\} \right)$$

$$+ h_i^{(1)}$$

$$\hat{\eta}_i^{(2)} = \sum_{j=1, j \neq i}^{n} \max \left\{ (a_{ij}^{(0)} + b_{ij}^{(0)}) u_j^{(2)}, (a_{ij}^{(0)} + b_{ij}^{(0)}) v_j^{(2)} \right\}$$

$$+ \sum_{j=1}^{n} \left(\max \left\{ (a_{ij}^{(2)} + b_{ij}^{(2)}) u_j^{(0)}, (a_{ij}^{(2)} + b_{ij}^{(2)}) v_j^{(0)} \right\} \right.$$

$$- \min \left\{ (a_{ij}^{(1)} + b_{ij}^{(1)}) u_j^{(3)}, (a_{ij}^{(1)} + b_{ij}^{(1)}) v_j^{(3)} \right\}$$

$$\left. + \max \left\{ (a_{ij}^{(3)} + b_{ij}^{(3)}) u_j^{(1)}, (a_{ij}^{(3)} + b_{ij}^{(3)}) v_j^{(1)} \right\} \right)$$

$$+ h_i^{(2)}$$

$$\check{\eta}_i^{(2)} = \sum_{j=1, j \neq i}^{n} \min\left\{(a_{ij}^{(0)} + b_{ij}^{(0)})u_j^{(2)}, (a_{ij}^{(0)} + b_{ij}^{(0)})v_j^{(2)}\right\}$$

$$+ \sum_{j=1}^{n}\left(\min\left\{(a_{ij}^{(2)} + b_{ij}^{(2)})u_j^{(0)}, (a_{ij}^{(2)} + b_{ij}^{(2)})v_j^{(0)}\right\}\right.$$

$$- \max\left\{(a_{ij}^{(1)} + b_{ij}^{(1)})u_j^{(3)}, (a_{ij}^{(1)} + b_{ij}^{(1)})v_j^{(3)}\right\}$$

$$+ \min\left\{(a_{ij}^{(3)} + b_{ij}^{(3)})u_j^{(1)}, (a_{ij}^{(3)} + b_{ij}^{(3)})v_j^{(1)}\right\}\right)$$

$$+ h_i^{(2)}$$

$$\hat{\eta}_i^{(3)} = \sum_{j=1, j \neq i}^{n} \max\left\{(a_{ij}^{(0)} + b_{ij}^{(0)})u_j^{(3)}, (a_{ij}^{(0)} + b_{ij}^{(0)})v_j^{(3)}\right\}$$

$$+ \sum_{j=1}^{n}\left(\max\left\{(a_{ij}^{(3)} + b_{ij}^{(3)})u_j^{(0)}, (a_{ij}^{(3)} + b_{ij}^{(3)})v_j^{(0)}\right\}\right.$$

$$+ \max\left\{(a_{ij}^{(1)} + b_{ij}^{(1)})u_j^{(2)}, (a_{ij}^{(1)} + b_{ij}^{(1)})v_j^{(2)}\right\}$$

$$- \min\left\{(a_{ij}^{(2)} + b_{ij}^{(2)})u_j^{(1)}, (a_{ij}^{(2)} + b_{ij}^{(2)})v_j^{(1)}\right\}\right)$$

$$+ h_i^{(3)}$$

$$\check{\eta}_i^{(3)} = \sum_{j=1, j \neq i}^{n} \min\left\{(a_{ij}^{(0)} + b_{ij}^{(0)})u_j^{(3)}, (a_{ij}^{(0)} + b_{ij}^{(0)})v_j^{(3)}\right\}$$

$$+ \sum_{j=1}^{n}\left(\min\left\{(a_{ij}^{(3)} + b_{ij}^{(3)})u_j^{(0)}, (a_{ij}^{(3)} + b_{ij}^{(3)})v_j^{(0)}\right\}\right.$$

$$+ \min\left\{(a_{ij}^{(1)} + b_{ij}^{(1)})u_j^{(2)}, (a_{ij}^{(1)} + b_{ij}^{(1)})v_j^{(2)}\right\}$$

$$- \max\left\{(a_{ij}^{(2)} + b_{ij}^{(2)})u_j^{(1)}, (a_{ij}^{(2)} + b_{ij}^{(2)})v_j^{(1)}\right\}\right)$$

$$+ h_i^{(3)}$$

为了便于描述, 下面定义一些符号. 定义区间:

$$I_i^{(\ell)1} = (\check{r}_i^{(\ell)}, r_i^{(\ell)}), \ I_i^{(\ell)c} = (r_i^{(\ell)}, s_i^{(\ell)}), \ I_i^{(\ell)r} = (s_i^{(\ell)}, \hat{s}_i^{(\ell)})$$

其中, $\ell = 0, 1, 2, 3$; 上标 "l", "c" 和 "r" 分别表示 "左"、"中" 和 "右".

对于每一个指标 $\xi = (\xi_1, \xi_2, \cdots, \xi_{4n})$, 其中 ξ_i 为 "l", "c" 或 "r", 定义

$$\Sigma^\xi = \left\{(q_1, q_2, \cdots, q_n)^{\mathrm{T}} \in \mathbb{Q}^n \middle| q_i^{(0)} \in I_i^{(0)\xi_i}, \right.$$

$$q_i^{(1)} \in I_i^{(1)\xi_{n+i}}, \ q_i^{(2)} \in I_i^{(2)\xi_{2n+i}},$$

$$q_i^{(3)} \in I_i^{(3)\xi_{3n+i}}, \ i = 1, 2, \cdots, n \Big\}$$

$$\Sigma = \Big\{ \Sigma^\xi \big| \xi = (\xi_1, \xi_2, \cdots, \xi_{4n}), \xi_i \text{是 "l", "c" 或 "r"} \Big\}$$

类似地, 对于指标 $\delta = (\delta_1, \delta_2, \cdots, \delta_{4n})$, 其中 δ_i 为 "l" 或 "r", 定义

$$\Omega^\delta = \Big\{ (q_1, q_2, \cdots, q_n)^{\mathrm{T}} \in \mathbb{Q}^n \big| q_i^{(0)} \in I_i^{(0)\delta_i},$$

$$q_i^{(1)} \in I_i^{(1)\delta_{n+i}}, \ q_i^{(2)} \in I_i^{(2)\delta_{2n+i}},$$

$$q_i^{(3)} \in I_i^{(3)\delta_{3n+i}}, i = 1, 2, \cdots, n \Big\}$$

$$\Omega = \Big\{ \Omega^\delta \big| \delta = (\delta_1, \delta_2, \cdots, \delta_{4n}), \delta_i \text{是 "l" 或 "r"} \Big\}$$

易见, $\Omega \subset \Sigma$. 在 Σ 中有 3^{4n} 个元素 Σ^ξ, 它们在 $\mathbb{Q}^n$ 中不相交; 在 Ω 中有 2^{4n} 个元素 Ω^δ, 它们在 $\mathbb{Q}^n$ 中不相交.

对于任意给定 $q = (q_1, q_2, \cdots, q_n)^{\mathrm{T}} \in \mathbb{Q}^n$, 定义如下的连续函数 $F_i^{(\ell)} : \mathbb{R} \to \mathbb{R}$, 即

$$F_i^{(\ell)}(x) = -c_i x + (a_{ii}^{(0)} + b_{ii}^{(0)}) f_i^{(\ell)}(x) + \eta_i^{(\ell)} \tag{8.2.7}$$

其中, $\ell = 0, 1, 2, 3; i = 1, 2, \cdots, n,$ 且

$$\eta_i^{(0)} = \sum_{j=1, j \neq i}^n (a_{ij}^{(0)} + b_{ij}^{(0)}) f_j(q_j^{(0)}) - \sum_{j=1}^n \Big((a_{ij}^{(1)} + b_{ij}^{(1)})$$

$$\times f_j(q_j^{(1)}) + (a_{ij}^{(2)} + b_{ij}^{(2)}) f_j(q_j^{(2)}) + (a_{ij}^{(3)} + b_{ij}^{(3)}) f_j(q_j^{(3)}) \Big) + h_i^{(0)}$$

$$\eta_i^{(1)} = \sum_{j=1, j \neq i}^n (a_{ij}^{(0)} + b_{ij}^{(0)}) f_j(q_j^{(1)}) + \sum_{j=1}^n \Big((a_{ij}^{(1)} + b_{ij}^{(1)})$$

$$\times f_j(q_j^{(0)}) + (a_{ij}^{(2)} + b_{ij}^{(2)}) f_j(q_j^{(3)}) - (a_{ij}^{(3)} + b_{ij}^{(3)}) f_j(q_j^{(2)}) \Big) + h_i^{(1)}$$

$$\eta_i^{(2)} = \sum_{j=1, j \neq i}^n (a_{ij}^{(0)} + b_{ij}^{(0)}) f_j(q_j^{(2)}) + \sum_{j=1}^n \Big((a_{ij}^{(2)} + b_{ij}^{(2)})$$

$$\times f_j(q_j^{(0)}) - (a_{ij}^{(1)} + b_{ij}^{(1)}) f_j(q_j^{(3)}) + (a_{ij}^{(3)} + b_{ij}^{(3)}) f_j(q_j^{(1)}) \Big) + h_i^{(2)}$$

$$\eta_i^{(3)} = \sum_{j=1, j \neq i}^n (a_{ij}^{(0)} + b_{ij}^{(0)}) f_j(q_j^{(3)}) + \sum_{j=1}^n \Big((a_{ij}^{(3)} + b_{ij}^{(3)})$$

$$\times f_j(q_j^{(0)}) + (a_{ij}^{(1)} + b_{ij}^{(1)})f_j(q_j^{(2)}) - (a_{ij}^{(2)} + b_{ij}^{(2)})f_j(q_j^{(1)})\Big) + h_i^{(3)}$$

根据 $\hat{F}_i^{(\ell)}(\cdot)$ 和 $\check{F}_i^{(\ell)}(\cdot)$ 的定义, 通过计算可知

$$\check{F}_i^{(\ell)}(x) \leqslant F_i^{(\ell)}(x) \leqslant \hat{F}_i^{(\ell)}(x), \; \forall x \in \mathbb{R} \tag{8.2.8}$$

引理 8.2.1　在假设 8.1.1 成立的条件下, 对于任意给定区域 $\Sigma^\xi \in \Sigma$, 如果

$$\hat{F}_i^{(\ell)}(r_i^{(\ell)}) < 0, \; \check{F}_i^{(\ell)}(s_i^{(\ell)}) > 0 \tag{8.2.9}$$

$$\alpha_i^{(\ell)}(a_{ii}^{(0)} + b_{ii}^{(0)}) > c_i \tag{8.2.10}$$

其中, $\ell = 0, 1, 2, 3$; $i = 1, 2, \cdots, n$, 则 Σ^ξ 中至少存在时滞四元数神经网络模型 (8.1.1) 的一个平衡点.

证明　对于任意给定的 $q = (q_1, q_2, \cdots, q_n)^{\mathrm{T}} \in \mathbb{Q}^n$ 和定义在式 (8.2.7) 的连续函数 $F_i^{(\ell)}(\cdot)$, 一方面, 根据条件 (8.2.9) 和不等式 (8.2.8), 可以得到

$$F_i^{(\ell)}(r_i^{(\ell)}) < 0, \; F_i^{(\ell)}(s_i^{(\ell)}) > 0 \tag{8.2.11}$$

其中, $\ell = 0, 1, 2, 3$; $i = 1, 2, \cdots, n$.

另一方面, 存在 $\check{r}_i^{(\ell)} < 0$ 和 $\hat{s}_i^{(\ell)} > 0$ 使得 $\check{r}_i^{(\ell)} < r_i^{(\ell)}$, $\hat{s}_i^{(\ell)} > s_i^{(\ell)}$ 和 $\check{F}_i^{(\ell)}(\check{r}_i^{(\ell)}) > 0, \hat{F}_i^{(\ell)}(\hat{s}_i^{(\ell)}) < 0$. 从而, 由式 (8.2.8)可得

$$F_i^{(\ell)}(\check{r}_i^{(\ell)}) > 0, \; F_i^{(\ell)}(\hat{s}_i^{(\ell)}) < 0 \tag{8.2.12}$$

由于 $c_i > 0$, 显然 $F_i^{(\ell)}(x)$ 在 $(-\infty, r_i^{(\ell)})$ 和 $(s_i^{(\ell)}, +\infty)$ 上是严格递减函数. 同时, 由条件 (8.2.10) 可知, $F_i^{(\ell)}(x)$ 在 $[r_i^{(\ell)}, s_i^{(\ell)}]$ 上是严格递增函数.

根据 $F_i^{(\ell)}(x)$ 的连续性和单调性以及式 (8.2.11) 和式 (8.2.12), 可知正好存在 $\tilde{x}_i^{(\ell)l} \in I_i^{(\ell)l}$, $\tilde{x}_i^{(\ell)c} \in I_i^{(\ell)c}$ 和 $\tilde{x}_i^{(\ell)r} \in I_i^{(\ell)r}$, 使得

$$F_i^{(\ell)}(\tilde{x}_i^{(\ell)l}) = F_i^{(\ell)}(\tilde{x}_i^{(\ell)c}) = F_i^{(\ell)}(\tilde{x}_i^{(\ell)r}) = 0$$

设 $\xi = (\xi_1, \xi_2, \cdots, \xi_{4n})$, 其中 ξ_i 为 "l", "c" 或 "r". 对于给定的 Σ^ξ, 任意选择一个 $q = (q_1, q_2, \cdots, q_n)^{\mathrm{T}} \in \mathrm{cl}(\Sigma^\xi)$ 并将其代入式 (8.2.7), 可以得到相应的函数 $F_i^{(\ell)}(x)$ 和一个精确的 $\tilde{x} = (\tilde{x}_1, \tilde{x}_1, \cdots, \tilde{x}_n)^{\mathrm{T}} \in \mathrm{cl}(\Sigma^\xi)$, 使得 $F_i^{(\ell)}(\tilde{x}_i^{(\ell)\xi_{\ell n+i}}) = 0$, 其中, $\tilde{x}_i = \tilde{x}_i^{(0)\xi_i} + \tilde{x}_i^{(1)\xi_{n+i}}\imath + \tilde{x}_i^{(2)\xi_{2n+i}}\jmath + \tilde{x}_i^{(1)\xi_{3n+i}}\kappa$, $\ell = 0, 1, 2, 3$, $i = 1, 2, \cdots, n$.

定义映射 $T_{\Sigma^\xi} : \mathrm{cl}(\Sigma^\xi) \to \mathrm{cl}(\Sigma^\xi)$, $T_{\Sigma^\xi}(q) = \tilde{x}$, 则 T_{Σ^ξ} 是连续的. 根据 Brouwer 不动点定理, T_{Σ^ξ} 至少存在一个不动点 $\bar{x} \in \mathrm{cl}(\Sigma^\xi)$, 该不动点就是时滞四元数神经网络模型 (8.1.1) 的一个平衡点. 进一步可知, 该不动点 $\bar{x}$ 在 Σ^ξ 的内部. 证毕.

引理 8.2.2 在假设 8.1.1 成立的条件下, 对于给定的区域 $\Omega^\delta \in \Omega$, 若条件 (8.2.9) 成立, 则 Ω^δ 中正好存在时滞四元数神经网络模型 (8.1.1) 的一个平衡点.

证明 类似于引理 8.2.1 的证明, 定义映射 $T_{\Omega^\delta} : \mathrm{cl}(\Omega^\delta) \to \mathrm{cl}(\Omega^\delta)$. 由 Brouwer 不动点定理可知, 至少存在一个不动点 $\bar{x} \in \mathrm{cl}(\Omega^\delta)$ (事实上, $\bar{x} \in \Omega^\delta$), 该不动点是时滞四元数神经网络模型 (8.1.1) 的一个平衡点. 下面通过反证法来证明平衡点的唯一性.

假设存在另外一个平衡点 $\bar{y} \in \Omega^\delta$, 并且 $\bar{y} \neq \bar{x}$. 不失一般性地, 假设 $\bar{x}$ 和 $\bar{y}$ 的实部不等, 即 $\bar{x}_1^{(0)} \neq \bar{y}_1^{(0)}$. 对于 $\bar{x}$ 和 $\bar{y}$, 分别定义具有式 (8.2.7) 形式的两类函数, 由于 $\bar{x}, \bar{y} \in \Omega^\delta$, 所以这两类函数是相同的, 也就是说, 这两类函数都可以表示为式 (8.2.7) 所定义的 $F_i^{(\ell)}(\cdot)$. 一方面, 类似于引理 8.2.1 的分析, 能够得到 $F_i^{(\ell)}$ 在 $(\check{r}_i^{(\ell)}, r_i)$ 和 $(r_i, \hat{s}_i^{(\ell)})$ 上严格递减. 因此, $F_1^{(0)}(\bar{x}_1^{(0)}) \neq F_1^{(0)}(\bar{y}_1^{(0)})$. 另一方面, 由于 $\bar{x}$ 和 $\bar{y}$ 是平衡点, 所以 $F_1^{(0)}(\bar{x}_1^{(0)}) = F_1^{(0)}(\bar{y}_1^{(0)}) = 0$, 这与假设矛盾. 证毕.

引理 8.2.3 在假设 8.1.1 成立的条件下, 如果条件 (8.2.9) 成立, 则时滞四元数神经网络模型 (8.1.1) 在 $\mathbb{Q}^n - \cup\Sigma$ 中没有平衡点.

证明 假设时滞四元数神经网络模型 (8.1.1) 在 $\mathbb{Q}^n - \cup\Sigma$ 中存在平衡点 $\bar{x} = (\bar{x}_1, \bar{x}_2, \cdots, \bar{x}_n)^{\mathrm{T}}$, 则 $\bar{x}_i^{(\ell)} \in (-\infty, \check{r}_i^{(\ell)}] \subset (-\infty, r_i^{(\ell)})$ 或 $\bar{x}_i^{(\ell)} \in [\hat{s}_i^{(\ell)}, -\infty) \subset (s_i^{(\ell)}, -\infty)$. 不失一般性地, 假设 $\bar{x}_1^{(0)} \in (-\infty, \check{r}_1^{(0)}]$, 对于 $\bar{x} \in \mathbb{Q}^n - \cup\Sigma$, 定义式 (8.2.7) 形式的连续函数 $F_i^{(\ell)}(\cdot)$. 一方面, 与引理 8.2.1 中的分析类似, 可得 $F_1^{(0)}$ 在 $(-\infty, r_1^{(0)})$ 上严格递减. 因此, $F_1^{(0)}(\bar{x}_1^{(0)}) \geqslant F_1^{(0)}(\check{r}_1^{(0)}) > 0$. 另一方面, 由于 $\bar{x}$ 是平衡点, 所以 $F_1^{(0)}(\bar{x}_1^{(0)}) = 0$, 这与假设矛盾. 证毕.

定理 8.2.1 如果假设 8.1.1, 条件 (8.2.9)和条件 (8.2.10) 成立, 则时滞四元数神经网络模型 (8.1.1) 至少有 81^n 个平衡点, 其中 16^n 个平衡点在 $\cup\Omega$ 中, 其余平衡点在 $\cup(\Sigma - \Omega)$ 中.

证明 注意到, 在 Σ 中有 3^{4n} 个 Σ^ξ 元素, 在 Ω 中有 2^{4n} 个 Ω^δ 元素, 因此定理 8.2.1 中的结论可由引理 8.2.1、引理 8.2.2 和引理 8.2.3 直接得到. 证毕.

8.2.2 平衡点的稳定性

引理 8.2.4 如果假设 8.1.1 和条件 (8.2.9) 成立, 则每个区域 $\Omega^\delta \in \Omega$ 是正不变集.

证明 不失一般性地, 假设 $\delta = (l, l, \cdots, l)$, 则时滞四元数神经网络模型 (8.1.1) 的初始条件为

$$q_i(s) = \phi_i(s),\ s \in [-\tau_M, 0]$$

其中, $q_i^{(\ell)}(s) = \phi_i^{(\ell)}(s) \in (\check{r}_i^{(\ell)}, r_i^{(\ell)})$, $\ell = 0, 1, 2, 3$, $i = 1, 2, \cdots, n$.

　　下面证明, 对于所有的 $t \geqslant 0$, 时滞四元数神经网络模型 (8.1.1) 在初始条件下的解 $q(t)$ 满足

$$\check{r}_i^{(\ell)} < q_i^{(\ell)}(t) < r_i^{(\ell)}$$

其中, $\ell = 0, 1, 2, 3; i = 1, 2, \cdots, n.$

　　如果上式不成立, 则存在 $q(t)$ 第一次从 Ω^δ 逃逸的时间 t_1. 假设 $q(t)$ 的第 i_1 个分量 q_{i_1} 的实数部分在 t_1 时刻最先从 $(\check{r}_{i_1}^{(0)}, r_{i_1}^{(0)})$ 逃逸, 即对于所有的 $\ell = 0, 1, 2, 3$ 和 $i = 1, 2, \cdots, n$, 有

$$\check{r}_i^{(\ell)} < q_i^{(\ell)}(t) < r_i^{(\ell)}, \ t \in [-\tau, t_1)$$

和以下两种情况之一成立:

$$q_{i_1}^{(0)}(t_1) = \check{r}_{i_1}^{(0)}, \ \dot{q}_{i_1}^{(0)}(t_1) < 0 \tag{8.2.13}$$

$$q_{i_1}^{(0)}(t_1) = r_{i_1}^{(0)}, \ \dot{q}_{i_1}^{(0)}(t_1) > 0 \tag{8.2.14}$$

　　对于第一种情况, 由于 $f_{i_1}^{(0)}(q_{i_1}^{(0)}(t_1)) = f_{i_1}^{(0)}(q_{i_1}^{(0)}(t_1 - \tau_{i_1})) = f_{i_1}^{(0)}(\check{r}_{i_1}^{(0)}) = u_{i_1}^{(0)}$, 通过计算可得

$$
\begin{aligned}
\dot{q}_{i_1}^{(0)}(t_1) = & -c_{i_1} q_{i_1}^{(0)}(t_1) + \sum_{j=1}^{n} \Big(a_{i_1 j}^{(0)} f_j^{(0)}(q_j^{(0)}(t_1)) \\
& - a_{i_1 j}^{(1)} f_j^{(1)}(q_j^{(1)}(t_1)) - a_{i_1 j}^{(2)} f_j^{(2)}(q_j^{(2)}(t_1)) \\
& - a_{i_1 j}^{(3)} f_j^{(3)}(q_j^{(3)}(t_1)) \Big) + \sum_{j=1}^{n} \Big(b_{i_1 j}^{(0)} f_j^{(0)}(q_j^{(0)}(t_1 - \tau_j)) \\
& - b_{i_1 j}^{(1)} f_j^{(1)}(q_j^{(1)}(t_1 - \tau_j)) - b_{i_1 j}^{(2)} f_j^{(2)}(q_j^{(2)}(t_1 - \tau_j)) \\
& - b_{i_1 j}^{(3)} f_j^{(3)}(q_j^{(3)}(t_1 - \tau_j)) \Big) + h_{i_1}^{(0)} \\
\geqslant & -c_{i_1} \check{r}_{i_1}^{(0)} + (a_{i_1 i_1}^{(0)} + b_{i_1 i_1}^{(0)}) f_{i_1}^{(0)}(\check{r}_{i_1}^{(0)}) \\
& + \sum_{j=1, j \neq i_1}^{n} \min \big\{ (a_{i_1 j}^{(0)} + b_{i_1 j}^{(0)}) u_j^{(0)}, (a_{i_1 j}^{(0)} + b_{i_1 j}^{(0)}) v_j^{(0)} \big\} \\
& - \sum_{j=1}^{n} \Big(\max \big\{ (a_{i_1 j}^{(1)} + b_{i_1 j}^{(1)}) u_j^{(1)}, (a_{i_1 j}^{(1)} + b_{i_1 j}^{(1)}) v_j^{(1)} \big\} \\
& + \max \big\{ (a_{i_1 j}^{(2)} + b_{i_1 j}^{(2)}) u_j^{(2)}, (a_{i_1 j}^{(2)} + b_{i_1 j}^{(2)}) v_j^{(2)} \big\} \\
& + \max \big\{ (a_{i_1 j}^{(3)} + b_{i_1 j}^{(3)}) u_j^{(3)}, (a_{i_1 j}^{(3)} + b_{i_1 j}^{(3)}) v_j^{(3)} \big\} \Big) + h_{i_1}^{(0)}
\end{aligned}
$$

$$= \check{F}_{i_1}^{(0)}(\check{r}_{i_1}^{(0)}) > 0$$

这与式 (8.2.13)矛盾.

对于第二种情况, 由于 $f_{i_1}^{(0)}(q_{i_1}^{(0)}(t_1)) = f_{i_1}^{(0)}(q_{i_1}^{(0)}(t_1 - \tau_{i_1})) = f_{i_1}^{(0)}(r_{i_1}^{(0)}) = u_{i_1}^{(0)}$, 通过计算可得

$$
\begin{aligned}
\dot{q}_{i_1}^{(0)}(t_1) = & -c_{i_1}q_{i_1}^{(0)}(t_1) + \sum_{j=1}^{n}\Big(a_{i_1j}^{(0)}f_j^{(0)}(q_j^{(0)}(t_1)) \\
& - a_{i_1j}^{(1)}f_j^{(1)}(q_j^{(1)}(t_1)) - a_{i_1j}^{(2)}f_j^{(2)}(q_j^{(2)}(t_1)) \\
& - a_{i_1j}^{(3)}f_j^{(3)}(q_j^{(3)}(t_1))\Big) + \sum_{j=1}^{n}\Big(b_{i_1j}^{(0)}f_j^{(0)}(q_j^{(0)}(t_1 - \tau_j)) \\
& - b_{i_1j}^{(1)}f_j^{(1)}(q_j^{(1)}(t_1 - \tau_j)) - b_{i_1j}^{(2)}f_j^{(2)}(q_j^{(2)}(t_1 - \tau_j)) \\
& - b_{i_1j}^{(3)}f_j^{(3)}(q_j^{(3)}(t_1 - \tau_j))\Big) + h_{i_1}^{(0)} \\
\leqslant & -c_{i_1}r_{i_1}^{(0)} + (a_{i_1i_1}^{(0)} + b_{i_1i_1}^{(0)})f_{i_1}^{(0)}(r_{i_1}^{(0)}) \\
& + \sum_{j=1,j\neq i_1}^{n}\max\big\{(a_{i_1j}^{(0)} + b_{i_1j}^{(0)})u_j^{(0)}, (a_{i_1j}^{(0)} + b_{i_1j}^{(0)})v_j^{(0)}\big\} \\
& - \sum_{j=1}^{n}\Big(\min\big\{(a_{i_1j}^{(1)} + b_{i_1j}^{(1)})u_j^{(1)}, (a_{i_1j}^{(1)} + b_{i_1j}^{(1)})v_j^{(1)}\big\} \\
& + \min\big\{(a_{i_1j}^{(2)} + b_{i_1j}^{(2)})u_j^{(2)}, (a_{i_1j}^{(2)} + b_{i_1j}^{(2)})v_j^{(2)}\big\} \\
& + \min\big\{(a_{i_1j}^{(3)} + b_{i_1j}^{(3)})u_j^{(3)}, (a_{i_1j}^{(3)} + b_{i_1j}^{(3)})v_j^{(3)}\big\}\Big) + h_{i_1}^{(0)} \\
= & \hat{F}_{i_1}^{(0)}(r_{i_1}^{(0)}) < 0
\end{aligned}
$$

这与式 (8.2.14) 矛盾.

至此, 证明了对于 $\delta = (l, l, \cdots, l)$, Ω^δ 是正不变集. 类似地, 也容易证明对于任何 δ, Ω^δ 是正不变集. 证毕.

定理 8.2.2 如果假设 8.1.1 和条件 (8.2.9) 成立, 则对于每一个区域 $\Omega^\delta \in \Omega$, 时滞四元数神经网络模型 (8.1.1) 在 Ω^δ 中恰好存在一个指数稳定的平衡点.

证明 根据引理 8.2.4, Ω^δ 是时滞四元数神经网络模型 (8.1.1) 的正不变集. 从引理 8.2.2 可知, 时滞四元数神经网络模型 (8.1.1) 在区域 Ω^δ 中恰好有一个平衡点 $\tilde{q} = (\tilde{q}_1, \tilde{q}_2, \cdots, \tilde{q}_n)^{\mathrm{T}}$. 令 $z(t) = q(t) - \tilde{q}$, 则系统 (8.2.1)~(8.2.4) 可以转化为

$$\dot{z}_i^{(0)}(t) = -c_i z_i^{(0)}(t) + \sum_{j=1}^{n} \left(a_{ij}^{(0)} \tilde{f}_j^{(0)}(z_j^{(0)}(t)) \right.$$

$$- a_{ij}^{(1)} \tilde{f}_j^{(1)}(z_j^{(1)}(t)) - a_{ij}^{(2)} \tilde{f}_j^{(2)}(z_j^{(2)}(t))$$

$$\left. - a_{ij}^{(3)} \tilde{f}_j^{(3)}(z_j^{(3)}(t)) \right) + \sum_{j=1}^{n} \left(b_{ij}^{(0)} \tilde{f}_j^{(0)}(z_j^{(0)}(t - \tau_j)) \right.$$

$$- b_{ij}^{(1)} \tilde{f}_j^{(1)}(z_j^{(1)}(t - \tau_j)) - b_{ij}^{(2)} \tilde{f}_j^{(2)}(z_j^{(2)}(t - \tau_j))$$

$$\left. - b_{ij}^{(3)} \tilde{f}_j^{(3)}(z_j^{(3)}(t - \tau_j)) \right) \tag{8.2.15}$$

$$\dot{z}_i^{(1)}(t) = -c_i z_i^{(1)}(t) + \sum_{j=1}^{n} \left(a_{ij}^{(0)} \tilde{f}_j^{(1)}(z_j^{(1)}(t)) \right.$$

$$+ a_{ij}^{(1)} \tilde{f}_j^{(0)}(z_j^{(0)}(t)) + a_{ij}^{(2)} \tilde{f}_j^{(3)}(z_j^{(3)}(t))$$

$$\left. - a_{ij}^{(3)} \tilde{f}_j^{(2)}(z_j^{(2)}(t)) \right) + \sum_{j=1}^{n} \left(b_{ij}^{(0)} \tilde{f}_j^{(1)}(z_j^{(1)}(t - \tau_j)) \right.$$

$$+ b_{ij}^{(1)} \tilde{f}_j^{(0)}(z_j^{(0)}(t - \tau_j)) + b_{ij}^{(2)} \tilde{f}_j^{(3)}(z_j^{(3)}(t - \tau_j))$$

$$\left. - b_{ij}^{(3)} \tilde{f}_j^{(2)}(z_j^{(2)}(t - \tau_j)) \right) \tag{8.2.16}$$

$$\dot{z}_i^{(2)}(t) = -c_i z_i^{(2)}(t) + \sum_{j=1}^{n} \left(a_{ij}^{(0)} \tilde{f}_j^{(2)}(z_j^{(2)}(t)) \right.$$

$$+ a_{ij}^{(2)} \tilde{f}_j^{(0)}(z_j^{(0)}(t)) - a_{ij}^{(1)} \tilde{f}_j^{(3)}(z_j^{(3)}(t))$$

$$\left. + a_{ij}^{(3)} \tilde{f}_j^{(1)}(z_j^{(1)}(t)) \right) + \sum_{j=1}^{n} \left(b_{ij}^{(0)} \tilde{f}_j^{(2)}(z_j^{(2)}(t - \tau_j)) \right.$$

$$+ b_{ij}^{(2)} \tilde{f}_j^{(0)}(z_j^{(0)}(t - \tau_j)) - b_{ij}^{(1)} \tilde{f}_j^{(3)}(z_j^{(3)}(t - \tau_j))$$

$$\left. + b_{ij}^{(3)} \tilde{f}_j^{(1)}(z_j^{(1)}(t - \tau_j)) \right) \tag{8.2.17}$$

$$\dot{z}_i^{(3)}(t) = -c_i z_i^{(3)}(t) + \sum_{j=1}^{n} \left(a_{ij}^{(0)} \tilde{f}_j^{(3)}(z_j^{(3)}(t)) \right.$$

$$+ a_{ij}^{(3)} \tilde{f}_j^{(0)}(z_j^{(0)}(t)) + a_{ij}^{(1)} \tilde{f}_j^{(2)}(z_j^{(2)}(t))$$

$$- a_{ij}^{(2)} \tilde{f}_j^{(1)}(z_j^{(1)}(t)) \Big) + \sum_{j=1}^{n} \Big(b_{ij}^{(0)} \tilde{f}_j^{(3)}(z_j^{(3)}(t - \tau_j))$$

$$+ b_{ij}^{(3)} \tilde{f}_j^{(0)}(z_j^{(0)}(t - \tau_j)) + b_{ij}^{(1)} \tilde{f}_j^{(2)}(z_j^{(2)}(t - \tau_j))$$

$$- b_{ij}^{(2)} \tilde{f}_j^{(1)}(z_j^{(1)}(t - \tau_j)) \Big) \tag{8.2.18}$$

其中, $i = 1, 2, \cdots, n$; $\tilde{f}_j^{(\ell)}(z_j(t)) = f_j^{(\ell)}(q_j^{(\ell)}(t)) - f_j^{(\ell)}(\tilde{q}_j^{(\ell)})$, $\ell = 0, 1, 2, 3$, $j = 1, 2, \cdots, n$.

考虑如下函数:

$$Z_i(t) = \mathrm{e}^{\varepsilon t} |z_i(t)|, \ i = 1, 2, \cdots, n \tag{8.2.19}$$

其中, ε 是一个常数且满足 $0 < \varepsilon < \min\{c_1, c_2, \cdots, c_n\}$; $z_i(t) = z_i^{(0)}(t) + z_i^{(1)}(t)\imath + z_i^{(2)}(t)\jmath + z_i^{(3)}(t)\kappa$.

设 $K = \max_{1 \leqslant i \leqslant n} \{\sup_{s \in [-\tau, 0]} |z_i(s)|\}$, 接下来, 证明对于所有的 $t > 0$, 以下不等式成立:

$$Z_i(t) < K, \ i = 1, 2, \cdots, n \tag{8.2.20}$$

如果式 (8.2.20)不真, 则一定存在 $i_1 \in \{1, 2, \cdots, n\}$ 和 t_1 使得

$$Z_i(t) < K, \ t \in [-\tau_M, t_1)$$

和

$$Z_{i_1}(t_1) = K, \ \dot{Z}_{i_1}(t_1) > 0$$

由于 $Z_{i_1}(t_1) = K > 0$, 显然有 $|z_{i_1}(t_1)| > 0$.

因为对于所有的 $\ell = 0, 1, 2, 3$ 和 $j = 1, 2, \cdots, n$, $q_j^{(\ell)}(t_1)$ 和 $\tilde{q}_j^{(\ell)}$ 都在 $(\check{r}_i^{(\ell)}, r_i)$ 或 $(s_i, \hat{s}_i^{(\ell)})$ 中, 所以 $\tilde{g}_j^{(\ell)}(z_j(t_1)) = g_j^{(\ell)}(q_j^{(\ell)}(t_1)) - g_j^{(\ell)}(\tilde{q}_j^{(\ell)}) = 0$. 类似地, 可得 $\tilde{g}_j^{(\ell)}(z_j(t_1 - \tau_j)) = 0$. 由式 (8.2.15)~ 式 (8.2.18), 以及 $|z_{i_1}(t_1)| > 0$ 和 $\tilde{g}_j^{(\ell)}(z_j(t_1)) = \tilde{g}_j^{(\ell)}(z_j(t_1 - \tau_j)) = 0$, 可得

$$\frac{\mathrm{d}}{\mathrm{d}t} |z_{i_1}(t)| \Big|_{t=t_1} = \frac{\mathrm{d}}{\mathrm{d}t} \Big((z_{i_1}^{(0)}(t))^2 + (z_{i_1}^{(1)}(t))^2$$

$$+ (z_{i_1}^{(2)}(t))^2 + (z_{i_1}^{(3)}(t))^2 \Big)^{\frac{1}{2}} \Big|_{t=t_1}$$

$$
\begin{aligned}
&= \frac{1}{|z_{i_1}(t_1)|}\Big(z_{i_1}^{(0)}(t_1)\dot{z}_{i_1}^{(0)}(t_1) + z_{i_1}^{(1)}(t_2)\dot{z}_{i_1}^{(1)}(t_2) \\
&\qquad + z_{i_1}^{(2)}(t_1)\dot{z}_{i_1}^{(2)}(t_1) + z_{i_1}^{(3)}(t_2)\dot{z}_{i_1}^{(3)}(t_2)\Big) \\
&= -\frac{c_{i_1}}{|z_{i_1}(t_1)|}\Big((z_{i_1}^{(0)}(t_1))^2 + (z_{i_1}^{(1)}(t_1))^2 \\
&\qquad + (z_{i_1}^{(2)}(t_1))^2 + (z_{i_1}^{(3)}(t_1))^2\Big) \\
&= -c_{i_1}|z_{i_1}(t_1)|
\end{aligned}
$$

因此, 有

$$
\begin{aligned}
\frac{\mathrm{d}}{\mathrm{d}t}|Z_{i_1}(t)|\Big|_{t=t_1} &= \varepsilon \mathrm{e}^{\varepsilon t_1}|z_{i_1}(t_1)| + \mathrm{e}^{\varepsilon t_1}\frac{\mathrm{d}}{\mathrm{d}t}|z_{i_1}(t)|\Big|_{t=t_1} \\
&= (\varepsilon - c_{i_1})\mathrm{e}^{\varepsilon t_1}|z_{i_1}(t_1)| < 0
\end{aligned}
$$

这与 $\dot{Z}_{i_1}(t_1) \geqslant 0$ 矛盾, 故式 (8.2.20) 成立. 由式 (8.2.19)和式 (8.2.20)可知, 对于所有 $t \geqslant 0$ 和 $i = 1, 2, \cdots, n$, 有

$$
|z_i(t)| \leqslant \mathrm{e}^{-\varepsilon t} \max_{1 \leqslant i \leqslant n}\left\{\sup_{s \in [-\tau_M, 0]}|z_i(s)|\right\}
$$

因此, $q(t)$ 指数收敛于 $\tilde{q}$, 收敛率为 ε. 证毕.

8.2.3　数值示例

下面通过两个数值示例验证获得结果的有效性和正确性.

例 8.2.1　假设等价形式 (8.1.2) 的参数如下所示:

$$
C = \begin{bmatrix} 2 & 0 \\ 0 & 3 \end{bmatrix}, \; A = \begin{bmatrix} a_{11} & a_{12} \\ a_{21} & a_{22} \end{bmatrix}, \; B = \begin{bmatrix} b_{11} & b_{12} \\ b_{21} & b_{22} \end{bmatrix} \tag{8.2.21}
$$

$$
h = \begin{bmatrix} 0.1 - 0.2\imath - 0.2\jmath + 0.3\kappa \\ -0.2 + 0.1\imath + 0.2\jmath - 0.1\kappa \end{bmatrix}, \; \tau_1 = \tau_2 = 1 \tag{8.2.22}
$$

$$
f_1^{(\ell)}(x) = f_2^{(\ell)}(x) = \frac{|x+1| - |x-1|}{2} \tag{8.2.23}
$$

其中, $\ell = 0, 1, 2, 3$ 且

$$
a_{11} = 3 + 0.5\imath - 0.5\jmath - \kappa, \; a_{12} = 1 - 0.8\imath + 0.5\jmath + 0.2\kappa
$$

$$
a_{21} = 1 + 0.6\imath + 0.6\jmath - 0.5\kappa, \; a_{22} = 4 - 0.8\imath + 0.4\jmath + 0.5\kappa
$$

$$b_{11} = 4 - \imath - 0.3\jmath + 0.2\kappa, \; b_{12} = 0.5 + 0.6\imath - 0.4\jmath + 0.8\kappa$$

$$b_{21} = -0.5 - \imath + 0.2\jmath + \kappa, \; b_{22} = 4 + 0.6\imath + 0.4\jmath - 0.5\kappa$$

显然, $u_i^{(\ell)} = -1$, $v_i^{(\ell)} = 1$, $r_i^{(\ell)} = -1$, $s_i^{(\ell)} = 1$, $\alpha_i^{(\ell)} = 1$, 其中, $i = 1, 2$, $\ell = 0, 1, 2, 3$. 容易检查, 假设 8.1.1 和条件 (8.2.10) 得到满足, 通过计算 $\hat{F}_i^{(\ell)}(x)$ 和 $\check{F}_i^{(\ell)}(x)$, 可得

$$\hat{F}_1^{(\ell)}(x) = -2x + 7f_1^{(\ell)}(x) + \hat{\eta}_1^{(\ell)}$$

$$\check{F}_1^{(\ell)}(x) = -2x + 7f_1^{(\ell)}(x) + \check{\eta}_1^{(\ell)}$$

$$\hat{F}_2^{(\ell)}(x) = -3x + 8f_2^{(\ell)}(x) + \hat{\eta}_2^{(\ell)}$$

$$\check{F}_2^{(\ell)}(x) = -3x + 8f_2^{(\ell)}(x) + \check{\eta}_2^{(\ell)}$$

其中, $\hat{\eta}_1^{(\ell)} = 4.9$, $\check{\eta}_1^{(\ell)} = -4.9$, $\hat{\eta}_2^{(\ell)} = 3.2$, $\check{\eta}_2^{(\ell)} = -3.2$, $\ell = 0, 1, 2, 3$.

从而, 可得

$$\hat{F}_1^{(\ell)}(r_1^{(\ell)}) = -0.1 < 0, \; \hat{F}_2^{(\ell)}(r_2^{(\ell)}) = -1.8 < 0$$

$$\check{F}_1^{(\ell)}(s_1^{(\ell)}) = 0.1 > 0, \; \check{F}_2^{(\ell)}(s_2^{(\ell)}) = 1.8 > 0$$

因此, 条件 (8.2.9) 成立. 由定理 8.2.1 和定理 8.2.2 可知, 四元数神经网络至少有 81^2 个平衡点, 其中 16^2 个平衡点是指数稳定的.

下面运用 MATLAB 软件中的四元数工具箱 QTFM 和四阶 Runge-Kutta 算法, 对神经网络模型进行数值仿真. 设置 20000 个随机初始值, 得到 20000 个相应的数值解. 发现这些数值解收敛到 256 个稳态点. 这样, 就得到了 256 个平衡点的近似值. 由于篇幅所限, 本节仅给出其中的三个平衡点:

$$\begin{bmatrix} -5.9500 - 4.3500\imath - 2.6500\jmath - 3.0500\kappa \\ -2.8667 - 2.4667\imath + 1.7333\jmath + 2.9333\kappa \end{bmatrix}$$

$$\begin{bmatrix} -5.8500 - 3.3500\imath - 4.1500\jmath - 2.8500\kappa \\ -2.3333 - 2.4667\imath - 3.6000\jmath + 3.0667\kappa \end{bmatrix}$$

$$\begin{bmatrix} -5.7500 - 2.8500\imath - 1.6500\jmath - 3.1500\kappa \\ -2.7333 + 2.8667\imath + 1.7333\jmath + 2.4000\kappa \end{bmatrix}$$

图 8.2.1 ~ 图 8.2.4 显示了该神经网络四个部分的状态轨迹, 其中初始条件为 100 个随机选择的四元数常值向量. 从这些仿真图可以看出, 每个神经元都收敛到稳定状态.

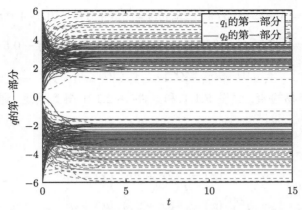

图 8.2.1　等价形式 (8.1.2) 在参数 (8.2.21)~(8.2.23) 下第一部分的状态轨迹

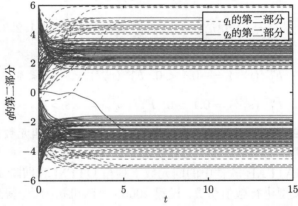

图 8.2.2　等价形式 (8.1.2) 在参数 (8.2.21)~(8.2.23) 下第二部分的状态轨迹

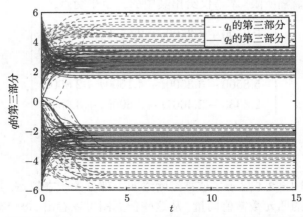

图 8.2.3　等价形式 (8.1.2) 在参数 (8.2.21)~(8.2.23) 下第三部分的状态轨迹

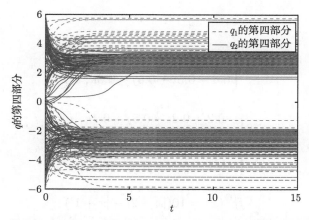

图 8.2.4 等价形式 (8.1.2) 在参数 (8.2.21)~(8.2.23) 下第四部分的状态轨迹

接下来, 将给出基于四元数神经网络的联想记忆的应用.

例 8.2.2 考虑图 8.2.5 中的原始彩色图像 "A", 设计如等价形式 (8.1.2) 所示的四元数神经网络并将其用于彩色图像的联想记忆.

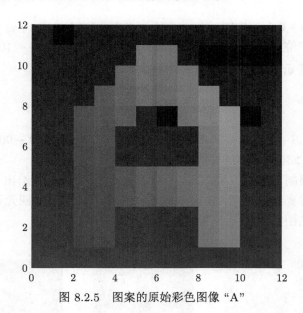

图 8.2.5 图案的原始彩色图像 "A"

图中, 图像 "A" 的大小为 12 像素 ×12 像素. 因此, 需要设计由 144 个神经元组成的等价形式 (8.1.2), 它拥有一个 144 维的平衡点, 用于存储图案的颜色. 等价形式 (8.1.2) 的参数设计如下:

$$c_i = 1 \tag{8.2.24}$$

$$a_{ij} = \begin{cases} 4 + 0.4\imath - 0.3\jmath + 0.5\kappa, & i = j \\ 0.4 - 0.5\imath + 0.5\jmath - 0.3\kappa, & i \neq j \end{cases} \tag{8.2.25}$$

$$b_{ij} = \begin{cases} -0.2 + 0.2\imath - 0.5\jmath + 0.4\kappa, & i < j \\ 2 + 0.3\imath - 0.2\jmath - 0.3\kappa, & i = j \\ -0.1 + 0.2\imath + 0.3\jmath - 0.5\kappa, & i > j \end{cases} \tag{8.2.26}$$

$$f_i^{(\ell)}(x) = 10(|x + 2| - |x + 1|) \tag{8.2.27}$$

其中, $i, j = 1, 2, \cdots, 144$; $\ell = 0, 1, 2, 3$.

　　为了存储原始彩色图像 "A", 设计的四元数神经网络的平衡点应为

$$\tilde{q} = (\tilde{q}_1, \tilde{q}_2, \cdots, \tilde{q}_{144})^{\mathrm{T}} \in \mathbb{Q}^{144}$$

其中, $\tilde{q}_1 = 0.15\imath + 0.3\jmath + 0.15\kappa$; $\tilde{q}_2 = 0.15\imath + 0.3\jmath + 0.14\kappa, \cdots, \tilde{q}_{144} = 0.15\imath$. 这与原始彩色图像 "A" 的像素对 $(0.15, 0.3, 0.25), (0.15, 0.3, 0.14), \cdots, (0.15, 0, 0)$ 对应.

　　通过平衡点 $\tilde{q}$, 可计算出网络的外部输入 h 为

$$h = (h_1, h_2, \cdots, h_{144})^{\mathrm{T}} \in \mathbb{Q}^{144} \tag{8.2.28}$$

其中, $h_1 = -62.8 + 22.75\imath - 90.5\jmath - 7.25\kappa$; $h_2 = -63 + 20.95\imath - 90.5\jmath - 5.66\kappa$; $\cdots$; $h_{144} = -91.4 - 234.6\imath - 90.8\jmath + 221.4\kappa$.

　　由于版面限制, 此处仅列出了三个 $\tilde{q}$ 和三个 h. 图 8.2.6 给出了随机初始值下的仿真结果. 仿真结果表明, 具有参数 (8.2.24)~(8.2.28) 的四元数神经网络能够可靠地联想记忆图案 "A".

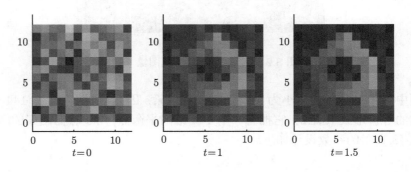

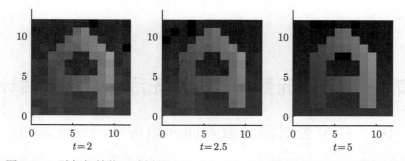

$t=2$ $t=2.5$ $t=5$

图 8.2.6 随机初始值下时刻 $t = 0, 1, 1.5, 2, 2.5, 5$ 时图案 "A" 的仿真结果

第 9 章 四元数神经网络无源性及状态估计

9.1 中立型时滞分数阶四元数神经网络无源性

本节研究具有中立型时滞和外部干扰的分数阶四元数神经网络的无源滤波器设计问题. 在不分离网络模型的情形下, 通过设计合适的滤波器, 利用 Lyapunov 泛函方法和不等式技巧, 建立网络无源性的充分条件. 最后通过数值示例验证所得结果的有效性.

9.1.1 模型描述

考虑如下具有中立型时滞和外部干扰的分数阶四元数神经网络模型:

$$\begin{cases} D^{\alpha}q(t) = -Cq(t) + Af(q(t)) + Bf(q(t-\sigma)) \\ \qquad\quad + ED^{\alpha}q(t-\tau) + J(t) + F_d\kappa(t) \\ r(t) = G_1q(t) + G_2f(q(t)) + G_d\kappa(t) \\ s(t) = Hq(t) + H_d\kappa(t) \\ q(s) = \phi(s), \ s \in [-\varrho, 0] \end{cases} \tag{9.1.1}$$

其中, $q(t) \in \mathbb{Q}^n$, $\kappa(t) \in \mathbb{Q}^{m_1}$, $r(t) \in \mathbb{Q}^{m_2}$ 和 $s(t) \in \mathbb{Q}^{m_3}$ 分别表示分数阶四元数神经网络神经元的状态向量, 扰动输入, 可测输出和控制输出, $t \geqslant 0$; $f(q(t)) = (f_1(q_1(t)), f_2(q_2(t)), \cdots, f_n(q_n(t)))^{\mathrm{T}} \in \mathbb{Q}^n$ 表示 t 时刻神经元激活函数; σ 表示离散时滞; τ 表示中立型时滞; $C = \mathrm{diag}\{c_1, c_2, \cdots, c_n\} \in \mathbb{R}^{n \times n}$ 表示自反馈连接权矩阵, $c_i > 0$ $(i = 1, 2, \cdots, n)$; $A \in \mathbb{Q}^{n \times n}$, $B \in \mathbb{Q}^{n \times n}$ 和 $E \in \mathbb{Q}^{n \times n}$ 表示连接权矩阵; $J(t) \in \mathbb{Q}^n$ 表示外部输入向量; $F_d \in \mathbb{Q}^{n \times m_1}$, $G_1 \in \mathbb{Q}^{m_2 \times n}$, $G_2 \in \mathbb{Q}^{m_2 \times n}$, $G_d \in \mathbb{Q}^{m_2 \times m_1}$, $H \in \mathbb{Q}^{m_3 \times n}$ 和 $H_d \in \mathbb{Q}^{m_3 \times m_1}$ 表示已知的常数矩阵. 初始条件 $\phi(s) \in \mathbb{Q}^n$ 是连续函数, 且 $\varrho = \max\{\sigma, \tau\}$.

9.1.2 基本假设和引理

为了建立网络的无源性判据, 对激活函数做如下假设.

假设 9.1.1 对于激活函数 f_i $(i = 1, 2, \cdots, n)$, 存在正常数 $l_i > 0$ 使得

$$|f_i(q_1) - f_i(q_2)| \leqslant l_i|q_1 - q_2|$$

其中, $q_1, q_2 \in \mathbb{Q}$. 令 $L = \mathrm{diag}\{l_1, l_2, \cdots, l_n\}$.

对于分数阶四元数神经网络模型 (9.1.1), 设计如下滤波器:

$$\begin{cases} D^\alpha \hat{q}(t) = -C\hat{q}(t) + Af(\hat{q}(t)) + Bf(\hat{q}(t-\sigma)) + ED^\alpha \hat{q}(t-\tau) + J(t) \\ \qquad + K(r(t) - \hat{r}(t)) \\ \hat{r}(t) = G_1\hat{q}(t) + G_2 f(\hat{q}(t)) \\ \hat{s}(t) = H\hat{q}(t) \\ \hat{q}(s) = 0, \ s \in [-\varrho, 0] \end{cases} \qquad (9.1.2)$$

其中, $\hat{q}(t)$, $\hat{r}(t)$ 和 $\hat{s}(t)$ 分别为 $q(t)$, $r(t)$ 和 $s(t)$ 的估计; $K \in \mathbb{Q}^{n \times m_2}$ 为增益矩阵. 令 $e(t) = q(t) - \hat{q}(t)$, 则误差系统为

$$\begin{cases} D^\alpha e(t) = -(C + KG_1)e(t) + (A - KG_2)g(e(t)) + Bg(e(t-\sigma)) \\ \qquad + ED^\alpha e(t-\tau) + (F_d - KG_d)\kappa(t) \\ u(t) = He(t) + H_d\kappa(t) \\ e(s) = \phi(s), \ s \in [-\varrho, 0] \end{cases} \qquad (9.1.3)$$

其中, $g(e(t)) = f(e(t) + \hat{q}(t)) - f(\hat{q}(t))$; $u(t) = s(t) - \hat{s}(t)$.

引理 9.1.1 对于任意的 $0 < X \in \mathbb{Q}^{n \times n}$ 和 $0 \leqslant Y \in \mathbb{Q}^{n \times n}$, 有

$$YX^{-1}Y \geqslant 2Y - X$$

证明 对于任意的 $0 < X \in \mathbb{Q}^{n \times n}$ 和 $0 \leqslant Y \in \mathbb{Q}^{n \times n}$, 都有 $0 \leqslant (X - Y)^*X^{-1}(X - Y) = X - 2Y + YX^{-1}Y$, 即 $YX^{-1}Y \geqslant 2Y - X$. 证毕.

引理 9.1.2 若 $q(t) \in \mathbb{Q}^n$ 为可微函数, $P \in \mathbb{Q}^{n \times n}$, $P^* = P$ 且 $P > 0$, 则

$$D^\alpha(q^*(t)Pq(t)) \leqslant q^*(t)P(D^\alpha q(t)) + (D^\alpha q(t))^*Pq(t)$$

9.1.3 主要结果

下面给出误差系统 (9.1.3) 全局稳定性的时滞无关判据和时滞相关判据.

定理 9.1.1 在假设 9.1.1 成立的条件下, 如果存在两个矩阵 $0 < P_1 \in \mathbb{Q}^{n \times n}$ 和 $0 < P_2 \in \mathbb{Q}^{n \times n}$, 两个实对角矩阵 $R_1 > 0$ 和 $R_2 > 0$, 一个矩阵 $\tilde{K} \in \mathbb{Q}^{n \times m_2}$, 一个常数 $\rho > 0$, 使得以下线性矩阵不等式成立:

$$\Upsilon = (\Upsilon_{ij})_{6 \times 6} < 0 \qquad (9.1.4)$$

则误差系统 (9.1.3) 是无源的. 其中, $\Upsilon_{11} = -P_1C - CP_1 - \tilde{K}G_1 - G_1^*\tilde{K}^* + LR_1L + LR_2L$; $\Upsilon_{12} = P_1A - \tilde{K}G_2$; $\Upsilon_{13} = P_1B$; $\Upsilon_{14} = P_1E$; $\Upsilon_{15} = P_1F_d - \tilde{K}G_d - H^*$; $\Upsilon_{16} = -CP_1 - G_1^*\tilde{K}^*$; $\Upsilon_{22} = -R_1$; $\Upsilon_{26} = A^*P_1 - G_2^*\tilde{K}^*$; $\Upsilon_{33} = -R_2$; $\Upsilon_{36} = B^*P_1$;

$\Upsilon_{44} = -P_2$; $\Upsilon_{46} = E^*P_1$; $\Upsilon_{55} = -H_d - H_d^* + 2\rho I$; $\Upsilon_{56} = F_d^*P_1 - G_d^*\tilde{K}^*$; $\Upsilon_{66} = P_2 - 2P_1$ 且 $\Upsilon_{ji} = \Upsilon_{ij}^*$, 其他的 Υ_{ij} 都为 0. 并且滤波器 (9.1.2) 中的增益矩阵为

$$K = P_1^{-1}\tilde{K} \tag{9.1.5}$$

证明　根据引理 9.1.1 和式 (9.1.5), 由线性矩阵不等式 (9.1.4) 可得

$$\Xi = (\Xi_{ij})_{6\times 6} < 0 \tag{9.1.6}$$

其中, $\Xi_{11} = -P_1(C+KG_1)-(C+KG_1)^*P_1+LR_1L+LR_2L$; $\Xi_{12} = P_1(A-KG_2)$; $\Xi_{13} = P_1B$; $\Xi_{14} = P_1E$; $\Xi_{15} = P_1(F_d - KG_d) - H^*$; $\Xi_{16} = -(C + KG_1)^*P_1$; $\Xi_{22} = -R_1$; $\Xi_{26} = (A - KG_2)^*P_1$; $\Xi_{33} = -R_2$; $\Xi_{36} = B^*P_1$; $\Xi_{44} = -P_2$; $\Xi_{46} = E^*P_1$; $\Xi_{55} = -H_d - H_d^* + 2\rho I$; $\Xi_{56} = (F_d - KG_d)^*P_1$; $\Xi_{66} = -P_1P_2^{-1}P_1$ 且 $\Xi_{ji} = \Xi_{ij}^*$, 其他的 Ξ_{ij} 全部为 0.

应用引理 2.4.8 可知, 线性矩阵不等式 (9.1.6) 等价于

$$\Gamma = (\Gamma_{ij})_{5\times 5} < 0 \tag{9.1.7}$$

其中, $\Gamma_{11} = -P_1(C+KG_1)-(C+KG_1)^*P_1+LR_1L+LR_2L+(C+KG_1)^*P_2(C+KG_1)$; $\Gamma_{12} = P_1(A - KG_2) - (C + KG_1)^*P_2(A - KG_2)$; $\Gamma_{13} = P_1B - (C + KG_1)^*P_2B$; $\Gamma_{14} = P_1E-(C+KG_1)^*P_2E$; $\Gamma_{15} = P_1(F_d-KG_d)-(C+KG_1)^*P_2(F_d-KG_d) - H^*$; $\Gamma_{22} = -R_1 + (A - KG_2)^*P_2(A - KG_2)$; $\Gamma_{23} = (A - KG_2)^*P_2B$; $\Gamma_{24} = (A - KG_2)^*P_2E$; $\Gamma_{25} = (A - KG_2)^*P_2(F_d - KG_d)$; $\Gamma_{33} = -R_2 + B^*P_2B$; $\Gamma_{34} = B^*P_2E$; $\Gamma_{35} = B^*P_2(F_d - KG_d)$; $\Gamma_{44} = -P_2 + E^*P_2E$; $\Gamma_{45} = E^*P_2(F_d - KG_d)$; $\Gamma_{55} = (F_d - KG_d)^*P_2(F_d - KG_d) - H_d - H_d^* + 2\rho I$ 且 $\Gamma_{ji} = \Gamma_{ij}^*$, 其他的 Γ_{ij} 全部为 0.

令 $\Omega = (\Gamma_{ij})_{4\times 4}$, 由不等式 (9.1.7) 可知

$$\Omega < 0 \tag{9.1.8}$$

构造如下 Lyapunov-Krasovskii 泛函:

$$V(t) = D^{-(1-\alpha)}(e^*(t)P_1e(t)) + \int_{t-\tau}^{t}(D^{\alpha}e(s))^*P_2(D^{\alpha}e(s))\mathrm{d}s$$

$$+ \int_{t-\sigma}^{t}e^*(s)LR_2Le(s)\mathrm{d}s \tag{9.1.9}$$

沿着误差系统 (9.1.3) 的轨迹计算 $V(t)$ 的导数, 并利用引理 9.1.2 得到

$$\dot{V}(t) = D^{\alpha}(e^*(t)P_1e(t)) + (D^{\alpha}e(t))^*P_2(D^{\alpha}e(t)) - (D^{\alpha}e(t-\tau))^*P_2(D^{\alpha}e(t-\tau))$$

$$+ e^*(t)LR_2Le(t) - e^*(t-\sigma)LR_2Le(t-\sigma)$$

$$\leqslant e^*(t)P_1(-(C+KG_1)e(t) + (A-KG_2)g(e(t))$$

$$+ Bg(e(t-\sigma)) + ED^\alpha e(t-\tau)$$

$$+ (F_d - KG_d)\kappa(t)) + (-(C+KG_1)e(t)$$

$$+ (A-KG_2)g(e(t)) + Bg(e(t-\sigma))$$

$$+ ED^\alpha e(t-\tau) + (F_d - KG_d)\kappa(t))^* P_1 e(t) + (-(C+KG_1)e(t)$$

$$+ (A-KG_2)g(e(t)) + Bg(e(t-\sigma))$$

$$+ ED^\alpha e(t-\tau) + (F_d - KG_d)\kappa(t))^* P_2$$

$$\times (-(C+KG_1)e(t) + (A-KG_2)g(e(t)) + Bg(e(t-\sigma)) + ED^\alpha e(t-\tau)$$

$$+ (F_d - KG_d)\kappa(t)) - (D^\alpha e(t-\tau))^* P_2(D^\alpha e(t-\tau))$$

$$+ e^*(t)LR_2Le(t) - e^*(t-\sigma)LR_2Le(t-\sigma) \tag{9.1.10}$$

利用分数阶四元数神经网络模型 (9.1.1), 可得

$$0 \leqslant e^*(t)LR_1Le(t) - g^*(e(t))R_1g(e(t)) \tag{9.1.11}$$

$$0 \leqslant e^*(t-\sigma)LR_2Le(t-\sigma) - g^*(e(t-\sigma))R_2g(e(t-\sigma)) \tag{9.1.12}$$

由误差系统 (9.1.3)、式 (9.1.11) 和式 (9.1.12) 可得

$$\dot{V}(t) \leqslant e^*(t)P_1(-(C+KG_1)e(t) + (A-KG_2)g(e(t))$$

$$+ Bg(e(t-\sigma)) + ED^\alpha e(t-\tau)$$

$$+ (F_d - KG_d)\kappa(t)) + (-(C+KG_1)e(t)$$

$$+ (A-KG_2)g(e(t)) + Bg(e(t-\sigma))$$

$$+ ED^\alpha e(t-\tau) + (F_d - KG_d)\kappa(t))^* P_1 e(t) + (-(C+KG_1)e(t)$$

$$+ (A-KG_2)g(e(t)) + Bg(e(t-\sigma))$$

$$+ ED^\alpha e(t-\tau) + (F_d - KG_d)\kappa(t))^* P_2$$

$$\times (-(C+KG_1)e(t) + (A-KG_2)g(e(t)) + Bg(e(t-\sigma)) + ED^\alpha e(t-\tau)$$

$$+ (F_d - KG_d)\kappa(t)) - (D^\alpha e(t-\tau))^{\mathrm{T}} P_2(D^\alpha e(t-\tau))$$

$$+ e^*(t)(LR_1L + LR_2L)e(t) - g^*(e(t))R_1g(e(t))$$

$$- g^*(e(t - \sigma))R_2g(e(t - \sigma))$$

$$= \zeta^*(t)\Omega\zeta(t) + \zeta^*(t)\Phi\kappa(t) + \kappa^*(t)\Phi^*\zeta(t) + \kappa^*(t)(F_d - KG_d)^*P_2$$

$$\times (F_d - KG_d)\kappa(t) \tag{9.1.13}$$

其中, $\zeta(t) = (e^*(t), g^*(e(t)), g^*(e(t - \sigma)), (D^\alpha e(t - \tau))^*)^*$, 且

$$\Phi = \begin{bmatrix} P_1(F_d - KG_d) - (C + KG_1)^*P_2(F_d - KG_d) \\ (A - KG_2)^*P_2(F_d - KG_d) \\ B^*P_2(F_d - KG_d) \\ E^*P_2(F_d - KG_d) \end{bmatrix}$$

下面将通过以下两个步骤来证明.

步骤 1　证明当 $\kappa(t) = 0$ 时误差系统 (9.1.3) 是全局渐近稳定的.

当 $\kappa(t) = 0$ 时, 式 (9.1.13) 退化成以下不等式:

$$\dot{V}(t) \leqslant \zeta^*(t)\Omega\zeta(t) \tag{9.1.14}$$

由式 (9.1.8) 和式 (9.1.14) 可知, 当 $\kappa(t) = 0$ 时, 误差系统 (9.1.3) 是全局渐近稳定的.

步骤 2　在初始条件为 0 的情况下, 证明以下不等式成立:

$$\int_0^T (\kappa^*(t)u(t) + u^*(t)\kappa(t))\,\mathrm{d}t > 2\rho\int_0^T \kappa^*(t)\kappa(t)\mathrm{d}t, \ \forall T \geqslant 0$$

由式 (9.1.13) 和误差系统 (9.1.3) 中的第二个式子, 可得

$$\dot{V}(t) - (\kappa^*(t)u(t) + u^*(t)\kappa(t)) + 2\rho\kappa^*(t)\kappa(t)$$

$$\leqslant \zeta^*(t)\Omega\zeta(t) + \zeta^*(t)\Phi\kappa(t) + \kappa^*(t)\Phi^*\zeta(t) - e^*(t)H^*\kappa(t) - \kappa^*(t)He(t)$$

$$+ \kappa^*(t)((F_d - KG_d)^*P_2(F_d - KG_d) + 2\rho I - H_d - H_d^*)\kappa(t)$$

$$= w^*(t)\Gamma w(t) \tag{9.1.15}$$

其中, $w(t) = (\zeta^*(t), \kappa^*(t))^*$.

利用式 (9.1.7), 可得

$$\dot{V}(t) - (\kappa^*(t)u(t) + u^*(t)\kappa(t)) + 2\rho\kappa^*(t)\kappa(t) \leqslant 0 \tag{9.1.16}$$

对于任意的 $T \geqslant 0$, 对式 (9.1.16) 从 0 到 T 积分, 可得

$$\int_0^T (\kappa^*(t)u(t) + u^*(t)\kappa(t))\mathrm{d}t \geqslant V(T) - V(0) + 2\rho\int_0^T \kappa^*(t)\kappa(t)\mathrm{d}t \tag{9.1.17}$$

由于 $V(0) = 0$, $V(T) > 0$, 有

$$\int_0^T (\kappa^*(t)u(t) + u^*(t)\kappa(t))\mathrm{d}t > 2\rho \int_0^T \kappa^*(t)\kappa(t)\mathrm{d}t$$

故误差系统 (9.1.3) 是无源的. 证毕.

定理 9.1.2 在假设 9.1.1 成立的条件下, 如果存在七个矩阵 $0 < P_i \in \mathbb{Q}^{n \times n}$ ($i = 1, 2, \cdots, 7$), 两个正对角矩阵 $R_1 > 0$ 和 $R_2 > 0$, 一个矩阵 $\tilde{K} \in \mathbb{Q}^{n \times m_2}$ 和一个常数 $\rho > 0$, 使得线性矩阵不等式

$$\Upsilon = (\Upsilon_{ij})_{10 \times 10} < 0 \tag{9.1.18}$$

成立, 则误差系统 (9.1.3) 是严格无源的. 其中, $\Upsilon_{11} = -P_1 C - C P_1 - \tilde{K} G_1 - G_1^* \tilde{K}^* + P_4 + \sigma^2 P_6 + L R_1 L$; $\Upsilon_{12} = P_1 A - \tilde{K} G_2$; $\Upsilon_{13} = P_1 B$; $\Upsilon_{14} = P_1 E$; $\Upsilon_{15} = -C P_1 - G_1^* \tilde{K}^*$; $\Upsilon_{17} = P_7$; $\Upsilon_{18} = P_1 F_d - \tilde{K} G_d - H^*$; $\Upsilon_{19} = C P_1 + G_1^* \tilde{K}^*$; $\Upsilon_{1,10} = C P_1 + G_1^* \tilde{K}^*$; $\Upsilon_{22} = P_5 - R_1$; $\Upsilon_{25} = A^* P_1 - G_2^* \tilde{K}^*$; $\Upsilon_{29} = -A^* P_1 + G_2^* \tilde{K}^*$; $\Upsilon_{2,10} = -A^* P_1 + G_2^* \tilde{K}^*$; $\Upsilon_{33} = -P_5 - R_2$; $\Upsilon_{35} = B^* P_1$; $\Upsilon_{39} = -B^* P_1$; $\Upsilon_{3,10} = -B^* P_1$; $\Upsilon_{44} = -P_2$; $\Upsilon_{45} = (E - I)^* P_1$; $\Upsilon_{49} = -E^* P_1$; $\Upsilon_{4,10} = -E^* P_1$; $\Upsilon_{55} = -P_3$; $\Upsilon_{58} = P_1 F_d - \tilde{K} G_d$; $\Upsilon_{66} = -P_4 + L R_2 L$; $\Upsilon_{67} = -P_7$; $\Upsilon_{77} = -P_6$; $\Upsilon_{88} = -H_d - H_d^* + 2\rho I$; $\Upsilon_{89} = -F_d^* P_1 + G_d^* \tilde{K}^*$; $\Upsilon_{8,10} = -F_d^* P_1 + G_d^* \tilde{K}^*$; $\Upsilon_{99} = P_2 - 2P_1$; $\Upsilon_{10,10} = \tau^2 P_3 - 2P_1$; $\Upsilon_{ji} = \Upsilon_{ij}^*$; 其他的 Υ_{ij} 全部为 0. 并且滤波器 (9.1.2) 中的增益矩阵为

$$K = P_1^{-1} \tilde{K} \tag{9.1.19}$$

证明 根据引理 9.1.1 和式 (9.1.19), 从线性矩阵不等式 (9.1.18) 得到

$$\Xi = (\Xi_{ij})_{10 \times 10} < 0 \tag{9.1.20}$$

其中, $\Xi_{11} = -P_1(C + K G_1) - (C + K G_1)^* P_1 + P_4 + \sigma^2 P_6 + L R_1 L$; $\Xi_{12} = P_1(A - K G_2)$; $\Xi_{13} = P_1 B$; $\Xi_{14} = P_1 E$; $\Xi_{15} = -(C + K G_1)^* P_1$; $\Xi_{17} = P_7$; $\Xi_{18} = P_1(F_d - K G_d) - H^*$; $\Xi_{19} = (C + K G_1)^* P_1$; $\Xi_{1,10} = (C + K G_1)^* P_1$; $\Xi_{22} = P_5 - R_1$; $\Xi_{25} = (A - K G_2)^* P_1$; $\Xi_{29} = -(A - K G_2)^* P_1$; $\Xi_{2,10} = -(A - K G_2)^* P_1$; $\Xi_{33} = -P_5 - R_2$; $\Xi_{35} = B^* P_1$; $\Xi_{39} = -B^* P_1$; $\Xi_{3,10} = -B^* P_1$; $\Xi_{44} = -P_2$; $\Xi_{45} = (E - I)^* P_1$; $\Xi_{49} = -E^* P_1$; $\Xi_{4,10} = -E^* P_1$; $\Xi_{55} = -P_3$; $\Xi_{58} = P_1(F_d - K G_d)$; $\Xi_{66} = -P_4 + L R_2 L$; $\Xi_{67} = -P_7$; $\Xi_{77} = -P_6$; $\Xi_{88} = -H_d - H_d^* + 2\rho I$; $\Xi_{89} = -(F_d - K G_d)^* P_1$; $\Xi_{8,10} = -(F_d - K G_d)^* P_1$; $\Xi_{99} = -P_1 P_2^{-1} P_1$; $\Xi_{10,10} = -\frac{1}{\tau^2} P_1 P_3^{-1} P_1$; $\Xi_{ji} = \Xi_{ij}^*$, 其他的 Ξ_{ij} 全部为 0.

根据引理 2.4.8, 线性矩阵不等式 (9.1.20) 等价于

$$\Gamma = (\Gamma_{ij})_{8\times 8} < 0 \tag{9.1.21}$$

其中, $\Gamma_{11} = -P_1(C+KG_1)-(C+KG_1)^*P_1+P_4+\sigma^2 P_6+LR_1L+(C+KG_1)^*(P_2+\tau^2 P_3)(C+KG_1)$; $\Gamma_{12} = P_1(A-KG_2)-(C+KG_1)^*(P_2+\tau^2 P_3)(A-KG_2)$; $\Gamma_{13} = P_1 B - (C+KG_1)^*(P_2+\tau^2 P_3)B$; $\Gamma_{14} = P_1 E - (C+KG_1)^*(P_2+\tau^2 P_3)E$; $\Gamma_{15} = -(C+KG_1)^*P_1$; $\Gamma_{17} = P_7$; $\Gamma_{18} = P_1(F_d-KG_d)-H^*-(C+KG_1)^*(P_2+\tau^2 P_3)(F_d-KG_d)$; $\Gamma_{22} = P_5 - R_1 + (A-KG_2)^*(P_2+\tau^2 P_3)(A-KG_2)$; $\Gamma_{23} = (A-KG_2)^*(P_2+\tau^2 P_3)B$; $\Gamma_{24} = (A-KG_2)^*(P_2+\tau^2 P_3)E$; $\Gamma_{25} = (A-KG_2)^*P_1$; $\Gamma_{28} = (A-KG_2)^*(P_2+\tau^2 P_3)(F_d-KG_d)$; $\Gamma_{33} = -P_5 - R_2 + B^*(P_2+\tau^2 P_3)B$; $\Gamma_{34} = B^*(P_2+\tau^2 P_3)E$; $\Gamma_{35} = B^*P_1$; $\Gamma_{38} = B^*(P_2+\tau^2 P_3)(F_d-KG_d)$; $\Gamma_{44} = -P_2 + E^*(P_2+\tau^2 P_3)E$; $\Gamma_{45} = (E-I)^*P_1$; $\Gamma_{48} = E^*(P_2+\tau^2 P_3)(F_d-KG_d)$; $\Gamma_{55} = -P_3$; $\Gamma_{58} = P_1(F_d-KG_d)$; $\Gamma_{66} = -P_4 + LR_2L$; $\Gamma_{67} = -P_7$; $\Gamma_{77} = -P_6$; $\Gamma_{88} = -H_d - H_d^* + 2\rho I + (F_d-KG_d)^*(P_2+\tau^2 P_3)(F_d-KG_d)$; $\Gamma_{ji} = \Gamma_{ij}^*$, 其他的 Γ_{ij} 全部为 0.

令 $\Omega = (\Gamma_{ij})_{7\times 7}$, 由式 (9.1.21) 可得

$$\Omega < 0 \tag{9.1.22}$$

构造如下 Lyapunov-Krasovskii 泛函:

$$V(t) = V_1(t) + V_2(t) + V_3(t) \tag{9.1.23}$$

其中,

$$V_1(t) = D^{-(1-\alpha)}(e^*(t)P_1 e(t)) \tag{9.1.24}$$

$$
\begin{aligned}
V_2(t) = &\int_{t-\tau}^{t} (D^\alpha e(s))^* P_2 (D^\alpha e(s))\mathrm{d}s \\
&+ \left(\int_{t-\tau}^{t} (D^\alpha e(s))\mathrm{d}s \right)^* P_1 \left(\int_{t-\tau}^{t} (D^\alpha e(s))\mathrm{d}s \right) \\
&+ \tau \int_{-\tau}^{0} \int_{t+\xi}^{t} (D^\alpha e(s))^* P_3 (D^\alpha e(s))\mathrm{d}s\mathrm{d}\xi
\end{aligned} \tag{9.1.25}
$$

$$
\begin{aligned}
V_3(t) = &\int_{t-\sigma}^{t} e^*(s)P_4 e(s)\mathrm{d}s + \int_{t-\sigma}^{t} g^*(e(s))P_5 g(e(s))\mathrm{d}s \\
&+ \sigma \int_{-\sigma}^{0} \int_{t+\xi}^{t} e^*(s)P_6 e(s)\mathrm{d}s\mathrm{d}\xi
\end{aligned}
$$

$$+ \left(\int_{t-\sigma}^{t} e^*(s)\mathrm{d}s \right) P_7 \left(\int_{t-\sigma}^{t} e(s)\mathrm{d}s \right) \tag{9.1.26}$$

沿着误差系统 (9.1.3) 的轨迹计算 $V_1(t)$ 的导数, 并利用引理 9.1.2 得到

$$\begin{aligned}
\dot{V}_1(t) &= D^\alpha(e^*(t)P_1 e(t)) \\
&\leqslant e^*(t)P_1(D^\alpha e(t)) + (D^\alpha e(t))^* P_1 e(t) \\
&= e^*(t)P_1(-(C+KG_1)e(t) + (A-KG_2)g(e(t)) \\
&\quad + Bg(e(t-\sigma)) + ED^\alpha e(t-\tau) + (F_d - KG_d)\kappa(t)) \\
&\quad + (-(C+KG_1)e(t) + (A-KG_2)g(e(t)) + Bg(e(t-\sigma)) \\
&\quad + ED^\alpha e(t-\tau) + (F_d - KG_d)\kappa(t))^* P_1 e(t)
\end{aligned} \tag{9.1.27}$$

计算 $V_2(t)$ 的导数可得

$$\begin{aligned}
\dot{V}_2(t) &= (D^\alpha e(t))^*(P_2 + \tau^2 P_3)(D^\alpha e(t)) - (D^\alpha e(t-\tau))^* P_2 (D^\alpha e(t-\tau)) \\
&\quad + (D^\alpha e(t) - D^\alpha e(t-\tau))^* P_1 \left(\int_{t-\tau}^{t} (D^\alpha e(s))\mathrm{d}s \right) \\
&\quad + \left(\int_{t-\tau}^{t} (D^\alpha e(s))\mathrm{d}s \right)^* P_1 (D^\alpha e(t) - D^\alpha e(t-\tau)) \\
&\quad - \left(\int_{t-\tau}^{t} (D^\alpha e(s))\mathrm{d}s \right)^* P_3 \left(\int_{t-\tau}^{t} (D^\alpha e(s))\mathrm{d}s \right) \\
&= (-(C+KG_1)e(t) + (A-KG_2)g(e(t)) + Bg(e(t-\sigma)) + ED^\alpha e(t-\tau) \\
&\quad + (F_d - KG_d)\kappa(t))^*(P_2 + \tau^2 P_3)(-(C+KG_1)e(t) + (A-KG_2)g(e(t)) \\
&\quad + Bg(e(t-\sigma)) + ED^\alpha e(t-\tau) + (F_d - KG_d)\kappa(t)) \\
&\quad - (D^\alpha e(t-\tau))^* P_2 (D^\alpha e(t-\tau)) \\
&\quad - \left(\int_{t-\tau}^{t} (D^\alpha e(s))\mathrm{d}s \right)^* P_3 \left(\int_{t-\tau}^{t} (D^\alpha e(s))\mathrm{d}s \right) \\
&\quad + (-(C+KG_1)e(t) + (A-KG_2)g(e(t)) + Bg(e(t-\sigma)) \\
&\quad + (E-I)D^\alpha e(t-\tau) + (F_d - KG_d)\kappa(t))^* \\
&\quad \times P_1 \left(\int_{t-\tau}^{t} (D^\alpha e(s))\mathrm{d}s \right) + \left(\int_{t-\tau}^{t} (D^\alpha e(s))\mathrm{d}s \right)^* P_1
\end{aligned}$$

$$\times (-(C + KG_1)e(t) + (A - KG_2)g(e(t)) + Bg(e(t - \sigma))$$

$$+ (E - I)D^\alpha e(t - \tau) + (F_d - KG_d)\kappa(t)) \tag{9.1.28}$$

计算 $V_3(t)$ 的导数, 并利用引理 2.4.2, 可得

$$\dot{V}_3(t) \leqslant e^*(t)(P_4 + \sigma^2 P_6)e(t) - e^*(t - \sigma)P_4 e(t - \sigma) + g^*(e(t))P_5 g(e(t))$$

$$-g^*(e(t - \sigma))P_5 g(e(t - \sigma)) - \left(\int_{t-\sigma}^{t} e^*(s)\mathrm{d}s \right)P_6 \left(\int_{t-\sigma}^{t} e(s)\mathrm{d}s \right)$$

$$+(e^*(t) - e^*(t - \sigma))P_7 \left(\int_{t-\sigma}^{t} e(s)\mathrm{d}s \right)$$

$$+\left(\int_{t-\sigma}^{t} e^*(s)\mathrm{d}s \right)P_7 (e(t) - e(t - \sigma)) \tag{9.1.29}$$

利用假设 9.1.1, 可得

$$0 \leqslant e^*(t)LR_1 Le(t) - g^*(e(t))R_1 g(e(t)) \tag{9.1.30}$$

$$0 \leqslant e^*(t - \sigma)LR_2 Le(t - \sigma) - g^*(e(t - \sigma))R_2 g(e(t - \sigma)) \tag{9.1.31}$$

由式 (9.1.27)~ 式 (9.1.31) 可知

$$\dot{V}(t) \leqslant \zeta^*(t)\Omega\zeta(t) + \zeta^*(t)\Phi\kappa(t) + \kappa^*(t)\Phi^*\zeta(t)$$

$$+\kappa^*(t)(F_d - KG_d)^*(P_2 + \tau^2 P_3)(F_d - KG_d)\kappa(t) \tag{9.1.32}$$

其中,

$$\zeta(t) = \left(e^*(t), g^*(e(t)), g^*(e(t - \sigma)), (D^\alpha e(t - \tau))^*, \int_{t-\tau}^{t} (D^\alpha e(s))^*\mathrm{d}s, e^*(t - \sigma), \right.$$

$$\left. \int_{t-\sigma}^{t} e^*(s)\mathrm{d}s \right)^*$$

$$\Phi = \begin{bmatrix} P_1(F_d - KG_d) - (C + KG_1)^*(P_2 + \tau^2 P_3)(F_d - KG_d) \\ (A - KG_2)^*(P_2 + \tau^2 P_3)(F_d - KG_d) \\ B^*(P_2 + \tau^2 P_3)(F_d - KG_d) \\ E^*(P_2 + \tau^2 P_3)(F_d - KG_d) \\ P_1(F_d - KG_d) \\ 0 \\ 0 \end{bmatrix}$$

下面将通过以下两个步骤来证明.

步骤 1 证明当 $\kappa(t) = 0$ 时误差系统 (9.1.3) 是全局渐近稳定的.

当 $\kappa(t) = 0$ 时, 根据式 (9.1.32), 可得

$$\dot{V}(t) \leqslant \zeta^*(t)\Omega\zeta(t) \tag{9.1.33}$$

由式 (9.1.22) 和式 (9.1.33) 可知, 当 $\kappa(t) = 0$ 时, 误差系统 (9.1.3) 是全局渐近稳定的.

步骤 2 在初始条件为 0 的情况下, 证明以下不等式成立:

$$\int_0^T (\kappa^*(t)u(t) + u^*(t)\kappa(t))\mathrm{d}t > 2\rho \int_0^T \kappa^*(t)\kappa(t)\mathrm{d}t, \ \forall T \geqslant 0$$

根据式 (9.1.32), 可得

$$
\begin{aligned}
&\dot{V}(t) - (\kappa^*(t)u(t) + u^*(t)\kappa(t)) + 2\rho\kappa^*(t)\kappa(t) \\
&\leqslant \zeta^*(t)\Omega\zeta(t) + \zeta^*(t)\Phi\kappa(t) + \kappa^*(t)\Phi^*\zeta(t) - e^*(t)H^*\kappa(t) - \kappa^*(t)He(t) \\
&\quad + \kappa^*(t)((F_d - KG_d)^*(P_2 + \tau^2 P_3)(F_d - KG_d) + 2\rho I - H_d - H_d^*)\kappa(t) \\
&= w^*(t)\Gamma w(t)
\end{aligned}
\tag{9.1.34}
$$

其中, $w(t) = (\zeta^*(t), \kappa^*(t))^*$.

根据式 (9.1.21), 可得

$$\dot{V}(t) - (\kappa^*(t)u(t) + u^*(t)\kappa(t)) + 2\rho\kappa^*(t)\kappa(t) \leqslant 0 \tag{9.1.35}$$

对于任意的 $T \geqslant 0$, 对式 (9.1.21) 从 0 到 T 进行积分, 可得

$$\int_0^T (\kappa^*(t)u(t) + u^*(t)\kappa(t))\mathrm{d}t \geqslant V(T) - V(0) + 2\rho \int_0^T \kappa^*(t)\kappa(t)\mathrm{d}t \tag{9.1.36}$$

因为 $V(0) = 0$, $V(T) > 0$, 有

$$\int_0^T (\kappa^*(t)u(t) + u^*(t)\kappa(t))\mathrm{d}t > 2\rho \int_0^T \kappa^*(t)\kappa(t)\mathrm{d}t$$

故误差系统 (9.1.3) 是严格无源的. 证毕.

9.1.4 数值示例

以下数值示例验证了所得结果的正确性和有效性.

例 9.1.1　假设分数阶四元数神经网络模型 (9.1.1) 的相关参数为

$$\sigma = \tau = 0.2,\ f_1(q(t)) = f_2(q(t)) = 0.5\tanh(q(t)),\ C = \mathrm{diag}\{0.5, 0.5\}$$

$$A = \begin{bmatrix} -0.109 + 0.238\imath - 0.058\jmath + 0.030\kappa & -0.095 + 0.143\imath + 0.039\jmath - 0.023\kappa \\ 0.095 - 0.124\imath - 0.005\jmath + 0.017\kappa & 0.002 + 0.095\imath + 0.012\jmath + 0.023\kappa \end{bmatrix}$$

$$B = \begin{bmatrix} 0.168 - 0.059\imath + 0.005\jmath + 0.036\kappa & -0.059 + 0.021\imath - 0.013\jmath - 0.008\kappa \\ -0.029 - 0.043\imath - 0.010\jmath + 0.003\kappa & -0.118 + 0.003\imath - 0.048\jmath + 0.035\kappa \end{bmatrix}$$

$$E = \begin{bmatrix} -0.027 + 0.107\imath - 0.038\jmath + 0.060\kappa & 0.062 + 0.055\imath + 0.121\jmath - 0.118\kappa \\ 0.027 - 0.045\imath - 0.015\jmath - 0.053\kappa & -0.556 - 0.080\imath + 0.114\jmath + 0.094\kappa \end{bmatrix}$$

$$F_d = \begin{bmatrix} -0.093 + 0.073\imath + 0.003\jmath + 0.002\kappa & -0.069 + 0.055\imath - 0.001\jmath + 0.001\kappa \\ 0.041 - 0.037\imath + 0.001\jmath + 0.003\kappa & 0.001 + 0.046\imath + 0.002\jmath + 0.002\kappa \end{bmatrix}$$

$$G_1 = \begin{bmatrix} -0.409 + 0.082\imath - 0.035\jmath - 0.069\kappa & 0.123 + 0.016\imath + 0.022\jmath - 0.018\kappa \\ 0.008 + 0.025\imath + 0.013\jmath + 0.004\kappa & 1.042 + 0.082\imath + 0.009\jmath + 0.045\kappa \end{bmatrix}$$

$$G_2 = \begin{bmatrix} 0.028 + 0.062\imath + 0.024\jmath + 0.079\kappa & 0.123 + 0.020\imath - 0.016\jmath + 0.040\kappa \\ -0.062 + 0.025\imath + 0.008\jmath + 0.158\kappa & 0.250 + 0.062\imath + 0.080\jmath + 0.008\kappa \end{bmatrix}$$

$$G_d = \begin{bmatrix} 0.380 + 0.092\imath + 0.096\jmath + 0.020\kappa & 0.019 + 0.092\imath + 0.074\jmath + 0.008\kappa \\ -0.120 + 0.194\imath + 0.074\jmath + 0.050\kappa & -0.078 + 0.092\imath + 0.016\jmath + 0.081\kappa \end{bmatrix}$$

$$H = \begin{bmatrix} 0.198 + 0.019\imath + 0.045\jmath - 0.020\kappa & 0.014 + 0.018\imath - 0.053\jmath + 0.030\kappa \\ 0.010 + 0.005\imath + 0.053\jmath + 0.016\kappa & 0.010 + 0.018\imath + 0.041\jmath + 0.041\kappa \end{bmatrix}$$

$$H_d = \begin{bmatrix} 0.826 + 0.112\imath + 0.038\jmath + 0.092\kappa & 0.049 + 0.056\imath - 0.010\jmath + 0.092\kappa \\ 0.094 + 0.103\imath + 0.119\jmath - 0.128\kappa & 0.768 + 0.094\imath + 0.092\jmath + 0.110\kappa \end{bmatrix}$$

$$J(t) = \begin{bmatrix} \cos(t) - \sin(t)\imath + \sin(t)\jmath + \cos(t)\kappa \\ \sin(t) + \sin(t)\imath - \cos(t)\jmath - \sin(t)\kappa \end{bmatrix}$$

$$\kappa(t) = \begin{bmatrix} \mathrm{e}^{-0.1t} + \mathrm{e}^{-t}\sin(t)\imath + \mathrm{e}^{-0.15t}\cos(2t)\jmath + \mathrm{e}^{-3t}\sin(7t)\kappa \\ \dfrac{1}{1+\sqrt{t}} + \mathrm{e}^{-0.2t}\sin(3t)\imath - \dfrac{1}{2+\sqrt{1+t}}\jmath + \mathrm{e}^{-2t}\cos(4t)\kappa \end{bmatrix}$$

容易检查假设 9.1.1 得到满足, 并且有

$$L = \begin{bmatrix} 0.5 & 0 \\ 0 & 0.5 \end{bmatrix}$$

利用 MATLAB 软件中的 YALMIP 工具箱, 可以得到式 (9.1.4) 的解为

$R_1 = \mathrm{diag}\{37.1354, 24.8183\},\ R_2 = \mathrm{diag}\{7.7014, 7.3372\}$

$$P_1 = \begin{bmatrix} 38.911 & 1.058 - 0.601\imath + 4.436\jmath - 6.193\kappa \\ 1.058 + 0.601\imath - 4.436\jmath + 6.193\kappa & 28.020 \end{bmatrix}$$

$$P_2 = \begin{bmatrix} 29.771 & 0.670 - 1.114\imath + 3.512\jmath - 6.495\kappa \\ 0.670 + 1.114\imath - 3.512\jmath + 6.495\kappa & 31.324 \end{bmatrix}$$

$$P_3 = \begin{bmatrix} 179.02 & -10.90 - 22.95\imath - 5.69\jmath - 17.36\kappa \\ -10.90 + 22.95\imath + 5.69\jmath + 17.36\kappa & 223.83 \end{bmatrix}$$

$$P_4 = \begin{bmatrix} 5.954 & 0.349 - 0.292\imath + 1.079\jmath - 1.209\kappa \\ 0.349 + 0.292\imath - 1.079\jmath + 1.209\kappa & 4.691 \end{bmatrix}$$

$$P_5 = \begin{bmatrix} 13.106 & 0.007 - 1.998\imath + 0.762\jmath + 0.707\kappa \\ 0.007 + 1.998\imath - 0.762\jmath - 0.707\kappa & 11.687 \end{bmatrix}$$

$$P_6 = \begin{bmatrix} 43.512 & 1.715 - 1.284\imath + 5.033\jmath - 5.570\kappa \\ 1.715 + 1.284\imath - 5.033\jmath + 5.570\kappa & 38.451 \end{bmatrix}$$

$$P_7 = \begin{bmatrix} 4.610 & 0.268 - 0.251\imath + 0.839\jmath - 0.984\kappa \\ 0.268 + 0.251\imath - 0.839\jmath + 0.984\kappa & 3.670 \end{bmatrix}$$

$$\tilde{K} = \begin{bmatrix} -6.073 + 5.177\imath + 3.444\jmath - 2.193\kappa & 1.572 - 0.261\imath - 0.816\jmath - 0.095\kappa \\ 2.463 - 1.954\imath + 0.662\jmath + 0.078\kappa & -0.286 + 0.239\imath + 0.228\jmath + 0.637\kappa \end{bmatrix}$$

$\rho = 0.0068$

由式 (9.1.5) 得到等价形式 (9.1.2) 中的增益矩阵为

$$
K = \left[\begin{array}{cc} -0.164 + 0.140\imath + 0.071\jmath - 0.053\kappa & 0.040 - 0.012\imath - 0.020\jmath - 0.004\kappa \\ 0.074 - 0.064\imath - 0.037\jmath + 0.017\kappa & -0.010 + 0.003\imath + 0.018\jmath + 0.016\kappa \end{array} \right]
$$

由定理 9.1.1 可知, 误差系统 (9.1.3) 是严格无源的.

　　取 $\alpha = 0.98$, 初始条件 $\phi(t) = (9.5 + 6.6\imath + 3.5\jmath + 5.5\kappa, -9.5 - 6.6\imath - 3.5\jmath - 5.5\kappa)^{\mathrm{T}}$, $q(t)$ 和 $\hat{q}(t)$ 的仿真如图 9.1.1 ∼ 图 9.1.8 所示. 当 $\kappa(t) = 0$ 时, $e(t)$ 的仿真如图 9.1.9 ∼ 图 9.1.12 所示. 仿真图形验证了本节所提方法的有效性.

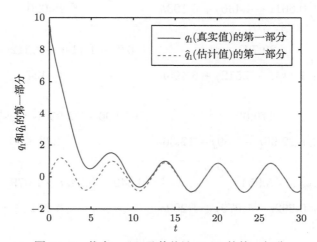

图 9.1.1　状态 $q_1(t)$ 及其估计 $\hat{q}_1(t)$ 的第一部分

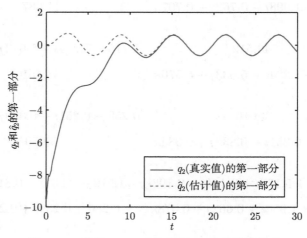

图 9.1.2　状态 $q_2(t)$ 及其估计 $\hat{q}_2(t)$ 的第一部分

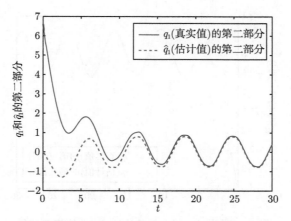

图 9.1.3 状态 $q_1(t)$ 及其估计 $\hat{q}_1(t)$ 的第二部分

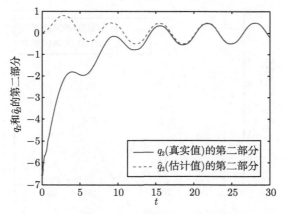

图 9.1.4 状态 $q_2(t)$ 及其估计 $\hat{q}_2(t)$ 的第二部分

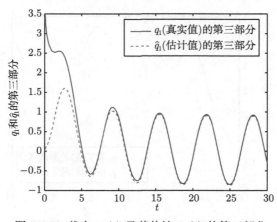

图 9.1.5 状态 $q_1(t)$ 及其估计 $\hat{q}_1(t)$ 的第三部分

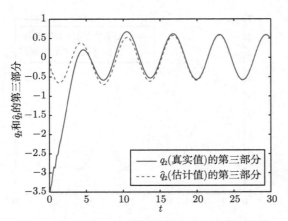

图 9.1.6　状态 $q_2(t)$ 及其估计 $\hat{q}_2(t)$ 的第三部分

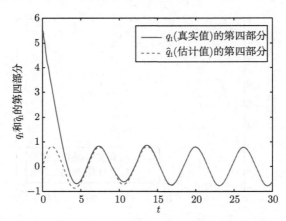

图 9.1.7　状态 $q_1(t)$ 及其估计 $\hat{q}_1(t)$ 的第四部分

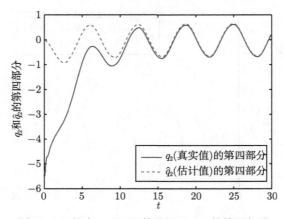

图 9.1.8　状态 $q_2(t)$ 及其估计 $\hat{q}_2(t)$ 的第四部分

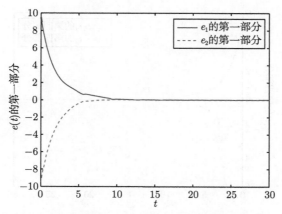

图 9.1.9 误差系统 (9.1.3) 第一部分的状态轨迹

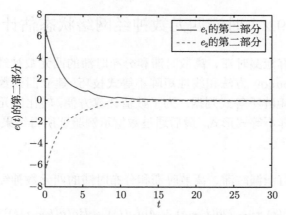

图 9.1.10 误差系统 (9.1.3) 第二部分的状态轨迹

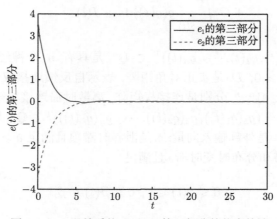

图 9.1.11 误差系统 (9.1.3) 第三部分的状态轨迹

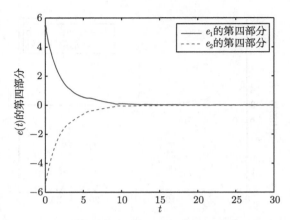

图 9.1.12　误差系统 (9.1.3) 第四部分的状态轨迹

9.2　时滞四元数神经网络状态估计

本节研究具有泄漏时滞、离散时滞和分布时滞的四元数神经网络的状态估计问题. 基于 Lyapunov 方法和线性矩阵不等式技巧, 建立四元数神经网络状态估计的四元数线性矩阵不等式判据. 为了数值计算方便, 转化四元数线性矩阵不等式为复值线性矩阵不等式形式. 最后通过数值示例验证所得结果的有效性.

9.2.1　模型描述

考虑以下具有泄漏时滞、离散时滞和分布时滞的四元数神经网络模型:

$$\dot{q}(t) = -Dq(t-\delta) + Ag(q(t)) + Bg(q(t-\tau(t)))$$
$$+ C \int_{t-\beta(t)}^{t} g(q(s))\mathrm{d}s + J(t) \tag{9.2.1}$$

其中, $q(t) = (q_1(t), q_2(t), \cdots, q_n(t))^{\mathrm{T}} \in \mathbb{Q}^n$ 是具有 n 个神经元的网络在 t 时刻的状态向量, $t \geqslant 0$; D 是实正对角矩阵, 表示自反馈连接权矩阵; $A \in \mathbb{Q}^{n \times n}$, $B \in \mathbb{Q}^{n \times n}$ 和 $C \in \mathbb{Q}^{n \times n}$ 分别是连接权矩阵, 离散时滞连接权矩阵和分布时滞连接权矩阵; $g(q(t)) = (g_1(q_1(t)), g_2(q_2(t)), \cdots, g_n(q_n(t)))^{\mathrm{T}} \in \mathbb{Q}^n$ 是 t 时刻神经元激活函数; $J(t) \in \mathbb{Q}^n$ 是外部输入向量; δ 是泄漏时滞项且满足 $\delta \geqslant 0$; $\tau(t)$ 和 $\beta(t)$ 分别是离散时变时滞和分布时变时滞, 且满足

$$0 \leqslant \tau(t) \leqslant \tau, \ 0 \leqslant \beta(t) \leqslant \beta$$

τ 和 β 是实常数.

在实际应用中, 神经元状态信息通常不能从网络输出中完全获得, 并且网络输出往往受到非线性干扰. 因此, 需要通过估计来获得. 鉴于此, 假设网络输出满足如下条件:

$$r(t) = Eq(t) + Fh(t, q(t)) \tag{9.2.2}$$

其中, $r(t) \in \mathbb{Q}^m$ 是观测输出向量; $E \in \mathbb{Q}^{m \times n}$ 和 $F \in \mathbb{Q}^{m \times m}$ 是输出权值矩阵; $h = (h_1, h_2, \cdots, h_m)^{\mathrm{T}} : \mathbb{R} \times \mathbb{Q}^n \to \mathbb{Q}^m$ 是网络观测中依赖神经元的非线性扰动.

对于时滞四元数神经网络模型 (9.2.1), 在网络输出 (9.2.2) 情况下, 其状态估计可以通过以下方程进行:

$$\dot{\tilde{q}}(t) = -D\tilde{q}(t - \delta) + Ag(\tilde{q}(t)) + Bg(\tilde{q}(t - \tau(t)))$$
$$+ C \int_{t-\beta(t)}^{t} g(\tilde{q}(s))\mathrm{d}s + J + K(r(t) - \tilde{r}(t)) \tag{9.2.3}$$

$$\tilde{r}(t) = E\tilde{q}(t) + Fh(t, \tilde{q}(t)) \tag{9.2.4}$$

其中, $\tilde{q}(t)$ 是时滞四元数神经网络模型 (9.2.1) 状态向量 $q(t)$ 的估计; $\tilde{r}(t)$ 是输出向量的估计; $K \in \mathbb{Q}^{n \times m}$ 是需要设计的估计增益矩阵.

定义误差状态向量 $e(t) = q(t) - \tilde{q}(t)$, 则系统的误差状态满足

$$\dot{e}(t) = -KEe(t) - De(t - \delta) + A\tilde{g}(e(t)) + B\tilde{g}(e(t - \tau(t)))$$
$$+ C \int_{t-\beta(t)}^{t} \tilde{g}(e(s))\mathrm{d}s - KF\tilde{h}(t, e(t)) \tag{9.2.5}$$

其中, $\tilde{g}(e(t)) = g(q(t)) - g(\tilde{q}(t))$; $\tilde{h}(t, e(t)) = h(t, q(t)) - h(t, \tilde{q}(t))$.

9.2.2　基本假设

接下来, 建立误差状态系统 (9.2.5) 全局渐近稳定性条件, 并给出计算增益矩阵 K 的算法. 为此, 对激活函数 $g(\cdot)$ 和非线性扰动 $h(\cdot, \cdot)$ 做如下假设.

假设 9.2.1　对于任意的 $i \in \{1, 2, \cdots, n\}$ 和任意的 $p, q \in \mathbb{Q}$, 存在常数 $\gamma_i \in \mathbb{R}$ 使得

$$|g_i(p) - g_i(q)| \leqslant \gamma_i |p - q|$$

假设 9.2.2　对于任意的 $i \in \{1, 2, \cdots, m\}$ 和任意的 $u, v \in \mathbb{Q}^n$ 以及 $t \geqslant 0$, 存在常数向量 $L_i \in \mathbb{R}^n$ 使得

$$|h_i(t, u) - h_i(t, v)| \leqslant |L_i^{\mathrm{T}}(u - v)|$$

为了表示方便, 定义 $\Gamma = \mathrm{diag}\{\gamma_1, \gamma_2, \cdots, \gamma_n\}$ 和 $L = (L_1, L_2, \cdots, L_m)$.

9.2.3　主要结果

下面给出时滞四元数神经网络模型 (9.2.1) 的误差状态系统 (9.2.5) 全局渐近稳定的充分条件.

定理 9.2.1　在假设 9.2.1 和假设 9.2.2 成立的条件下, 如果存在两个实正对角矩阵 $\Lambda_1, \Lambda_2 \in \mathbb{R}^{n \times n}$, 一个实正定矩阵 $\Lambda_3 \in \mathbb{R}^{m \times m}$, 七个正定矩阵 $P, Q, R, U,$ $W, X, Z \in \mathbb{Q}^{n \times n}$ 和四个矩阵 $V, Y, S, T \in \mathbb{Q}^{n \times n}$, 使得以下三个线性矩阵不等式成立:

$$\Theta = \begin{bmatrix} U & V \\ \star & W \end{bmatrix} > 0 \tag{9.2.6}$$

$$\Xi = \begin{bmatrix} X & Y \\ \star & Z \end{bmatrix} > 0 \tag{9.2.7}$$

$$\Omega = \begin{bmatrix} \Omega_{11} & \Omega_{12} & \Omega_{13} & Y^* & W & SA & SB & SC & -TF \\ \star & \Omega_{22} & -SD & 0 & V & SA & SB & SC & -TF \\ \star & \star & -P & 0 & -W & 0 & 0 & 0 & 0 \\ \star & \star & \star & \Omega_{44} & 0 & 0 & 0 & 0 & 0 \\ \star & \star & \star & \star & -Q & 0 & 0 & 0 & 0 \\ \star & \star & \star & \star & \star & \Omega_{66} & 0 & 0 & 0 \\ \star & \star & \star & \star & \star & \star & -\Lambda_2 & 0 & 0 \\ \star & \star & \star & \star & \star & \star & \star & -\dfrac{1}{\beta}R & 0 \\ \star & \star & \star & \star & \star & \star & \star & \star & -\Lambda_3 \end{bmatrix} < 0 \tag{9.2.8}$$

其中, $\Omega_{11} = V + V^* + P + \delta^2 Q - TE - E^* T^* + \Gamma^2 \Lambda_1 + L\Lambda_3 L^T$; $\Omega_{12} = U - S - E^* T^*$; $\Omega_{13} = -V - SD$; $\Omega_{22} = \tau Z - S - S^*$; $\Omega_{44} = \tau X - Y - Y^* + \Gamma^2 \Lambda_2$; $\Omega_{66} = -\beta R - \Lambda_1$, 则网络输出 (9.2.2) 下的时滞四元数神经网络模型 (9.2.1) 的误差状态系统 (9.2.5) 是全局渐近稳定的, 且估计增益矩阵 K 设计为 $K = S^{-1}T$.

证明　考虑如下 Lyapunov-Krasovskii 泛函:

$$V(t) = V_1(t) + V_2(t) + V_3(t) + V_4(t) + V_5(t) \tag{9.2.9}$$

其中,

$$V_1(t) = \begin{bmatrix} e(t) \\ \displaystyle\int_{t-\delta}^{t} e(s)\mathrm{d}s \end{bmatrix}^* \begin{bmatrix} U & V \\ \star & W \end{bmatrix} \begin{bmatrix} e(t) \\ \displaystyle\int_{t-\delta}^{t} e(s)\mathrm{d}s \end{bmatrix} \tag{9.2.10}$$

$$V_2(t) = \int_{t-\delta}^{t} e^*(s)Pe(s)\mathrm{d}s + \delta \int_{-\delta}^{0}\int_{t+u}^{t} e^*(s)Qe(s)\mathrm{d}s\mathrm{d}u \tag{9.2.11}$$

$$V_3(t) = \int_{0}^{t}\int_{u-\tau(u)}^{u} \begin{bmatrix} e(u-\tau(u)) \\ \dot{e}(s) \end{bmatrix}^* \begin{bmatrix} X & Y \\ \star & Z \end{bmatrix} \begin{bmatrix} e(u-\tau(u)) \\ \dot{e}(s) \end{bmatrix} \mathrm{d}s\mathrm{d}u \tag{9.2.12}$$

$$V_4(t) = \int_{-\tau}^{0}\int_{t+u}^{t} \dot{e}^*(s)Z\dot{e}(s)\mathrm{d}s\mathrm{d}u \tag{9.2.13}$$

$$V_5(t) = \int_{-\beta}^{0}\int_{t+u}^{t} \tilde{g}^*(e(s))R\tilde{g}(e(s))\mathrm{d}s\mathrm{d}u \tag{9.2.14}$$

计算 V_i $(i = 1,2,3,4,5)$ 的导数, 可得

$$\begin{aligned}
\dot{V}_1(t) = {}& e^*(t)(V+V^*)e(t) + e^*(t)U\dot{e}(t) \\
& + \dot{e}^*(t)Ue(t) - e^*(t)Ve(t-\delta) - e^*(t-\delta)V^*e(t) \\
& + e^*(t)W\left(\int_{t-\delta}^{t} e(s)\mathrm{d}s\right) + \left(\int_{t-\delta}^{t} e(s)\mathrm{d}s\right)^* We(t) \\
& + \dot{e}^*(t)V\left(\int_{t-\delta}^{t} e(s)\mathrm{d}s\right) + \left(\int_{t-\delta}^{t} e(s)\mathrm{d}s\right)^* V^*\dot{e}(t) \\
& - e^*(t-\delta)W\left(\int_{t-\delta}^{t} e(s)\mathrm{d}s\right) - \left(\int_{t-\delta}^{t} e(s)\mathrm{d}s\right)^* We(t-\delta) \tag{9.2.15}
\end{aligned}$$

$$\begin{aligned}
\dot{V}_2(t) = {}& e^*(t)Pe(t) - e^*(t-\delta)Pe(t-\delta) \\
& + \delta^2 e^*(t)Qe(t) - \delta\int_{t-\delta}^{t} e^*(s)Qe(s)\mathrm{d}s \\
\leqslant {}& e^*(t)(P+\delta^2 Q)e(t) - e^*(t-\delta)Pe(t-\delta) \\
& - \left(\int_{t-\delta}^{t} e(s)\mathrm{d}s\right)^* Q\left(\int_{t-\delta}^{t} e(s)\mathrm{d}s\right) \tag{9.2.16}
\end{aligned}$$

$$\begin{aligned}
\dot{V}_3(t) = {}& \tau(t)e^*(t-\tau(t))Xe(t-\tau(t)) \\
& + e^*(t-\tau(t))Ye(t) + e^*(t)Y^*e(t-\tau(t)) \\
& - e^*(t-\tau(t))(Y+Y^*)e(t-\tau(t)) \\
& + \int_{t-\tau(t)}^{t} \dot{e}^*(s)Z\dot{e}(s)\mathrm{d}s
\end{aligned}$$

$$\leqslant e^*(t - \tau(t))(\tau X - Y - Y^*)e(t - \tau(t))$$

$$+ e^*(t - \tau(t))Ye(t) + e^*(t)Y^*e(t - \tau(t)) + \int_{t-\tau}^{t} \dot{e}^*(s)Z\dot{e}(s)\mathrm{d}s \quad (9.2.17)$$

$$\dot{V}_4(t) = \tau\dot{e}^*(t)Z\dot{e}(t) - \int_{-\tau}^{0} \dot{e}^*(t + u)Z\dot{e}(t + u)\mathrm{d}u$$

$$= \tau\dot{e}^*(t)Z\dot{e}(t) - \int_{t-\tau}^{t} \dot{e}^*(s)Z\dot{e}(s)\mathrm{d}s \quad (9.2.18)$$

$$\dot{V}_5(t) = \beta\tilde{g}^*(e(t))R\tilde{g}(e(t)) - \int_{t-\beta}^{t} \tilde{g}^*(e(s))R\tilde{g}^*(e(s))\mathrm{d}s$$

$$\leqslant \beta\tilde{g}^*(e(t))R\tilde{g}(e(t)) - \frac{1}{\beta}\left(\int_{t-\beta}^{t} \tilde{g}(e(s))\mathrm{d}s\right)^* R\left(\int_{t-\beta}^{t} \tilde{g}(e(s))\mathrm{d}s\right) \quad (9.2.19)$$

其中, 估计 $\dot{V}_2(t)$ 和 $\dot{V}_5(t)$ 时利用了引理 2.4.2.

由式 (9.2.15) ~ 式 (9.2.19) 可得

$$\dot{V}(t) \leqslant e^*(t)(V + V^* + P + \delta^2 Q)e(t)$$

$$+ e^*(t)U\dot{e}(t) + \dot{e}^*(t)Ue(t)$$

$$- e^*(t)Ve(t - \delta) - e^*(t - \delta)V^*e(t)$$

$$+ e^*(t)Y^*e(t - \tau(t)) + e^*(t - \tau(t))Ye(t)$$

$$+ e^*(t)W\left(\int_{t-\delta}^{t} e(s)\mathrm{d}s\right) + \left(\int_{t-\delta}^{t} e(s)\mathrm{d}s\right)^* We(t)$$

$$+ \tau\dot{e}^*(t)Z\dot{e}(t) + \dot{e}^*(t)V\left(\int_{t-\delta}^{t} e(s)\mathrm{d}s\right)$$

$$+ \left(\int_{t-\delta}^{t} e(s)\mathrm{d}s\right)^* V^*\dot{e}(t) - e^*(t - \delta)Pe(t - \delta)$$

$$- e^*(t - \delta)W\left(\int_{t-\delta}^{t} e(s)\mathrm{d}s\right) - \left(\int_{t-\delta}^{t} e(s)\mathrm{d}s\right)^* We(t - \delta)$$

$$+ e^*(t - \tau(t))(\tau X - Y - Y^*)e(t - \tau(t))$$

$$- \left(\int_{t-\delta}^{t} e(s)\mathrm{d}s\right)^* Q\left(\int_{t-\delta}^{t} e(s)\mathrm{d}s\right)$$

$$+ \beta\tilde{g}^*(e(t))R\tilde{g}(e(t))$$

$$- \frac{1}{\beta} \left(\int_{t-\beta}^{t} \tilde{g}(e(s)) \mathrm{d}s \right)^{*} R \left(\int_{t-\beta}^{t} \tilde{g}(e(s)) \mathrm{d}s \right) \tag{9.2.20}$$

运用自由权矩阵方法, 由式 (9.2.5) 可得

$$0 = (S^{*}e(t) + S^{*}\dot{e}(t))^{*}H + H^{*}(S^{*}e(t) + S^{*}\dot{e}(t))$$

其中,

$$H = -\dot{e}(t) - KEe(t) - De(t-\delta) + A\tilde{g}(e(t))$$
$$+ B\tilde{g}(e(t-\tau(t))) + C \int_{t-\beta}^{t} \tilde{g}(e(s)) \mathrm{d}s - KF\tilde{h}(t, e(t))$$

因此可得

$$\begin{aligned}
0 = &-e^{*}(t)(SKE + E^{*}K^{*}S^{*})e(t) \\
&- e^{*}(t)(S + E^{*}K^{*}S^{*})\dot{e}(t) - \dot{e}^{*}(t)(S^{*} + SKE)e(t) \\
&- e^{*}(t)SDe(t-\delta) - e^{*}(t-\delta)D^{*}S^{*}e(t) \\
&+ e^{*}(t)SA\tilde{g}(e(t)) + \tilde{g}^{*}(e(t))A^{*}S^{*}e(t) \\
&+ e^{*}(t)SB\tilde{g}(e(t-\tau(t))) + \tilde{g}^{*}(e(t-\tau(t)))B^{*}S^{*}e(t) \\
&+ e^{*}(t)SC \left(\int_{t-\beta}^{t} \tilde{g}(e(s)) \mathrm{d}s \right) + \left(\int_{t-\beta}^{t} \tilde{g}(e(s)) \mathrm{d}s \right)^{*} C^{*}S^{*}e(t) \\
&- e^{*}(t)SKF\tilde{h}(t, e(t)) - \tilde{h}^{*}(t, e(t))F^{*}K^{*}S^{*}e(t) \\
&- \dot{e}^{*}(t)(S + S^{*})\dot{e}(t) - \dot{e}^{*}(t)SDe(t-\delta) \\
&- e^{*}(t-\delta)D^{*}S^{*}e(t) + \dot{e}^{*}(t)SA\tilde{g}(e(t)) \\
&+ \tilde{g}^{*}(e(t))A^{*}S^{*}\dot{e}(t) + \dot{e}^{*}(t)SB\tilde{g}(e(t-\tau(t))) \\
&+ \tilde{g}^{*}(e(t-\tau(t)))B^{*}S^{*}\dot{e}(t) \\
&+ \dot{e}^{*}(t)SC \left(\int_{t-\beta}^{t} \tilde{g}(e(s)) \mathrm{d}s \right) + \left(\int_{t-\beta}^{t} \tilde{g}(e(s)) \mathrm{d}s \right)^{*} C^{*}S^{*}\dot{e}(t) \\
&- \dot{e}^{*}(t)SKF\tilde{h}(t, e(t)) - \tilde{h}^{*}(t, e(t))F^{*}K^{*}S^{*}\dot{e}(t) \tag{9.2.21}
\end{aligned}$$

此外, 根据假设 9.2.1 和假设 9.2.2 可得

$$0 \leqslant e^{*}(t)\Gamma^{2}\Lambda_{1}e(t) - \tilde{g}^{*}(e(t))\Lambda_{1}\tilde{g}(e(t)) \tag{9.2.22}$$

$$0 \leqslant e^*(t - \tau(t))\Gamma^2\Lambda_2 e(t - \tau(t)) - \tilde{g}^*(e(t - \tau(t)))\Lambda_2\tilde{g}(e(t - \tau(t))) \qquad (9.2.23)$$

$$0 \leqslant e^*(t)L\Lambda_3 L^T e(t) - \tilde{h}^*(t, e(t))\Lambda_3\tilde{h}(t, e(t)) \qquad (9.2.24)$$

由式 (9.2.25) ～ 式 (9.2.24) 可得

$$\dot{V}(t) \leqslant \xi^*(t)\Pi\xi(t) \qquad (9.2.25)$$

其中,

$$\xi(t) = \left(e^*(t), \dot{e}^*(t), e^*(t - \delta), e^*(t - \tau(t)), \int_{t-\delta}^{t} e^*(s)\mathrm{d}s, \tilde{g}^*(e(t)), \tilde{g}^*(e(t - \tau(t))), \right.$$
$$\left. \int_{t-\beta}^{t} \tilde{g}^*(e(s))\mathrm{d}s, \tilde{h}^*(t, e(t)) \right)^*$$

$$\Pi = \begin{bmatrix} \Pi_{11} & \Pi_{12} & \Pi_{13} & Y^* & W & SA & SB & SC & -SKF \\ \star & \Pi_{22} & -SD & 0 & V & SA & SB & SC & -SKF \\ \star & \star & -P & 0 & -W & 0 & 0 & 0 & 0 \\ \star & \star & \star & \Pi_{44} & 0 & 0 & 0 & 0 & 0 \\ \star & \star & \star & \star & -Q & 0 & 0 & 0 & 0 \\ \star & \star & \star & \star & \star & \Pi_{66} & 0 & 0 & 0 \\ \star & \star & \star & \star & \star & \star & -\Lambda_2 & 0 & 0 \\ \star & \star & \star & \star & \star & \star & \star & -\dfrac{1}{\beta}R & 0 \\ \star & \star & \star & \star & \star & \star & \star & \star & -\Lambda_3 \end{bmatrix} \qquad (9.2.26)$$

这里, $\Pi_{11} = V + V^* + P + \delta^2 Q - SKE - E^*K^*S^* + \Gamma^2\Lambda_1 + L\Lambda_3 L^T$; $\Pi_{12} = U - S - E^*K^*S^*$; $\Pi_{13} = -V - SD$; $\Pi_{22} = \tau Z - S - S^*$; $\Pi_{44} = \tau X - Y - Y^* + \Gamma^2\Lambda_2$; $\Pi_{66} = \beta R - \Lambda_1$.

由 $K = S^{-1}T$, 容易验证 $\Pi < 0$ 等价于 $\Omega < 0$. 基于式 (9.2.8) 和式 (9.2.25) 可知 $\dot{V}(t) < 0$, 容易检查 $V(t)$ 是径向无界的. 由 Lyapunov 稳定性理论可知, 误差状态系统 (9.2.5) 是全局渐近稳定的. 证毕.

为了使用 MATLAB 软件求解线性矩阵不等式 (9.2.6)~(9.2.8), 需要将其转化为等价的复数矩阵不等式判据. 为此, 需要将四元数矩阵 A, B, C, E 和 F 都分离为复数矩阵, 即 $A = A_1 + A_2 \jmath$, $B = B_1 + B_2 \jmath$, $C = C_1 + C_2 \jmath$, $E = E_1 + E_2 \jmath$, $F = F_1 + F_2 \jmath$, 其中 $A_1, A_2, B_1, B_2, C_1, C_2, E_1, E_2, F_1, F_2 \in \mathbb{C}^{n \times n}$.

推论 9.2.1　在假设 9.2.1 和假设 9.2.2 成立的条件下, 如果存在两个实正对角矩阵 Λ_1, $\Lambda_2 \in \mathbb{R}^{n \times n}$, 一个实正对角矩阵 $\Lambda_3 \in \mathbb{R}^{m \times m}$, 七个 Hermitian 矩阵 P_1, $Q_1, R_1, U_1, W_1, X_1, Z_1 \in \mathbb{C}^{n \times n}$, 七个反对称 Hermitian 矩阵 P_2, Q_2, R_2, U_2, W_2,

X_2, $Z_2 \in \mathbb{C}^{n \times n}$, 八个矩阵 V_1, V_2, Y_1, Y_2 S_1, S_2, T_1, $T_2 \in \mathbb{C}^{n \times n}$, 使得以下线性矩阵不等式成立:

$$\begin{bmatrix} P_1 & -P_2 \\ \bar{P}_2 & \bar{P}_1 \end{bmatrix} > 0, \quad \begin{bmatrix} Q_1 & -Q_2 \\ \bar{Q}_2 & \bar{Q}_1 \end{bmatrix} > 0 \tag{9.2.27}$$

$$\begin{bmatrix} R_1 & -R_2 \\ \bar{R}_2 & \bar{R}_1 \end{bmatrix} > 0, \quad \begin{bmatrix} \Theta_1 & -\Theta_2 \\ \bar{\Theta}_2 & \bar{\Theta}_1 \end{bmatrix} > 0 \tag{9.2.28}$$

$$\begin{bmatrix} \Xi_1 & -\Xi_2 \\ \bar{\Xi}_2 & \bar{\Xi}_1 \end{bmatrix} > 0, \quad \begin{bmatrix} \Omega_1 & -\Omega_2 \\ \bar{\Omega}_2 & \bar{\Omega}_1 \end{bmatrix} < 0 \tag{9.2.29}$$

其中,

$$\Theta_1 = \begin{bmatrix} U_1 & V_1 \\ \star & W_1 \end{bmatrix}, \quad \Theta_2 = \begin{bmatrix} U_2 & V_2 \\ \star & W_2 \end{bmatrix}$$

$$\Xi_1 = \begin{bmatrix} X_1 & Y_1 \\ \star & Z_1 \end{bmatrix}, \quad \Xi_2 = \begin{bmatrix} X_2 & Y_2 \\ \star & Z_2 \end{bmatrix} \tag{9.2.30}$$

$$\Omega_1 = \begin{bmatrix} \Omega_{11}^{(1)} & \Omega_{12}^{(1)} & \Omega_{13}^{(1)} & Y_1^* & W_1 & \Omega_{16}^{(1)} & \Omega_{17}^{(1)} & \Omega_{18}^{(1)} & \Omega_{19}^{(1)} \\ \star & \Omega_{22}^{(1)} & -S_1 D & 0 & V_1 & \Omega_{26}^{(1)} & \Omega_{27}^{(1)} & \Omega_{28}^{(1)} & \Omega_{29}^{(1)} \\ \star & \star & -P_1 & 0 & -W_1 & 0 & 0 & 0 & 0 \\ \star & \star & \star & \Omega_{44}^{(1)} & 0 & 0 & 0 & 0 & 0 \\ \star & \star & \star & \star & -Q_1 & 0 & 0 & 0 & 0 \\ \star & \star & \star & \star & \star & \Omega_{66}^{(1)} & 0 & 0 & 0 \\ \star & \star & \star & \star & \star & \star & -\Lambda_2 & 0 & 0 \\ \star & \star & \star & \star & \star & \star & \star & -\dfrac{1}{\beta} R_1 & 0 \\ \star & \star & \star & \star & \star & \star & \star & \star & -\Lambda_3 \end{bmatrix} \tag{9.2.31}$$

$$\Omega_2 = \begin{bmatrix} \Omega_{11}^{(2)} & \Omega_{12}^{(2)} & \Omega_{13}^{(2)} & -Y_2^T & W_2 & \Omega_{16}^{(2)} & \Omega_{17}^{(2)} & \Omega_{18}^{(2)} & \Omega_{19}^{(2)} \\ \star & \Omega_{22}^{(2)} & -S_2 D & 0 & V_2 & \Omega_{26}^{(2)} & \Omega_{27}^{(2)} & \Omega_{28}^{(2)} & \Omega_{29}^{(2)} \\ \star & \star & -P_2 & 0 & -W_2 & 0 & 0 & 0 & 0 \\ \star & \star & \star & \Omega_{44}^{(2)} & 0 & 0 & 0 & 0 & 0 \\ \star & \star & \star & \star & -Q_2 & 0 & 0 & 0 & 0 \\ \star & \star & \star & \star & \star & \beta R_2 & 0 & 0 & 0 \\ \star & \star & \star & \star & \star & \star & 0 & 0 & 0 \\ \star & \star & \star & \star & \star & \star & \star & -\dfrac{1}{\beta} R_2 & 0 \\ \star & \star & \star & \star & \star & \star & \star & \star & 0 \end{bmatrix} \tag{9.2.32}$$

$$\Omega_{11}^{(1)} = V_1 + V_1^* + P_1 + \delta^2 Q_1 - T_1 E_1 + T_2 \bar{E}_2 - E_1^* T_1^*$$
$$+ E_2^{\mathrm{T}} T_2^* + \Gamma^2 \Lambda_1 + L \Lambda_3 L^{\mathrm{T}} \tag{9.2.33}$$

$$\Omega_{11}^{(2)} = V_2 - V_2^{\mathrm{T}} + P_2 + \delta^2 Q_2 - T_1 E_2 - T_2 \bar{E}_1 + E_1^* T_2^{\mathrm{T}} + E_2^{\mathrm{T}} T_1^{\mathrm{T}} \tag{9.2.34}$$

$$\Omega_{12}^{(1)} = U_1 - S_1 - E_1^* T_1^* + E_2^{\mathrm{T}} T_2^*, \ \Omega_{12}^{(2)} = U_2 - S_2 + E_1^* T_2^{\mathrm{T}} + E_2^{\mathrm{T}} T_1^{\mathrm{T}} \tag{9.2.35}$$

$$\Omega_{13}^{(1)} = -V_1 - S_1 D, \ \Omega_{13}^{(2)} = -V_2 - S_2 D \tag{9.2.36}$$

$$\Omega_{16}^{(1)} = \Omega_{26}^{(1)} = S_1 A_1 - S_2 \bar{A}_2, \ \Omega_{16}^{(2)} = \Omega_{26}^{(2)} = S_1 A_2 + S_2 \bar{A}_1 \tag{9.2.37}$$

$$\Omega_{17}^{(1)} = \Omega_{27}^{(1)} = S_1 B_1 - S_2 \bar{B}_2, \ \Omega_{17}^{(2)} = \Omega_{27}^{(2)} = S_1 B_2 + S_2 \bar{B}_1 \tag{9.2.38}$$

$$\Omega_{18}^{(1)} = \Omega_{28}^{(1)} = S_1 C_1 - S_2 \bar{C}_2, \ \Omega_{18}^{(2)} = \Omega_{28}^{(2)} = S_1 C_2 + S_2 \bar{C}_1 \tag{9.2.39}$$

$$\Omega_{19}^{(1)} = \Omega_{29}^{(1)} = -T_1 F_1 + T_2 \bar{F}_2, \ \Omega_{19}^{(2)} = \Omega_{29}^{(2)} = -T_1 F_2 - T_2 \bar{F}_1 \tag{9.2.40}$$

$$\Omega_{22}^{(1)} = \tau Z_1 - S_1 - S_1^*, \ \Omega_{22}^{(2)} = \tau Z_2 - S_2 + S_2^{\mathrm{T}} \tag{9.2.41}$$

$$\Omega_{44}^{(1)} = \tau X_1 - Y_1 - Y_1^* + \Gamma^2 \Lambda_2, \ \Omega_{44}^{(2)} = \tau X_2 - Y_2 + Y_2^{\mathrm{T}} \tag{9.2.42}$$

$$\Omega_{66}^{(1)} = \beta R_1 - \Lambda_1 \tag{9.2.43}$$

则网络输出 (9.2.2) 下的时滞四元数神经网络模型 (9.2.1) 的时滞误差状态系统 (9.2.5) 是全局渐近稳定的, 且估计增益矩阵 K 为 $K = S^{-1} T$, 其中, $S = S_1 + S_2 \jmath$ 和 $T = T_1 + T_2 \jmath$.

证明　通过引理 2.4.4、引理 2.4.5 和定理 9.2.1, 该推论可直接得证. 证毕.

9.2.4　数值示例

下面通过两个数值示例来验证本节结果的有效性和正确性.

例 9.2.1　假设具有两个神经元的时滞四元数神经网络模型 (9.2.1) 和网络输出 (9.2.2) 的参数如下:

$$D = \mathrm{diag}\{1.8, 2.8\}, \ A = (a_{ij})_{2 \times 2}, \ B = (b_{ij})_{2 \times 2}$$
$$C = (c_{ij})_{2 \times 2}, \ E = (e_{ij})_{2 \times 2}, \ F = (f_{ij})_{2 \times 2}$$
$$\delta = 0.1, \ \tau(t) = 0.1 |\sin(7t)|$$
$$\beta(t) = 0.1 |\cos(9t)|, \ J(t) = (J_1(t), J_2(t))^{\mathrm{T}}$$
$$g_1(q) = g_2(q) = 0.5 \tanh(q), \ \forall q \in \mathbb{Q}$$
$$h_1(t, u) = t - 0.2 u_2, \ \forall u = (u_1, u_2)^{\mathrm{T}} \in \mathbb{Q}^2$$
$$h_2(t, u) = t + 0.1 u_1, \ \forall u = (u_1, u_2)^{\mathrm{T}} \in \mathbb{Q}^2$$

其中,

$$a_{11} = -0.7 + \imath - 0.2\jmath + 0.4\kappa, \; a_{12} = 0.3 + 1.2\imath - 0.4\jmath + 0.3\kappa$$

$$a_{21} = 0.3 - 0.2\imath + 0.2\jmath + 0.1\kappa, \; a_{22} = 1 + \imath - 0.2\jmath + 0.4\kappa$$

$$b_{11} = -0.4 + 0.7\imath + 0.2\jmath + 0.5\kappa, \; b_{12} = 1 + 0.5\imath + 0.3\jmath - 0.5\kappa$$

$$b_{21} = 0.3 + 0.2\imath - 0.2\jmath + 0.1\kappa, \; b_{22} = -0.5 + 0.5\imath + 0.2\jmath + 0.4\kappa$$

$$c_{11} = 0.2 + 0.8\imath + 0.3\jmath + 1.5\kappa, \; c_{12} = 0.5 + 0.8\imath + 0.8\jmath - 1.5\kappa$$

$$c_{21} = 0.3 + 0.2\imath - 0.5\jmath + 0.2\kappa, \; c_{22} = -0.2 - 0.8\imath + \jmath + 2\kappa$$

$$e_{11} = -0.2 + 0.5\imath + 0.3\jmath - 0.5\kappa, \; e_{12} = -0.2 - 0.4\imath + 0.2\jmath - 0.4\kappa$$

$$e_{21} = 0.1 - 0.2\imath + 0.1\jmath - 0.2\kappa, \; e_{22} = 0.4 - 0.3\imath + 0.5\jmath - 0.2\kappa$$

$$f_{11} = 0.5 - 0.2\imath + 0.2\jmath + 0.1\kappa, \; f_{12} = 0.2 - 0.2\imath - 0.6\jmath + 0.3\kappa$$

$$f_{21} = -0.3 + 0.1\imath - 0.6\jmath - 0.5\kappa, \; f_{22} = 0.3 + 0.5\imath + 0.5\jmath + 0.3\kappa$$

$$J_1(t) = \cos(t) - \sin(t)\imath + \sin(t)\jmath + \cos(t)\kappa$$

$$J_2(t) = \sin(t) + \sin(t)\imath - \cos(t)\jmath - \sin(t)\kappa$$

容易得四元数矩阵 A 的复数对矩阵为

$$A_1 = \begin{bmatrix} -0.7 + \imath & 0.3 + 1.2\imath \\ 0.3 - 0.2\imath & 1 + \imath \end{bmatrix}, \; A_2 = \begin{bmatrix} -0.2 + 0.4\imath & -0.4 + 0.3\imath \\ 0.2 + 0.1\imath & -0.2 + 0.4\imath \end{bmatrix}$$

由于篇幅所限, 四元数矩阵 B, C, E 和 F 的复数对矩阵不再一一列出.

容易检查, 假设 9.2.1 和假设 9.2.2 被满足, 且 $\Gamma = \mathrm{diag}\{0.5, 0.5\}$, $L = \begin{bmatrix} 0 & 0.1 \\ -0.2 & 0 \end{bmatrix}$, $\tau = 0.1$, $\beta = 0.1$.

利用 MATLAB 软件中的 YALMIP 工具箱, 找到了线性矩阵不等式 (9.2.27) ∼ (9.2.29) 的一个可行解为

$$\Lambda_1 = \mathrm{diag}\{18.4380, 37.8611\}, \; \Lambda_2 = \mathrm{diag}\{9.3340, 31.7285\}$$

$$\Lambda_3 = \mathrm{diag}\{55.9767, 127.0446\}$$

$$P_1 = \begin{bmatrix} 10.8258 + 0.0000\imath & -0.0152 - 1.9866\imath \\ -0.0152 + 1.9866\imath & 37.8442 + 0.0000\imath \end{bmatrix}$$

$$P_2 = \begin{bmatrix} 0.0000 + 0.0000\imath & -1.2651 - 3.3482\imath \\ 1.2651 + 3.3482\imath & 0.0000 + 0.0000\imath \end{bmatrix}$$

$$S_1 = \begin{bmatrix} 2.6335 + 0.1042\imath & -0.2434 - 0.6909\imath \\ -0.0638 + 0.3237\imath & 5.2945 + 0.0984\imath \end{bmatrix}$$

$$S_2 = \begin{bmatrix} 0.2524 + 0.0248\imath & -0.1833 - 0.6098\imath \\ 0.1077 + 0.5452\imath & -0.3623 - 0.2553\imath \end{bmatrix}$$

$$T_1 = \begin{bmatrix} -1.1286 - 4.6337\imath & 2.9286 + 5.5398\imath \\ -1.4467 + 0.0211\imath & 5.3888 + 2.3078\imath \end{bmatrix}$$

$$T_2 = \begin{bmatrix} 0 & 0 \\ 0 & 0 \end{bmatrix}$$

由于篇幅所限, 本节只列出了解中的九个矩阵. 进一步, 计算出估计增益矩阵为 $K = (k_{ij})_{2 \times 2}$, 其中,

$$k_{11} = -0.5535 - 1.8624\imath + 0.0556\jmath - 0.2349\kappa$$

$$k_{12} = 1.2539 + 2.4030\imath + 0.0428\jmath + 0.4381\kappa$$

$$k_{21} = -0.4268 + 0.0252\imath + 0.1611\jmath - 0.0124\kappa$$

$$k_{22} = 1.2443 + 0.3648\imath - 0.1436\jmath - 0.0399\kappa$$

由推论 9.2.1 可知, 误差状态系统 (9.2.5) 是全局渐近稳定的.

仿真图 9.2.1~ 图 9.2.4 给出了真实状态 $q(t)$ 及其估计状态 $\tilde{q}(t)$ 的时间响应

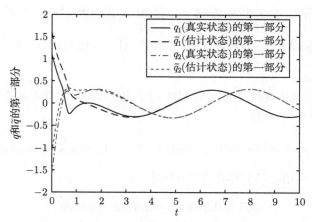

图 9.2.1　真实状态 $q(t)$ 及其估计状态 $\tilde{q}(t)$ 的第一部分

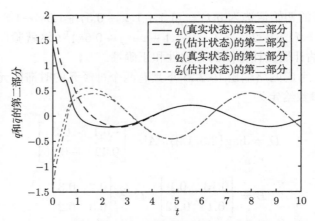

图 9.2.2 真实状态 $q(t)$ 及其估计状态 $\tilde{q}(t)$ 的第二部分

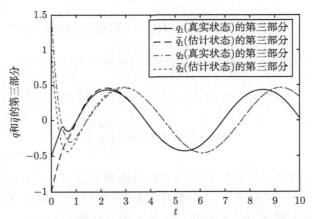

图 9.2.3 真实状态 $q(t)$ 及其估计状态 $\tilde{q}(t)$ 的第三部分

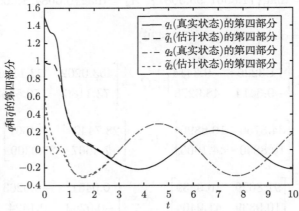

图 9.2.4 真实状态 $q(t)$ 及其估计状态 $\tilde{q}(t)$ 的第四部分

曲线, 其中系统的初始值选为 $q(t) = (1.1 + 1.4\imath - 0.5\jmath + 1.5\kappa, -1.6 - 1.4\imath + 1.5\jmath + 0.3\kappa)^{\mathrm{T}}$ 和 $\tilde{q}(t) = (1.6 + 2\imath - \jmath + \kappa, -1.1 - \imath + \jmath + 0.6\kappa)^{\mathrm{T}}$. 这就验证了时滞四元数神经网络状态估计器设计方法的有效性和正确性.

例 9.2.2　考虑网络输出 (9.2.2) 下具有两个神经元的时滞四元数神经网络模型 (9.2.1), 其参数给定为

$$D = \mathrm{diag}\{3.3, 1.2\}, \ A = \begin{bmatrix} -0.1 & 0.3 \\ 0.42 & -0.35 \end{bmatrix} \tag{9.2.44}$$

$$B = \begin{bmatrix} 0.13 & 0.1 \\ 0.1 & 0.12 \end{bmatrix}, \ C = \begin{bmatrix} 0.2 & 0.3 \\ 0.3 & 0.2 \end{bmatrix} \tag{9.2.45}$$

$$E = F = \mathrm{diag}\{1, 1\} \tag{9.2.46}$$

$$\delta = 0.01, \ \beta(t) = 1, \ J(t) = (3\sin(t), 2\cos(t))^{\mathrm{T}} \tag{9.2.47}$$

$$g_1(q) = g_2(q) = 0.2(|q + 1| - |q - 1|), \ \forall q \in \mathbb{R} \tag{9.2.48}$$

$$h_1(t, u) = h_2(t, u) = 0.1\cos(t) + 0.2, \ \forall u \in \mathbb{R}^2 \tag{9.2.49}$$

$$\tau(t) = 3 + 1.5\sin\left(\frac{t}{3}\right)$$

容易检查, 假设 9.2.1 和假设 9.2.2 得到满足且 $\Gamma = \mathrm{diag}\{0.4, 0.4\}$, $L = \mathrm{diag}\{0.1, 0.1\}$, $\tau = 4.5$, $\beta = 1$. 利用 MATLAB 软件中的 YALMIP 工具箱, 找到了线性矩阵不等式 (9.2.6)~(9.2.8) 的一个可行解为

$$\Lambda_1 = \mathrm{diag}\{71.8567, 95.5687\}, \ \Lambda_2 = \mathrm{diag}\{0.6084, 1.5696\}$$

$$\Lambda_3 = \mathrm{diag}\{234.4496, 170.1426\}$$

$$P = \begin{bmatrix} 71.3226 & -9.3414 \\ -9.3414 & 48.9278 \end{bmatrix}, \ Q = \begin{bmatrix} 453.0202 & 73.1186 \\ 73.1186 & 170.5852 \end{bmatrix}$$

$$R = \begin{bmatrix} 34.3756 & 10.8890 \\ 10.8890 & 44.1905 \end{bmatrix}, \ U = \begin{bmatrix} 28.7440 & -7.4667 \\ -7.4667 & 37.0309 \end{bmatrix}$$

$$W = \begin{bmatrix} 91.8629 & 10.9839 \\ 10.9839 & 41.9464 \end{bmatrix}, \ X = \begin{bmatrix} 0.0451 & -0.0263 \\ -0.0263 & 0.1424 \end{bmatrix}$$

$$Z = \begin{bmatrix} 0.7727 & -0.3784 \\ -0.3784 & 2.4567 \end{bmatrix}, \quad V = \begin{bmatrix} -41.4867 & -1.4240 \\ 3.7418 & -26.8647 \end{bmatrix}$$

$$Y = \begin{bmatrix} 0.1668 & -0.0803 \\ -0.0821 & 0.5198 \end{bmatrix}, \quad S = \begin{bmatrix} 6.6855 & -3.4318 \\ -3.0589 & 17.0088 \end{bmatrix}$$

$$T = \begin{bmatrix} 15.3536 & -5.4025 \\ -4.1496 & 24.8509 \end{bmatrix}$$

通过计算, 得到估计增益矩阵为

$$K = \begin{bmatrix} 2.3921 & -0.0640 \\ 0.1862 & 1.4496 \end{bmatrix}$$

通过定理 9.2.1, 误差状态系统 (9.2.5) 是全局渐近稳定的.

　　仿真图 9.2.5 和图 9.2.6 显示了真实状态 $q(t)$ 及其估计状态 $\tilde{q}(t)$ 的时间响应曲线, 其中系统的初始值选择为 $q(t) = (2, -2)^{\mathrm{T}}$ 和 $\tilde{q}(t) = (-1, 2)^{\mathrm{T}}$. 仿真图进一步验证了时滞实数神经网络状态估计器设计方法的有效性和正确性.

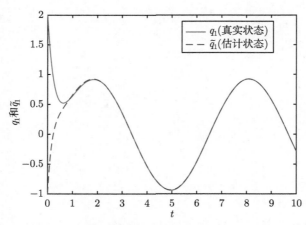

图 9.2.5　真实状态 $q_1(t)$ 及其估计状态 $\tilde{q}_1(t)$

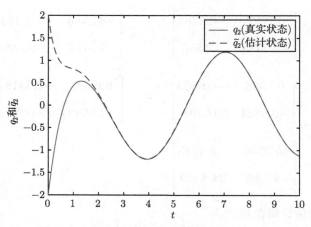

图 9.2.6　真实状态 $q_2(t)$ 及其估计状态 $\tilde{q}_2(t)$

第 10 章 四元数神经网络在联想记忆中的应用

10.1 离散型四元数神经网络在联想记忆中的应用

本节讨论一类离散型四元数神经网络模型的联想记忆设计问题, 通过设计离散型四元数神经网络, 使该网络能够记忆需要识别的彩色图像. 运用稳定性理论和矩阵奇异值分解方法, 计算出离散型四元数神经网络的参数, 使网络的平衡点和需要记忆的图像信息一一对应. 最后通过应用示例验证神经网络对噪声图像的存储和恢复能力.

10.1.1 模型描述

考虑一类离散型四元数神经网络模型:

$$q(k+1) = Dq(k) + Af(q(k)) + U \tag{10.1.1}$$

其中, k 为正整数, $q(k) = (q_1(k), q_2(k), \cdots, q_n(k))^{\mathrm{T}} \in \mathbb{Q}^n$ 为具有 n 个神经元的神经网络在 k 时刻的状态变量; $D = \mathrm{diag}\{d_1, d_2, \cdots, d_n\} \in \mathbb{R}^{n \times n}$ 为自反馈连接权矩阵且 $d_p > 0$ $(p = 1, 2, \cdots, n)$; $A \in \mathbb{Q}^{n \times n}$ 为连接权矩阵; $f(q(k)) = (f_1(q_1(k)), f_2(q_2(k)), \cdots, f_n(q_n(k)))^{\mathrm{T}} \in \mathbb{Q}^n$ 为神经元的激活函数; $U = (U_1, U_2, \cdots, U_n)^{\mathrm{T}} \in \mathbb{Q}^n$ 为外部输入向量.

10.1.2 基本假设

假设 10.1.1 对于任意给定的 $u, v \in \mathbb{Q}$, 存在实常数 $l_p > 0$, 使得激活函数 $f_p(\cdot)$ 满足

$$|f_p(u) - f_p(v)| \leqslant l_p|u - v| \tag{10.1.2}$$

其中, $p = 1, 2, \cdots, n$. 另外, 定义 $L = \mathrm{diag}\{l_1, l_2, \cdots, l_n\}$.

10.1.3 主要结果

定理 10.1.1 在假设 10.1.1 成立的条件下, 如果存在正定四元数矩阵 Q 和正对角矩阵 G, 使得以下线性矩阵不等式成立:

$$\Xi = \begin{bmatrix} DQD + LGL - Q & DQA \\ A^*QD & A^*QA - G \end{bmatrix} < 0 \tag{10.1.3}$$

则离散型四元数神经网络模型 (10.1.1) 存在唯一的全局稳定平衡点.

证明　证明分两个步骤进行.

步骤 1　证明离散型四元数神经网络模型 (10.1.1) 平衡点的存在性和唯一性.
假设 $\tilde{q}$ 是离散型四元数神经网络模型 (10.1.1) 的平衡点, 则 $\tilde{q}$ 满足

$$(D - I)\tilde{q} + Af(\tilde{q}) + U = 0 \tag{10.1.4}$$

考虑以下映射:

$$H(q) = (D - I)q + Af(q) + U \tag{10.1.5}$$

证明 $H(q)$ 是 $\mathbb{Q}^n$ 上的同胚映射.

首先证明 $H(q)$ 是 $\mathbb{Q}^n$ 上的单射. 如果存在 $\alpha, \beta \in \mathbb{Q}^n$ 且 $\alpha \neq \beta$, 则有

$$H(\alpha) - H(\beta) = (D - I)(\alpha - \beta) + A(f(\alpha) - f(\beta)) \tag{10.1.6}$$

进一步, 有

$$
\begin{aligned}
&(H(\alpha) - H(\beta))^* Q(H(\alpha) - H(\beta)) + (\alpha - \beta)^* Q(H(\alpha) - H(\beta)) \\
&\quad + (H(\alpha) - H(\beta))^* Q(\alpha - \beta) \\
&= ((D - I)(\alpha - \beta) + A(f(\alpha) - f(\beta)))^* Q((D - I)(\alpha - \beta) + A(f(\alpha) - f(\beta))) \\
&\quad + (\alpha - \beta)^* Q((D - I)(\alpha - \beta) + A(f(\alpha) - f(\beta))) \\
&\quad + ((D - I)(\alpha - \beta) + A(f(\alpha) - f(\beta)))^* Q(\alpha - \beta) \\
&= (\alpha - \beta)^* S(f(\alpha) - f(\beta))
\end{aligned} \tag{10.1.7}
$$

其中,

$$S = \begin{bmatrix} DQD - Q & DQA \\ A^* QD & A^* QA \end{bmatrix}$$

对于正对角矩阵 $G > 0$, 由假设 10.1.1 可得

$$0 \leqslant (\alpha - \beta)^* LGL(\alpha - \beta) - (H(\alpha) - H(\beta))^* G(H(\alpha) - H(\beta)) \tag{10.1.8}$$

将式 (10.1.8) 加到式 (10.1.7) 上, 得到

$$
\begin{aligned}
&(H(\alpha) - H(\beta))^* Q(H(\alpha) - H(\beta)) + (\alpha - \beta)^* Q(H(\alpha) - H(\beta)) \\
&\quad + (H(\alpha) - H(\beta))^* Q(\alpha - \beta) \leqslant \xi^* \Xi \xi
\end{aligned} \tag{10.1.9}
$$

其中, $\xi = (\alpha^* - \beta^*, f^*(\alpha) - f^*(\beta))^*$.

由 $\alpha \neq \beta$ 可知 $\xi \neq 0$. 利用线性矩阵不等式 (10.1.3) 和式 (10.1.9) 可得

$$(H(\alpha) - H(\beta))^*Q(H(\alpha) - H(\beta)) + (\alpha - \beta)^*Q(H(\alpha) - H(\beta))$$

$$+ (H(\alpha) - H(\beta))^*Q(\alpha - \beta) < 0 \tag{10.1.10}$$

因此 $H(\alpha) \neq H(\beta)$, 这就意味着 $H(q)$ 是 $\mathbb{Q}^n$ 上的单射.

其次证明当 $\|\alpha\| \to +\infty$ 时, $\|H(\alpha)\| \to +\infty$. 根据 $H(\alpha)$ 的定义, 有

$$H(\alpha) - H(0) = (D - I)\alpha + A(f(\alpha) - f(0)) \tag{10.1.11}$$

类似于式 (10.1.9) 的推导过程, 可得

$$(H(\alpha) - H(0))^*Q(H(\alpha) - H(0)) + \alpha^*Q(H(\alpha) - H(0))$$

$$+ (H(\alpha) - H(0))^*Q\alpha \leqslant \eta^*\Xi\eta \tag{10.1.12}$$

其中, $\eta = (\alpha^*, f^*(\alpha) - f^*(0))^*$.

因此, 有

$$(H(\alpha) - H(0))^*Q(H(\alpha) - H(0)) + \alpha^*Q(H(\alpha) - H(0))$$

$$+ (H(\alpha) - H(0))^*Q\alpha \leqslant -\lambda_{\min}(-\Xi)\|\eta\|^2 \leqslant -\lambda_{\min}(-\Xi)\|\alpha\|^2 \tag{10.1.13}$$

进一步计算, 可得

$$\lambda_{\min}(-\Xi)\|\alpha\|^2 \leqslant -(H(\alpha) - H(0))^*Q(H(\alpha) - H(0)) - 2\mathrm{Re}(\alpha^*Q(H(\alpha) - H(0)))$$

$$\leqslant \|Q\|(\|H(\alpha)\| + \|H(0)\|)(2\|\alpha\| + \|H(\alpha)\| + \|H(0)\|) \tag{10.1.14}$$

从而, 有

$$\lambda_{\min}(-\Xi)\|\alpha\| \leqslant \|Q\|(\|H(\alpha)\| + \|H(0)\|)\left(2 + \frac{\|H(\alpha)\| + \|H(0)\|}{\|\alpha\|}\right) \tag{10.1.15}$$

因此, 当 $\|\alpha\| \to +\infty$ 时, $\|H(\alpha)\| \to +\infty$. 由引理 2.4.1 可知, $H(\alpha)$ 是 $\mathbb{Q}^n$ 上的同胚映射. 故离散型四元数神经网络模型 (10.1.1) 存在平衡点且平衡点唯一.

步骤 2 证明离散型四元数神经网络模型 (10.1.1) 平衡点的稳定性.

令 $\tilde{q}$ 是离散型四元数神经网络模型 (10.1.1) 的平衡点, 则离散型四元数神经网络模型 (10.1.1) 可以重新写为

$$\tilde{y}(k + 1) = D\tilde{y}(k) + Af(\tilde{y}(k)) \tag{10.1.16}$$

其中, $\tilde{y}(k) = q(k) - \tilde{q}$; $f(\tilde{y}(k)) = f(q(k)) - f(\tilde{q})$.

考虑如下 Lyapunov 泛函:

$$V(k) = \tilde{y}^*(k)Q\tilde{y}(k) \tag{10.1.17}$$

沿着离散型四元数神经网络模型 (10.1.1) 计算 $V(k)$ 的差分, 可得

$$
\begin{aligned}
\Delta V(k) &= V(k+1) - V(k) \\
&= \tilde{y}^*(k+1)Q\tilde{y}(k+1) - \tilde{y}^*(k)Q\tilde{y}(k) \\
&= (D\tilde{y}(k) + Af(\tilde{y}(k)))^* Q\left(D\tilde{y}(k) + Af(\tilde{y}(k))\right) - \tilde{y}^*(k)Q\tilde{y}(k) \\
&= \tilde{y}^*(k)DQD\tilde{y}(k) + \tilde{y}^*(k)DQAf(\tilde{y}(k)) + f^*(\tilde{y}(k))A^*QD\tilde{y}(k) \\
&\quad + f^*(\tilde{y}(k))A^*QAf(\tilde{y}(k)) - \tilde{y}^*(k)Q\tilde{y}(k)
\end{aligned}
\tag{10.1.18}
$$

对于正对角矩阵 $G > 0$, 由假设 10.1.1 可得

$$
0 \leqslant \tilde{y}^*(k)LGL\tilde{y}(k) - f^*(\tilde{y}(k))Gf(\tilde{y}(k))
\tag{10.1.19}
$$

将式 (10.1.19) 代入式 (10.1.18), 得到

$$
\begin{aligned}
\Delta V(k) &\leqslant \tilde{y}^*(k)DQD\tilde{y}(k) + \tilde{y}^*(k)DQAf(\tilde{y}(k)) + f^*(\tilde{y}(k))A^*QD\tilde{y}(k) \\
&\quad + f^*(\tilde{y}(k))A^*QAf(\tilde{y}(k)) - \tilde{y}^*(k)Q\tilde{y}(k) \\
&\quad + \tilde{y}^*(k)LGL\tilde{y}(k) - f^*(\tilde{y}(k))Gf(\tilde{y}(k)) \\
&= \eta^*(k)\varXi\eta(k)
\end{aligned}
\tag{10.1.20}
$$

其中, $\eta(k) = (\tilde{y}^*(k), f^*(\tilde{y}(k)))^*$.

由线性矩阵不等式 (10.1.3) 可知, $\Delta V(k) \leqslant 0$. 因此, 离散型四元数神经网络模型 (10.1.1) 的平衡点是全局稳定的. 证毕.

10.1.4　算法设计

接下来, 讨论离散型四元数神经网络的参数设计问题.

用 $y^{(i)} \in \mathbb{Q}^n (i = 1, 2, \cdots, m)$ 表示网络的 m 个平衡点, 可以设计离散型四元数神经网络模型 (10.1.1) 的权值使得该模型的平衡点是稳定的. 那么, 离散型四元数神经网络模型 (10.1.1) 需要满足以下条件:

$$
y^{(i)} = Dy^{(i)} + Af(y^{(i)}) + U
\tag{10.1.21}
$$

即

$$
(I - D)y^{(i)} = Af(y^{(i)}) + U
\tag{10.1.22}
$$

下面按照以下四个步骤来设计离散型四元数神经网络模型在图像联想记忆中应用的算法.

步骤 1　定义 $\psi = (y^{(1)} - y^{(m)}, y^{(2)} - y^{(m)}, \cdots, y^{(m-1)} - y^{(m)}) \in \mathbb{Q}^{n \times (m-1)}$, 则式 (10.1.21) 等价于

$$\begin{cases} (I - D)\psi = A\zeta \\ U = (I - D)y^{(m)} - Af(y^{(m)}) \end{cases} \tag{10.1.23}$$

其中, $\zeta = (f(y^{(1)} - y^{(m)}), f(y^{(2)} - y^{(m)}), \cdots, f(y^{(m-1)} - y^{(m)})) \in \mathbb{Q}^{n \times (m-1)}$.

步骤 2 对四元数矩阵 ζ 进行奇异值分解, 即 $\zeta = P\Sigma V^*$, 其中, $P \in \mathbb{Q}^{n \times n}$, $V \in \mathbb{Q}^{(m-1) \times (m-1)}$ 为酉矩阵, $\Sigma \in \mathbb{Q}^{n \times (m-1)}$ 是一个对角矩阵且具有以下形式:

$$\Sigma = \begin{bmatrix} \Lambda_r & 0 \\ 0 & 0 \end{bmatrix} \tag{10.1.24}$$

其中, Λ_r 是一个正对角矩阵.

步骤 3 取正对角矩阵 D, 计算网络的权值, 可得 $A = (I - D)\psi V \Lambda_r^{-1} P_1^* + B_2 P_2^*$, $U = (I - D)y^{(m)} - Af(y^{(m)})$, 其中 P_1 是酉矩阵 P 的前 r 列, P_2 是酉矩阵 P 的前 $n - r$ 列, $B_2 \in \mathbb{Q}^{n \times (n-r)}$ 为一个酉矩阵.

步骤 4 分析该权值系数下模型平衡点的稳定性. 如果在该权值系数下, 模型的平衡点是渐近稳定的, 那么该平衡点就可以用于存储和恢复图像.

离散型四元数神经网络在联想记忆中应用算法的流程如图 10.1.1 所示.

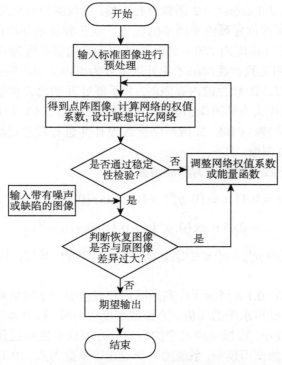

图 10.1.1 离散型四元数神经网络在联想记忆中应用算法的流程

　　为了检测恢复图像的质量, 采用归一化均方误差 (normalized mean square error, NMSE) 和峰值信噪比率 (peak signal-to-noise ratio, PSNR) 的方法进行测量. 对于原图像 $Y = (y_{ij})_{k \times s}$ 和恢复图像 $X = (x_{ij})_{k \times s}$, NMSE 和 PSNR 的计算公式分别为

$$\mathrm{NMSE} = \frac{\displaystyle\sum_{i=1}^{k} \sum_{j=1}^{s} |x_{ij} - y_{ij}|}{\displaystyle\sum_{i=1}^{k} \sum_{j=1}^{s} |x_{ij}|^2} \tag{10.1.25}$$

$$\mathrm{PSNR} = 10 \lg \frac{255^2 ks}{\displaystyle\sum_{i=1}^{k} \sum_{j=1}^{s} |x_{ij} - y_{ij}|^2} \tag{10.1.26}$$

通常, NMSE 的取值越小, PSNR 的取值就越大, 表示恢复图像与原图像的误差越小, 即恢复效果越好.

10.1.5　应用示例

　　为了检测本节算法的有效性, 选择 CACD2000 数据库中的 17-Keegan-Allen-0008 和 14-Aaron-Johnson-0002 图像进行实验. 图像的像素值为 250×250, 而每个像素的颜色由像素位置颜色平面中的红色、绿色和蓝色强度的组合确定, 转化为四元数矩阵的矩阵维度为 250×250, 再转化为列向量维度为 62500×1. 故需要设计 62500 维的四元数神经网络才能处理像素为 250×250 的图像, 然而由于受到计算机中 MATLAB 软件的内存限制, 并不能处理如此大容量的数据. 本节将其分解为 16 幅同样大小的图像, 每幅图像的像素为 63×63, 通过将这 16 幅图像导入离散型四元数神经网络, 完成网络参数设计并进行联想记忆, 最后按顺序拼合就可以得到恢复图像.

　　本节选取以下线性函数作为激活函数:

$$\begin{aligned}
f_p(y_p) = {} & 0.41 \max\{0, y_p^R\} + 0.41 \max\{0, y_p^I\} \imath \\
& + 0.41 \max\{0, y_p^J\} \jmath + 0.41 \max\{0, y_p^K\} \kappa
\end{aligned} \tag{10.1.27}$$

其中, $y_p = y_p^R + y_p^I \imath + y_p^J \jmath + y_p^K \kappa \in \mathbb{Q}, p = 1, 2, \cdots, 3969$. 显然, 该函数的 Lyapunov 常数 $l_p = 0.41$.

　　图 10.1.2 和图 10.1.3 展示了在高斯噪声和椒盐噪声下网络对给定图像的联想记忆过程, 可见在噪声水平的均值、方差或密度较小时, 利用该网络输出的检索图像与原图像差异较小, 而当噪声水平的均值、方差或密度超过预期稳态的吸引域时, 输出的检索图像变得模糊, 系统的平衡点在该参数为式 (10.1.27) 的环境下, 利

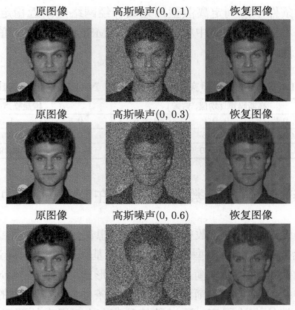

图 10.1.2 高斯噪声下离散型四元数神经网络联想记忆的图像

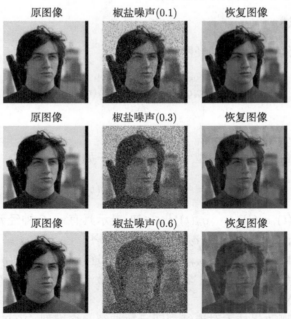

图 10.1.3 椒盐噪声下离散型四元数神经网络联想记忆的图像

用提出的稳定性条件不能判定离散型四元数神经网络是渐近稳定的. 表 10.1.1 也进一步展示了在不同噪声实验中检索图像的 NMSE 和 PSNR 值, 进一步验证了本节算法的有效性.

表 10.1.1　不同噪声实验中恢复图像的 NMSE 和 PSNR 值

噪声水平	高斯噪声 (均值, 方差)			椒盐噪声 (密度)		
	0, 0.1	0, 0.3	0, 0.6	0.1	0.3	0.6
NMSE	0.0035	0.0295	0.1186	0.0150	0.0514	0.0920
PSNR	33.7022	24.4580	18.4077	28.3927	22.9959	20.4299

10.2　连续型四元数神经网络在联想记忆中的应用

本节讨论基于连续型四元数神经网络的联想记忆设计问题. 运用半离散化技术对连续型四元数神经网络模型进行离散化. 基于四元数矩阵奇异值分解方法, 建立离散型四元数神经网络平衡点方程的等价形式. 利用 Lyapunov 方法, 导出离散型四元数神经网络平衡点渐近稳定的充分条件. 对于给定的平衡点, 给出四元数神经网络系统的设计程序. 通过数值仿真, 验证提出的四元数神经网络系统设计程序在存储和恢复图像时的有效性.

10.2.1　模型描述

考虑如下连续型四元数神经网络模型:

$$\dot{q}_i(t) = -c_i q_i(t) + \sum_{j=1}^{n} a_{ij} f_j(q_j(t)) + J_i \tag{10.2.1}$$

其中, $i = 1, 2, \cdots, n$; $t \geqslant 0$.

连续型四元数神经网络模型 (10.2.1) 等价于如下向量形式:

$$\dot{q}(t) = -Cq(t) + Af(q(t)) + J \tag{10.2.2}$$

其中, $q(t) = (q_1(t), q_2(t), \cdots, q_n(t))^{\mathrm{T}} \in \mathbb{Q}^n$ 表示具有 n 个神经元的神经网络在 t 时刻的状态向量; $C = \mathrm{diag}\{c_1, c_2, \cdots, c_n\} \in \mathbb{R}^{n \times n}$, $c_i > 0$ $(i = 1, 2, \cdots, n)$ 表示自反馈连接权矩阵; $A = (a_{ij})_{n \times n} \in \mathbb{Q}^{n \times n}$ 表示连接权矩阵; $f(q(t)) = (f_1(q_1(t)), f_2(q_2(t)), \cdots, f_n(q_n(t)))^{\mathrm{T}} \in \mathbb{Q}^n$ 表示神经元的激活函数; $J = (J_1, J_2, \cdots, J_n)^{\mathrm{T}} \in \mathbb{Q}^n$ 表示外部输入向量.

下面利用半离散化技术对连续型四元数神经网络模型 (10.2.1) 进行离散化.

对于 $t \in \left[\left[\dfrac{t}{h}\right]h, \left[\dfrac{t}{h}\right]h + h\right)$, 由模型 (10.2.1) 得到

$$\dot{q}_i(t) = -c_i q_i(t) + \sum_{j=1}^{n} a_{ij} f_j \left(q_j \left(\left[\frac{t}{h} \right] h \right) \right) + J_i \tag{10.2.3}$$

其中, $i = 1, 2, \cdots, n$; h 表示均匀离散化步长的正数; $\left[\dfrac{t}{h} \right]$ 表示 $\dfrac{t}{h}$ 的整数部分.

为方便起见, 设 $\left[\dfrac{t}{h} \right] = k$, 用 $q_i(k)$ 替代 $q_i(kh)$, 其中 h 在形式上被省略. 因此, 对于 $i = 1, 2, \cdots, n$, 式 (10.2.3) 可以改写为

$$\dot{q}_i(t) = -c_i q_i(t) + \sum_{j=1}^{n} a_{ij} f_j(q_j(k)) + J_i \tag{10.2.4}$$

进一步, 式 (10.2.4) 可以改写为

$$\frac{\mathrm{d}}{\mathrm{d}t} \left(q_i(t) \mathrm{e}^{c_i t} \right) = \mathrm{e}^{c_i t} \left(\sum_{j=1}^{n} a_{ij} f_j(q_j(k)) + J_i \right) \tag{10.2.5}$$

对式 (10.2.5) 两边在 $[kh, t)$ 上进行积分, 可得

$$q_i(t) \mathrm{e}^{c_i t} - q_i(k) \mathrm{e}^{c_i kh} = \frac{\mathrm{e}^{c_i t} - \mathrm{e}^{c_i kh}}{c_i} \left(\sum_{j=1}^{n} a_{ij} f_j(q_j(k)) + J_i \right) \tag{10.2.6}$$

其中, $kh < t < (k+1)h$.

由于 $q_i(t)$ 的连续性, 可以对式 (10.2.6) 的两边取极限, 令 $t \to (k+1)h$, 得到

$$q_i(k+1) = q_i(k) \mathrm{e}^{-c_i h} + \theta_i(h) \left(\sum_{j=1}^{n} a_{ij} f_j(q_j(k)) + J_i \right) \tag{10.2.7}$$

其中,

$$\theta_i(h) = \frac{1 - \mathrm{e}^{-c_i h}}{c_i}$$

由 $c_i > 0$ 和 $h > 0$ 可知, $\theta_i(h) > 0$. 系统 (10.2.7) 是连续型四元数神经网络模型 (10.2.1) 的离散化模型. 可以看出, 离散化模型 (10.2.7) 在 $h \to 0^+$ 时收敛到连续型四元数神经网络模型 (10.2.1).

为了简单起见, 将离散化模型 (10.2.7) 改写为以下等价形式:

$$q(k+1) = \tilde{C} q(k) + \tilde{A} f(q(k)) + \tilde{J}, \ k = 0, 1, 2, \cdots \tag{10.2.8}$$

其中, $q(k) = (q_1(k), q_2(k), \cdots, q_n(k))^{\mathrm{T}} \in \mathbb{Q}^n$; $\tilde{C} = \mathrm{diag}\{\tilde{c}_1, \tilde{c}_2, \cdots, \tilde{c}_n\} \in \mathbb{R}^{n \times n}$, $\tilde{c}_i = \mathrm{e}^{-c_i h} \ (i = 1, 2, \cdots, n)$; $\tilde{A} = (\tilde{a}_{ij})_{n \times n} \in \mathbb{Q}^{n \times n}$, $\tilde{a}_{ij} = \theta_i(h) a_{ij}$; $\tilde{J} = (\tilde{J}_1, \tilde{J}_2, \cdots, \tilde{J}_n)^{\mathrm{T}} \in \mathbb{Q}^n$, $\tilde{J}_i = \theta_i(h) J_i$; $f(q(k)) = (f_1(q_1(k)), f_2(q_2(k)), \cdots, f_n(q_n(k)))^{\mathrm{T}} \in \mathbb{Q}^n$. 显然 $\tilde{C} = \mathrm{e}^{-Ch}$, $\tilde{A} = \theta A$ 和 $\tilde{J} = \theta J$, $\theta = \mathrm{diag}\{\theta_1(h), \theta_2(h), \cdots, \theta_n(h)\}$.

10.2.2　基本假设和引理

接下来, 对激活函数进行假设并给出需要的引理.

假设 10.2.1　对于 $i = 1, 2, \cdots, n$, 激活函数 f_i 是连续的且满足

$$|f_i(u_1) - f_i(u_2)| \leqslant \gamma_i|u_1 - u_2|, \ \forall u_1, u_2 \in \mathbb{Q}$$

其中, γ_i 是实常数. 另外, 定义 $\Gamma = \mathrm{diag}\{\gamma_1, \gamma_2, \cdots, \gamma_n\}$.

引理 10.2.1　设 $A \in \mathbb{Q}^{m \times n}$ 的秩为 r, 则存在酉矩阵 $U \in \mathbb{Q}^{m \times m}$ 和 $V \in \mathbb{Q}^{n \times n}$ 使得

$$UAV = \begin{bmatrix} D_r & 0 \\ 0 & 0 \end{bmatrix}$$

其中, $D_r = \mathrm{diag}\{d_1, d_2, \cdots, d_r\}$, $d_i > 0$ $(i = 1, 2, \cdots, r)$ 是矩阵 A 的奇异值.

10.2.3　主要结果

下面讨论离散型四元数神经网络系统的参数设计问题. 由于四元数神经网络的动力学由模型 (10.2.8) 或等价的离散化模型 (10.2.7) 来描述, 该设计问题可以描述为: 通过给定向量集 $\{v_1, v_2, \cdots, v_m\}$, $v_i \in \mathbb{Q}^n$ $(i = 1, 2, \cdots, m)$, 设计 $C = \mathrm{diag}\{c_1, c_2, \cdots, c_n\} \in \mathbb{R}^{n \times n}$, $A \in \mathbb{Q}^{n \times n}$ 和 $J \in \mathbb{Q}^n$ 使得 $v_1, v_2, \cdots, v_m$ 是所设计的式 (10.2.8) 的稳定平衡点.

对于 $i = 1, 2, \cdots, m$, 向量 v_i 为模型 (10.2.8) 稳定平衡点的必要条件为

$$Cv_i = Af(v_i) + J, \ i = 1, 2, \cdots, m \tag{10.2.9}$$

或者等价于

$$A\Psi = CQ \tag{10.2.10}$$

$$J = Cv_m - Af(v_m) \tag{10.2.11}$$

其中, $Q = (v_1 - v_m, v_2 - v_m, \cdots, v_{m-1} - v_m) \in \mathbb{Q}^{n \times (m-1)}$; $\Psi = (f(v_1) - f(v_m), f(v_2) - f(v_m), \cdots, f(v_{m-1}) - f(v_m)) \in \mathbb{Q}^{n \times (m-1)}$.

根据引理 10.2.1, Ψ 可进行如下的奇异值分解:

$$\Psi = U\Sigma V^* \tag{10.2.12}$$

其中, $U \in \mathbb{Q}^{n \times n}$ 和 $V \in \mathbb{Q}^{(m-1) \times (m-1)}$ 是酉矩阵; $\Sigma \in \mathbb{Q}^{n \times (m-1)}$ 具有如下形式:

$$\Sigma = \begin{bmatrix} D_r & 0 \\ 0 & 0 \end{bmatrix} \tag{10.2.13}$$

$D_r = \text{diag}\{d_1, d_2, \cdots, d_r\} \in \mathbb{R}^{r \times r}$, $d_i > 0 (i = 1, 2, \cdots, r)$ 为 Ψ 的正奇异值, r 为 Ψ 的秩.

将式 (10.2.12) 代入式 (10.2.10), 可得

$$AU\Sigma = CQV \tag{10.2.14}$$

由式 (10.2.13) 可知, 矩阵 $AU\Sigma$ 的最后 $m - 1 - r$ 列为 0. 因此, CQV 的最后 $m - 1 - r$ 列为 0. 这样, 在设计四元数神经网络时, 需要如下假设条件.

假设 10.2.2 CQV 最后的 $m - 1 - r$ 列为 0.

令 $B = AU$, $\Phi = CQV$. 基于假设 10.2.2, 将 B 和 Φ 分块为

$$B = \begin{bmatrix} B_1 & B_2 \end{bmatrix}, \ \Phi = \begin{bmatrix} \Phi_1 & 0 \end{bmatrix}$$

其中, B_1 为 $n \times r$ 矩阵; B_2 为 $n \times (n - r)$ 矩阵; Φ_1 为 $n \times r$ 矩阵.

由式 (10.2.14) 可得

$$\begin{bmatrix} B_1 & B_2 \end{bmatrix} \begin{bmatrix} D_r & 0 \\ 0 & 0 \end{bmatrix} = \begin{bmatrix} \Phi_1 & 0 \end{bmatrix} \tag{10.2.15}$$

从而 $B_1 = \Phi_1 D_r^{-1}$, B_2 是任意矩阵.

由式 (10.2.14) 可得

$$A = BU^* = \Phi_1 D_r^{-1} U_1^* + B_2 U_2^* \tag{10.2.16}$$

其中, U_1 为 U 的前 r 列; U_2 为 U 的后 $n - r$ 列.

基于上述讨论可知, 式 (10.2.9) 和式 (10.2.16) 在假设 10.2.2 下是等价的. 由此可以得到下面的结果.

定理 10.2.1 对于给定的 m 个向量 $v_1, v_2, \cdots, v_m \in \mathbb{Q}^n$, 设 $Q = (v_1 - v_m, v_2 - v_m, \cdots, v_{m-1} - v_m) \in \mathbb{Q}^{n \times (m-1)}$, $\Psi = (f(v_1) - f(v_m), f(v_2) - f(v_m), \cdots, f(v_{m-1}) - f(v_m)) \in \mathbb{Q}^{n \times (m-1)}$. 假设 $m - 1 \leqslant n$ 且 Ψ 的奇异值分解为 $\Psi = U\Sigma V^*$, 其中 $U \in \mathbb{Q}^{n \times n}$ 和 $V \in \mathbb{Q}^{(m-1) \times (m-1)}$ 是酉矩阵, Σ 定义在式 (10.2.13) 中. 如果假设 10.2.2 被满足, 则向量 $v_1, v_2, \cdots, v_m$ 是式 (10.2.2) (或离散化模型 (10.2.7)) 的 m 个平衡点, 并且

$$\begin{cases} A = \Phi_1 D_r^{-1} U_1^* + B_2 U_2^* \\ J = Cv_m - Af(v_m) \end{cases}$$

其中, Φ_1 为 CQV 的前 r 列; D_r 定义在式 (10.2.13) 中; U_1 为 U 的前 r 列; U_2 为 U 的后 $n - r$ 列; $B_2 \in \mathbb{Q}^{n \times (n-r)}$ 为任意矩阵.

如果 Ψ 是列满秩矩阵, 则有如下推论.

推论 10.2.1　对于给定的 m 个向量 $v_1, v_2, \cdots, v_m \in \mathbb{Q}^n$, 设 $Q = (v_1 - v_m, v_2 - v_m, \cdots, v_{m-1} - v_m) \in \mathbb{Q}^{n \times (m-1)}$, $\Psi = (f(v_1) - f(v_m), f(v_2) - f(v_m), \cdots, f(v_{m-1}) - f(v_m)) \in \mathbb{Q}^{n \times (m-1)}$, Ψ 的奇异值分解为 $\Psi = U \Sigma V^*$, 其中 $U \in \mathbb{Q}^{n \times n}$ 和 $V \in \mathbb{Q}^{(m-1) \times (m-1)}$ 是酉矩阵, 且 Σ 定义在式 (10.2.13) 中. 假设 $m - 1 \leqslant n$, Ψ 具有列满秩, 则 $v_1, v_2, \cdots, v_m$ 为式 (10.2.2) (或离散化模型 (10.2.7)) 的 m 个平衡点, 并且

$$\begin{cases} A = CQVD_{m-1}^{-1}U_1^* + B_2 U_2^* \\ J = Cv_m - Af(v_m) \end{cases} \tag{10.2.17}$$

其中, D_{m-1} 定义在式 (10.2.13) 中; U_1 为 U 的前 $m-1$ 列; U_2 为 U 的后 $n-m+1$ 列; $B_2 \in \mathbb{Q}^{n \times (n-m+1)}$ 为任意矩阵.

前面建立了确保给定向量集是所设计的四元数神经网络平衡点的一些条件. 下面建立确保这些平衡点稳定的条件.

定理 10.2.2　假设连续型四元数神经网络模型 (10.2.1) 的离散化模型 (10.2.7) 具有一个平衡点. 如果假设 10.2.1 成立, 并且存在一个正定的 Hermitian 矩阵 $P \in \mathbb{Q}^{n \times n}$ 和一个实正对角矩阵 $W \in \mathbb{R}^{n \times n}$ 使得以下线性矩阵不等式成立:

$$\Pi = \begin{bmatrix} \Pi_{11} & (P_1 - CP_2)A \\ A^*(P_1 - CP_2)^* & -W + A^* P_2 A \end{bmatrix} < 0 \tag{10.2.18}$$

其中,

$$\Pi_{11} = -P_1 C - CP_1^* + CP_2 C + \Gamma W \Gamma$$

$$P_1 = \tilde{\theta}^{-1} P \tilde{\theta}, \quad P_2 = \tilde{\theta} P \tilde{\theta}$$

$$\tilde{\theta} = \mathrm{diag}\{\sqrt{\theta_1(h)}, \sqrt{\theta_2(h)}, \cdots, \sqrt{\theta_n(h)}\}$$

则离散化模型 (10.2.7) 的平衡点是渐近稳定的.

证明　将离散化模型 (10.2.7) 重写为如下等价形式:

$$q_i(k+1) - q_i(k) = \theta_i(h)\left(-c_i q_i(k) + \sum_{j=1}^{n} a_{ij} f_j(q_j(k)) + J_i\right)$$

其中, $i = 1, 2, \cdots, n$.

或写为如下等价的向量形式:

$$q(k+1) - q(k) = \theta(h)\left(-Cq(k) + Af(q(k)) + J\right) \tag{10.2.19}$$

其中, $q(k) = (q_1(k), q_2(k), \cdots, q_n(k))^{\mathrm{T}} \in \mathbb{Q}^n$; $C = \mathrm{diag}\{c_1, c_2, \cdots, c_n\} \in \mathbb{R}^{n \times n}$
且 $c_i > 0$ $(i = 1, 2, \cdots, n)$; $A = (a_{ij})_{n \times n} \in \mathbb{Q}^{n \times n}$; $J = (J_1, J_2, \cdots, J_n)^{\mathrm{T}} \in \mathbb{Q}^n$;
$f(q(k)) = (f_1(q_1(k)), f_2(q_2(k)), \cdots, f_n(q_n(k)))^{\mathrm{T}} \in \mathbb{Q}^n$; $\theta(h) = \mathrm{diag}\{\theta_1(h), \theta_2(h), \cdots,$
$\theta_n(h)\} \in \mathbb{R}^{n \times n}$.

令 $\check{q}$ 为式 (10.2.19) 的平衡点. 设 $\tilde{q}(k) = q(k) - \check{q}$, 则式 (10.2.19) 可转化为

$$\tilde{q}(k+1) - \tilde{q}(k) = \theta(s)\big(-C\tilde{q}(k) + Ag(\tilde{q}(k))\big) \tag{10.2.20}$$

其中, $g(\tilde{q}(k)) = f(q(k)) - f(\check{q})$.

考虑如下 Lyapunov-Krasovskii 泛函:

$$V(\tilde{q}(k)) = \eta^*(k)P\eta(k) \tag{10.2.21}$$

其中,

$$\eta(k) = \tilde{\theta}^{-1}\tilde{q}(k), \quad \tilde{\theta} = \mathrm{diag}\{\sqrt{\theta_1(h)}, \sqrt{\theta_2(h)}, \cdots, \sqrt{\theta_n(h)}\}$$

根据假设 10.2.1, 可得 $g^*(\tilde{q}(k))Wg(\tilde{q}(k)) \leqslant \tilde{q}^*(k)\Gamma W\Gamma\tilde{q}(k)$. 对于 $k \geqslant 0$, 计算 V 关于式 (10.2.20) 的差分, 并应用引理 2.4.3 可得

$$\begin{aligned}
\Delta V(\tilde{q}(k)) &= V(\tilde{q}(k+1)) - V(\tilde{q}(k)) \\
&= \eta^*(k+1)P\eta(k+1) - \eta^*(k)P\eta(k) \\
&= \eta^*(k)P\big(\eta(k+1) - \eta(k)\big) + \big(\eta(k+1) - \eta(k)\big)^*P\eta(k) \\
&\quad + \big(\eta(k+1) - \eta(k)\big)^*P\big(\eta(k+1) - \eta(k)\big) \\
&= \tilde{q}^*(k)P_1R(k) + R^*(k)P_1^*\tilde{q}(k) + R^*(k)P_2R^*(k) \\
&= \tilde{q}^*(k)(-P_1C - CP_1^* + CP_2C)\tilde{q}(k) + \tilde{q}^*(k)(P_1 - CP_2)Ag(\tilde{q}(k)) \\
&\quad + g^*(\tilde{q}(k))A^*(P_1 - CP_2)^*\tilde{q}(k) + g^*(\tilde{q}(k))A^*P_2Ag(\tilde{q}(k)) \\
&\leqslant \tilde{q}^*(k)\big(-P_1C - CP_1^* + CP_2C \\
&\quad + (P_1 - CP_2)A(W - A^*P_2A)^{-1}A^*(P_1 - CP_2)^*\big)\tilde{q}(k) \\
&\quad + g^*(\tilde{q}(k))Wg(\tilde{q}(k)) \\
&\leqslant \tilde{q}^*(k)\Omega\tilde{q}(k) \tag{10.2.22}
\end{aligned}$$

其中,

$$\begin{aligned}
\Omega = &-P_1C - CP_1^* + CP_2C + \Gamma W\Gamma \\
&+ (P_1 - CP_2)A(W - A^*P_2A)^{-1}A^*(P_1 - CP_2)^*
\end{aligned}$$

根据引理 2.4.6 和线性矩阵不等式 (10.2.18) 可得 $\Omega < 0$, 这意味着 $\Delta V(\tilde{q}(k))$ 是负定的. 因此, 离散化模型 (10.2.7) 的平衡点 $\check{q}$ 是渐近稳定的. 证毕.

对于给定的四元数向量 $v_1, v_2, \cdots, v_m$, 为了确保其是离散化模型 (10.2.7) 的稳定平衡点, 根据推论 10.2.1 和定理 10.2.2, 通过选择离散化模型 (10.2.7) 中合适的参数 A 和 J, 以确保线性矩阵不等式 (10.2.18) 具有可行解 P 和 W. 目前, MATLAB 软件还不能直接对四元数值线性矩阵不等式进行求解, 因此需要寻求一个更简洁的条件使得利用 MATLAB 软件可以直接进行数值计算.

由线性矩阵不等式 (10.2.18) 可知, $(P_1 - CP_2)A$ 不在 Hermitian 矩阵 Π 的对角线上. 基于对角占优矩阵的性质, 只要矩阵 $(P_1 - CP_2)A$ 中元素的模尽可能小, 就能确保线性矩阵不等式 (10.2.18) 成立. 从推论 10.2.1 可知, $A = CQVD_{m-1}^{-1}U_1^* + B_2U_2^*$, $B_2 \in \mathbb{Q}^{n \times (n-m+1)}$ 为任意矩阵. 为了简单起见, 可直接选择 B_2 为零矩阵. 于是, $A = CQVD_{m-1}^{-1}U_1^*$.

此外, 为了计算简便, 假设 C 和 Γ 都是正的数量矩阵, 即 $C = cI$, $\Gamma = \gamma I$, 其中 c 和 γ 为正实数. 为了找到线性矩阵不等式 (10.2.18) 成立的充分条件, 假设可行解 P 和 W 存在且分别具有 $P = pI$ 和 $W = wI$ 的形式, 其中 p 和 w 为未知实数. 这样, $\theta = \dfrac{1 - \mathrm{e}^{-ch}}{c}I$, $\tilde{\theta} = \sqrt{\dfrac{1 - \mathrm{e}^{-ch}}{c}}I$, $P_1 = \tilde{\theta}^{-1}P\tilde{\theta} = pI$, $P_2 = \tilde{\theta}P\tilde{\theta} = \dfrac{(1 - \mathrm{e}^{-ch})p}{c}I$, 从而线性矩阵不等式 (10.2.18) 退化为

$$\Pi' = \begin{bmatrix} \Pi'_{11} & \mathrm{e}^{-ch}pcK \\ \mathrm{e}^{-ch}pcK^* & \Pi'_{22} \end{bmatrix} < 0 \tag{10.2.23}$$

其中,

$$\begin{aligned} \Pi'_{11} &= \big(-(1 + \mathrm{e}^{-ch})pc + \gamma^2 w \big)I \\ \Pi'_{22} &= -wI + (1 - \mathrm{e}^{-ch})pcK^*K \\ K &= QVD_r^{-1}U_1^* + \frac{1}{c}B_2U_2^* \end{aligned} \tag{10.2.24}$$

通过引理 2.4.6, 线性矩阵不等式 (10.2.23) 等价于

$$\begin{cases} (-(1 + \mathrm{e}^{-ch})pc + \gamma^2 w)I < 0 \\ -wI + (1 - \mathrm{e}^{-ch})pcK^*K - \mathrm{e}^{-ch}pcK^* \\ \quad \times \big((-(1 + \mathrm{e}^{-ch})pc + \gamma^2 w)I \big)^{-1}\mathrm{e}^{-ch}pcK < 0 \end{cases} \tag{10.2.25}$$

也等价于

$$\begin{cases} 1 + \tilde{c} - \tilde{w} > 0 \\ I - \gamma^2\delta(\tilde{c}, \tilde{w})K^*K > 0 \end{cases} \tag{10.2.26}$$

其中, $\tilde{c} = \mathrm{e}^{-ch}$, $\tilde{w} = \dfrac{\gamma^2 w}{pc}$ 和

$$\delta(\tilde{c}, \tilde{w}) = \frac{1 - \tilde{w}(1 - \tilde{c})}{\tilde{w}(1 + \tilde{c} - \tilde{w})} \tag{10.2.27}$$

下面给出式 (10.2.26) 成立的充要条件.

引理 10.2.2 式 (10.2.26) (或式 (10.2.25) 和式 (10.2.23)) 具有可行解当且仅当

$$I - \gamma^2 K^* K > 0 \tag{10.2.28}$$

其中, K 定义在式 (10.2.24) 中.

证明 由 $c > 0$, $h > 0$, $p > 0$ 和 $w > 0$ 可知, $0 < \tilde{c} < 1$ 且 $\tilde{w} > 0$.

充分性. 如果式 (10.2.28) 成立, 容易验证任意 $\tilde{c} \in (0, 1)$ 和 $\tilde{w} = 1$ 都满足式 (10.2.26). 由于 $\delta(\tilde{c}, 1) = 1$, 将 $\tilde{c}$ 和 $\tilde{w} = 1$ 代入式 (10.2.26), 可得

$$\begin{cases} 1 + \tilde{c} - \tilde{w} = \tilde{c} > 0 \\ I - \gamma^2 \delta(\tilde{c}, w) K^* K = I - \gamma^2 \delta(\tilde{c}, 1) K^* K \\ \qquad\qquad\qquad\quad = I - \gamma^2 K^* K > 0 \end{cases}$$

因此, 任意 $\tilde{c} \in (0, 1)$ 和 $\tilde{w} = 1$ 是式 (10.2.26) 的可行解.

必要性. 在约束条件 $0 < \tilde{c} < 1$, $\tilde{w} > 0$ 和 $1 + \tilde{c} - \tilde{w} > 0$ 下, $\tilde{w} = 1$ 时, $\delta(\tilde{c}, \tilde{w})$ 可取到最小值 $\delta_{\min} = 1$. 假设 $\tilde{c} = c_0$ 和 $\tilde{w} = w_0$ 是式 (10.2.26) 的一对可行解. 将 $\tilde{c} = c_0$ 和 $\tilde{w} = w_0$ 代入式 (10.2.26) 中的第一个不等式, 有

$$I - \gamma^2 \delta(c_0, w_0) K^* K > 0 \tag{10.2.29}$$

又由 $\delta(c_0, w_0) \geqslant \delta_{\min} = 1$ 且 $K^* K$ 是半正定的, 可得

$$I - \gamma^2 K^* K \geqslant I - \gamma^2 \delta(c_0, w_0) K^* K \tag{10.2.30}$$

根据式 (10.2.29) 和式 (10.2.30), 可知式 (10.2.28) 成立. 证毕.

值得注意的是, 如果式 (10.2.23) 成立, 那么式 (10.2.18) 成立. 由推论 10.2.1, 定理 10.2.2 和引理 10.2.2 可得如下推论.

推论 10.2.2 对于给定的 m 个向量 $v_1, v_2, \cdots, v_m \in \mathbb{Q}^n$, 如果假设 10.2.1 成立, 其中 $\Gamma = \gamma I \, (\gamma > 0)$, $m-1$ 个向量 $f(v_1) - f(v_m)$, $f(v_2) - f(v_m), \cdots, f(v_{m-1}) - f(v_m)$ 线性无关, 且离散化模型 (10.2.7) 的参数设计为

$$\begin{cases} C = cI, \\ A = cQVD_r^{-1}U_1^* + B_2 U_2^* \\ J = cv_m - Af(v_m) \end{cases} \tag{10.2.31}$$

其中, $0 < c \in \mathbb{R}$, 且 Q, V, D_r, U_1, U_2, B_2 定义在推论 10.2.1 中, 则向量 v_1, v_2, $\cdots$, v_m 是离散化模型 (10.2.7) 的 m 个平衡点. 如果式 (10.2.28) 成立, 那么这些平衡点是渐近稳定的.

10.2.4　算法设计

利用推论 10.2.1 和推论 10.2.2, 能够给出式 (10.2.8) 的参数设计程序.

假设激活函数 $f = (f_1, f_2, \cdots, f_n)^{\mathrm{T}}$ 已给定且满足假设 10.2.1, 其中 $\Gamma = \gamma I$, $\gamma > 0$. 给定作为式 (10.2.8) 平衡点的 m 个向量 $v_1, v_2, \cdots, v_m \in \mathbb{Q}^n$, 则式 (10.2.8) 的参数 C, A 和 J 可通过如下步骤来确定.

步骤 1　按以下公式计算 Q 和 Ψ:

$$Q = (v_1 - v_m, v_2 - v_m, \cdots, v_{m-1} - v_m)$$

$$\Psi = (f(v_1) - f(v_m), f(v_2) - f(v_m), \cdots, f(v_{m-1}) - f(v_m))$$

步骤 2　对 Ψ 进行奇异值分解, 即 $\Psi = U\Sigma V^*$, 其中 U 和 V 为酉矩阵, 有

$$\Sigma = \begin{bmatrix} D_r & 0 \\ 0 & 0 \end{bmatrix}$$

其中, D_r 为 $r \times r$ 正对角矩阵.

步骤 3　设 U_1 为 U 的前 r 列.

步骤 4　取 $C = I$ 且计算 $A = QVD_r^{-1}U_1^*$, $J = v_m - Af(v_m)$.

步骤 5　验证矩阵不等式 $I - \gamma^2 A^*A > 0$. 如果成立, 那么向量 v_i 可以作为式 (10.2.8) 的稳定平衡点.

下面将设计用于联想记忆的四元数神经网络.

首先, 介绍一些有关数字图像的背景知识. 通常, 彩色数字图像可以用 RGB 颜色系统来描述. RGB 颜色系统是工业界的一种颜色标准, 它是通过红 (red, R)、绿 (green, G)、蓝 (blue, B) 三个基础颜色及其变化, 以及它们相互之间的叠加来得到各种颜色. 这个标准几乎包括了人类视力所能感知的所有颜色, 是运用最广的颜色系统之一. 一种颜色可以表示为 RGB 三联体 (r, g, b), 其每个分量是在 8 位 RGB 表示中从 0 到 255 变化的整数. 例如, RGB 三联体 $(0, 0, 0)$, $(255, 255, 255)$, $(0, 0, 255)$, $(255, 255, 0)$ 和 $(255, 165, 0)$ 分别表示黑色、白色、绿色、黄色和橙色.

显然, RGB 三联体和四元数存在一一对应关系:

$$(r, g, b) \mapsto r\imath + g\jmath + b\kappa$$

因此, 可以采用 $k \times s$ 的四元数矩阵

$$X = (x_{ij})_{k \times s} \in \mathbb{Q}^{k \times s}$$

来表示具有 $k \times s$ 像素大小的彩色数字图像, 其中 x_{ij} 表示图像在 (i, j) 位置的像素. 设 $x_{ij} = x_{ij}^r \imath + x_{ij}^g \jmath + x_{ij}^b \kappa$, 其中 $x_{ij}^r, x_{ij}^g, x_{ij}^b \in \{0, 1, \cdots, 255\}$, $i \in \{1, 2, \cdots, k\}$, $j \in \{1, 2, \cdots, s\}$.

为了检测恢复图像的质量, 采用 NMSE 和 PSNR 方法进行测量. NMSE 和 PSNR 的计算方法见式 (10.1.25) 和式 (10.1.26).

然后, 介绍图像矩阵和向量化算子, 这将用于下面的例子. 假设有 m 个将被存储的图像 $X_1, X_2, \cdots X_m \in \mathbb{Q}^{k \times s}$. 这些矩阵 X_i $(i = 1, 2, \cdots, m)$ 可通过下面的 1-1 映射向量化, 即

$$X_i \mapsto v_i = \left((x_i^1)^{\mathrm{T}}, (x_i^2)^{\mathrm{T}}, \cdots, (x_i^s)^{\mathrm{T}} \right)^{\mathrm{T}} \tag{10.2.32}$$

其中, $v_i \in \mathbb{Q}^{ks}$; $x_i^j \in \mathbb{Q}^k$ 是 X_i 的第 j 列, $j = 1, 2, \cdots, s$.

如果图像 X_i 是灰度值的, 那么 X_i 就是实值矩阵, v_i 就是实值向量.

10.2.5 应用示例

下面给出两个应用示例来说明所提方法的有效性.

例 **10.2.1** 图 10.2.1(a) 为六幅来自 AT&T Laboratories Cambridge 的灰度人脸图像. 每幅图像都是 256 个全灰度值, 高度为 90 像素, 宽度为 74 像素. 设计一个四元数神经网络来联想记忆这六幅图像.

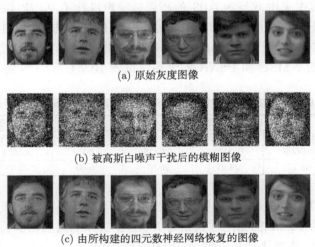

(a) 原始灰度图像

(b) 被高斯白噪声干扰后的模糊图像

(c) 由所构建的四元数神经网络恢复的图像

图 10.2.1 原始、模糊和恢复的图像

首先, 选择以下线性函数作为要设计的连续型四元数神经网络模型 (10.2.1) 的激活函数:

$$f_i(u) = 0.2u, \ u \in \mathbb{R}, \ i = 1, 2, \cdots, 6660$$

显然, f_i 满足假设 10.2.1 且 $\gamma_i = 0.2$.

然后, 利用式 (10.2.32) 将六幅人脸图像对应的六个 90 行 74 列实数矩阵 $X_1, X_2, \cdots, X_6$ 转换为六个 6660 维的向量 $v_1, v_2, \cdots, v_6$. 基于前面给出的参数设计程序的步骤 1 ∼ 步骤 4, 计算出离散化模型 (10.2.7) (或连续型四元数神经网络模型 (10.2.1)) 的三个参数 C, A, J. 将 $v_1, v_2, \cdots, v_6$ 作为离散化模型 (10.2.7) 的六个平衡点, 通过验证步骤 5 的条件可知, $I - \gamma^2 A^* A > 0$ 成立. 因此, 离散化模型 (10.2.7) 的平衡点 $v_1, v_2, \cdots, v_6$ 是渐近稳定的. 这样, 就设计了离散化模型 (10.2.7).

接下来, 通过数值模拟来研究前面设计的离散化模型 (10.2.7) 用于图像恢复的可靠性问题. 选择被模糊了的原图像作为所构建离散化模型 (10.2.7) 的初始输入. 图 10.2.1(b) 是在均值为 0.05、方差为 0.1 的高斯白噪声干扰下的模糊图像. 该模糊图像转换为用 $v_1^0, v_2^0, \cdots, v_6^0$ 表示的向量. 设离散化步长 $h = 3$ 和总时间 $T = 4h$. 具有初始状态 $v_1^0, v_2^0, \cdots, v_6^0$ 的离散化模型 (10.2.7) 的解收敛到稳态后, 在 $t = 4h$ 时的终值 $v_1^4, v_2^4, \cdots, v_6^4$ 非常接近于稳态值 $v_1, v_2, \cdots, v_6$. 为了呈现输出图像, 应该通过式 (10.2.32) 的逆运算, 将向量 $v_1^4, v_2^4, \cdots, v_6^4$ 转换为矩阵. 输出的恢复图像如图 10.2.1(c) 所示. 在多数情况下, 几乎无法通过肉眼发现输出的恢复图像与原图像之间的差异.

此外, 还进行了 120 次数值模拟, 每次的初始输入都选择具有不同噪声干扰的模糊图像, 其中采用方差为 0.05 的高斯白噪声进行了 20 次实验, 采用方差为 0.1 的高斯白噪声进行了 20 次实验, 采用均值为 0.05 和方差为 0.1 的高斯白噪声进行了 20 次实验, 采用密度为 0.1, 0.2 和 0.3 的椒盐噪声各进行了 20 次实验. 实验中恢复图像的 NMSE 和 PSNR 的平均值见表 10.2.1.

表 10.2.1　120 次实验中恢复图像的 NMSE 和 PSNR 的平均值

噪声水平	高斯白噪声 (均值, 方差)			椒盐噪声 (密度)		
	0, 0.05	0.05, 0.1	0, 0.2	0.1	0.2	0.3
NMSE	0.0009	0.0072	0.0116	0.0013	0.0054	0.0118
PSNR	38.11	29.07	26.67	36.03	29.98	26.56

在前面的仿真实验中, 对离散化模型 (10.2.7) 选择了离散化步长 $h = 3$ 进行仿真. 由于推论 10.2.2 的稳定性判据与 h 无关, 实际上离散化步长 h 可以选取任意正数. 事实上, 离散化步长 h 越大, 仿真时间越短.

需要说明的是, 对连续型四元数神经网络模型 (10.2.1) 进行离散化是通过半离散化方法进行的. 一般认为, 在常微分方程近似解的计算中, 通常采用 Runge-Kutta 算法进行离散化, 离散化步长通常不能很大, 否则可能导致离散化系统不稳定. 本节利用这两种离散化方法进行了对比实验, 见图 10.2.2.

由图 10.2.2(a) 和图 10.2.2(b) 可以看到, 采用半离散化方法, 离散化步长越大, 模糊图像的恢复速度就越快. 由图 10.2.2(c) 和图 10.2.2(d) 可以看到, 采用大离散化步长 $h = 3.2$ 的 Runge-Kutta 方法, 从 $t = 0$ 到 $t = 5h$, 图像变得越来越模糊. 然而, 非常有趣的是, 图 10.2.2(d) 中的最后五幅模糊图像 (已通过 Runge-Kutta 算法遗忘) 可以通过将其作为离散化模型 (10.2.7) 的初始输入 (通过半离散化方法获得) 来恢复, 但不是完全能恢复. 图 10.2.2(d) 中第三图像和第五幅图像的恢复过程如图 10.2.3 所示.

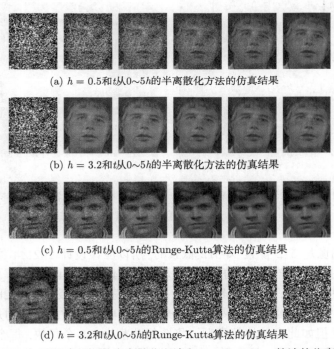

(a) $h = 0.5$和t从$0{\sim}5h$的半离散化方法的仿真结果

(b) $h = 3.2$和t从$0{\sim}5h$的半离散化方法的仿真结果

(c) $h = 0.5$和t从$0{\sim}5h$的Runge-Kutta算法的仿真结果

(d) $h = 3.2$和t从$0{\sim}5h$的Runge-Kutta算法的仿真结果

图 10.2.2   不同步长下的半离散化方法和 Runge-Kutta 算法的仿真结果

(a) $h=2$下通过半离散化方法恢复图10.2.2(d)中第三幅图像的过程

(b) $h=2$下通过半离散化方法恢复图10.2.2(d)中第五幅图像的过程

图 10.2.3   图 10.2.2(d) 中第三幅和第五幅图像的恢复过程

从图 10.2.3(b) 可知, 第一幅图像的模糊程度非常高, 以至于图像的某些颜色值可能超出了预期稳态的吸引域. 相比之下, 这些颜色值进入了预期之外的其他稳态吸引域. 最后一幅图像似乎是一些不同面部的合成, 这些面部相互重叠了.

例 10.2.2　考虑图 10.2.4(a) 所示大小为 512 像素 × 512 像素的真实彩色图像, 设计用于联想记忆该图像的神经网络.

(a) 大小为512像素×512像素的原始彩色图像　　(b) 分解成8×8个块的原始彩色图像

图 10.2.4　一幅大型彩色图像及其 64 个分解块

因为该图像是 512 像素 × 512 像素的, 所以应该设计 262144 维神经网络来处理该彩色图像. 这样, 网络的参数 A 是 262144 × 262144 的矩阵, 这将需要存储 262144^2 个四元数. 由于 MATLAB 软件中每个四元数占用 32bit 的内存空间, 必须分配大约 2048GB 的内存空间来存储这些四元数. 不幸的是, 目前的计算机还无法负担如此多的计算资源. 将图像分割为 64 个子块, 每个子块的像素为 64 × 64. 图 10.2.4(b) 显示了 64 个已分割的子图像. 这样, 所设计的网络需要 4096 维来存储和恢复 64 块彩色图像.

首先, 选择以下四元数值线性阈值函数作为所设计的连续型四元数神经网络模型 (10.2.1) 的激活函数:

$$f_i(u) = 0.4 \max\{0, u_0\} + 0.4 \max\{0, u_1\}\imath$$

$$+ 0.4 \max\{0, u_2\}\jmath + 0.4 \max\{0, u_3\}\kappa \tag{10.2.33}$$

其中, $u = u_0 + u_1\imath + u_2\jmath + u_3\kappa \in \mathbb{Q}$, $i = 1, 2, \cdots, 4096$. 显然, f_i 满足假设 10.2.1 且 $\gamma_i = 0.4$.

然后, 与例 10.2.1 类似, 利用式 (10.2.32) 将 64 个子图像对应的 64 个 64 × 64

四元数矩阵 $X_1, X_2, \cdots, X_{64}$ 转化为 64 个向量 $v_1, v_2, \cdots, v_{64}$. 基于前面给出的参数设计程序的步骤 1～ 步骤 4, 计算出离散化模型 (10.2.7) 的三个参数 C, A, J, 并将 $v_1, v_2, \cdots, v_{64}$ 作为离散化模型 (10.2.7) 的 64 个平衡点. 不幸的是, 由于缺乏有效方法来计算大阶数的四元数矩阵特征值, 所以无法检验步骤 5 中的不等式 $I - \gamma^2 A^* A > 0$ 是否满足. 因此, 不能判定离散化模型 (10.2.7) 的平衡点 $v_1, v_2, \cdots, v_{64}$ 对于构造的离散化模型 (10.2.7) 都是渐近稳定的.

最后, 通过数值模拟研究了离散化模型 (10.2.7) 的恢复可靠性. 将原始图像中受到干扰的 64 个模糊子图像作为构建的离散化模型 (10.2.7) 的初始输入. 图 10.2.5(a) 显示了密度为 0.2 的椒盐噪声干扰后的模糊图像. 模糊图像被转化为向量 $v_1^0, v_2^0, \cdots, v_{64}^0$. 设离散化步长 $h = 10$ 和总时长 $T = 4h$. 离散化模型 (10.2.7) 的解从初始状态 $v_1^0, v_2^0, \cdots, v_{64}^0$ 收敛到期望状态 $v_1, v_2, \cdots, v_{64}$ 后 (如果它们是稳定的), 在 $t = 4h$ 时的终值 $v_1^4, v_2^4, \cdots, v_{64}^4$ 非常接近于期望状态 $v_1, v_2, \cdots, v_{64}$. 为了呈现可以作为恢复图像查看的输出图像, 向量 $v_1^4, v_2^4, \cdots, v_{64}^4$ 应该通过式 (10.2.32) 的逆运算转换为矩阵. 最终的恢复图像由 64 个恢复子图像组成, 如图 10.2.5(b) 所示. 通过计算可得恢复图像的 NMSE 和 PSNR 分别为 0.0088 和 30.6451. 因此, 恢复图像的质量是可接受的.

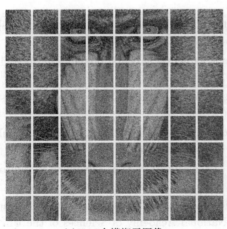 

(a) 8×8个模糊子图像   (b) 最终恢复图像

图 10.2.5 例 10.2.2 中的模糊子图像与最终恢复图像

参 考 文 献

[1] James W. Principles of Psychology[M]. New York: Henry Holtand Company, 1890.

[2] MuCulloch W S, Pitts W. A logical calculus of the ideas immanent in nervous activity[J]. Bulletin of Mathematical Biophysics, 1943, 5(4): 115-133.

[3] Hebb D. The Organization of Behavior[M]. New York: Wiley, 1949.

[4] Rosenblatt F. The perceptron: A probabilistic model for information storage and organization in the brain[J]. Psychological Review, 1958, 65(6): 386-408.

[5] Widrow B, Hoff M E. Adaptive switching circuits[J]. Institute of Radio Engineers-WESCON Convention Record, 1960, (4): 96-104.

[6] Minsky M L, Papert S. Perceptrons: An Introduction to Computational Geometry[M]. Cambridge: MIT Press, 1969.

[7] 胡伍生. 神经网络理论及其工程应用 [M]. 北京: 测绘出版社, 2006.

[8] Grossberg S, Carpenter G A. Resonance theory of psychological phenomena[J]. Psychological Review, 1970, 77(6): 359-384.

[9] Kohonen T. Self-organized formation of topographically ordered representations[J]. Biological Cybernetics, 1971, 14(5): 395-402.

[10] Fukushima K. Neocognitron: A self-organizing neural network model with topological properties[J]. Biological Cybernetics, 1973, 20(4): 121-136.

[11] Amari S. Characteristics of random nets of analog neuron models: I. Numerical studies[J]. Biological Cybernetics, 1974, 20(3): 177-190.

[12] Werbos P J. Beyond regression: New tools for prediction and analysis in the behavioral sciences[D]. Cambridge: Harvard University, 1974.

[13] Anderson J A, Silvetstein R E. A model of the central nervous system as an information processing system[J]. Psychological Review, 1977, 84(5): 519-548.

[14] Hopfield J J. Neural networks and physical systems with emergent collective computational abilities[J]. Proceedings of the National Academy of Sciences of the United States of America, 1982, 79(8): 2554-2558.

[15] Hopfield J J. Neurons with graded response have collective computational properties like those of two-state neurons[J]. Proceedings of the National Academy of Sciences of the United States of America, 1984, 81(10): 3088-3092.

[16] 韩力群, 施彦. 人工神经网络理论及应用 [M]. 北京: 机械工业出版社, 2017.

[17] Rumelhart D E, McClelland J L. Parallel Distributed Processing: Explorationsi in the Microstructure of Cognition[M]. Cambridge: MIT Press, 1986.

[18] 涂序彦, 潘华, 郭荣江, 等. 生物控制论 [M]. 北京: 科学出版社, 1980.

[19] Cohen M A, Grossberg S. Absolute stability of global pattern formation and parallel memory storage by competitive neural networks[J]. IEEE Transactions on Systems, man, and Cybernetics, 1983, 13(5): 815-826.

[20] Chua L O, Yang L. Cellular neural networks: Theory[J]. IEEE Transactions on Circuits and Systems, 1988, 35(10): 1257-1272.

[21] Kosko B. Bidirectional associative memories[J]. IEEE Transactions on Systems, man, and Cybernetics, 1988, 18(1): 49-60.

[22] Yang T, Yang L B. The global stability of fuzzy cellular neural network[J]. IEEE Transactions on Circuits and Systems, 1996, 43(10): 880-883.

[23] 胡进, 曾春娜, 张雷. 时滞递归神经网络理论与应用 [M]. 北京: 人民交通出版社, 2021.

[24] 钟守铭, 刘碧森, 王晓梅, 等. 神经网络稳定性理论 [M]. 北京: 科学出版社, 2008.

[25] 张化光. 递归时滞神经网络的综合分析与动态特性研究 [M]. 北京: 科学出版社, 2008.

[26] 廖晓昕. 动力系统的稳定性理论和应用 [M]. 北京: 国防工业出版社, 2000.

[27] Yoshizawa S, Morita M, Amari S. Capacity of associative memory using a nonmonotonic neuron model[J]. Neural Networks, 1993, 6(2): 167-176.

[28] Matsuoka K. Stability conditions for nonlinear continuous neural networks with asymmetric connection weights[J]. Neural Networks, 1992, 5(3): 495-500.

[29] 廖晓昕. Hopfield 型神经网络的稳定性 [J]. 中国科学 (A 辑), 1993, 36(10): 1025-1035.

[30] Forti M. On global asymptotic stability of a class of nonlinear systems arising in neural network theory[J]. Journal of Differential Equations, 1994, 113(1): 246-264.

[31] 梁学斌, 吴立德. Hopfield 型神经网络的全局指数稳定性及其应用 [J]. 中国科学 (A 辑), 1995, 25(5): 523-532.

[32] Juang J C. Stability analysis of Hopfield-type neural networks[J]. IEEE Transactions on Neural Networks, 1999, 10(6): 1366-1374.

[33] Marcus C M, Westervelt R M. Stability of analog neural networks with delay[J]. Physical Review A, General Physics, 1989, 39(1): 347-359.

[34] 王占山. 连续时间时滞递归神经网络的稳定性 [M]. 沈阳: 东北大学出版社, 2007.

[35] Roska T, Chua L O. Cellular neural networks with non-linear and delay-type template elements and non-uniform grids[J]. International Journal of Circuit Theory and Applications, 1992, 20(5): 469-481.

[36] Gopalsamy K, He X Z. Delay-independent stability in bidirectional associative memory networks[J]. IEEE Transactions on Neural Networks, 1994, 5(6): 998-1002.

[37] Ye H, Michel A N, Wang K N. Qualitative analysis of Cohen-Grossberg neural networks with multiple delays[J]. Physical Review E, 1995, 51(3): 2611-2618.

[38] Jang C S, Un C K. Integrating time-delay neural networks and fuzzy HMM for phoneme-based word recognition[J]. Electronics Letters, 1992, 28(25): 2319-2320.

[39] Roska T, Wah C, Chau L O. Stability of cellular neural networks with dominant nonlinear and delay-type templates[J]. IEEE Transactions on Circuits and Systems I, 1993, 40(4): 270-272.

[40] Gilli M. Stability of cellular neural networks and delayed cellular neural networks with nonpositive templates and nonmonotonic output functions[J]. IEEE Transactions on Circuits and Systems I, 1994, 41(8): 518-528.

[41] Finocchiaro M, Perfetti R. Relation between template spectrum and stability of cellular neural networks with delay[J]. Electronics Letters, 1995, 31(23): 2024-2026.

[42] Liao X F, Yu J B. Robust stability for interval Hopfield neural networks with time delay[J]. IEEE Transactions on Neural Networks, 1998, 9(5): 1042-1045.

[43] Cao J D, Zhou D M. Stability analysis of delayed cellular neural networks[J]. Neural Networks, 1998, 11(9): 1601-1605.

[44] Arik S. Stability analysis of delayed neural networks[J]. IEEE Transactions on Circuits and Systems I, 2000, 47(7): 1089-1092.

[45] Chen T P. Global exponential stability of delayed Hopfield neural networks[J]. Neural Networks, 2001, 14(8): 977-980.

[46] Cao J D. Exponential stability and periodic solutions of delayed cellular neural networks[J]. Science in China, Series E: Technological Sciences, 2000, 43(3): 328-336.

[47] Blythe S, Mao X R, Liao X X. Stability of stochastic delay neural networks[J]. Journal of the Franklin Institute, 2001, 338(4): 481-495.

[48] Feng C H, Plamondon R. On the stability analysis of delayed neural networks systems[J]. Neural Networks, 2001, 14(9): 1181-1188.

[49] Chen A P, Cao J D, Huang L H. An estimation of upperbound of delays for global asymptotic stability of delayed Hopfield neural networks[J]. IEEE Transactions on Circuits and Systems I, 2002, 49(7): 1028-1032.

[50] Peng J G, Qiao H, Xu Z B. A new approach to stability of neural networks with time-varying delays[J]. Neural Networks, 2002, 15(1): 95-103.

[51] Huang H, Cao J D, Wang J. Global exponential stability and periodic solutions of recurrent neural networks with delays[J]. Physics Letters A, 2002, 298(5-6): 393-404.

[52] Wang L S, Xu D Y. Global asymptotic stability of bidirectional associative memory neural networks with S-type distributed delays[J]. International Journal of Systems Science, 2002, 33(11): 869-877.

[53] Zhao H Y. Global stability of bidirectional associative memory neural networks with distributed delays[J]. Physics Letters A, 2002, 297(3-4): 182-190.

[54] Jiang H J, Li Z M, Teng Z D. Boundedness and stability for nonautonomous cellular neural networks with delay[J]. Physics Letters A, 2003, 306(5-6): 313-325.

[55] Chen T P, Rong L B. Delay-independent stability analysis of Cohen-Grossberg neural networks[J]. Physics Letters A, 2003, 317(5-6): 436-449.

[56] Sun C Y, Feng C B. Global robust exponential stability of interval neural networks with delays[J]. Neural Processing Letters, 2003, 17(1): 107-115.

[57] Liang J L, Cao J D. Global exponential stability of reaction-diffusion recurrent neural networks with time-varying delays[J]. Physics Letters A, 2003, 314(5-6): 434-442.

[58] Zeng Z G, Wang J, Liao X X. Global exponential stability of a general class of recurrent neural networks with time-varying delays[J]. IEEE Transactions on Circuits and Systems I, 2003, 50(10): 1353-1358.

[59] Chen W H, Guan Z H, Lu X M. Delay-dependent exponential stability of neural networks with variable delays[J]. Physics Letters A, 2004, 326(5-6): 355-363.

[60] Zeng Z G, Wang J, Liao X X. Stability analysis of delayed cellular neural networks described using cloning templates[J]. IEEE Transactions on Circuits and Systems I, 2004, 51(11): 2313-2324.

[61] Chen T P, Rong L B. Robust global exponential stability of Cohen-Grossberg neural networks with time delays[J]. IEEE Transactions on Neural Networks, 2004, 15(1): 203-206.

[62] Li C D, Liao X F, Zhang R. Global robust asymptotical stability of multi-delayed interval neural networks: An LMI approach[J]. Physics Letters A, 2004, 328(6): 452-462.

[63] Huang H, Cao J D, Qu Y Z. Global robust stability of delayed neural networks with a class of general activation functions[J]. Journal of Computer and System Sciences, 2004, 69(4): 688-700.

[64] Yang Z C, Xu D Y. Stability analysis of delay neural networks with impulsive effects[J]. IEEE Transactions on Circuits and Systems II, 2005, 52(8): 517-521.

[65] Xu S Y, Lam J, Ho D W C, et al. Delay-dependent exponential stability for a class of neural networks with time delays[J]. Journal of Computational and Applied Mathematics, 2005, 183(1): 16-28.

[66] Ensari T, Arik S. Global stability of a class of neural networks with time-varying delay[J]. IEEE Transactions on Circuits and Systems II, 2005, 52(3): 126-130.

[67] Song Q K, Zhao Z J, Li Y M. Global exponential stability of BAM neural networks with distributed delays and reaction-diffusion terms[J]. Physics Letters A, 2005, 335(2-3): 213-225.

[68] Forti M, Nistri P, Papini D. Global exponential stability and global convergence in finite time of delayed neural networks with infinite gain[J]. IEEE Transactions on Neural Networks, 2005, 16(6): 1449-1463.

[69] Papini D, Taddei V. Global exponential stability of the periodic solution of a delayed neural network with discontinuous activations[J]. Physics Letters A, 2005, 343(1-3): 117-128.

[70] He Y, Wu M, She J H. Delay-dependent exponential stability of delayed neural networks with time-varying delay[J]. IEEE Transactions on Circuits and Systems II, 2006, 53(7): 553-557.

[71] Park J H. A new stability analysis of delayed cellular neural networks[J]. Applied Mathematics and Computation, 2006, 181(1): 200-205.

[72] Ozcan N, Arik S. Global robust stability analysis of neural networks with multiple time delays[J]. IEEE Transactions on Circuits and Systems I, 2006, 53(1): 166-176.

[73] Wan A H, Peng J G, Wang M S. Exponential stability of a class of generalized neural networks with time-varying delays[J]. Neurocomputing, 2006, 69(7-9): 959-963.

[74] Zhang B Y, Xu S Y, Li Y M. Delay-dependent robust exponential stability for uncertain recurrent neural networks with time-varying delays[J]. International Journal of Neural Systems, 2007, 17(3): 207-218.

[75] Zhang H G, Wang Z S. Global asymptotic stability of delayed cellular neural networks[J]. IEEE Transactions on Neural Networks, 2007, 18(3): 947-950.

[76] Chen T P, Wang L L. Global μ-stability of delayed neural networks with unbounded time-varying delays[J]. IEEE Transactions on Neural Networks, 2007, 18(6): 1836-1840.

[77] Song Q K, Cao J D. Impulsive effects on stability of fuzzy Cohen-Grossberg neural networks with time-varying delays[J]. IEEE Transactions on Systems, Man, and Cybernetics, Part B: Cybernetics, 2007, 37(3): 733-741.

[78] Souza F O, Palhares R M, Ekel P Y. Asymptotic stability analysis in uncertain multi-delayed state neural networks via Lyapunov-Krasovskii theory[J]. Mathematical and Computer Modelling, 2007, 45(11-12): 1350-1362.

[79] Rakkiyappan R, Balasubramaniam P. Delay-dependent asymptotic stability for stochastic delayed recurrent neural networks with time varying delays[J]. Applied Mathematics and Computation, 2008, 198(2): 526-533.

[80] Kwon O M, Park J H. New delay-dependent robust stability criterion for uncertain neural networks with time-varying delays[J]. Applied Mathematics and Computation, 2008, 205(1): 417-427.

[81] Liu X W, Chen T P. Robust μ-stability for uncertain stochastic neural networks with unbounded time-varying delays[J]. Physica A: Statistical Mechanics and its Applications, 2008, 387(12): 2952-2962.

[82] Ahmad S, Stamova I M. Global exponential stability for impulsive cellular neural networks with time-varying delays[J]. Nonlinear Analysis, Theory, Methods and Applications, 2008, 69(3): 786-795.

[83] Udpin S, Niamsup P. Robust stability of discrete-time LPD neural networks with time-varying delay[J]. Communications in Nonlinear Science and Numerical Simulation, 2009, 14(11): 3914-3924.

[84] Wu Z G, Su H Y, Chu J, et al. Improved result on stability analysis of discrete stochastic neural networks with time delay[J]. Physics Letters A, 2009, 373(17): 1546-1552.

[85] Li X D, Chen Z. Stability properties for Hopfield neural networks with delays and impulsive perturbations[J]. Nonlinear Analysis: Real World Applications, 2009, 10(5): 3253-3265.

[86] Oliveira J J. Global asymptotic stability for neural network models with distributed delays[J]. Mathematical and Computer Modelling, 2009, 50(1-2): 81-91.

[87] Mahmoud M S, Selim S Z, Shi P. Global exponential stability criteria for neural networks with probabilistic delays[J]. IET Control Theory and Applications, 2010, 4(11): 2405-2415.

[88] Phat V N, Nam P T. Exponential stability of delayed Hopfield neural networks with various activation functions and polytopic uncertainties[J]. Physics Letters A, 2010, 374(25): 2527-2533.

[89] Zhu Q X, Cao J D. Robust exponential stability of Markovian jump impulsive stochastic Cohen-Grossberg neural networks with mixed time delays[J]. IEEE Transactions on Neural Networks, 2010, 21(8): 1314-1325.

[90] Lakshmanan S, Balasubramaniam P. New results of robust stability analysis for neutral-type neural networks with time-varying delays and Markovian jumping parameters[J]. Canadian Journal of Physics, 2011, 89(8): 827-840.

[91] Mathiyalagan K, Sakthivel R, Anthoni S M. New robust exponential stability results for discrete-time switched fuzzy neural networks with time delays[J]. Computers and Mathematics with Applications, 2012, 64(9): 2926-2938.

[92] Guo Z Y, Wang J, Yan Z. Global exponential dissipativity and stabilization of memristor-based recurrent neural networks with time-varying delays[J]. Neural Networks, 2013, 48: 158-172.

[93] Samli R, Yucel E. Global robust stability analysis of uncertain neural networks with time varying delays[J]. Neurocomputing, 2015, 167: 371-377.

[94] Muthukumar P, Subramanian K, Lakshmanan S. Robust finite time stabilization analysis for uncertain neural networks with leakage delay and probabilistic time-varying delays[J]. Journal of the Franklin Institute, 2016, 353(16): 4091-4113.

[95] Manivannan R, Samidurai R, Sriraman R. An improved delay-partitioning approach to stability criteria for generalized neural networks with interval time-varying delays[J]. Neural Computing and Applications, 2017, 28(11): 3353-3369.

[96] Park M J, Lee S H, Kwon O M, et al. Enhanced stability criteria of neural networks with time-varying delays via a generalized free-weighting matrix integral inequality[J]. Journal of the Franklin Institute, 2018, 355(14): 6531-6548.

[97] Ozcan N. Stability analysis of Cohen-Grossberg neural networks of neutral-type: Multiple delays case[J]. Neural Networks, 2019, 113: 20-27.

[98] Faydasicok O. A new Lyapunov functional for stability analysis of neutral-type Hopfield neural networks with multiple delays[J]. Neural Networks, 2020, 129: 288-297.

[99] Aouiti C, Hui Q, Jallouli H, et al. Fixed-time stabilization of fuzzy neutral-type inertial neural networks with time-varying delay[J]. Fuzzy Sets and Systems, 2021, 411: 48-67.

[100] Arslan E. Novel criteria for global robust stability of dynamical neural networks with multiple time delays[J]. Neural Networks, 2021, 142: 119-127.

[101] Suresh R, Manivannan A. Robust stability analysis of delayed stochastic neural networks via wirtinger-based integral inequality[J]. Neural Computation, 2021, 33(1): 227-243.

[102] Deng K, Zhu S, Dai W, et al. New criteria on stability of dynamic memristor delayed cellular neural networks[J]. IEEE Transactions on Cybernetics, 2022, 52(6): 5367-5379.

[103] 黄立宏, 李雪梅. 细胞神经网络动力学 [M]. 北京: 科学出版社, 2007.

[104] 阮炯, 顾凡及, 蔡志杰. 神经动力学模型方法和应用 [M]. 北京: 科学出版社, 2007.

[105] 王林山. 时滞递归神经网络 [M]. 北京: 科学出版社, 2008.

[106] 王占山. 复杂神经动力网络的稳定性和同步性 [M]. 北京: 科学出版社, 2014.

[107] Wang Z S, Liu Z W, Zheng C D. Qualitative Analysis and Control of Complex Neural Networks with Delays[M]. Berlin: Springer, 2015.

[108] 王晓红, 付主木. 时滞型神经网络动力学分析及在电力系统中的应用 [M]. 北京: 科学出版社, 2015.

[109] 甘勤涛, 徐瑞. 时滞神经网络的稳定性与同步控制 [M]. 北京: 科学出版社, 2016.

[110] 郭英新. 非线性随机时滞神经网络稳定性分析与脉冲镇定 [M]. 北京: 科学出版社, 2017.

[111] 王圣军. 神经网络的动力学 [M]. 西安: 西北工业大学出版社, 2017.

[112] 卢文联, 刘锡伟, 刘波, 等. 时滞复杂系统动力学: 从神经网络到复杂网络 [M]. 上海: 复旦大学出版社, 2018.

[113] 黄鹤. 时滞递归神经网络的状态估计理论与应用 [M]. 北京: 科学出版社, 2018.

[114] 张为元. 分布参数复杂神经网络的分析与控制 [M]. 西安: 西北工业大学出版社, 2018.

[115] 刘群, 李传东, 亓江涛, 等. 时滞惯性神经网络的动力学分析与控制方法 [M]. 北京: 科学出版社, 2019.

[116] 周立群. 具比例时滞递归神经网络的稳定性及其仿真与应用 [M]. 北京: 机械工业出版社, 2019.

[117] 蒋锋. 神经网络及其在数据科学中的应用 [M]. 北京: 中国财政经济出版社, 2019.

[118] 罗晓曙, 韦笃取, 蒋品群, 等. 复杂神经网络的建模与动力学行为研究 [M]. 北京: 科学出版社, 2019.

[119] Rajchakit G, Agarwal P, Ramalingam S. Stability Analysis of Neural Networks[M]. Berlin: Springer, 2021.

[120] 周湘辉. 随机神经网络动力学分析与同步控制 [M]. 合肥: 中国科学技术大学出版社, 2022.

[121] 徐瑞, 刘健, 甘勤涛. 忆阻神经网络动力学与同步控制 [M]. 北京: 科学出版社, 2022.

[122] Hirose A. Dynamics of fully complex-valued neural networks[J]. Electronics Letters, 1992, 28(16): 1492-1494.

[123] Jankowski S, Lozowski A, Zurada J M. Complex-valued multistate neural associative memory[J]. IEEE Transactions on Neural Networks, 1996, 7(6): 1491-1496.

[124] Nitta T T. An analysis of the fundamental structure of complex-valued neurons[J]. Neural Processing Letters, 2000, 12(3): 239-246.

[125] 杨杰, 王直杰, 董宗祥. 复数 Hopfield 神经网络在路牌识别中的应用 [J]. 微计算机信息, 2010, 26(22): 161-163.

[126] Lee D L. Relaxation of the stability condition of the complex-valued neural networks[J]. IEEE Transactions on Neural Networks, 2001, 12(5): 1260-1262.

[127] Hu J, Wang J. Global stability of complex-valued recurrent neural networks with time-delays[J]. IEEE Transactions on Neural Networks and Learning Systems, 2012, 23(6): 853-865.

[128] Chen X F, Song Q K. Global stability of complex-valued neural networks with both leakage time delay and discrete time delay on time scales[J]. Neurocomputing, 2013, 121: 254-264.

[129] Zhou B, Song Q K. Boundedness and complete stability of complex-valued neural networks with time delay[J]. IEEE Transactions on Neural Networks and Learning Systems, 2013, 24(8): 1227-1238.

[130] Zhang Z Y, Lin C, Chen B. Global stability criterion for delayed complex-valued recurrent neural networks[J]. IEEE Transactions on Neural Networks and Learning Systems, 2014, 25(9): 1704-1708.

[131] Fang T, Sun J T. Further investigate the stability of complex-valued recurrent neural networks with time-delays[J]. IEEE Transactions on Neural Networks and Learning Systems, 2014, 25(9): 1709-1713.

[132] Gong W Q, Liang J L, Cao J D. Global μ-stability of complex-valued delayed neural networks with leakage delay[J]. Neurocomputing, 2015, 168: 135-144.

[133] Pan J, Liu X Z, Xie W. Exponential stability of a class of complex-valued neural networks with time-varying delays[J]. Neurocomputing, 2015, 164: 293-299.

[134] Rakkiyappan R, Velmurugan G, Cao J D. Multiple μ-stability analysis of complex-valued neural networks with unbounded time-varying delays[J]. Neurocomputing, 2015, 149: 594-607.

[135] Song Q K, Zhao Z J, Liu Y R. Stability analysis of complex-valued neural networks with probabilistic time-varying delays[J]. Neurocomputing, 2015, 159(1): 96-104.

[136] Velmurugan G, Rakkiyappan R, Cao J D. Further analysis of global μ-stability of complex-valued neural networks with unbounded time-varying delays[J]. Neural Networks, 2015, 67: 14-27.

[137] Wang Z Y, Huang L H. Global stability analysis for delayed complex-valued BAM neural networks[J]. Neurocomputing, 2016, 173: 2083-2089.

[138] Liu X W, Chen T P. Global exponential stability for complex-valued recurrent neural networks with asynchronous time delays[J]. IEEE Transactions on Neural Networks and Learning Systems, 2016, 27(3): 593-606.

[139] Zhang Z Q, Yu S H. Global asymptotic stability for a class of complex-valued Cohen-Grossberg neural networks with time delays[J]. Neurocomputing, 2016, 171: 1158-1166.

[140] Song Q K, Yan H, Zhao Z J, et al. Global exponential stability of complex-valued neural networks with both time-varying delays and impulsive effects[J]. Neural Networks, 2016, 79: 108-116.

[141] Song Q K, Yan H, Zhao Z J, et al. Global exponential stability of impulsive complex-valued neural networks with both asynchronous time-varying and continuously distributed delays[J]. Neural Networks, 2016, 81: 1-10.

[142] Xu D S, Tan M C. Delay-independent stability criteria for complex-valued BAM neutral-type neural networks with time delays[J]. Nonlinear Dynamics, 2017, 89(2): 819-832.

[143] Liu D, Zhu S, Chang W T. Mean square exponential input-to-state stability of stochastic memristive complex-valued neural networks with time varying delay[J]. International Journal of Systems Science, 2017, 48(9): 1966-1977.

[144] Shi Y C, Cao J D, Chen G R. Exponential stability of complex-valued memristor-based neural networks with time-varying delays[J]. Applied Mathematics and Computation, 2017, 313: 222-234.

[145] Subramanian K, Muthukumar P. Existence, uniqueness, and global asymptotic stability analysis for delayed complex-valued Cohen-Grossberg BAM neural networks[J]. Neural Computing and Applications, 2018, 29(9): 565-584.

[146] Tang Q, Jian J G. Matrix measure based exponential stabilization for complex-valued inertial neural networks with time-varying delays using impulsive control[J]. Neurocomputing, 2018, 273: 251-259.

[147] Gunasekaran N, Zhai G S. Stability analysis for uncertain switched delayed complex-valued neural networks[J]. Neurocomputing, 2019, 367: 198-206.

[148] Hu T T, He Z, Zhang X J, et al. Finite-time stability for fractional-order complex-valued neural networks with time delay[J]. Applied Mathematics and Computation, 2020, 365: 124715.

[149] Cao Y, Sriraman R, Shyamsundarraj N, et al . Robust stability of uncertain stochastic complex-valued neural networks with additive time-varying delays[J]. Mathematics and Computers in Simulation, 2020, 171: 207-220.

[150] Wang X H, Wang Z, Xia J W, et al. Quantized sampled-data control for exponential stabilization of delayed complex-valued neural networks[J]. Neural Processing Letters, 2021, 53(2): 983-1000.

[151] Li X F, Huang T W, Fang J N. Event-triggered stabilization for Takagi-Sugeno fuzzy complex-valued memristive neural networks with mixed time-varying delays[J]. IEEE Transactions on Fuzzy Systems, 2021, 29(7): 1853-1863.

[152] Song Q K, Zhao Z J, Liu Y R, et al. Mean-square input-to-state stability for stochastic complex-valued neural networks with neutral delay[J]. Neurocomputing, 2022, 470: 269-277.

[153] Xiao Q, Huang T W, Zeng Z G. On exponential stability of delayed discrete-time complex-valued inertial neural networks[J]. IEEE Transactions on Cybernetics, 2022, 52(5): 3483-3494.

[154] Long C Q, Zhang G D, Zeng Z G, et al. Finite-time stabilization of complex-valued neural networks with proportional delays and inertial terms: A non-separation approach[J]. Neural Networks, 2022, 148: 86-95.

[155] Arena P, Fortuna L, Muscato G, et al. Multilayer perceptrons to approximate quaternion valued functions[J]. Neural Networks, 1997, 10(2): 335-342.

[156] Parcollet T, Morchid M, Linares G. A survey of quaternion neural networks[J]. Artificial Intelligence Review, 2020, 53(4): 2957-2982.

[157] Saoud L S, Ghorbani R, Rahmoune F. Cognitive quaternion valued neural network and some applications[J]. Neurocomputing, 2017, 221: 85-93.

[158] Liu Y, Zhang D D, Lu J Q, et al. Global μ-stability criteria for quaternion-valued neural networks with unbounded time-varying delays[J]. Information Sciences, 2016, 360: 273-288.

[159] Liu Y, Zhang D D, Lu J Q. Global exponential stability for quaternion-valued recurrent neural networks with time-varying delays[J]. Nonlinear Dynamics, 2017, 87(1): 553-565.

[160] Chen X F, Li Z S, Song Q K, et al. Robust stability analysis of quaternion-valued neural networks with time delays and parameter uncertainties[J]. Neural Networks, 2017, 91: 55-65.

[161] Shu H Q, Song Q K, Liu Y R, et al. Global μ-stability of quaternion-valued neural networks with non-differentiable time-varying delays[J]. Neurocomputing, 2017, 247: 202-212.

[162] Zhu J W, Sun J T. Stability of quaternion-valued impulsive delay difference systems and its application to neural networks[J]. Neurocomputing, 2018, 284: 63-69.

[163] You X X, Song Q K, Liang J, et al. Global μ-stability of quaternion-valued neural networks with mixed time-varying delays[J]. Neurocomputing, 2018, 290: 12-25.

[164] Li Y K, Qin J L. Existence and global exponential stability of periodic solutions for quaternion-valued cellular neural networks with time-varying delays[J]. Neurocomputing, 2018, 292: 91-103.

[165] Chen X F, Song Q K, Li Z S, et al. Stability analysis of continuous-time and discrete-time quaternion-valued neural networks with linear threshold neurons[J]. IEEE Transactions on Neural Networks and Learning Systems, 2018, 29(7): 2769-2781.

[166] Liu Y, Zhang D D, Lou J G, et al. Stability analysis of quaternion-valued neural networks: Decomposition and direct approaches[J]. IEEE Transactions on Neural Networks and Learning Systems, 2018, 29(9): 4201-4211.

[167] Chen X F, Song Q K, Li Z S. Design and analysis of quaternion-valued neural networks for associative memories[J]. IEEE Transactions on Systems, Man, and Cybernetics: Systems, 2018, 48(12): 2305-2314.

[168] Popa C A, Kaslik E. Multistability and multiperiodicity in impulsive hybrid quaternion-valued neural networks with mixed delays[J]. Neural Networks, 2018, 99: 1-18.

[169] Song Q K, Chen X F. Multistability analysis of quaternion-valued neural networks with time delays[J]. IEEE Transactions on Neural Networks and Learning Systems, 2018, 29(11): 5430-5440.

[170] Qi X N, Bao H B, Cao J D. Exponential input-to-state stability of quaternion-valued neural networks with time delay[J]. Applied Mathematics and Computation, 2019, 358: 382-393.

[171] Shu H Q, Song Q K, Liang J, et al. Global exponential stability in Lagrange sense for quaternion-valued neural networks with leakage delay and mixed time-varying delays[J]. International Journal of Systems Science, 2019, 50(4): 858-870.

[172] Zhu J W, Sun J T. Stability of quaternion-valued neural networks with mixed delays[J]. Neural Processing Letters, 2019, 49(2): 819-833.

[173] Tu Z W, Zhao Y X, Ding N, et al. Stability analysis of quaternion-valued neural networks with both discrete and distributed delays[J]. Applied Mathematics and Computation, 2019, 343: 342-353.

[174] Tu Z W, Yang X S, Wang L W, et al. Stability and stabilization of quaternion-valued neural networks with uncertain time-delayed impulses: Direct quaternion method[J]. Physica A: Statistical Mechanics and its Applications, 2019, 535(1): 122358.

[175] Liu X W, Li Z H. Global μ-stability of quaternion-valued neural networks with unbounded and asynchronous time-varying delays[J]. IEEE Access, 2019, 7: 9128-9141.

[176] Li R X, Gao X B, Cao J D, et al. Stability analysis of quaternion-valued Cohen-Grossberg neural networks[J]. Mathematical Methods in the Applied Sciences, 2019, 42(10): 3721-3738.

[177] Li Y K, Qin J L, Li B. Existence and global exponential stability of anti-periodic solutions for delayed quaternion-valued cellular neural networks with impulsive effects[J]. Mathematical Methods in the Applied Sciences, 2019, 42(1): 5-23.

[178] Tan M C, Liu Y F, Xu D S. Multistability analysis of delayed quaternion-valued neural networks with nonmonotonic piecewise nonlinear activation functions[J]. Applied Mathematics and Computation, 2019, 341: 229-255.

[179] Chen X F, Song Q K. State estimation for quaternion-valued neural networks with multiple time delays[J]. IEEE Transactions on Systems, Man, and Cybernetics: Systems, 2019, 49(11): 2278-2287.

[180] Yang X J, Li C D, Song Q K, et al. Effects of state-dependent impulses on robust exponential stability of quaternion-valued neural networks under parametric uncer-

tainty[J]. IEEE Transactions on Neural Networks and Learning Systems, 2019, 30(7): 2197-2211.

[181] Liu J, Jian J G, Wang B X. Stability analysis for BAM quaternion-valued inertial neural networks with time delay via nonlinear measure approach[J]. Mathematics and Computers in Simulation, 2020, 174: 134-152.

[182] Song Q K, Long L Y, Zhao Z J, et al. Stability criteria of quaternion-valued neutral-type delayed neural networks[J]. Neurocomputing, 2020, 412: 287-294.

[183] Xu X H, Xu Q, Yang J B, et al. Further research on exponential stability for quaternion-valued neural networks with mixed delays[J]. Neurocomputing, 2020, 400: 186-205.

[184] Wei R Y, Cao J D, Huang C X. Lagrange exponential stability of quaternion-valued memristive neural networks with time delays[J]. Mathematical Methods in the Applied Sciences, 2020, 43(12): 7269-7291.

[185] Li L, Chen W S. Exponential stability analysis of quaternion-valued neural networks with proportional delays and linear threshold neurons: Continuous-time and discrete-time cases[J]. Neurocomputing, 2020, 381: 152-166.

[186] Tan Y S, Wang X D, Yang J, et al. Robust exponential stability for discrete-time quaternion-valued neural networks with time delays and parameter uncertainties[J]. Neural Processing Letters, 2020, 51(3): 2317-2335.

[187] Li Y K, Xiang J L. Existence and global exponential stability of almost periodic solution for quaternion-valued high-order Hopfield neural networks with delays via a direct method[J]. Mathematical Methods in the Applied Sciences, 2020, 43(10): 6165-6180.

[188] Li R X, Gao X B, Cao J D, et al. Exponential stabilization control of delayed quaternion-valued memristive neural networks: Vector ordering approach[J]. Circuits, Systems, and Signal Processing, 2020, 39(3): 1353-1371.

[189] Wang H M, Wei G L, Wen S P, et al. Impulsive disturbance on stability analysis of delayed quaternion-valued neural networks[J]. Applied Mathematics and Computation, 2021, 390: 125680.

[190] Liu W D, Huang J L, Yao Q H. Stability analysis for quaternion-valued inertial memristor-based neural networks with time delays[J]. Neurocomputing, 2021, 448: 67-81.

[191] Shu J L, Wu B W, Xiong L L. Stochastic stability criteria and event-triggered control of delayed Markovian jump quaternion-valued neural networks[J]. Applied Mathematics and Computation, 2022, 420: 126904.

[192] Song Q K, Zeng R T, Zhao Z J, et al. Mean-square stability of stochastic quaternion-valued neural networks with variable coefficients and neutral delays[J]. Neurocomputing, 2022, 471: 130-138.

[193] Chen Y, Wu J W, Bao H B.Finite-time stabilization for delayed quaternion-valued coupled neural networks with saturated impulse[J]. Applied Mathematics and Computation, 2022, 425: 127083.

[194] Zhao R, Wang B X, Jian J G. Global μ-stabilization of quaternion-valued inertial BAM neural networks with time-varying delays via time-delayed impulsive control[J]. Mathematics and Computers in Simulation, 2022, 202: 223-245.

[195] Arena P, Caponetto R, Fortuna L, et al. Bifurcation and chaos in noninteger order cellular neural networks[J]. International Journal of Bifurcation and Chaos, 1998, 8: 1527-1539.

[196] Boroomand A, Menhaj M B. Fractional-order Hopfield neural networks[J]. Lecture Notes in Computer Science, 2009, 5506: 883-890.

[197] Kaslik E, Sivasundaram S. Nonlinear dynamics and chaos in fractional-order neural networks[J]. Neural Networks, 2012, 32: 245-256.

[198] Yu J, Hu C, Jiang H J. α-stability and α-synchronization for fractional-order neural networks[J]. Neural Networks, 2012, 35: 82-87.

[199] Wu R C, Hei X D, Chen L P. Finite-time stability of fractional-order neural networks with delay[J]. Communications in Theoretical Physics, 2013, 60(2): 189-193.

[200] Chen J J, Zeng Z G, Jian P G. Global Mittag-Leffler stability and synchronization of memristor-based fractional-order neural networks[J]. Neural Networks, 2014, 51: 1-8.

[201] Wang H, Yu Y G, Wen G G. Stability analysis of fractional-order Hopfield neural networks with time delays[J]. Neural Networks, 2014, 55: 98-109.

[202] Stamova I. Global Mittag-Leffler stability and synchronization of impulsive fractional-order neural networks with time-varying delays[J]. Nonlinear Dynamics, 2014, 77(4): 1251-1260.

[203] Rakkiyappan R, Cao J D, Velmurugan G. Existence and uniform stability analysis of fractional-order complex-valued neural networks with time delays[J]. IEEE Transactions on Neural Networks and Learning Systems, 2015, 26(1): 84-97.

[204] Zhang S, Yu Y G, Wang H. Mittag-Leffler stability of fractional-order Hopfield neural networks[J]. Nonlinear Analysis: Hybrid Systems, 2015, 16: 104-121.

[205] Wang F, Yang Y Q, Hu M C. Asymptotic stability of delayed fractional-order neural networks with impulsive effects[J]. Neurocomputing, 2015, 154: 239-244.

[206] Yang X J, Song Q K, Liu Y R, et al. Finite-time stability analysis of fractional-order neural networks with delay[J]. Neurocomputing, 2015, 152: 19-26.

[207] Chen L P, Wu R C, Cao J D, et al. Stability and synchronization of memristor-based fractional-order delayed neural networks[J]. Neural Networks, 2015, 71: 37-44.

[208] Wu A L, Zeng Z G. Boundedness, Mittag-Leffler stability and asymptotical ω-periodicity of fractional-order fuzzy neural networks[J]. Neural Networks, 2016, 74: 73-84.

[209] Wu H Q, Zhang X X, Xue S H, et al. LMI conditions to global Mittag-Leffler stability of fractional-order neural networks with impulses[J]. Neurocomputing, 2016, 193: 148-154.

[210] Gai M J, Cui S W, Liang S, et al. Frequency distributed model of Caputo derivatives and robust stability of a class of multi-variable fractional-order neural networks with uncertainties[J]. Neurocomputing, 2016, 202: 91-97.

[211] Zhang S, Yu Y G, Yu J Z. LMI conditions for global stability of fractional-order neural networks[J]. IEEE Transactions on Neural Networks and Learning Systems, 2017, 28(10): 2423-2433.

[212] Pahnehkolaei S M A, Alfi A, Tenreiro Machado J A. Dynamic stability analysis of fractional order leaky integrator echo state neural networks[J]. Communications in Nonlinear Science and Numerical Simulation, 2017, 47: 328-337.

[213] Liu P, Zeng Z G, Wang J. Multiple Mittag-Leffler stability of fractional-order recurrent neural networks[J]. IEEE Transactions on Systems, Man, and Cybernetics: Systems, 2017, 47(8): 2279-2288.

[214] Wei H Z, Li R X, Chen C R, et al. Stability analysis of fractional order complex-valued memristive neural networks with time delays[J]. Neural Processing Letters, 2017, 45(2): 379-399.

[215] Ding X S, Cao J D, Zhao X, et al. Finite-time stability of fractional-order complex-valued neural networks with time delays[J]. Neural Processing Letters, 2017, 46(2): 561-580.

[216] Wang L M, Song Q K, Liu Y R, et al. Global asymptotic stability of impulsive fractional-order complex-valued neural networks with time delay[J]. Neurocomputing, 2017, 243: 49-59.

[217] Zhang L, Song Q K, Zhao Z J. Stability analysis of fractional-order complex-valued neural networks with both leakage and discrete delays[J]. Applied Mathematics and Computation, 2017, 298: 296-309.

[218] Jian J G, Wan P. Lagrange α-exponential stability and α-exponential convergence for fractional-order complex-valued neural networks[J]. Neural Networks, 2017, 91: 1-10.

[219] Wang L M, Song Q K, Liu Y R, et al. Finite-time stability analysis of fractional-order complex-valued memristor-based neural networks with both leakage and time-varying delays[J]. Neurocomputing, 2017, 245: 86-101.

[220] Wu A L, Zeng Z G. Global Mittag-Leffler stabilization of fractional-order memristive neural networks[J]. IEEE Transactions on Neural Networks and Learning Systems, 2017, 28(1): 206-217.

[221] Xu C J, Li P L. α-stability of fractional-order Hopfield neural networks[J]. International Journal of Dynamical Systems and Differential Equations, 2018, 8(4): 270-279.

[222] Chen J Y, Li C D, Yang X J. Asymptotic stability of delayed fractional-order fuzzy neural networks with impulse effects[J]. Journal of the Franklin Institute, 2018, 355(15): 7595-7608.

[223] Zhang H, Ye R Y, Liu S, et al. LMI-based approach to stability analysis for fractional-order neural networks with discrete and distributed delays[J]. International Journal of Systems Science, 2018, 49(3): 537-545.

[224] Yang X J, Li C D, Song Q K, et al. Global Mittag-Leffler stability and synchronization analysis of fractional-order quaternion-valued neural networks with linear threshold neurons[J]. Neural Networks, 2018, 105: 88-103.

[225] Srivastava H M, Abbas S, Tyagi S, et al. Global exponential stability of fractional-order impulsive neural network with time-varying and distributed delay[J]. Mathematical Methods in the Applied Sciences, 2018, 41(5): 2095-2104.

[226] Li J D, Wu Z B, Huang N J. Asymptotical stability of Riemann–Liouville fractional-order neutral-type delayed projective neural networks[J]. Neural Processing Letters, 2019, 50(1): 565-579.

[227] Wang F X, Liu X G, Tang M L, et al. Further results on stability and synchronization of fractional-order Hopfield neural networks[J]. Neurocomputing, 2019, 346: 12-19.

[228] Huang Y J, Chen S J, Yang X H, et al. Coexistence and local Mittag-Leffler stability of fractional-order recurrent neural networks with discontinuous activation functions[J]. Chinese Physics B, 2019, 28(4): 040701.

[229] Pratap A, Raja R, Agarwal R P, et al. Stability analysis and robust synchronization of fractional-order competitive neural networks with different time scales and impulsive perturbations[J]. International Journal of Adaptive Control and Signal Processing, 2019, 33(11): 1635-1660.

[230] Syed Ali M, Narayanan G, Sevgen S, et al. Global stability analysis of fractional-order fuzzy BAM neural networks with time delay and impulsive effects[J]. Communications in Nonlinear Science and Numerical Simulation, 2019, 78: 104853.

[231] Pahnehkolaei S M A, Alfi A, Tenreiro Machado J A. Delay-dependent stability analysis of the QUAD vector field fractional order quaternion-valued memristive uncertain neutral type leaky integrator echo state neural networks[J]. Neural Networks, 2019, 117: 307-327.

[232] Yao X Q, Tang M L, Wang F X, et al. New results on stability for a class of fractional-order static neural networks[J]. Circuits, Systems, and Signal Processing, 2020, 39(12): 5926-5950.

[233] You X X, Song Q K, Zhao Z J. Existence and finite-time stability of discrete fractional-order complex-valued neural networks with time delays[J]. Neural Networks, 2020, 123: 248-260.

[234] Tyagi S, Martha S C. Finite-time stability for a class of fractional-order fuzzy neural networks with proportional delay[J]. Fuzzy Sets and Systems, 2020, 381: 68-77.

[235] Song Q K, Chen Y X, Zhao Z J, et al. Robust stability of fractional-order quaternion-valued neural networks with neutral delays and parameter uncertainties[J]. Neurocomputing, 2021, 420: 70-81.

[236] Chen Y X, Song Q K, Zhao Z J, et al. Global Mittag-Leffler stability for fractional-order quaternion-valued neural networks with piecewise constant arguments and impulses[J]. International Journal of Systems Science, 2022, 53(8): 1756-1768.

[237] Li X M, Liu X G, Zhang S L. New criteria on the finite-time stability of fractional-order BAM neural networks with time delay[J]. Neural Computing and Applications, 2022, 34(6): 4501-4517.

[238] Huyen N T T, Sau N H, Thuan M V. LMI conditions for fractional exponential stability and passivity analysis of uncertain Hopfield conformable fractional-order neural networks[J]. Neural Processing Letters, 2022, 54(2): 1333-1350.

[239] Du F F, Lu J G. Finite-time stability of fractional-order delayed Cohen‐Grossberg memristive neural networks: A novel fractional-order delayed Gronwall inequality approach[J]. International Journal of General Systems, 2022, 51(1): 27-53.

[240] Du F F, Lu J G. Finite-time stability of fractional-order fuzzy cellular neural networks with time delays[J]. Fuzzy Sets and Systems, 2022, 438: 107-120.

[241] 于永光, 王虎, 张硕, 等. 分数阶神经网络的定性分析与控制 [M]. 北京: 科学出版社, 2021.

[242] Lyapunov A M. The general problem of the stability of motion[D]. Moscow: Moscow State University, 1892.